기초 영양학

PRINCIPLES OF NUTRITION

개정3판

기초 영양학

허채옥 · 권순형 · 김은미 · 원선임 · 박용순
박진희 · 김상연 · 정경아 · 김은영 · 박유신

수학사

머리말

경제 성장과 식품산업의 발달, 그리고 풍족한 식생활과 의료 기술의 발달로 인간의 수명은 길어지고 있으나 잘못된 식습관, 과도한 스트레스, 오염된 환경 등과 관련된 각종 질병도 점차 증가하여 삶의 질은 보장하기 어려운 상황입니다. 뿐만 아니라 글로벌 시대를 맞아 식생활 전반에 관한 네트워크는 활발해졌으며, 이에 따라 건강을 추구하는 사람들의 호기심을 자극하는 관련 정보들이 무분별하게 제공되고 있어 식품과 영양에 대한 올바른 지식의 전달이 요구되고 있습니다.

또한, 20세기의 학문이라고 했던 영양학도 이제 역사를 쌓아가면서 관련 연구가 급속도로 진전되고 그 이론은 정립되었으나 실생활에의 적용이라는 숙제를 아직 다 풀지 못하고 있습니다. 먹거리가 넘치면서 다양한 먹거리를 어떻게 선택하고 섭취하느냐 하는 것이 우리의 건강을 지키는 잣대가 된다고 해도 과언이 아닙니다. 왜냐하면 음식이 우리 몸에 들어갔을 때 비로소 영양이란 의미를 갖게 되는데, 무엇을, 얼마나, 어떻게 먹는지 그것에 따라 건강의 정도를 결정한다고 할 때 영양학은 조화롭게 먹는 그 방법을 알려 주어야 합니다.

많은 영양학자의 노고가 모여서 만들어진 영양학 이론들을 식생활에 접목시켜 나가기 위해서는 바른 이해가 필요합니다. 진리를 밝히기 위해 심혈을 기울였던 그들의 마음을 담아 그 진리의 전달자로서 역할을 하기 위해서는 영양학 이론을 전해 주는 것으로만 끝나서는 안 되며, 실생활에 녹아들어 가도록 해야 합니다. 이에 저자들은 배우고 가르치던 경험을 살려 영양학을 처음 대하는 학생들의 입장이 되어 쉽게 이해할 수 있도록 구성해 보았습니다.

이번 개정에서는 최근 새로이 개정된 『2020 한국인 영양소 섭취기준(2020 Dietary Reference Intakes for Koreans)』과 제8기(2019~2021) 국민건강영양조사의 1차년도 주요 결과를 반영하여 수정, 보완하였습니다. 또한, 그동안 수업에 직접 활용하면서 보완이 필요한 부분도 함께 수정, 추가하였습니다. 앞으로도 우리의 식생활과 영양학의 발전 추이에 맞추어 더 좋은 책을 만들어 가도록 노력하겠습니다.

끝으로 이 책을 이용하시는 분들의 많은 조언을 부탁드리며, 개정판이 나오기까지 애써주시고 도움을 주신 수학사 이영호 사장님과 편집진의 노고에 깊은 감사를 드립니다.

2021년 8월

저자 일동

차례

CHAPTER 1 영양학의 개요

1. 영양학의 개요 12

1) 영양과 영양소 12 | 2) 영양소의 역할과 종류 12 | 3) 영양소의 에너지 함량과 섭취비율 13

2. 식생활과 건강 14

1) 영양과 건강 14 | 2) 건강한 식생활 15 | 3) 영양 상태 평가 17 | 4) 바람직한 식생활 계획 18

CHAPTER 2 탄수화물

1. 탄수화물의 분류 33

1) 단순당질 33 | 2) 복합당질 36

2. 탄수화물의 소화, 흡수, 대사 40

1) 탄수화물의 소화 41 | 2) 탄수화물의 흡수 43 | 3) 탄수화물의 대사 44

3. 탄수화물의 기능 48

1) 가장 효율적인 에너지원 48 | 2) 단백질 절약 작용 49 | 3) 케톤증의 방지 49 | 4) 혈당의 유지 50 | 5) 체구성 성분 51 | 6) 단맛 제공 51 | 7) 식이섬유의 기능 51

4. 탄수화물의 섭취기준과 급원식품 53

1) 탄수화물의 섭취 현황과 기준 53 | 2) 탄수화물의 급원식품 57

5. 탄수화물과 관련된 건강문제 58

1) 당뇨병 58 | 2) 저혈당증 59 | 3) 유당불내증 59 | 4) 충치 60 | 5) 게실증 61

CHAPTER 3 지질

1. 지질의 분류 68

1) 중성지방 68 | 2) 지방산 69 | 3) 인지질 76 | 4) 콜레스테롤 77

2. 지질의 소화, 흡수, 대사 77

1) 지질의 소화 77 | 2) 지질의 흡수 79 | 3) 지질의 대사 80

3. 지질의 기능 85

1) 에너지원 85 | 2) 체구성 성분 85 | 3) 체온 조절 및 장기 보호 기능 86 | 4) 지용성 비타

민의 흡수 촉진 86 ǀ 5) 필수지방산 공급 86 ǀ 6) 맛, 향미, 포만감 제공 86 ǀ 7) 담즙산과 스테로이드 호르몬 합성 87

4. 지질의 섭취기준과 급원식품 87

1) 지질의 섭취 현황과 기준 87 ǀ 2) 지질의 급원식품 89

5. 지질과 관련된 건강문제 91

1) 심혈관질환 91 ǀ 2) 암 93

CHAPTER 4 단백질

1. 아미노산과 단백질의 분류 100

1) 아미노산의 분류 100 ǀ 2) 단백질의 분류 103 ǀ 3) 단백질의 구조 106

2. 단백질의 소화, 흡수, 대사 109

1) 단백질의 소화 109 ǀ 2) 단백질의 흡수 및 운반 111 ǀ 3) 단백질의 대사 112

3. 단백질의 기능 116

1) 체구성 성분 117 ǀ 2) 산·알칼리 평형 유지 117 ǀ 3) 수분 평형 유지 117 ǀ 4) 효소와 호르몬의 합성 118 ǀ 5) 면역 기능 118 ǀ 6) 영양소의 운반 기능 118 ǀ 7) 에너지와 포도당 급원 118 ǀ 8) 신경전달물질의 합성 118

4. 단백질의 섭취기준과 급원식품 119

1) 단백질의 필요량과 질소 평형 119 ǀ 2) 단백질의 섭취 현황 121 ǀ 3) 단백질의 급원식품 122

5. 단백질의 질 평가 123

1) 생물학적 평가법 123 ǀ 2) 화학적 평가법 124

6. 단백질과 관련된 건강문제 126

1) 단백질-에너지 영양불량 126 ǀ 2) 단백질의 과잉 섭취 127

CHAPTER 5 에너지

1. 에너지 균형 136

1) 에너지 섭취 137 ǀ 2) 에너지 소비 139 ǀ 3) 에너지 균형의 평가 142 ǀ 4) 에너지 섭취기준 145

2. 에너지 불균형 149

1) 에너지 불균형의 평가 149 | 2) 체중 과다와 비만 154 | 3) 저체중 156 | 4) 섭식장애 157

CHAPTER 6 지용성 비타민

1. 비타민의 개요 164

1) 비타민의 종류와 특성 164 | 2) 비타민의 흡수 165

2. 비타민 A 167

1) 비타민 A의 구조와 성질 167 | 2) 비타민 A의 흡수와 대사 168 | 3) 비타민 A의 기능 169
4) 비타민 A의 섭취기준과 급원식품 173 | 5) 비타민 A의 결핍증 175 | 6) 비타민 A의 과잉증 176

3. 비타민 D 177

1) 비타민 D의 구조와 성질 177 | 2) 비타민 D의 흡수와 대사 178 | 3) 비타민 D의 기능 179
4) 비타민 D의 섭취기준과 급원식품 180 | 5) 비타민 D의 결핍증 182 | 6) 비타민 D의 과잉증 183

4. 비타민 E 184

1) 비타민 E의 구조와 성질 184 | 2) 비타민 E의 흡수와 대사 184 | 3) 비타민 E의 기능 184
4) 비타민 E의 섭취기준과 급원식품 186 | 5) 비타민 E의 결핍증 186 | 6) 비타민 E의 과잉증 188

5. 비타민 K 188

1) 비타민 K의 구조와 성질 188 | 2) 비타민 K의 흡수와 대사 188 | 3) 비타민 K의 기능 189
4) 비타민 K의 섭취기준과 급원식품 190 | 5) 비타민 K의 결핍증 190 | 6) 비타민 K의 과잉증 192

CHAPTER 7 수용성 비타민

1. 비타민 B 복합체 200

1) 티아민 200 | 2) 리보플라빈 205 | 3) 니아신 208 | 4) 판토텐산 212 | 5) 비오틴 215
6) 비타민 B_6 219 | 7) 엽산 224 | 8) 비타민 B_{12} 230

2. 비타민 C 236

1) 비타민 C의 구조 및 성질 236 | 2) 비타민 C의 흡수와 대사 237 | 3) 비타민 C의 기능 237 | 4) 비타민 C의 섭취기준과 급원식품 239 | 5) 비타민 C의 결핍증 241 | 6) 비타민 C의 과잉증 242

3. 비타민 유사물질 243

CHAPTER 8 다량무기질

1. 무기질의 일반적 기능 250

1) 체조직 구성 251 ❘ 2) 호르몬·효소·비타민의 구성 성분 251 ❘ 3) 수분의 균형 조절 252
4) 산·알칼리 평형 252 ❘ 5) 촉매작용 253

2. 칼슘 254

1) 칼슘의 흡수와 대사 254 ❘ 2) 칼슘의 항상성 조절 255 ❘ 3) 칼슘의 기능 257 ❘ 4) 칼슘의 섭취기준과 급원식품 259 ❘ 5) 칼슘의 결핍증과 과잉증 262

3. 인 265

1) 인의 흡수와 대사 265 ❘ 2) 인의 체내 기능 266 ❘ 3) 인의 섭취기준과 급원식품 267
4) 인의 결핍증과 과잉증 268

4. 마그네슘 270

1) 마그네슘의 흡수와 대사 270 ❘ 2) 마그네슘의 기능 271 ❘ 3) 마그네슘의 섭취기준과 급원식품 271 ❘ 4) 마그네슘의 결핍증과 과잉증 273

5. 칼륨 274

1) 칼륨의 흡수와 대사 274 ❘ 2) 칼륨의 기능 274 ❘ 3) 칼륨의 섭취기준과 급원식품 274
4) 칼륨의 결핍증과 과잉증 276

6. 나트륨 276

1) 나트륨의 흡수와 대사 276 ❘ 2) 나트륨의 기능 278 ❘ 3) 나트륨의 섭취기준과 급원식품 278 ❘ 4) 나트륨의 결핍증과 과잉증 282

7. 염소 282

1) 염소의 흡수와 대사 282 ❘ 2) 염소의 기능 283 ❘ 3) 염소의 섭취기준과 급원식품 283
4) 염소의 결핍증과 과잉증 283

8. 황 284

1) 황의 흡수와 대사 284 ❘ 2) 황의 기능 285 ❘ 3) 황의 섭취기준과 급원식품 285 ❘ 4) 황의 결핍증과 과잉증 285

CHAPTER 9 미량무기질

1. 철 294

1) 철의 흡수와 대사 294 ❘ 2) 철의 기능 297 ❘ 3) 철의 섭취기준과 급원식품 298 ❘ 4) 철의 결핍증 301 ❘ 5) 철의 과잉증 302

2. 아연 303
1) 아연의 흡수와 대사 303 I 2) 아연의 기능 304 I 3) 아연의 섭취기준과 급원식품 305
4) 아연의 결핍증과 과잉증 307
3. 구리 308
1) 구리의 흡수와 대사 308 I 2) 구리의 기능 309 I 3) 구리의 섭취기준과 급원식품 310
4) 구리의 결핍증과 과잉증 311
4. 요오드 312
1) 요오드의 흡수와 대사 312 I 2) 요오드의 생리적 기능 313 I 3) 요오드의 섭취기준과 급원식품 313 I 4) 요오드의 결핍증과 과잉증 315
5. 셀레늄 316
1) 셀레늄의 흡수와 대사 316 I 2) 셀레늄의 기능 316 I 3) 셀레늄의 섭취기준과 급원식품 317 I 4) 셀레늄의 결핍증과 과잉증 319
6. 불소 319
1) 불소의 흡수와 대사 319 I 2) 불소의 기능 320 I 3) 불소의 섭취기준과 급원식품 321
4) 불소의 결핍증과 과잉증 322
7. 기타 미량무기질 323
1) 망간 323 I 2) 몰리브덴 325 I 3) 크롬 326

CHAPTER 10 물

1. 물의 기능 334
1) 신체의 구성 성분 334 I 2) 영양소와 노폐물의 운반 335 I 3) 체온 조절 335 I 4) 용매 역할과 전해질 균형 336 I 5) 윤활제 및 외부 충격으로부터의 보호 336
2. 체내 수분의 함량과 분포 336
3. 체내 수분의 균형과 필요량 337
1) 체내 수분의 균형 337 I 2) 체내 수분의 불균형 338 I 3) 체내 수분의 필요량 339
4) 수분의 급원식품 339

연습문제 정답 343
찾아보기 350

CHAPTER 1

영양학의 개요

1. 영양학의 개요

2. 식생활과 건강

1. 영양학의 개요

영양학(science of nutrition)이란 인체에 영양소가 공급되어 그 영양소에 의해 인체가 생명을 유지하고 성장하며, 건강이 유지 또는 변화되어 가는 모든 과정에 대하여 연구하는 학문이다. 또한, 영양학은 음식물 속의 영양소가 체내에서 소화, 흡수, 운반, 대사, 저장 및 배설되는 과정뿐만 아니라 각 영양소의 체내 역할과 필요량, 결핍 증세 등에 대해 연구하고, 인체와 영양소 간의 상호작용에 대해 탐구하며, 더 나아가 인간의 환경과 식문화를 포함하는 응용과학(applied science)이라고 할 수 있다.

영양학은 기초영양학(basic nutrition), 임상영양학(clinical nutrition), 지역사회영양학 또는 보건영양학(community nutrition 또는 public nutrition), 응용영양학(applied nutrition), 생활주기영양학(life cycle nutrition), 운동영양학(sports nutrition), 고급영양학(biochemical nutrition) 등으로 다양하게 분류된다.

1) 영양과 영양소

영양(nutrition)이란 인간을 비롯한 생명체가 음식물을 섭취한 후에 소화, 흡수 과정을 통하여 음식물 중에서 인체의 구성요소가 되는 화학 성분인 영양소를 이용하여 에너지와 열을 생성하고 신체의 일부로 합성(동화, anabolism) 또는 분해(이화, catabolism)시키는 대사작용(metabolism)을 하며, 노폐물을 체외로 배설함으로써 생명체의 성장과 체조직 보수를 유지하여 궁극적으로는 생명활동을 지속시키는 일련의 과정이다.

People eat foods,
cells eat nutrients. → We are what we eat,
We eat what we are.

2) 영양소의 역할과 종류

영양소(nutrients)는 인체에 필요한 에너지를 공급하고(에너지 영양소), 체조직의 성장과 유지, 보수에 관여하며(성장과 조직 유지 영양소), 생리 기능을 조절함으로써(생리 조절 영양소) 인체의 생명과 건강을 유지하는 역할을 한다.

영양소의 종류에는 체내 기능에 따라 탄수화물, 지질, 단백질, 무기질, 비타민, 물 등의 6가지가 있으며, 특히 이 중에서 체내에서 전혀 합성되지 않거나 합성 양이 부족하여 인체의 성장과 발달을 위해서는 반드시 식사에 포함되어야 할 약 40여 가지의 영양소를 필수영양소(essential nutrients)라고 한다(표 1-1).

표 1-1 ▶ 영양소의 역할과 종류

<table>
<tr><th colspan="2">역할</th><th>종류</th><th colspan="2">필수영양소의 종류</th></tr>
<tr><td rowspan="3">에너지
영양소</td><td rowspan="8">성장과
조직
유지
영양소</td><td>탄수화물</td><td colspan="2">포도당(포도당으로 전환되는 탄수화물)</td></tr>
<tr><td>지질(지방산)</td><td colspan="2">리놀레산, 알파-리놀렌산</td></tr>
<tr><td>단백질
(아미노산)</td><td colspan="2">히스티딘, 이소류신, 류신, 메티오닌, 라이신, 페닐알라닌, 트레오닌, 트립토판, 발린</td></tr>
<tr><td rowspan="5">생리
조절
영양소</td><td rowspan="2">비타민</td><td>수용성 비타민</td><td>티아민, 리보플라빈, 니아신, 판토텐산, 비오틴, 비타민 B_6, 비타민 B_{12}, 엽산, 비타민 C</td></tr>
<tr><td>지용성 비타민</td><td>비타민 A, D, E, K</td></tr>
<tr><td rowspan="2">무기질</td><td>다량무기질</td><td>칼슘, 인, 나트륨, 염소, 칼륨, 마그네슘, 황</td></tr>
<tr><td>미량무기질</td><td>철, 아연, 구리, 불소, 망간, 요오드, 몰리브덴, 셀레늄, 코발트, 크롬</td></tr>
<tr><td>물</td><td colspan="2">물</td></tr>
</table>

3) 영양소의 에너지 함량과 섭취비율

식품의 소화율을 고려하였을 때, 에너지 영양소인 탄수화물은 4 kcal/g, 단백질은 4 kcal/g, 지질은 9 kcal/g의 에너지를 제공한다. 식품의 에너지 단위는 kcal 또는 Cal로 표기하며 '칼로리'라 읽고, 통상 1 kg의 물을 1℃ 올리는 데 필요한 에너지를 의미한다.

탄수화물, 단백질, 지질을 통하여 섭취하는 에너지양의 적정 범위로서 건강 유지 및 질병 예방에 적절한 섭취비율을 나타내는 에너지 적정비율을 살펴보면 2015년 영양소 섭취기준과 동일한 수준이며, 만성질환의 위험 감소를 고려한 평가지표로 사용될 수 있다.[1]

표 1-2 ▶ 한국인의 에너지 적정비율

영양소	1~2세	3~18세	19세 이상
탄수화물	55~65%	55~65%	55~65%
단백질	7~20%	7~20%	7~20%
지질	20~35%	15~30%	15~30%

자료 : 보건복지부, 2020 한국인 영양소 섭취기준, 2020

1일 동안 탄수화물 300 g, 단백질 50 g, 지질 50 g을 함유한 식사를 한 경우

1일 총에너지 섭취량을 계산하면? (총 1,850 kcal의 에너지 섭취)

	탄수화물 300 g × 4 kcal/g =	1,200 kcal
	단 백 질 50 g × 4 kcal/g =	200 kcal
+)	지 질 50 g × 9 kcal/g =	450 kcal
	합 계	1,850 kcal

에너지 영양소(탄수화물, 단백질, 지질)로부터 섭취한 에너지 비율은?

	탄수화물 (1,200 kcal ÷ 1,850 kcal) × 100 =	64.9%
	단 백 질 (200 kcal ÷ 1,850 kcal) × 100 =	10.8%
+)	지 질 (450 kcal ÷ 1,850 kcal) × 100 =	24.3%
	합 계	100.0%

2. 식생활과 건강

1) 영양과 건강

건강(health)은 단지 질병이 없거나 허약하지 않은 상태만을 의미하는 것이 아니라 육체적, 정신적, 사회적으로 완전히 양호한 상태를 의미한다(WHO, 1946).[2] 최근에는 건강의 개념이 더욱 확대되어 신체능력, 환경 적응능력, 스트레스·질병 적응능력의 강화와 사회 적응 및 봉사, 사회복지 기여 능력의 강화까지도 건강의 범주에 포함시키고 있다. 따라서, 생명 유지에 필수적인 영양은 인간의 건강을 유지하고 삶의 질을 증진시키는 데에 있어 매우 중요한 요인으로 작용한다.

모든 사람은 '건강 > 준건강 > 준질병 > 질병 > 사망'의 5단계 건강 상태에 해당되는데, 대부분의 사람은 현재는 질병이 없지만 앞으로 질병 상태로 전이될 가능성이 잠재된 준건강 또는 준질병 상태에 놓여 있으며, 이는 부적절한 영양 상태와 맞물려 있게 된다. 따라서, 최고 수준의 건강 상태를 유지하기 위해서는 항상 바람직한 영양 상태를 유지해야 한다(그림 1-1).

특히 1970년대 이전에는 영양 섭취와 의료 혜택의 부족, 위생 상태 불량 등의 영향으로 감염성 질환(결핵, 기생충감염)과 각종 호흡기계 질환이 만연했던 반면, 1980년대 이후부터는 서서히 서구식 식생활이 자리 잡음에 따라 영양과잉과 비만, 순환기계 질환

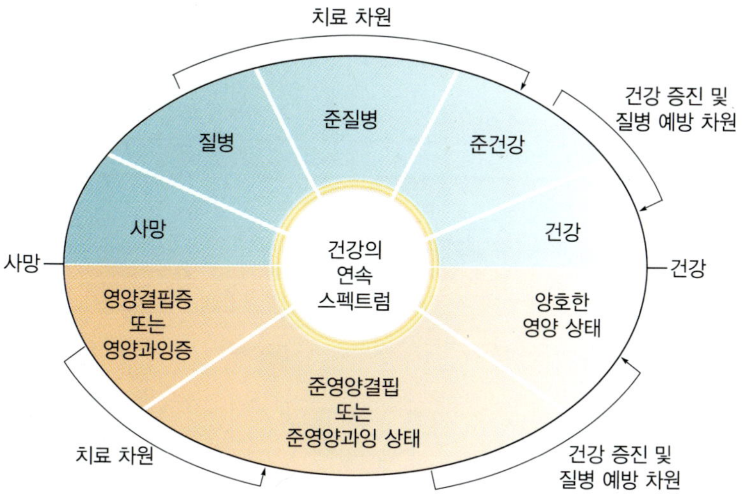

그림 1-1 ▶ 건강 상태와 영양 상태의 관계

영양과 관련된 건강문제

영양 상태에 의해 거의 유발되는 건강문제
비만, 영양 부족, 성장 지연, 철 결핍성 빈혈, 충치 등

영양 상태가 여러 위험인자 중에서 한 가지 요인으로 작용하는 건강문제
대사성 질환(당뇨병, 고지혈증, 골다공증 등), 고혈압, 일부 암(대장암, 유방암, 폐암 등), 뇌졸중, 저체중아 출산, 선천적 대사장애 등

영양 상태가 건강 상태를 호전 또는 조절할 수 있는 건강문제
에이즈, 당뇨병, 위장관질환, 신장질환 등

과 암 등과 같은 각종 만성퇴행성 질환이 만연하게 되어서 건강한 삶과 영양 간의 관계가 더욱 밀접해지고 있다.

2) 건강한 식생활

(1) 식생활에 영향을 끼치는 요인

식품의 선택 및 섭취는 개인의 식욕과 공복감뿐만 아니라 심리 상태, 종교, 가족 형태, 경제 상황, 정치, 식품 생산, 거주지역 등과 같은 요인 간의 상호작용에 따라 다양하게 변화할 수 있다. 따라서, 식행동을 평가하고 교정할 때에는 반드시 식생활과 관련이

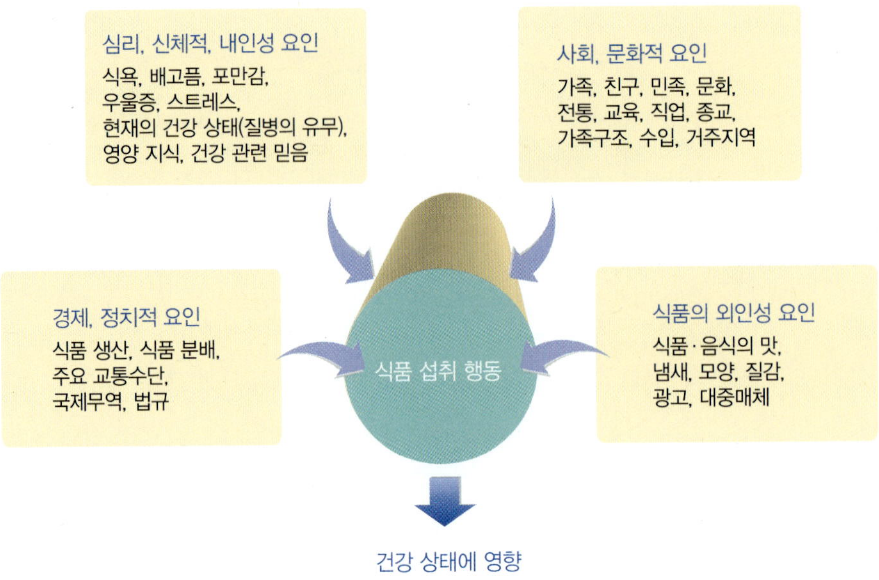

그림 1-2 식행동에 영향을 끼치는 요인

있는 문화 전반에 걸쳐 접근해야 한다(그림 1-2).

(2) 바람직한 영양과 영양불량

바람직한 영양 상태란 필수영양소가 신체에 충분히 공급되고 정상적인 대사작용을 통해 신체의 항상성이 유지되며, 평소보다 영양소 필요량이 증가하거나 적절한 영양 섭취가 어려울 경우에 대비하여 약간의 에너지를 체내에 저장한 상태를 의미한다.

반면, 영양불량(malnutrition) 상태는 크게 영양결핍(undernutrition), 영양과잉(overnutrition), 영양 불균형(nutritional imbalance)으로 나뉘며 건강문제를 일으키는 요인으

영양결핍
전반적인 영양소의 섭취량이 부족하여 체내 영양소 저장량이 상당량 고갈된 상태. 예 콰시오커, 마라스무스 등

영양과잉
지속적인 영양소의 과잉 섭취로 인해 체내에 과도하게 영양소가 축적된 상태. 예 비만

영양 불균형
전반적으로는 바람직한 영양 상태를 나타내지만, 특정 영양소 1~2가지에서 부족 또는 과잉 섭취를 나타내는 상태. 예 소금, 칼슘, 철 등의 부족 및 과잉

로 작용할 수 있다.[3]

3) 영양 상태 평가

개인 및 집단의 영양 상태는 식품 및 영양소의 섭취 상태뿐만 아니라 영양과 관련된 건강지표들을 측정함으로써 평가하고 진단할 수 있다. 따라서, 영양 상태의 평가(nutritional assessment)를 통하여 개인 및 집단이 바람직한 식생활을 하고 있는지의 여부를 평가한다. 영양 상태를 평가하는 직접적인 방법으로 신체계측법(anthropometric measurement), 생화학적 검사법(biomedical assessment), 임상조사법(clinical assessment), 식사조사법(dietary assessment)의 4종류가 널리 사용되고 있다(표 1-3).

표 1-3 ▶ 영양 상태의 평가법

종류	내용
신체계측법	1. 성장 정도를 측정하는 방법 • 대상 : 성장기 어린이 • 신장, 체중, 머리둘레, 가슴둘레 등을 측정하여 발육 표준치와 비교함으로써 성장 적정성 여부를 판정함 2. 신체 구성 성분을 측정하는 방법 • 대상 : 성장이 완료된 성인과 어린이 • 주로 체지방량을 간접적으로 측정하여 체격의 적정성 여부, 만성적인 영양불량 또는 만성퇴행성 질환과의 관련성 여부를 판정함(예 : 피부두겹집기, 상완위둘레, 허리둘레, 허리/엉덩이 둘레비 등) • 비만 판정 : 신장과 체중을 이용한 체질량지수(body mass index, BMI)가 주로 이용됨(예 : 체질량지수 = 체중(kg)/신장(m)^2)
생화학적 검사법	1. 혈액검사 : 최근 또는 장기간의 영양 상태를 가장 잘 반영하는 생화학적 검사 (예 : 알부민, 콜레스테롤, 혈당, 헤모글로빈, 중성지방 등) 2. 소변검사 : 단백질, 수용성 비타민, 무기질의 영양 상태 및 영양소의 섭취량/배설량 평형 연구에 사용 3. 대변검사 : 단백질, 무기질, 섬유소 등 영양소의 흡수율 조사에 사용 4. 기타 : 머리카락, 조직검사 등
임상조사법	1. 영양 부족 상태가 장기간 지속되면 영양소의 체내 저장량이 고갈되어 생화학적 변화뿐만 아니라, 육안으로도 식별이 가능한 신체 징후들이 나타남(예 : 근육 소모, 비만, 부종, 복수, 안색, 탈모, 탈색, 손톱 이상 등) 2. 임상 경험이 많은 전문가의 도움이 필수적임
식사조사법	1. 24시간 회상법(24 hour dietary recall method) : 전날 섭취한 모든 음식물의 식품 종류와 양을 기억하여 목측량을 기록하는 방법 2. 식사기록법(diet record method) : 자신이 섭취한 모든 음식물의 식품 종류와 양을 스스로 기록하는 방법(예 : 식사일기) 3. 실측법(weighing method) : 개인의 식품 섭취량을 매번 저울, 계량컵 등을 이용하여 직접 측량하고 기록하는 방법 4. 식품섭취빈도법(food frequency method) : 장기간(1달~1년) 섭취한 특정 식품이나 영양소의 섭취 상태를 조사하기 위하여 식품목록과 섭취빈도를 함께 제시하여 조사하는 방법 5. 식사력 조사법(diet history) : 24시간 회상법으로 식사 섭취 내용을 조사하고, 보조적으로 식품목록에 기호도나 구매빈도 등을 표시하거나 식품섭취빈도법을 병행하는 방법

4) 바람직한 식생활 계획

(1) 바람직한 식생활의 기본원칙

바람직한 식생활을 하려면 균형, 다양성, 적절한 양 또는 절제의 3원칙이 서로 연관성을 가지고 유지되어야 한다. 이 외에 규칙적인 운동도 바람직한 식생활을 유지하는 데 도움을 준다.

① 균형(balance)

섭취하는 식품이나 영양소가 특정한 것에 치우침이 없는 상태를 의미한다. 균형 잡힌 식생활, 즉 모든 영양소가 적당량 포함되어 있는 식사를 섭취하기 위하여 6가지 영양소가 포함된 식품을 매끼마다 골고루 섭취하면 특정 영양소의 부족 또는 과잉을 예방하고 균형 있는 식생활을 할 수 있다.

② 다양성(variety)

식품마다 영양소의 종류와 함량이 각각 다르므로 1~2종류의 식품 섭취만으로는 영양소 필요량을 모두 만족시킬 수 없다. 모든 영양소의 필요량을 충족시키기 위해서는 다양한 종류의 식품을 골고루 섭취함으로써 영양소의 상호보완 효과를 얻어야 한다.

③ 적절한 양/절제(moderation)

건강상 필요한 만큼의 영양소 섭취량을 유지하기 위하여 특정 영양소(예 : 단순당, 지질, 알코올 등)의 섭취량과 섭취 횟수에 대한 절제가 요구된다.

(2) 식사구성안

식사구성안(food guidance system)은 일반인에게 영양소 섭취기준에 만족할 만한 식사를 제공할 수 있는 식품의 양과 종류를 선택하도록 돕기 위해 고안된 식사계획안이다.

식사구성안은 일반 건강인의 전반적인 건강 증진을 목표로 하고 있으며, 양적으로는 '2020 한국인 영양소 섭취기준'을 충족시키고, 질적으로는 '한국인을 위한 식생활 지침(성인용, 2008)'에 부합함으로써 최적의 영양 상태를 유지하고 건강한 삶을 영위하도록 하는 것이 주된 제정 목적이라고 하겠다.[1, 4]

식사구성안에 따라 식사계획을 세울 때에는 개인의 성별과 나이를 기준으로 몇 개의 그룹을 나눈 후 각 그룹별로 필요한 에너지 섭취량과 이에 따른 바람직한 영양소를 섭취할 수 있도록 '6가지 식품군', '대표식품의 1인 1회 분량', '권장섭취패턴' 등을 활용하여 균형 잡힌 1일 식단을 작성한다.

① 식품군과 식품구성자전거

식품군(food groups)은 균형 잡힌 식생활을 위하여 날마다 섭취해야 할 식품들을 주된 영양소 조성에 따라 몇 종류로 구분한 식품 분류이다. 각 나라마다 고유한 식생활을 고려하여 4~7개의 식품군으로 나누며, 우리나라에서는 ① 곡류, ② 고기·생선·달걀·콩류, ③ 채소류, ④ 과일류, ⑤ 우유·유제품류, ⑥ 유지·당류 등의 6가지로 분류하였다.[1] 견과류는 한국인 영양섭취기준 개정(2010) 이후로 유지·당류가 아닌 고기·생선·달걀·콩류로 재분류되었다.

식품구성자전거(food balance wheels)는 식사구성안에서 제시한 다양한 식품을 매일 골고루 필요한 만큼 먹는 균형 잡힌 식사와 함께 충분한 수분 섭취와 신체활동의 중요성을 일반인이 쉽게 이해할 수 있도록 자전거 바퀴 모양으로 표현한 식사모형이다. 식품군 중에서 섭취량과 섭취 횟수가 가장 많은 밥이나 빵, 국수 등 주식에 해당하는 곡류군은 자전거 바퀴의 가장 넓은 면적(노란색, 매일 2~4회 정도)을, 채소 또는 단백질 반

그림 1-3 ▶ 식품구성자전거

자료 : 보건복지부·한국영양학회, 2015 한국인 영양소 섭취기준, 2015

찬(부식)에 해당하는 채소군과 고기·생선·달걀·콩류군은 각각 초록색(나물, 생채, 쌈 등의 형태로 매 끼니 2가지 이상)과 보라색(매일 3~4회 정도)의 면적을, 우유·유제품류 또는 과일류와 같이 간식에 해당하는 식품군은 각각 파란색(매일 1~2잔)과 빨간색(매일 1~2개)의 면적을 차지하도록 각 식품군마다 지정된 상징색으로 배색하여 시각적인 교육 효과를 유도하고 있다(그림 1-3).

② 식품군별 대표식품과 1인 1회 분량

우리나라 6가지 식품군의 대표식품들에 대해 편의상 기억하기 쉽고 사용하기 편하도록 한국인이 통상적으로 1회에 섭취하는 식품량과 가장 근접한 양을 설정하고, 관습적으로 사용해 오던 1회 섭취량(1 portion size)을 고려(예 : 밥의 1회 분량=1공기)하여 식품군별 대표식품의 1인 1회 분량(1 serving size)을 제정하였다. 즉, 1인 1회 분량은 통상적으로 대부분의 국민이 1회 식사에서 섭취하는 것으로 추정되는 식품의 양을 나타낸다(그림 1-4).

③ 권장식사패턴

권장식사패턴(target pattern)은 일반인을 대상으로 식사구성안에 있는 각 식품군별 대표식품의 1인 1회 분량의 하루 중 총섭취 횟수를 나타낸 것으로, 일반인이 편리하게 이용할 수 있도록 개인의 성장 유무와 총에너지 필요추정량에 따라 미리 조성해 놓은 식사조성표이다(표 1-4). 반드시 권장식사패턴에 맞추어 먹어야만 건강해진다는 의미는 아니지만, 이 정도의 식사구성으로 식품을 섭취한다면 한국인의 영양소 섭취기준을 만족하는 바람직한 식생활을 할 수 있음을 나타낸다. 따라서, 식품군별 대표식품에 따른 1인 1회 분량과 권장식사패턴을 이용하면 쉽게 개인의 식사계획과 식단 구성을 할 수 있다(표 1-5).

그림 1-4 식품군별 대표식품의 1인 1회 분량 1

자료 : 보건복지부, 2015 한국인 영양소 섭취기준, 2015

그림 1-4 식품군별 대표식품의 1인 1회 분량 2

자료 : 보건복지부, 2015 한국인 영양소 섭취기준, 2015

유지 · 당류(45 kcal)

깨(5 g)

콩기름(5 g),

마요네즈(5 g)

버터(5 g)

설탕(10 g)

물엿(10 g)

꿀(10 g)

그림 1-4 ▶ 식품군별 대표식품의 1인 1회 분량 3

자료 : 보건복지부, 2015 한국인 영양소 섭취기준, 2015

표 1-4 ▶ 권장식사패턴의 예

[패턴 A] 우유 · 유제품 2회 권장						
열량(kcal)	곡류	고기 · 생선 · 달걀 · 콩류	채소류	과일류	우유 · 유제품	유지 · 당류
1,000	1	1.5	4	1	2	3
1,100	1.5	1.5	4	1	2	3
1,200	1.5	2	5	1	2	3
1,300	1.5	2	6	1	2	4
1,400	2	2	6	1	2	4
1,500	2	2.5	6	1	2	5
1,600	2.5	2.5	6	1	2	5
1,700	2.5	3	6	1	2	5
1,800	3	3	6	1	2	5
1,900	3	3.5	7	1	2	5
2,000	3	3.5	7	2	2	6
2,100	3	4	8	2	2	6
2,200	3.5	4	8	2	2	6
2,300	3.5	5	8	2	2	6
2,400	3.5	5	8	3	2	6
2,500	3.5	5.5	8	3	2	7
2,600	3.5	5.5	8	4	2	8
2,700	4	5.5	8	4	2	8
2,800	4	6	8	4	2	8

(계속)

[패턴 B] 우유 · 유제품 1회 권장						
열량(kcal)	곡류	고기 · 생선 · 달걀 · 콩류	채소류	과일류	우유 · 유제품	유지 · 당류
1,000	1.5	1.5	5	1	1	2
1,100	1.5	2	5	1	1	3
1,200	2	2	5	1	1	3
1,300	2	2	6	1	1	4
1,400	2.5	2	6	1	1	4
1,500	2.5	2.5	6	1	1	4
1,600	3	2.5	6	1	1	4
1,700	3	3.5	6	1	1	4
1,800	3	3.5	7	2	1	4
1,900	3	4	8	2	1	4
2,000	3.5	4	8	2	1	4
2,100	3.5	4.5	8	2	1	5
2,200	3.5	5	8	2	1	6
2,300	4	5	8	2	1	6
2,400	4	5	8	3	1	6
2,500	4	5	8	4	1	7
2,600	4	6	9	4	1	7
2,700	4	6.5	9	4	1	8

자료 : 보건복지부, 2015 한국인 영양소 섭취기준, 2015

표 1-5 ▶ 1일 권장식단 구성의 예(성인 남성 19~64세 : 2,400 kcal, B타입)

(회 분량)

메뉴	분량	아침	점심	저녁	간식
		쌀밥 육개장 조기구이 콩자반 실파무침	잔치국수 동태전 느타리버섯볶음 시금치나물 가지나물	잡곡밥 미역국 수육 모듬쌈&쌈장 도토리묵무침 배추김치	시리얼 우유 배 단감 사과 군고구마 녹차
곡류	4회	쌀밥 210 g (1)	국수(생면) 210 g (1)	잡곡밥 210 g (1) 도토리묵 70 g (0.1)	시리얼 30 g (0.3) 고구마 140 g (0.6)
고기 · 생선 · 달걀 · 콩류	5회	쇠고기 30 g (0.5) 조기 60 g (1) 검정콩 20 g (1)	동태, 달걀 60 g (1)	돼지고기 90 g (1.5)	

(계속)

메뉴	분량	아침	점심	저녁	간식
		쌀밥 육개장 조기구이 콩자반 실파무침	잔치국수 동태전 느타리버섯볶음 시금치나물 가지나물	잡곡밥 미역국 수육 모듬쌈&쌈장 도토리묵무침 배추김치	시리얼 우유 배 단감 사과 군고구마 녹차
채소류	8회	숙주, 고사리, 무 70 g (1) 실파 70 g (1)	애호박 17 g (0.25) 김 0.5 g (0.25) 느타리버섯 30 g (1) 시금치 70 g (1) 가지 70 g (1)	미역 15 g (0.5) 상추, 고추, 깻잎 70 g (1) 배추김치 40 g (1)	
과일류	3회				배 100 g (1) 단감 100 g (1) 사과 100 g (1)
우유 · 유제품류	1회				우유 200 mL (1)
식단 사진					 시리얼, 우유, 배  단감, 사과  군고구마, 녹차

*유지·당류 6회는 조리 시 소량씩 사용

자료 : 보건복지부, 2015 한국인 영양소 섭취기준, 2015

④ 한국인을 위한 식사지침

국민들의 건강한 식생활을 유지할 수 있도록 국가 특유의 식습관과 건강문제를 감안하여 제정한 지침을 '식사지침(dietary guidelines)'이라고 하며, 일반적으로 연령별 생

애주기에 맞추어 다양하게 제정되어 있다. 한국인을 위한 식사지침(성인용)은 다음과 같다.[4]

한국인을 위한 식사지침(성인용)

① 채소, 과일, 우유제품을 매일 먹자.
② 지방이 많은 고기와 튀긴 음식을 적게 먹자.
③ 짠 음식을 피하고, 싱겁게 먹자.
④ 활동량을 늘리고 알맞게 섭취하자.
⑤ 술을 마실 때는 그 양을 제한하자.
⑥ 세끼 식사를 규칙적으로 즐겁게 하자.
⑦ 음식은 먹을 만큼 준비하고, 위생적으로 관리하자.
⑧ 밥을 주식으로 하는 우리 식생활을 즐기자.

(3) 영양소 섭취기준

1962년 우리나라 국민보건과 체위 향상, 식생활 개선에 도움을 주고자 제정된 한국인 영양권장량 이후로 7차에 걸친 개정작업이 있어 왔다. 그러나 1990년대 이후부터 부각되기 시작한 영양과잉의 문제를 예방하고 기존의 영양권장량의 한계점을 극복하며, 과학적으로 밝혀진 사실에 준거한 영양섭취기준을 제정하기 위하여 '한국인 영양섭취기준(2005)'으로 8차 개정을 하였다. 이는 기존의 영양권장량이 영양결핍을 막는 데에 초점을 두고 영양소 권장량을 단일값으로 제시했던 것과는 달리, 만성질환이나 영양소의 과잉 섭취를 함께 예방할 수 있도록 '평균필요량', '권장섭취량', '충분섭취량', '상한섭취량'의 4가지 수준으로 영양섭취기준을 설정한 것이 특징이었다. 그 이후에 성인 연령기준을 19세로 낮추고 소아·청소년의 체위 기준을 개정(2007)한 것을 토대로 9차 개정된 '한국인 영양섭취기준 개정안(Dietary reference intakes for Koreans 2010)을 이용하여 왔다.

지금까지 한국인 영양섭취기준은 학회 등 민간 차원에서 추진되어 왔으나, 「국민영양관리법(제14조)」 제정 이후 법률에 근거하여 2015년도 영양소 섭취기준부터 국가 차원에서 제·개정 작업이 이루어지고 있다. 현재는 '2020 한국인 영양소 섭취기준(Dietary Reference Intakes for Koreans, KDRIs)'을 설정하여 안전하고 충분한 영양섭취를 확보함과 동시에 만성질환의 위험을 감소시킴으로써 국민건강의 증진을 도모하고 있다.[1]

개정된 '2020 한국인 영양소 섭취기준'에서 제공하는 기준치는 영양소 섭취부족의 예방을 위한 3가지 지표인 평균필요량(Estimated Average Requirement, EAR), 권장섭취량(Recommended Nutrient Intake, RNI), 충분섭취량(Adequate Intake, AI)과 과잉섭취로 인

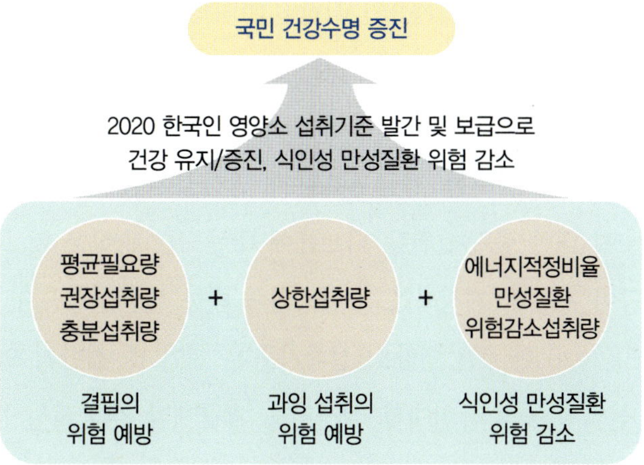

그림 1-5 ▶ **2020 한국인 영양소 섭취기준의 제·개정 목적**

자료 : 보건복지부, 2020 한국인 영양소 섭취기준, 2020

2020 한국인 영양소 섭취기준의 구성 지표

1. 영양소 섭취부족의 예방을 위한 지표

▸ 평균필요량(Estimated Average Requirement, EAR)

건강한 사람들의 1일 영양소 필요량의 중앙값, 즉 건강한 인구집단의 50%에 해당하는 사람들의 영양소 필요량에서 산출한 값

▸ 권장섭취량(Recommended Nutrient Intake, RNI)

개인차를 감안하여 건강한 인구집단의 평균필요량(EAR)에 표준편차 또는 변이계수의 2배를 더하여 산출한 값으로 인구 집단의 97.5%(약 97~98%)에 해당하는 사람들의 영양소 필요량을 충족시키는 값

권장섭취량(RNI) = 평균필요량(EAR) + 표준편차의 2배($2SD_{EAR}$)

▸ 충분섭취량(Adequate Intake, AI)

영양소의 필요량을 추정하기 위한 과학적 근거가 부족하여 권장섭취량을 결정하기 어려운 경우, 대상 인구 집단의 건강을 유지하는 데 충분한 양을 설정한 값

2. 영양소 과잉섭취로 인한 건강문제 예방을 위한 지표

▸ 상한섭취량(Tolerable Upper Intake Level, UL)

인체에 유해한 영향이 나타나지 않는 최대 영양소 섭취 수준으로, 필요한 영양소라도 과량 섭취할 때 유해 영향이 나타날 수 있다는 과학적 근거가 있을 때 설정

상한섭취량(UL)
= 최대무해용량(No Observed Adverse Effect Level, NOAEL) 또는 최저유해용량(Lowest Observed Adverse Effect Level, LOAEL)/불확실계수(Uncertainty Factor, UF)

3. 만성질환의 위험 감소를 고려한 기준치(지표)

▸ 에너지 적정비율

에너지 영양소의 섭취비율이 건강과 관련성이 있다는 과학적 근거에 따라 설정한 탄수화물, 지질, 단백질의 에너지 적정비율로서, 각 영양소를 통해 섭취하는 에너지양이 총에너지 섭취량에서 차지하는 비율의 적정 범위

▸ 만성질환위험감소섭취량(Chronic Disease Risk Reduction Intake, CDRR)

건강한 인구 집단에서 만성질환의 위험을 감소시킬 수 있는 최저 수준의 영양소 섭취량. 설정된 기준치보다 높게 섭취하는 사람이 전반적으로 섭취량을 줄이면 만성질환에 대한 위험을 감소시킬 수 있다는 근거를 중심으로 도출된 값

한 건강문제 예방을 위한 지표인 상한섭취량(Tolerable Upper Intake Level, UL), 그리고 만성질환의 위험감소를 고려한 2가지 지표인 에너지 적정비율과 만성질환위험감소섭취량(Chronic Disease Risk Reduction Intake, CDRR)이 있다(그림 1-5).

또한, 탄수화물에 대한 평균필요량과 권장섭취량, 지방산(리놀레산, 알파-리놀렌산, DHA+EPA)에 대한 충분섭취량, 나트륨에 대한 심혈관질환 및 고혈압 등 만성질환위험감소섭취량이 새롭게 제정되었고, 단백질에 대한 평균필요량과 권장섭취량이 개정되었다. 개정된 '2020 한국인 영양소 섭취기준'은 개인 및 집단의 영양평가와 식단계획, 병원, 학교, 산업체 등의 급식계획, 식사지도, 제품개발, 식품표시 등의 가이드라인으로 활용될 수 있다.

참고문헌

1 보건복지부(2020). 2020 한국인 영양소 섭취기준.

2 World Health Organization(1946). The International Health Conference, NY; (1948). Official Records of the World Health Organization, no 2, p.100.

3 대한영양사회(2008). 임상영양관리지침서. 제3판: 영양판정.

4 보건복지가족부·한국보건산업진흥원(2008). 한국인의 연령대별 건강한 식사지침.

용어정리

영양소 음식물 중에서 인체의 구성요소로 이용될 수 있는 화학 성분

건강 단지 질병이 없거나 허약하지 않은 상태뿐만 아니라 육체적 · 정신적 · 사회적으로 완전히 양호한 상태

영양 상태 평가 개인 및 집단을 대상으로 식품 및 영양소의 섭취 상태뿐만 아니라 영양과 관련된 건강지표들을 측정하는 것

식사구성안 일반인에게 영양 섭취기준에 만족할 만한 식사를 제공할 수 있는 식품의 양과 종류를 선택하도록 돕기 위하여 고안된 식사계획안

식품군 균형 잡힌 식생활을 위하여 날마다 섭취해야 할 식품들을 주요 영양소 조성에 따라 분류한 것. 우리나라는 ① 곡류, ② 고기 · 생선 · 달걀 · 콩류, ③ 채소류, ④ 과일류, ⑤ 우유 · 유제품류, ⑥ 유지 · 당류 등의 6가지 식품군을 사용

식품구성자전거 식품군, 운동 및 수분 섭취의 중요성을 강조함과 동시에 각 식품군이 차지하는 중요도를 일반인이 쉽게 이해할 수 있도록 자전거 바퀴 모양으로 표현한 식사모형

1인 1회 분량 통상적으로 대부분의 국민이 1회 식사에서 섭취하는 것으로 추정되는 식품의 양

권장식사패턴 일반인을 대상으로 식사구성안에 있는 각 식품군별 대표식품의 1인 1회 분량의 하루 중 총섭취 횟수를 나타낸 식사구성표

영양소 섭취기준 건강한 사람들이 평소에 식품이나 보충제를 통해 섭취하는 영양소의 총량에 대한 기준으로, 평균필요량, 권장섭취량, 충분섭취량, 상한섭취량 등이 설정됨.

단원정리

- 영양이란 생명체가 영양소를 섭취한 후에 소화, 흡수, 대사, 배설 등을 함으로써 생명체의 성장과 체조직 보수를 유지하여 생명활동을 지속시키는 일련의 과정이다.
- 영양소에는 인체에 필요한 에너지를 공급하는 탄수화물(4 kcal/g), 지질(9 kcal/g), 단백질(4 kcal/g)과 생리 조절을 하는 비타민, 무기질, 물 등이 포함된다.
- 생명 유지에 필수적인 영양은 인간의 건강을 유지하고 삶의 질을 증진시키는 데 매우 중요한 역할을 한다.
- 영양 상태를 평가함으로써 개인 및 집단이 바람직한 식생활을 하고 있는지 알 수 있으며, 평가 방법으로는 신체계측법, 생화학적 검사법, 임상조사법 및 식사조사법 등이 널리 사용된다.
- 건강문제를 일으킬 수 있는 영양불량 상태로는 크게 영양결핍, 영양과잉 및 영양 불균형이 있으며, 이는 바람직한 식생활 기본원칙에 따라 영양소 균형을 맞추어 다양한 식품을 먹되, 적절한 양을 절제하여 섭취함으로써 개선될 수 있다.
- 식사구성안은 일반인에게 영양적으로 만족할 만한 식사를 제공할 수 있는 식품의 양과 종류를 선택하도록 돕기 위하여 고안된 식사계획안으로, 식사구성안에 따라 식사계획을 세울 때에는 개인의 성별과 연령집단을 기준으로 필요한 에너지 섭취량에 따라 '6가지 식품군'과 '대표식품의 1인 1회 분량', '권장섭취패턴' 등을 활용하여 균형 잡힌 1일 식단을 작성할 수 있다.
- 식품군은 ① 곡류, ② 고기·생선·달걀·콩류, ③ 채소류, ④ 과일류, ⑤ 우유·유제품류, ⑥ 유지·당류 등의 6가지로 분류되며, 식품구성자전거 모형을 이용하여 각 식품군의 대표식품과 중요도를 표시하였다.
- 2020 한국인 영양소 섭취기준에는 섭취부족의 예방 지표(평균필요량, 권장섭취량, 충분섭취량), 과잉섭취로 인한 건강문제 예방 지표(상한섭취량) 및 만성질환의 위험감소지표(에너지 적정비율, 만성질환위험감소섭취량)가 포함되어 있다.

연습문제

1 영양(nutrition)에 대한 개념을 설명하시오.

2 영양소의 종류를 나열하시오.

3 영양소의 체내 기능에 대해 설명하시오.

4 건강과 영양과의 관련성을 설명하시오.

5 식생활에 영향을 끼치는 요인들을 설명하시오.

6 영양불량의 개념을 설명하고 실례를 제시하시오.

7 바람직한 식생활이 갖추어야 할 기본원칙에 대해 설명하시오.

8 우리나라 6가지 식품군에 대해 설명하시오.

9 식사구성안의 용도에 대해 설명하시오.

10 영양소 섭취기준의 구성 지표에 대해 설명하시오.

*연습문제 정답은 책 뒤쪽에 있습니다.

CHAPTER 2

탄수화물

1. 탄수화물의 분류
2. 탄수화물의 소화, 흡수, 대사
3. 탄수화물의 기능
4. 탄수화물의 섭취기준과 급원식품
5. 탄수화물과 관련된 건강문제

탄수화물은 곡류 또는 감자·전분류, 당류, 과일류, 채소류 등의 주요 구성 성분으로 한국인이 하루에 섭취하는 에너지의 60% 이상을 공급하는 가장 중요한 에너지 영양소이다. 수화물은 아니지만 탄소 한 분자에 물과 동일한 비율의 수소와 산소가 결합한 $C_n(H_2O)_n$의 분자구조식을 가지고 있기 때문에 함수탄소 또는 탄수화물이라고 한다. 더 이상 분해되면 탄수화물로서의 성질을 잃게 되는 기본단위는 단당류이다.

식물은 광합성을 통해 포도당과 같은 단당류를 합성하고(그림 2-1) 이것을 다당류로 전환하여 저장할 수 있으며, 동물은 필요량만큼 합성할 수 없으므로 주로 식물로부터 섭취한다. 식품 중에 함유된 탄수화물은 1~2개의 단당류로 구성된 단순당질(단당류, 이당류)과 3개 이상의 단당류가 결합하여 만들어진 복합당질(올리고당, 전분, 식이섬유)의 두 가지 형태로 대별할 수 있다. 에너지원으로 이용될 수 있는 모든 소화성 탄수화물을 당류(sugars)로 분류하는 견해도 있지만, 현재 일반적으로 쓰이는 당류란 용어는 단순당질인 단당류와 이당류만을 통칭한다.

탄수화물은 일상적인 상황에서 뇌와 적혈구의 유일한 에너지 급원이고, DNA와 RNA의 구성 성분이며, 식이섬유는 대장에서 체내 유익균의 생장을 돕는 등 여러 가지 필수 기능을 하므로 반드시 섭취가 필요한 영양소이다. 필요량 이하로 저탄수화물 식사를 할 경우 신체는 근육 등의 체조직을 분해해서 혈당을 생합성하는 원료로 쓰게 되고, 지

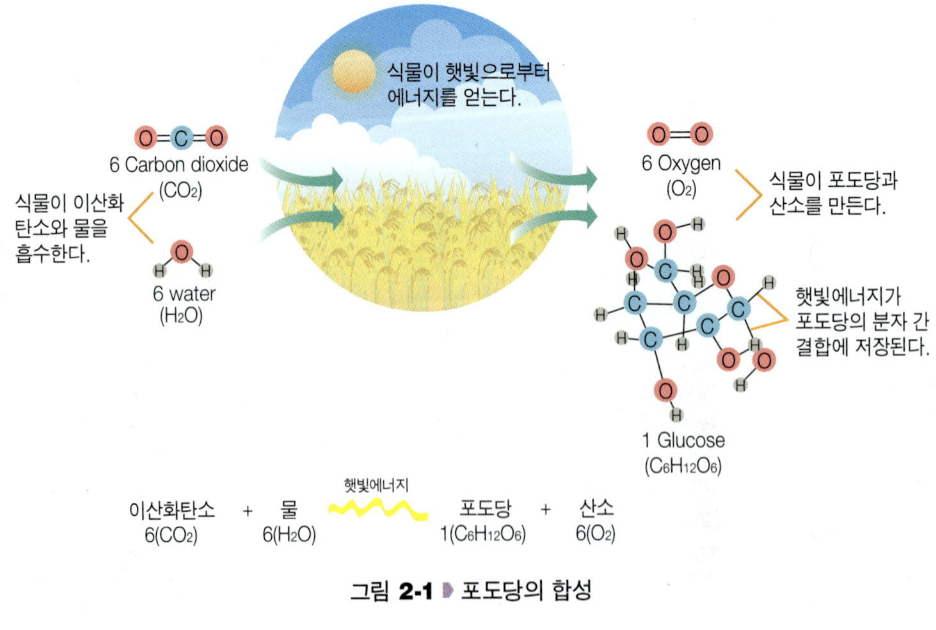

그림 2-1 ▸ 포도당의 합성

방으로부터 케톤체를 합성하여 에너지원으로 사용한다. 이런 상태가 장기간 지속되면 체단백이 감소될 뿐만 아니라 대사되지 못한 케톤체가 증가하여 산독증을 유발할 위험이 높아진다. 반면 탄수화물을 과량 섭취하면 비만 위험이 높아지고 혈액 내 중성지방이 증가하여 당뇨나 고지혈증, 대사증후군의 위험이 높아진다고 보고되고 있다.

전곡류나 채소류 등의 형태로 섭취하는 복합당질은 혈당을 천천히 올리고 인슐린 분비를 과도하게 자극하지 않으므로 건강에 유익한 탄수화물로 간주된다. 탄수화물을 무조건 배제하기보다는 혈당을 급격히 올리지 않는 종류의 탄수화물을 적절히 선택해서 섭취하고 자신의 신체 활동량에 맞게 탄수화물 전체 섭취량을 조절해서 섭취하는 지혜가 필요하다.

1. 탄수화물의 분류

1) 단순당질

단순당질(simple carbohydrates)은 1~2개의 단당류로 구성되어 있어서 조성이 단순하고 크기가 비교적 작은 탄수화물을 말한다. 대표적인 단순당질로는 단당류인 포도당, 과당, 갈락토오즈와 이당류인 맥아당, 서당, 유당이 있다. 복합당질에 비해 소화에 걸리는 시간이 짧으므로 소화흡수가 빠르다.

(1) 단당류

단당류(monosaccharide)란 단어는 하나라는 뜻을 가진 mono와 sugar를 의미하는 saccharide가 결합되어 만들어졌다. 단당류는 알데하이드기(−CHO)나 케톤기($-\overset{\overset{\displaystyle O}{\|}}{C}-$)를 가진 일종의 다가알코올로서, 탄수화물로서의 성질을 나타내는 가장 단순한 당류이다. 소화 과정을 거치지 않고 바로 흡수되어 에너지원으로 사용된다. 식품에 가장 흔하게

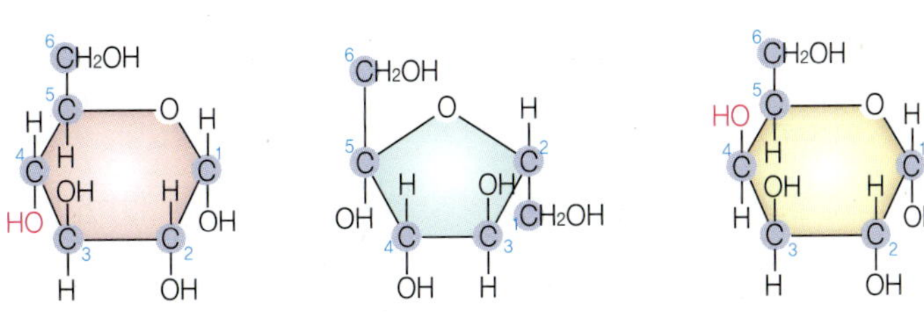

포도당 과당 갈락토오즈

함유되어 있는 당은 육탄당이며 식품 내에 단당류 형태로 존재하기도 하나 주로 다른 당들과 결합하여 이당류나 전분, 식이섬유 등의 구성 성분으로 존재한다.

① 포도당

포도당(grape sugar, glucose)은 가장 중요한 단당류로서 1747년 독일의 마르그라프(Marggraf)라는 과학자가 건포도에서 최초로 발견해서 포도당이라 불린다. 자연계에 가장 많이 존재하는 단당류로 과일, 채소, 꿀과 엿 등에 함유되어 있다. 체내 혈액 중에 약 0.1% 함유(혈당)되어 있고 일상 상황에서 뇌의 유일한 에너지 급원이다. 소화 과정이 필요 없어 바로 흡수되므로 중환자나 수술 환자, 기아 상태나 극도로 피로한 사람에게 포도당 주사나 포도당을 마시게 하면 빠른 에너지 공급이 가능하다.

② 과당

과일 속에 많이 존재하여 과당(fruit sugar, fructose)이라고 불린다. 천연당 중에서 단맛이 가장 강하여 감미료로 많이 이용된다. 꿀이나 잘 익은 과일의 과즙, 고과당 옥수수시럽(high fructose corn syrup) 등에 유리형으로 많이 함유되어 있다. 결합형으로는 주로 포도당과 결합하여 서당이나 이눌린(inulin)의 형태를 이룬다. 체내에서는 포도당으로 전환되어 사용된다.

포도당과는 다르게 인슐린(insulin)의 분비를 촉진하지 않으므로 적당량을 섭취할 경우에는 포도당 내성을 증진시키는 효과가 있다.[1, 2] 그러나 과잉 섭취하게 되면 해당 과정에서의 대사경로가 포도당보다 단순해서 포도당보다 빠르게 지방산을 합성할 수 있고,[3] 혈중 중성지질과 콜레스테롤의 농도를 증가시킬 수 있으므로[2~5] 과당을 첨가당 형태로 과량 섭취하는 것은 바람직하지 않다.

③ 갈락토오즈

갈락토오즈(galactose)는 영유아의 뇌 발달에 필수적인 영양소이다. 포도당이나 과당보다 단맛은 약하지만 단당류 중 장내 흡수 속도가 가장 빠르다. 단독으로 식품에 존재하는 경우는 드물며 주로 사람이나 동물의 젖에 유당의 구성 성분으로 함유되어 있다. 식물성 식품에서는 해조류 다당의 구성 성분으로 다량 함유되어 있다. 체내에는 당단백질과 당지질의 구성 성분으로 뇌, 신경조직, 적혈구의 세포막 등에 많이 분포한다. 수유기에는 유선세포에 있는 효소가 포도당을 갈락토오즈로 전환시켜 유당 합성에 이용한다.

(2) 이당류

이당류(disaccharide)는 두 분자의 단당류가 글리코사이드 결합에 의해 연결된 것으로, 식품 중의 주요 이당류로는 맥아당, 서당, 유당이 있다.

① 맥아당

맥아당(maltose)은 2분자의 포도당이 α-1,4결합에 의해 연결된 것으로 그 자체로는 자연계에 존재하지 않고, 보통 곡류에 싹이 틀 때나 전분 분해물에서 전분이 가수분해되면서 생성된다. 싹이 난 보리(엿기름, 맥아, malt)에 많이 함유되어 있어서 이름이 유래되었으며, 이것을 이용해 만든 식혜, 맥주 등에 함유되어 있다. 소화관 내에서 쉽게 포도당으로 분해되므로 체내에서 소화흡수가 잘된다.

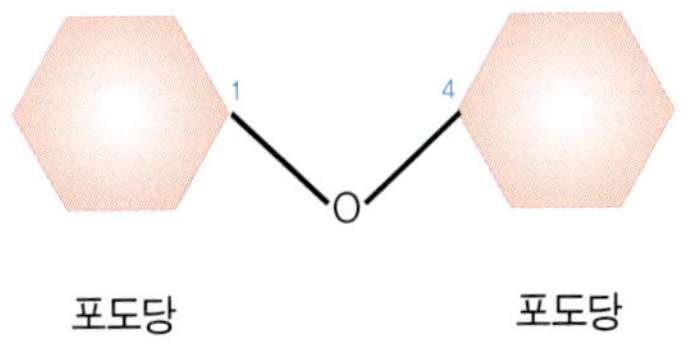

② 서당

서당(sucrose)은 포도당 1분자와 과당 1분자가 α-1,2결합에 의해 연결된 것으로 사탕수수나 사탕무의 즙에 많이 들어 있다. 이 즙을 고도로 정제하여 결정체로 만든 설탕은 거의 100% 서당으로 이루어

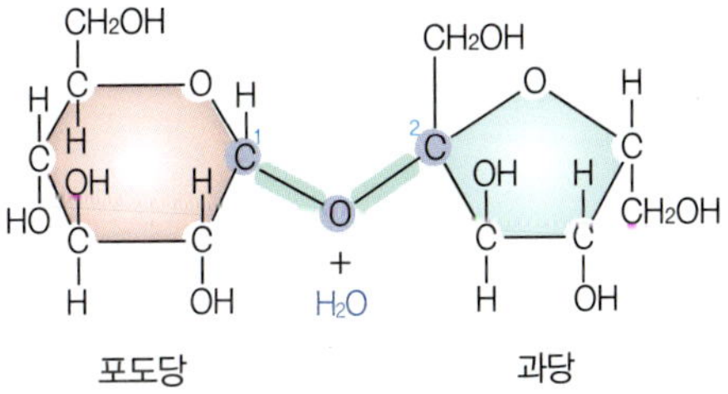

글리코사이드 결합(glycoside bond : C-O-C)

단당류는 글리코사이드 결합을 통해 서로 연결되어서 이당류나, 올리고당류, 다당류를 만든다. 2개의 단당류에서 물 1분자가 빠져나가면서 축합하여 연결되는 결합을 말하며 α-결합과 β-결합의 두 가지 형으로 존재한다.

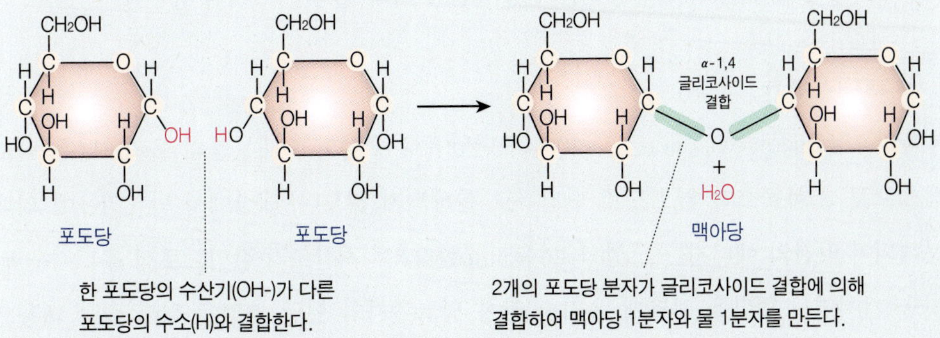

져 있으며 효소로 가수분해시키면 단맛이 더 강한 전화당이 된다. 천연에는 벌꿀, 과즙, 채소, 단풍당밀시럽 등에 함유되어 있다. 자당이나 사카로스(saccharose)라고 부르기도 한다.

③ 유당

유당(lactose)은 포도당 1분자와 갈락토오즈 1분자가 β-1,4결합에 의해 연결된 것으로 포유동물의 체내에서 수유기 동안에 만들어진다. 일반적으로 당류는 식물에 함유되어 있지만 유당은 동물의 젖에 주로 들어 있다. 영유아의 뇌 발달에 필수적인 갈락토오즈를 제공하고 칼슘의 흡수를 증진시킨다. 또한, 장내 유익균인 유산균의 성장을 촉진하여 다른 잡균의 번식을 억제하므로 신생아나 신생동물에게 중요한 영양소이다. 우유에는 모유보다 유당이 적게 함유되어 있어서 우유로 조제분유를 제조할 때 유당을 반드시 첨가해야 한다. 젖이나 낙농제품에 부드러운 단맛을 제공한다.

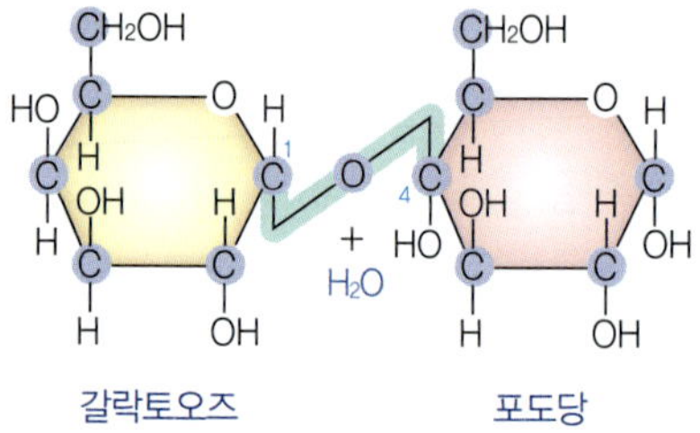

2) 복합당질

복합당질(complex carbohydrates)은 단당류가 여러 개 결합하여 만들어진 것으로 전분, 글리코겐, 식이섬유 등이 있으며 넓게 보면 올리고당도 복합당질에 속한다. 비교적 적은 수의 단당류로 구성된 짧은 복합당질을 올리고당류 또는 소당류라고 부르며(oligo : 소수의), 수십 개에서 수천 개의 단당류로 구성된 복합당질을 다당류(polysaccharide, poly : 많은)라고 부른다. 복합당질은 단순당질에 비해 혈당을 서서히 올린다.

(1) 올리고당류

올리고당(oligosaccharide)은 3~10개의 단당류로 구성되고 대부분의 올리고당은 난소화성으로 소화효소가 없으므로 단당류로 분해되지 않으나, 대장에서 박테리아에 의해 분해되어 약간의 에너지를 생성(약 1.6 kcal/g)한다.[6~8] 저칼로리 감미료로서 부드러운 단맛을 가지면서 혈당을 빠르게 올리지 않아 당뇨환자의 혈당 조절을 위해 설탕 대용으로 이용된다. 이 외에도 장내 유익균의 성장을 돕고 혈중 지방과 콜레스테롤 함량을 낮추고 충치를 예방하는 등 건강에 이로운 여러 가지 생리 기능을 하므로 '기능성 올리고당'이라고 부르기도 하며, 다이어트 식품이나 요구르트 등에 널리 이용되고 있다.

천연에는 콩류에 소량 존재하며 체내에는 당지질이나 당단백질의 구성 성분으로 주로 세포막 표면에 부착되어 있다. 대표적인 올리고당류에는 프럭토올리고당, 이소말토올리고당, 갈락토올리고당, 라피노즈, 스타키오즈 등이 있다.[9,10] 모유에는 우유에 거의 없는 독특한 구조의 천연 올리고당이 약 1% 정도 함유되어 있다. 모유 올리고당(human milk oligosaccharides, HMOs)은 비피더스 성장 촉진 인자로 작용하여 장내균총을 좋게 하고 병원성 미생물과 결합하여 이들이 장에서 생육하지 못하도록 방해하는 기능을 한다.[11~13]

콩의 올리고당

라피노즈와 스타키오즈는 대부분의 올리고당들이 효소적으로 생산되는 것과는 달리 대두에 함유되어 있는 천연 올리고당이다. 장내 박테리아에 의해 대사되면서 다량의 가스를 생성하므로 콩을 먹고 난 후 방귀를 생성하는 원인물질이기도 하지만 장내 유익균의 증식을 촉진하는 효과가 다른 올리고당보다 크고 항암 효과가 있는 것으로 알려져 있다.[14~16]

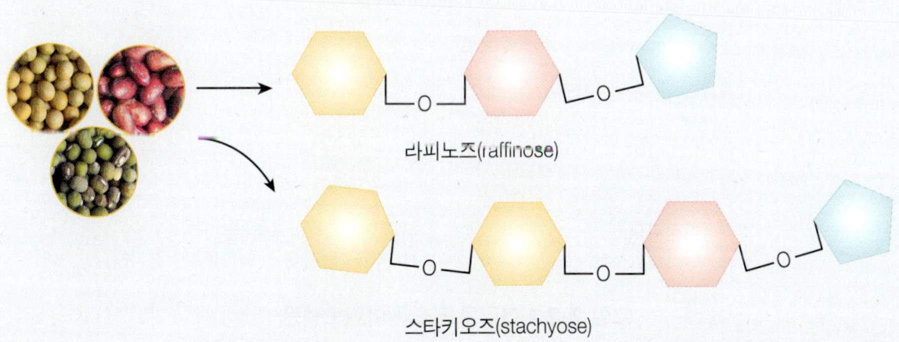

(2) 다당류

다당류(polysaccharide)는 단당류가 십여 개부터 수천 개까지 연결되어 만들어지는 고분자물질로, 장내 소화효소가 분해하여 에너지원으로 이용할 수 있는 전분과 소화효소에 의해 분해되지 않는 식이섬유로 크게 나눌 수 있다.

① 전분

전분(starch)은 식물성 식품에 들어 있는 포도당의 저장체로서 쌀이나 밀, 옥수수 등의 곡류, 감자와 고구마 같은 서류, 뿌리채소류, 콩류에 들어 있다. 식품 내에서 포도당의 연결 방식에 따라 아밀로오즈(amylose)와 아밀로펙틴(amylopectin)의 두 가지 형태로 존재한다.

아밀로오즈는 포도당이 α-1,4결합으로만 연결되어 긴사슬 모양을 이루고 아밀로펙틴은 α-1,4결합으로 이루어진 긴사슬에 α-1,6결합으로 가지를 많이 친 모양을 가진다(그림 2-2). 아밀로펙틴은 가지구조 때문에 호화와 노화 속도가 아밀로오즈보다 느리고 체내에서 소화 속도도 다르다.

전분식품을 가열조리해서 먹는 이유는 소화되기 어려운 생전분(β-전분)을 소화효소가 작용하기 쉬운 형태인 호화전분(α-전분)으로 만들어서 소화가 잘 되도록 하기 위해서이다.

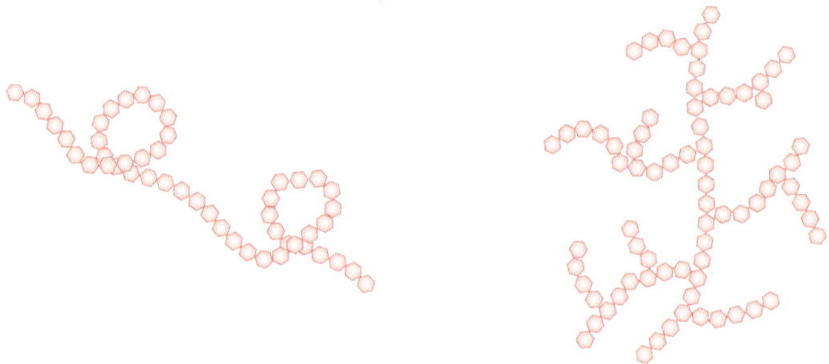

그림 2-2 ▶ 아밀로오즈와 아밀로펙틴

② 글리코겐

글리코겐(glycogen)은 동물의 간이나 근육에 있는 포도당 저장체로서 동물성 전분이라고 부르기도 한다. 우리 몸에 필요한 에너지보다 에너지원을 많이 섭취하였을 때 일시적으로 저장되는 형태로서 인체 내에서 혈당 조절에 중요한 역할을 한다. 포도당 연결 방식은 아밀로펙틴과 같으나 가지가 더 많고 사슬의 길이가 짧은 구조적인 특성을 가지기 때문에 혈당을 높일 필요가 있을 경우에 효율적으로 포도당을 공급할 수 있다

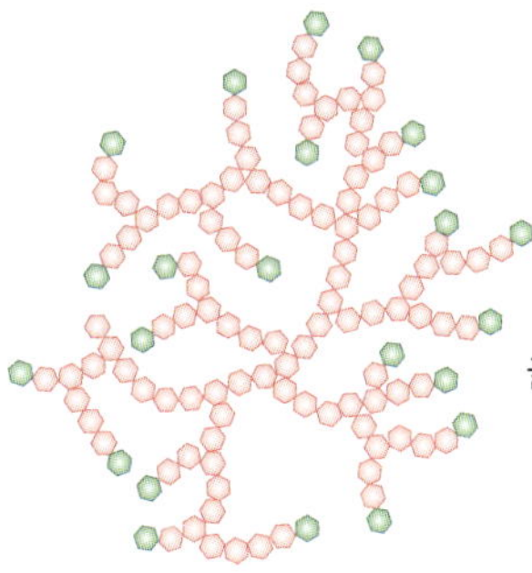

그림 2-3 ▶ 글리코겐의 구조

(그림 2-3).[17]

③ 식이섬유

식이섬유(dietary fiber, DF)는 사람의 소화효소에 의해 가수분해되지 않는 식품 중의 난소화성 성분으로, 주로 식물성 식품에 많이 함유되어 있으며, 물에 잘 안 녹는 불용성 식이섬유와 물에 용해되기 쉬운 수용성 식이섬유로 대별할 수 있다.

- 불용성 식이섬유 : 불용성 식이섬유는 식물세포벽의 기본 구조 성분으로 겨나 밀짚 등에 많은 셀룰로오즈(그림 2-4), 밀기울에 많은 헤미셀룰로오즈, 브로콜리 줄기나 당근심, 딸기씨, 우엉 등에 많은 리그닌, 새우와 게 등 갑각류의 껍질이나 버섯의 세포벽에 함유된 키틴이나 키토산이 불용성 식이섬유에 속한다.
- 수용성 식이섬유 : 수용성 식이섬유는 과일류, 곡류, 해조류, 콩류 등에 함유되어 있

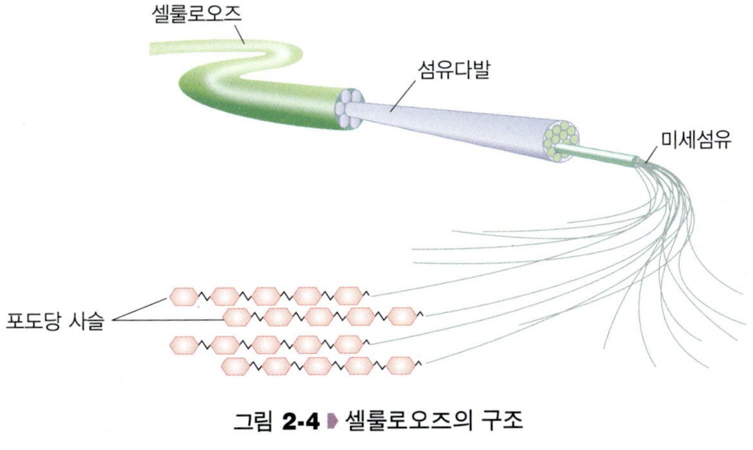

그림 2-4 ▶ 셀룰로오즈의 구조

전분과 셀룰로오즈의 차이는 포도당 연결 방식의 차이

α–결합과 β–결합

인체 내 소화효소는 포도당의 α-결합은 쉽게 분해할 수 있으나 유당을 제외한 대부분의 β-결합은 분해하지 못한다. 따라서, 사람은 셀룰로오즈(cellulose)로부터 포도당을 얻을 수가 없다. 초식동물은 사람과 달리 포도당의 β-결합을 끊을 수 있는 효소를 가지고 있으므로 에너지의 대부분을 식이섬유로부터 얻을 수 있다.

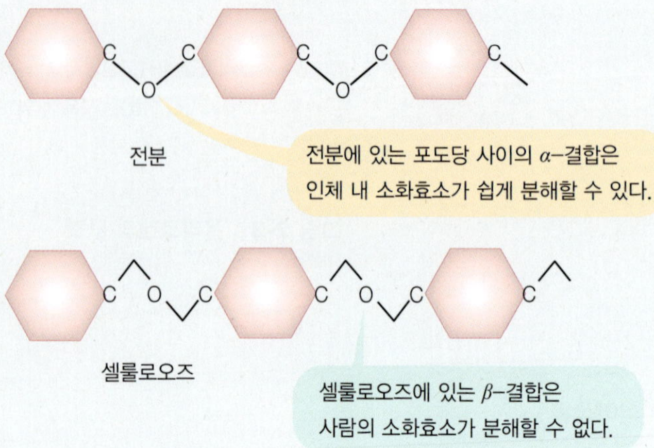

으며, 식물세포 간 충전물이나 세포 내부 구조물로 존재한다. 펙틴, 해조 다당류, 검(gum)류, 점액질(mucilage), β-글루칸 등이 수용성 식이섬유에 속하며 과일, 호밀, 보리, 말린 콩, 김, 미역, 다시마 등에 많이 들어 있다.

2. 탄수화물의 소화, 흡수, 대사

식사를 통해 섭취하는 여러 가지 형태의 탄수화물 중에서 최종적으로 체내에서 세포가 받아들여 에너지원으로 이용하는 것은 포도당이다. 그러나 주요 탄수화물 급원식품인 밥이나 국수, 감자, 빵 등에는 포도당이 대부분 다당류인 전분 형태로 들어 있기 때문에 분자가 커서 소장 점막을 통과할 수가 없고, 과일이나 채소, 젖 등에 들어 있는 이당류도 분해 과정 없이는 소장 점막을 통과할 수가 없다. 즉, 식사를 통해 섭취한 탄수화물은 소화 과정을 통해 단당류로 분해되어야 소장 점막세포를 지나 체내로 흡수될 수 있다. 흡수된 단당류는 간으로 가서 대사 과정을 통해 포도당으로 전환된 후 혈류를 통해 각 조직으로 운반된다. 인슐린의 도움으로 세포 내로 들어간 포도당은 대사 과정을 거쳐 이산화탄소와 물로 완전히 분해되면서 에너지(ATP)를 생성한다. 필요량보다 과량 섭취했을 경우에는 간과 근육에 글리코겐으로 저장되거나 피하지방에 지질로 저장되어 있다가 공복일 때나 섭취 부족일 경우에 분해되어 에너지원으로 사용된다.

1) 탄수화물의 소화

식사를 통해 섭취한 소화 가능한 탄수화물이 모두 단당류로 분해되는 과정을 탄수화물의 소화라고 한다.

(1) 입에서의 소화

탄수화물의 소화는 입에서 시작된다. 입에서는 전분분해효소인 타액 아밀레이즈(salivary amylase : ptyalin)가 전분을 길이가 조금 더 짧은 덱스트린이나 맥아당으로 분해한다. 씹는 동작은 타액 분비를 촉진하고 타액 아밀레이즈가 식품과 잘 섞이도록 하여 소화를 촉진한다. 음식물이 입안에 머무는 시간이 짧으므로 입안에서 많은 소화작용이 일어나기 어려우나 오래 씹으면 맥아당까지 분해가 가능하다.

(2) 위에서의 소화

위에서는 탄수화물분해효소가 분비되지 않고 타액 아밀레이즈도 위산(HCl)에 의해 변성되어 불활성화되므로 당질의 소화가 거의 일어나지 않는다. 펙틴이나 검류 같은 수용성 식이섬유들은 유미즙(chyme)이 위에 머무르는 시간을 길게 하여 만복감을 주고 소화작용이 천천히 일어나게 하는 역할을 한다.

(3) 소장에서의 소화

대부분의 탄수화물은 소장에서 완전히 소화된다. 산성의 유미즙이 소장으로 내려가면 알칼리성의 췌장액과 담즙이 분비되어 십이지장 벽을 산으로부터 보호하고 췌장효소들이 작용하기에 알맞은 pH를 만들어 준다. 췌장(pancreas)에서 만들어져서 소장으로 분비되는 췌액 아밀레이즈(pancreatic amylase : amylopsin, 최적 pH 7.1)는 전분이나 덱스트린의 α-1,4결합을 끊어서 이당류인 맥아당까지 분해한다. 이당류들은 소장 벽의 미세융모에 붙어 있는 말테이즈(maltase), 슈크레이즈(sucrase), 락테이즈(lactase) 등의 이당류 분해효소들이 작용하여 포도당, 과당, 갈락토오즈 등의 단당류로 분해된다.

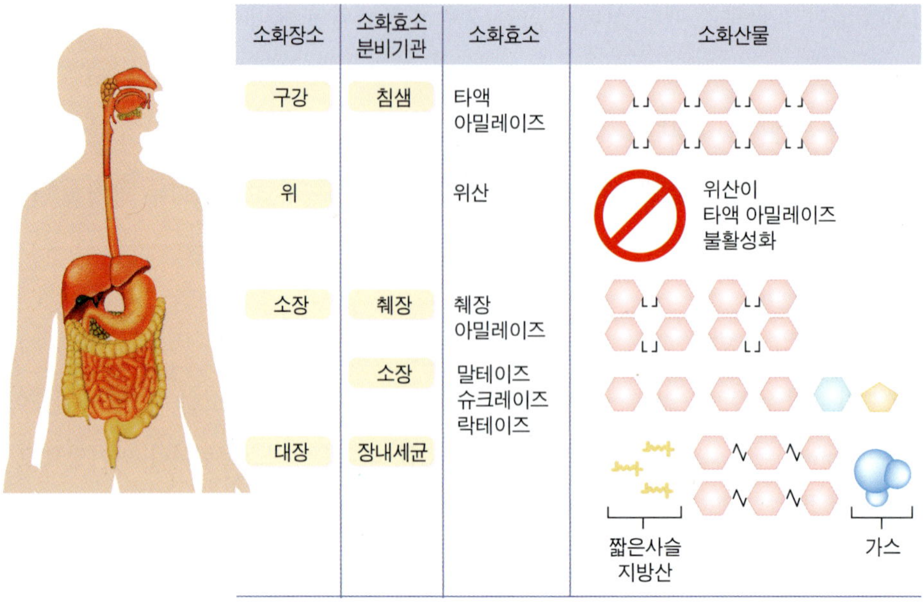

그림 **2-5** ▶ 탄수화물의 소화

(4) 대장에서의 소화

기능성 올리고당이나 식이섬유는 이것을 분해하는 소화효소가 입이나 소장에 존재하지 않기 때문에 소화되지 않은 그대로 대장으로 내려간다. 대장에서 불용성 식이섬유는 대부분 그대로 배설되지만 수용성 식이섬유의 일부가 장내세균에 의해 분해되어 짧은사슬지방산과 가스를 생성한다. 이들 짧은사슬지방산은 대장세포의 에너지원으로 이

장내세균은 제3의 장기

사람의 장내에는 음식물의 소화와 흡수가 일어나는 장관을 따라 세균들이 정착해 살고 있으면서 장내세균총을 형성하고 있다. 약 400여 종, 100조 개에 달하는 장내세균은 총중량이 1 kg에 달하며 분변과 대장 내용물 중에서 건중량의 30~50%를 차지한다. 장내세균은 사람이 섭취한 음식물이나 장액 또는 장벽을 덮고 있는 점액 등을 먹고 자라며, 단순히 장내에서 기생만 하는 것이 아니라 다양한 물질을 생산하여 생체의 생리기능이나 대사에 대해서 장기에 맞먹는 큰 영향을 끼치므로 제3의 장기로 불리기도 한다.[20]

이들 장내세균총은 장관 내에서 사람은 소화할 수 없는 올리고당이나 식이섬유 등을 분해하여 짧은사슬지방산과 가스를 생성한다. 또한, 위산이나 담즙 등으로 사멸되지 않은 병원성 미생물이 장에서 착생하거나 생육하지 못하게 방해하여 감염으로부터 보호하는 미생물 방벽(microbial barrier)으로서의 역할을 하고, 일부 장내균은 스테로이드 호르몬이나 비타민 B_1, 비타민 K, 비오틴, 엽산 등을 생산해서 비타민 공급원이 되기도 한다. 이 외에도 면역계를 자극하여 활성화시켜 주는 등 유익한 역할을 하는 반면 유해균인 *Clostridium* sp., *E. coli* 등은 각종 부패성 물질, 발암물질 등을 생성해서 이들의 복합적인 작용이 질병과 노화에 많은 영향을 끼친다.

용되고 혈중 콜레스테롤 수치를 낮추거나 대장암을 예방하는 작용을 한다.[6~8,18,19] 불용성 식이섬유와 같이 소화가 되지 않는 물질들은 직장을 통해 대변으로 배설된다.

2) 탄수화물의 흡수

탄수화물의 흡수는 단당류가 미세융모와 소장 점막세포를 통과하여 체내로 들어가는 일련의 과정을 말한다.

(1) 흡수 부위

탄수화물이 흡수되는 주요 부위는 소장의 중간 부위인 공장(jejunum)이다. 단당류들이 소장 표면의 융모(villi)에 붙어 있는 미세융모(microvilli)를 통과해 소장 점막세포 내로 흡수된다. 소장 표면의 융모와 미세융모는 흡수 면적을 증가시키는 역할을 하며, 소장 점막세포 내로 흡수된 단당류는 기저막을 통과하여 장을 둘러싸고 있는 모세혈관으로 들어간 후 문맥(portal vein)을 통해 간으로 운반된다(그림 2-6).

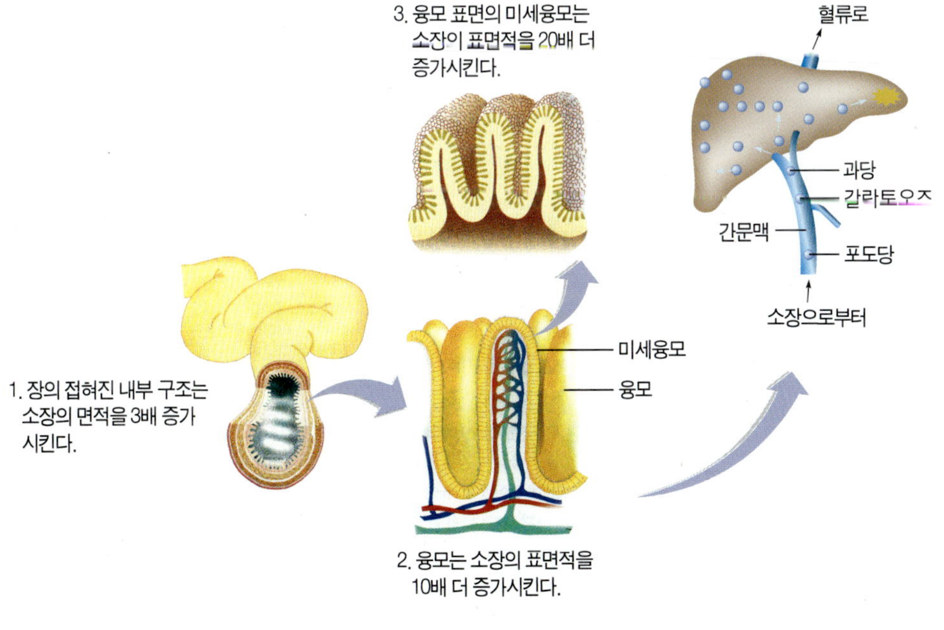

그림 2-6 ▶ 탄수화물의 흡수

(2) 흡수 메커니즘

단당류는 소장관 내의 농도가 높을 경우에는 상당량이 단순확산(simple diffusion)에 의해 흡수되지만 흡수가 진행되어 소장관보다 소장 점막 내의 농도가 높아지면 단당류 종류에 따라 다른 메커니즘에 의해 흡수된다. 일반적으로 포도당과 갈락토오즈는 에너지와 특수한 운반체가 필요한 능동수송(active transport)에 의해 흡수되며, 같은 운반체를 사용하므로 서로 경쟁한다. 과당은 촉진된 확산(facilitated diffusion)으로 흡수되는데 운반체가 있어 일반적인 확산보다는 빠른 속도로 운반되지만 농도경사를 거슬러서 운반시키지는 못한다. 기타 리보오즈나 만노오즈, 자일로오즈, 당알코올 등은 농도 차에 의한 단순확산에 의해 흡수되기 때문에 흡수 속도가 느리다.

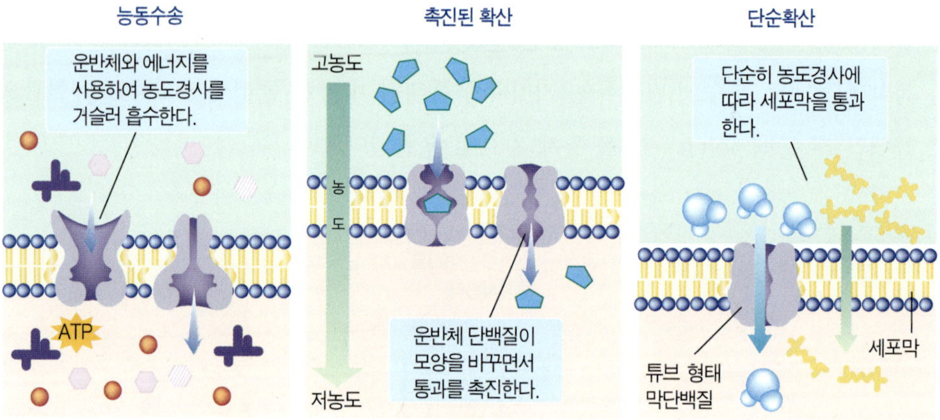

그림 2-7 ▶ 단당류의 흡수 메커니즘

(3) 흡수 속도

소장 내 탄수화물의 흡수 속도는 단당류의 종류에 따라 다르다. 포도당의 흡수 속도는 시간당 120 g 정도이며 포도당을 100으로 봤을 때 갈락토오즈 110 > 포도당 100 > 과당 43 > 만노오즈 19 > 자일로오즈 15 > 아라비노오즈 9의 순이다.

3) 탄수화물의 대사

흡수된 단당류는 대부분 간에서 포도당으로 전환된 후 이용되거나 저장되므로 체내 탄수화물의 대사는 포도당의 대사라고도 할 수 있다. 간에서 혈류로 나온 포도당(혈당)

은 혈액을 따라 체내 각 세포로 운반되어 이용된다.

(1) 분해되어 체내 연료로 사용

체내에서 포도당의 가장 큰 역할은 세포에 필요한 에너지를 공급하는 것이다. 혈액 중의 포도당이 세포 내로 들어가는 과정에서 인슐린은 세포의 문을 여는 초인종과 같은 역할을 하며 인슐린 없이는 포도당이 세포 내로 들어갈 수 없다. 포도당이 인슐린의 도움을 받아 세포 내로 들어가면 곧 이화작용이 시작된다(그림 2-8). 세포질에서 포도당은 해당 과정을 통해 피루브산 2개로 분해된다. 생성된 피루브산은 산소가 충분한 조건에서는 미토콘드리아로 이동해 들어가 아세틸 CoA로 되어 TCA회로를 완주하게 되며, 이 과정에서 생긴 수소가 최종적으로 전자전달계(수소 전달)와 산화적 인산화(ATP 생성 모터) 과정을 거치면서 물과 이산화탄소, ATP가 생성된다. 생성된 ATP는 미토콘드리아 외부로 빠져나와 세포에 필요한 에너지로 사용된다.

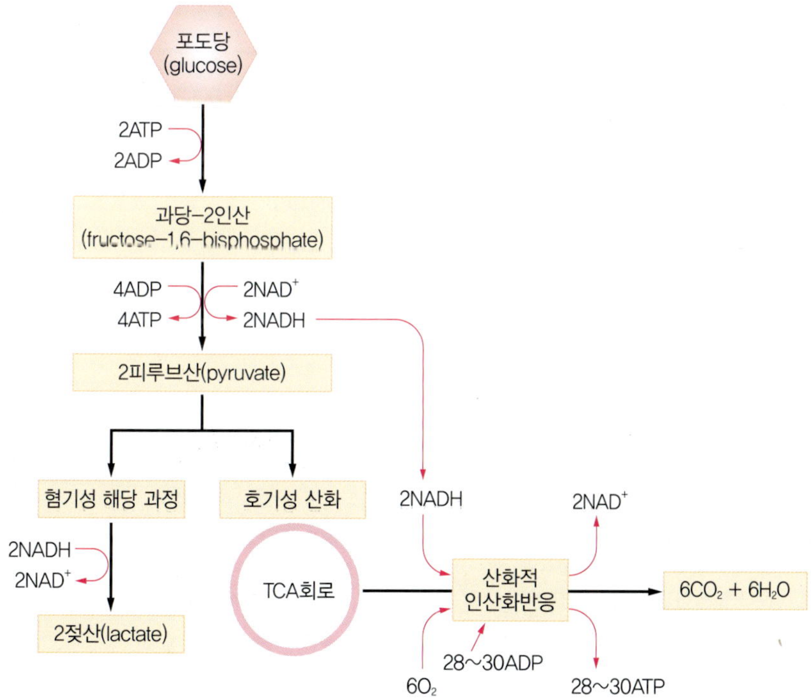

그림 2-8 ▶ 포도당으로부터 에너지의 생성 과정

에너지 영양소의 대사

대사(metabolism)란 체내로 흡수된 영양소가 분해 과정(이화작용)을 통해 더 작은 물질로 쪼개지거나 합성 과정(동화작용)을 통해 새로운 세포 또는 체구성 성분을 합성하는 일련의 화학작용을 말한다.

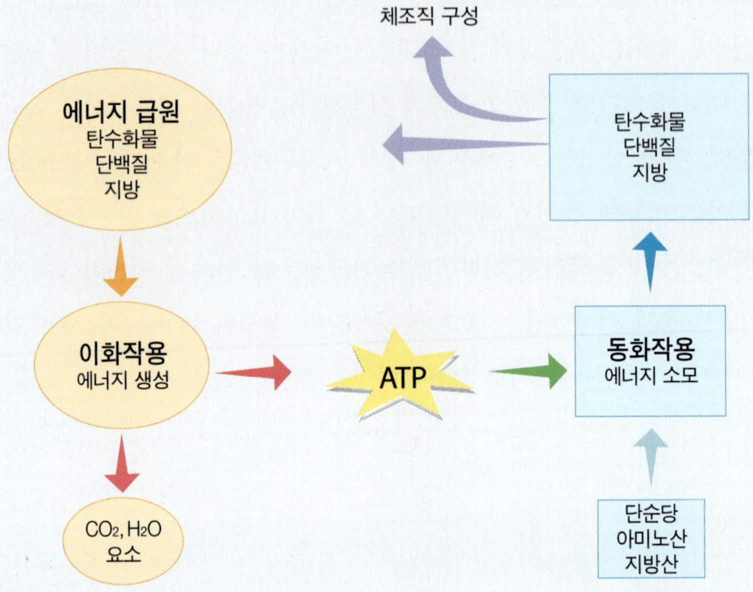

1. 이화작용(catabolism)

탄수화물, 지질, 단백질 같은 거대분자는 이화작용을 통해 체내에서 분해되어 이산화탄소와 물, 요소와 같은 대사산물과 함께 세포에 필요한 에너지를 생성한다.

2. 동화작용(anabolism)

단순당이나 지방산, 아미노산들은 에너지를 소모하는 동화작용을 통해 저장 다당류나 체단백질, 체지방 또는 호르몬, 면역물질 같은 기타 체구성 성분을 생성한다.

포도당과 ATP : 수표와 현금

포도당은 세포의 에너지 급원이지만 세포에서 이용하기 위해서는 여러 중간 단계를 거쳐야 한다. 화폐로 보면 고액 수표에 해당한다고 볼 수 있다. 이에 비해 포도당이 분해되면서 생성하는 ATP는 즉석에서 물건을 살 수 있는 현금에 해당한다. 아데노신에 무기인이 하나 결합할 때마다 에너지가 저장되어서 고에너지 인산결합(ADP, ATP)을 이루고 있다가 세포 내에 에너지가 필요하면 ATPase 효소가 활성화되어 무기인을 하나씩 다시 떼어내면서 에너지를 주위로 방출하게 된다.

ATP, ADP 고에너지 인산결합

ATP : adenosine triphosphate
ADP : adenosine diphosphate

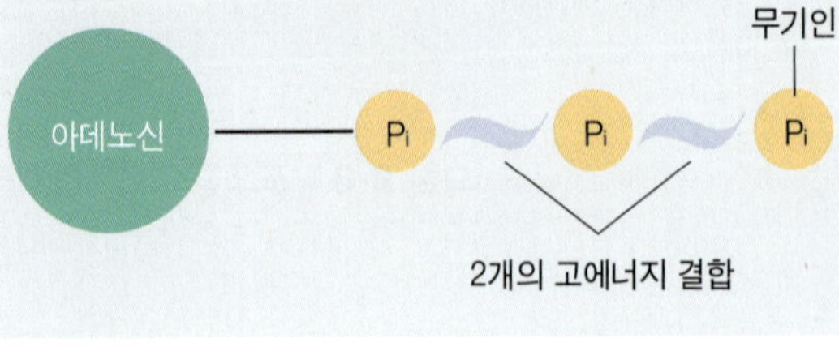

(2) 글리코겐으로 저장

몸에 필요한 에너지양보다 더 섭취한 여분의 포도당은 간과 근육에서 글리코겐으로 전환되어 저장된다. 자궁도 소량의 글리코겐을 저장할 수 있으나 임신기간에만 한정된다. 건강한 사람은 간 무게의 4~6% 정도의 글리코겐을 간에 저장할 수 있으나, 이는 12~18시간 금식 후에는 그 저장량이 모두 고갈될 정도의 소량이다. 간에 저장된 글리코겐은 식사 사이 공복 시에 분해되어 혈당을 유지시켜 주는 중요한 역할을 한다. 근육에도 근육무게의 0.7~1% 이하의 글리코겐을 저장할 수 있다. 근육량이 많으므로 글리코겐의 총저장량은 간보다 2~3배 더 많으나 근육 글리코겐은 근육 내에 가수분해효소가 없어서 포도당으로 전환되지 못하므로 혈당을 올리는 작용은 하지 못하며 근육활동에 필요한 에너지원으로만 사용된다. 에너지 영양소 중 지방은 유산소성 운동의 에너지원으로만 사용되고 저장량이 많아 운동 전 지방 섭취량에 따라 운동능력이 크게 달라지지는 않는다. 그러나 탄수화물은 유산소성 운동과 무산소성 운동 모두의 에너지원으로 사용되면서 제한된 양만 간과 근육에 저장할 수 있어서 운동 전 체내 글리코겐의 저장량이 운동능력에 영향을 준다. 운동과 식이요법을 병행하면 근육 내 글리코겐의 저장량을 증가시킬 수 있어서 운동선수들의 식이요법(glycogen loading diet)은 시합 전 체내 글리코겐 저장량을 최대한 증가시킬 수 있도록 고안되어 있다.

(3) 체지방으로 저장

간이나 근육에 글리코겐으로 저장하고도 남는 여분의 포도당은 아세틸 CoA로 분해된 후 지방산으로 전환될 수 있다. 이렇게 만들어진 지방산 3분자가 해당 과정 중간경로를 통해 만들어진 글리세롤 1분자와 결합하면 중성지방이 합성된다. 중성지방은 간 또는 피하, 복강 등에 있는 지방조직(adipose tissue)에 체지방으로 저장되었다가 에너지 섭취가 부족한 경우 분해되어 에너지원으로 이용된다. 아세틸 CoA로부터 지방산이 만들어지므로 체내에서 분해되어 아세틸 CoA를 만들 수 있는 영양소(단당류, 일부 아미노산, 지질)는 모두 체지방으로 저장(lipogenesis)될 수 있다.

(4) 포도당신생합성

포도당신생합성(gluconeogenesis)은 당이 아닌 물질, 주로 아미노산이나 글리세롤, 피루브산, 젖산, 프로피온산 등을 이용하여 간이나 신장에서 포도당을 새로 합성하는 과정으로 충분한 양의 탄수화물 섭취가 어려울 때 필요한 혈당을 공급해 주는 중요한 대사 과정이다.

(5) 리보오즈와 NADPH의 생성

5탄당인산경로(pentose phosphate pathway)를 통해 포도당으로부터 핵산 합성에 필요한 5탄당인 리보오즈(ribose)와 지방산과 스테로이드 호르몬의 합성에 필요한 NADPH가 생성된다. 주로 피하조직처럼 지방 합성이 활발히 일어나는 곳이나 간, 적혈구, 부신피질, 고환, 유선조직 등에서 일어난다.

(6) 젖산 생성-코리 회로

운동 중인 근육에서와 같이 산소가 부족한 상태의 세포나, 적혈구처럼 미토콘드리아가 없는 세포에서는 피루브산이 아세틸 CoA로 분해되지 못하고 혐기적 반응을 거쳐 젖산을 생성한다. 젖산은 혈액을 통해 간으로 운반되어 다시 포도당으로 전환된 후 필요한 조직으로 보내지는데 이 과정을 코리 회로(cori cycle) 또는 젖산회로라고 한다. 코리 회로에 의해 대사될 수 있는 양보다 더 많은 젖산이 생성되어 근육 내에 축적되면 피로를 느끼게 된다.

3. 탄수화물의 기능

1) 가장 효율적인 에너지원

인체가 필요로 하는 에너지는 여러 식품 성분들 가운데 탄수화물, 지질, 단백질과 알코올이 제공해 준다. 이들 성분이 체내에서 분해되면서 생성되는 에너지는 1 g당 탄수화물 4 kcal, 지질 9 kcal, 단백질 4 kcal, 알코올 7 kcal이다.

이 중 가장 주된 에너지원은 탄수화물로 모든 세포의 일차적인 연료인 포도당을 제공한다. 탄수화물은 소화흡수율이 평균 98%로, 섭취한 탄수화물의 대부분이 흡수되어 체내에서 이용될 수 있다.

체내에서 에너지원으로 사용되는 영양소

탄수화물, 지질, 단백질은 3대 에너지 영양소로 각각 g당 4 kcal, 9 kcal, 4 kcal의 에너지를 생성한다. 알코올은 3대 에너지 영양소에 포함되지는 않으나 체내에서 대사되어 g당 7 kcal의 에너지를 생성한다.

에너지 영양소

2) 단백질 절약 작용(Protein sparing action)

탄수화물을 적당히 섭취하지 않을 경우 체조직 형성과 보수에 우선적으로 사용되어야 할 단백질이 혈당이나 에너지를 만드는 데 쓰인다. 근육 등의 체세포는 지방산이나 케톤체도 에너지원으로 사용할 수 있지만 뇌나 신경세포, 적혈구는 포도당을 주 에너지원으로 사용하므로, 당질 섭취가 부족할 경우에는 혈당을 보충하기 위하여 근육, 간, 신장, 심장 등 여러 기관에서 단백질이 분해되어 포도당을 생합성하기 위한 재료로 사용된다. 따라서, 탄수화물을 충분히 섭취하면 체단백질이 에너지원으로 사용되는 것을 방지할 수 있다.

3) 케톤증의 방지

탄수화물 섭취가 극히 부족하거나 당뇨병 등으로 포도당의 체내 이용이 어려워서 체지방이 주된 에너지원으로 쓰이는 경우 체지방의 분해로 다량의 아세틸 CoA가 생성된다. 아세틸 CoA가 세포 내 옥살로아세트산의 부족으로 인해 TCA회로로 들어가지 못하고 서로 축합하면 케톤체(ketone body)가 생성된다. 케톤체는 탄수화물 공급이 중단되었을 경우 뇌와 심장 등 대부분의 세포에서 에너지원으로 사용할 수 있는 비상식량 같은 물질이기 때문에 체단백질의 손실을 줄여 주는 역할을 한다.

그러나 세포에서 대사되는 양보다 과잉으로 케톤체가 생성되면 혈액의 산염기 평형이 깨어져 케톤증(ketosis) 증세가 나타난다. 적당량의 탄수화물을 섭취하면 케톤체가 과잉으로 생성되고 축적되는 것을 방지(antiketogenic effect)할 수 있으므로 탄수화물은 에너지원일 뿐만 아니라 체내 대사 과정에서 필수적인 영양소라고 할 수 있다. 케톤증은 하루 60~100 g의 탄수화물 섭취로 예방이 가능하며[21] 밥 한 공기(210 g)에 약 70 g 정도의 탄수화물이 함유되어 있으므로[22] 비교적 쉽게 이 양을 섭취할 수 있다.

4) 혈당의 유지

포도당은 혈액을 통해 전신을 순환하면서 세포 내로 들어가 즉각적인 에너지를 공급한다. 건강한 성인의 경우, 세포에 필요한 포도당을 안정적으로 공급하기 위해 공복 시 혈액 100 mL당 70~110 mg(약 0.1%)의 포도당 농도가 유지되도록 일정하게 조절하는 메커니즘이 있다(그림 2-9). 뇌, 신경세포, 적혈구는 포도당을 주요 에너지 급원으로 사용하므로 혈당량이 40~50 mg/dL 이하로 떨어지면 두뇌의 활동이 급격히 저하될 뿐만 아니라 신경이 예민해지고 불안정해지며 공복감과 두통을 느끼고 심하면 혼수 상태에 이르게 된다(저혈당증). 혈당이 170~180 mg/dL 이상으로 오르면 소변으로 배설되기

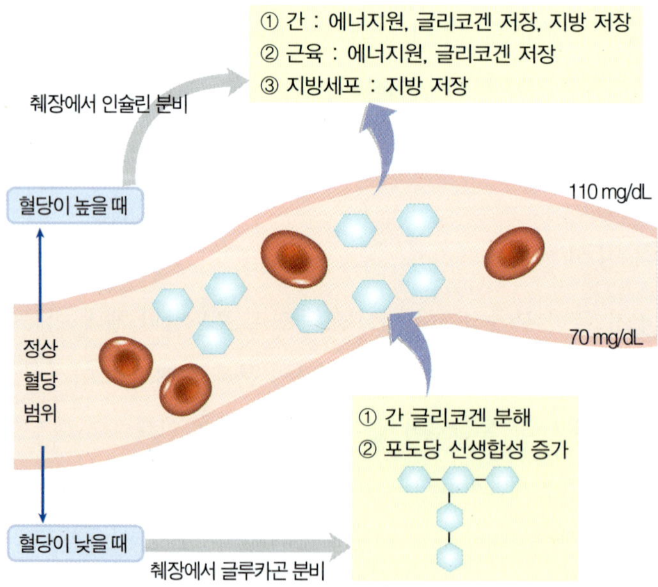

그림 2-9 ▶ 혈당의 조절

시작하고 공복과 갈증을 느낀다(고혈당증). 정상인의 경우 식후 30분에서 1시간 내에 혈당이 최고치에 달하며 이후 1~2시간 경과되면 정상치로 내려가고 공복 시에도 50~60 mg/dL 이하로는 떨어지지 않는다. 췌장에서 분비되는 두 호르몬이 혈당을 조절한다. 인슐린은 혈당을 낮추고 글루카곤은 혈당을 높이는 작용을 한다.

5) 체구성 성분

탄수화물은 미량(1% 미만)이지만 체구성 성분으로도 존재한다. 혈액 내에는 포도당이 약 0.1% 농도로 함유되어 있고, 5탄당인 리보오즈는 DNA와 RNA의 구성 성분으로 전신의 세포에 분포하고 있다. 점액(mucus)의 주요 성분인 뮤신(mucin)은 당단백질로서 탄수화물이 총무게의 50% 이상을 차지한다.[23] 이외에도 소량이 기타 당단백질이나 당지질을 형성하여 세포막의 구성 성분으로서 세포 표면에 존재하면서 면역과 세포 간의 신호전달 등에 중요한 역할을 한다. 혈액형(blood type)도 적혈구 막의 당단백질에 붙어 있는 당의 종류에 따라 ABO형으로 분류된다.

6) 단맛 제공

단맛을 내주는 탄수화물은 식품의 맛을 증진시켜서 영양 섭취를 증가시킨다.

7) 식이섬유의 기능

수용성 식이섬유와 불용성 식이섬유는 생리적 기능이 다르다. 수용성 식이섬유는 소화 과정에서는 분해되지 않으나 대장 내 박테리아에 의해 짧은사슬지방산과 가스로 분해될 수 있으므로 에너지를 제공할 수 있고 대장 기능 개선, 혈중 지질의 조절 효과, 혈당반응의 개선, 체중 조절과 대장암의 예방 등 건강 증진과 만성퇴행성 질병의 예방에 유익한 기능을 한다. 불용성 식이섬유는 대장 내 박테리아에 의해서도 분해되지 않으므로 에너지를 제공하지 않으며, 담즙이나 물과 결합해서 장 내용물의 통과시간을 단축시키고 배변량을 증가시켜 대장암과 변비를 예방하는 물리적 기능을 한다.

식이섬유의 기능은 대부분 물에 팽윤되어 부피가 늘어난 후 이루어지므로 고섬유 식사를 할 경우에는 수분을 충분히 섭취해야 한다.

감미료

당류의 종류에 따라 단맛의 강도와 체내 이용도가 다르며, 대사되어 에너지를 제공하는 영양감미료(nutritive sweeteners)와 에너지는 내지 않고 단맛만 주는 인공감미료(non-nutritive sweeteners)가 있다.[24] 영양감미료에는 단당류, 이당류 같은 단순당과 단당류의 유도체인 당알코올, 올리고당류 등이 있으며, 설탕, 꿀, 고과당, 솔비톨, 자일리톨, 프럭토올리고당 등이 많이 이용된다. 인공감미료는 체내에서 대사되지 않는 것이 많아 대부분 에너지를 내지 않는다. 일부 에너지를 제공하는 종류도 있으나 영양감미료에 비해 단맛이 훨씬 강하므로 미량으로 단맛을 낼 수 있어 저칼로리 감미료로 널리 사용된다.

감미료의 상대적 감미도

영양감미료	상대적인 감미도	인공감미료	상대적인 감미도
설탕	1	아스파탐	200
과당	1.2~1.8	소디움 사카린	300
포도당	0.7	슈크랄로스	600
프럭토올리고당	0.6	스테비오사이드	250
전화당	1.3	아세설팜 K	200
솔비톨	0.7~0.8	네오탐	7,000~13,000
자일리톨	0.6~0.7	D-타가토스	0.75~0.92

표 2-1 ▶ 식이섬유의 생리 기능

종류	특징	기능
수용성	1. 젤(gel) 형성	• 위장 통과시간을 지연시켜 포만감 증가 • 탄수화물, 지질의 흡수 속도 늦춤 • 혈당을 천천히 올리므로 인슐린 분비량 감소 • 담즙이나 콜레스테롤과 결합하여 배설시키므로 혈청 콜레스테롤 함량 감소 • 중금속, 발암물질 흡착 배설 • 배변량과 배변 속도를 향상(배변 촉진)
	2. 대장에서 분해되어 짧은사슬지방산 생성	• 에너지 제공(3 kcal/g) • 대장 상피세포 분화 촉진 • 대장암 발생 억제 • 유익균 증식 촉진
불용성	1. 젤을 형성하지 않고, 분해되지 않는다. 2. 주로 물리적 기능	• 포만감 • 담즙, 중금속, 발암물질 흡착 배설 • 배변량과 배변 속도를 향상(배변 촉진)

4. 탄수화물의 섭취기준과 급원식품

1) 탄수화물의 섭취 현황과 기준

(1) 섭취 현황

① 탄수화물

국민건강영양조사[25,26] 결과에 따르면 탄수화물의 1세 이상 한국인 1일 평균섭취량은 1981년까지 400 g 내외였으며, 이후 곡류 소비가 감소됨에 따라 점차 줄어들어 1993년부터 300 g 내외로 유지되고 있다(그림 2-10). 2014년의 탄수화물의 섭취량은 평균 310.1 g/일로 2009년 대비 11.3 g/일 증가하였다. 이는 당류와 음료류의 섭취량이 현저하게 증가한 데 따른 것으로 같은 기간 곡류와 채소류, 과일류의 섭취량에는 거의 변화가 없었다. 쌀의 종류별로는 백미 섭취량이 감소하고 현미나 혼합잡곡의 섭취량은 증가되는 추세이다.

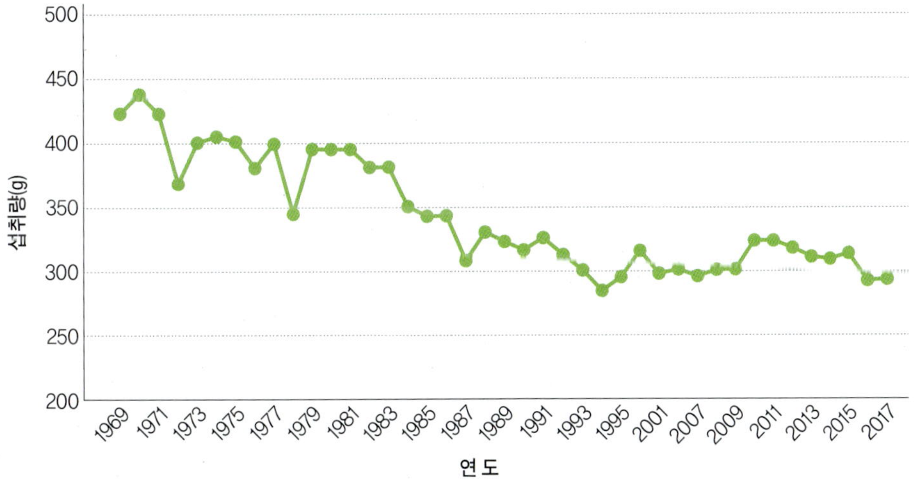

그림 2-10 ▶ 한국인의 탄수화물 섭취량 연차적 추이[26]

탄수화물의 에너지 섭취분율은 연령과 성별에 따라 차이가 있으나 2013~2017년 국민건강영양조사 결과 19세 이상 전 연령층에서 58% 이상이었으며, 65세 이후 연령층에서는 에너지의 70% 이상을 탄수화물로부터 섭취하는 것으로 나타났다.

탄수화물의 주요 급원식품은 백미(총탄수화물 섭취량의 40.2%)로 모든 단일 식품 중에

표 2-2 ▶ 한국인의 탄수화물 주요 급원식품의 1인당 평균 섭취 현황(만 1세 이상, 2016)

순위	식품명	섭취량(g/일)	순위	식품명	섭취량(g/일)
1	백미	113.2	6	떡	7.4
2	빵	10.2	7	찹쌀	6.9
3	국수	8.6	8	커피	6.2
4	라면	8.5	9	현미	4.9
5	사과	7.8	10	고구마	4.1

서 가장 많이 섭취한 것으로 나타났고, 빵과 국수, 라면이 그 다음이었다(표 2-2).

② 당류

당류의 섭취량 증가와 비만, 당뇨 등 질환과의 관련성에 관한 연구 결과들이 발표되면서 당류 섭취 저감화를 위한 정책 수립에 대한 필요성이 대두되고 있다.[27] 최근 이 등[28]의 연구 결과에 의하면, 한국인이 2008~2011년 사이 식품 중에 자연적으로 함유된 형태와 첨가당 형태로 섭취한 당류를 합하여 산출한 총당류 섭취량은 전 연령 평균 61.4 g/일로 전체 섭취 에너지의 12.8%에 달하였고, 이는 매년 증가 추세에 있다. 1일 총당류 섭취 제한기준을 초과하지는 않는 양이기는 하나 가공식품을 통한 당류 에너지 섭취비율이 총당류 섭취량의 절반 이상(57%)을 차지하였다. 특히 청소년층과 청년층의 당류 섭취량은 68.4~69.6 g/일로 전 연령 평균보다 현저히 높고, 가공식품을 통한 섭취량이 총당 섭취량의 2/3를 넘어선 것으로 나타났다.

③ 식이섬유

식이섬유 섭취량은 1969~1990년 사이에는 경제 수준의 향상과 식생활의 변화로 인하여 30% 정도가 감소하였으나 1991년부터는 식생활에서 식이섬유의 중요성이 강조되

표 2-3 ▶ 한국인의 식이섬유 주요 급원식품의 1인당 평균 섭취 현황(만 1세 이상, 2016)

순위	식품명	섭취량(g/일)	순위	식품명	섭취량(g/일)
1	고추	1.46	6	사과	0.77
2	배추김치	1.25	7	빵	0.51
3	두부	0.81	8	보리	0.45
4	대두	0.80	9	현미	0.45
5	백미	0.78	10	김	0.45

면서 19.3~21.2 g(9.97~11.99 g/1,000 kcal)의 범위 내에서 소폭의 증감을 보여 왔다. 이는 한국인 영양소 섭취기준의 충분섭취량에는 다소 미달되는 수준이다.[29] 식이섬유 섭취에 가장 크게 기여한 식품은 1위가 고추, 2위가 배추김치였으며 두부와 대두가 그 뒤를 이었다.[25]

(2) 섭취기준

① 탄수화물의 섭취기준

우리나라 국민건강영양조사 자료에 의하면 50세 이후부터는 탄수화물에서 에너지를 섭취하는 비율이 급격히 증가하였으며, 특히 여성의 섭취비율이 높았다. 따라서, 성별과 연령에 따른 탄수화물의 에너지 적정비율의 조정을 고려하였으나 근거가 부족하여 2020 한국인 영양소 섭취기준에서도 전 연령층에 55~65%를 유지하고 있다.[30]

탄수화물 섭취 부족 시 케톤체의 생산이 증가한다고 하나 이에 대한 증거가 드물어 섭취량을 설정하기에 어려운 점이 있으나 미국은 뇌에서 1일 사용되는 포도당의 양이 100 g이라는 것에 근거하여 1세 이후 평균필요량을 100 g으로 설정하였다. 그러나 우리나라 사람을 대상으로 뇌에서 사용하는 포도당의 양에 대한 연구 결과가 부족하여 미국인의 평균필요량과 권장섭취량을 적용하여 1세 이후 모든 연령층에서 평균필요량 100 g, 권장섭취량 130 g으로 설정하였다.

영아기 전기는 모유의 유당 함량 74 g/L와 1일 모유섭취량인 780 mL를 기준으로 하여 60 g, 후기는 모유와 이유보충식을 통한 탄수화물 섭취량을 기준으로 90 g이 충분섭취량으로 설정되었다. 임신기는 모체의 두뇌와 태아의 두뇌에서 사용되는 포도당 양을 고려하여 모체의 평균필요량 100 g에 태아가 사용하는 35 g/일을 부가하여 평균필요량으로, 이에 변이계수 15%를 고려하여 부가 권장섭취량은 45 g/일로 설정하였다. 수유기는 수유부 두뇌에서 사용하는 포도당의 양과 모유로 분비되는 포도당의 양을 합산한 60 g/일을 평균필요량으로, 이에 변이계수를 적용한 80 g/일을 부가 권장섭취량으로 설정하였다.[30]

② 당류의 섭취기준

대부분의 나라에서는 식품에 자연적으로 존재하는 당류가 아니고 가공이나 조리 시에 첨가되는 단당류와 이당류의 합인 첨가당에 대해서만 권고 수준을 설정하고 있다.

표 2-4 ▶ 한국인의 탄수화물 섭취기준[30]

연령		탄수화물(g/일)				식이섬유(g/일)			
		평균필요량	권장섭취량	충분섭취량	상한섭취량	평균필요량	권장섭취량	충분섭취량	상한섭취량
영아	0~5(개월)			60					
	6~11			90					
유아	1~2(세)	100	130					15	
	3~5	100	130					20	
남자	6~8(세)	100	130					25	
	9~11	100	130					25	
	12~14	100	130					30	
	15~18	100	130					30	
	19~29	100	130					30	
	30~49	100	130					30	
	50~64	100	130					30	
	65~74	100	130					25	
	75 이상	100	130					25	
여자	6~8(세)	100	130					20	
	9~11	100	130					25	
	12~14	100	130					25	
	15~18	100	130					25	
	19~29	100	130					20	
	30~49	100	130					20	
	50~64	100	130					20	
	65~74	100	130					20	
	75 이상	100	130					20	
임신부		+35	+45					+5	
수유부		+60	+80					+5	

2015년 국제보건기구(WHO)는 건강 위해를 줄이기 위해 첨가당의 섭취를 에너지 섭취 비율의 5~10% 이하로 낮추도록 지침을 제공하였다.[32] 한국영양학회에서는 총당류의 섭취를 총에너지 섭취량의 10~20%로 제한하고, 식품의 조리 및 가공 시 첨가되는 첨가당(added sugar)의 섭취가 총에너지 섭취량의 10%를 넘지 않도록 제안하고 있다.

벌꿀과 유아 보툴리즘(infant botulism)[34, 35]

꿀은 생후 일 년 미만의 유아에게는 먹이지 않을 것을 권장한다. 유아는 위산 분비량이 적기 때문에 꿀에 함유되었을 수도 있는 *Clostridium botulinum*의 포자가 유아의 장관 내에서 발아하여 신경독을 생성할 수 있다.

③ 식이섬유의 섭취기준

식이섬유를 적절하게 섭취할 경우 비만과 관상동맥질환 등 만성질환을 예방하는 효과가 있는 것으로 보고되어 있다.[33] 만 1세 이상 모든 연령층에서 12 g/1000 kcal의 충분섭취량이 설정되어 있으며, 2013~2017 국민건강영양조사 자료 분석 결과 얻어진 성별 및 연령층별 에너지 섭취량의 중앙값을 사용하여 충분섭취량이 결정되었다.[30]

식이섬유 충분섭취량(g/일)

= 12 g/1000 kcal × 각 성별, 연령별 1일 에너지 섭취량 중앙값

영아는 모유가 식이섬유를 포함하고 있지 않아 식이섬유 섭취량에 대한 이론적 근거가 명확하지 않아 충분섭취량을 설정되지 않았으나 유아, 아동 및 청소년은 계산식에 근거하여 산출하였다. 연령별 계산식과 실제 섭취기준과 절충한 성인의 충분섭취량은 남자 30 g/일, 여자 20 g/일이며, 노인은 남자 25 g, 여자 20 g이 1일 충분섭취량으로 설정되었다. 식이섬유를 과량으로 섭취하는 경우 위장관 부작용 증세가 관찰되기는 하지만 심각한 만성 부작용이 보고되지 않았고, 이에 대한 직접적인 연구 결과가 부족하여 상한섭취량은 설정되어 있지 않다.

2) 탄수화물의 급원식품

탄수화물은 대부분 식물성 식품에 함유되어 있다. 곡류와 서류, 공류, 뿌리채소류는 전분과 식이섬유를 제공하고, 과일은 주로 단당류인 포도당과 과당 및 식이섬유를 제공한다. 녹황색 채소에는 식이섬유가 다량 들어 있다. 우유에는 유당이 함유되어 있고, 요구르트, 가당우유, 음료, 잼, 젤리, 사탕류에는 당이 많이 첨가되어 있다.

표 2-5 ▶ 급원식품의 탄수화물과 식이섬유 함량[22]

식품명(1회 분량)	에너지(kcal)	탄수화물(g)	식이섬유(g)
국수(마른 것, 100 g)	375	78.0	0.4
메밀국수(100 g)	341	73.9	0.4
라면(120 g)	457	73.7	0.6
쌀밥(210 g)	286	68.9	0.8
보리(90 g)	310	68.6	0.5

(계속)

식품명(1회 분량)	에너지(kcal)	탄수화물(g)	식이섬유(g)
백미(90 g)	320	65.8	0.3
식빵(100 g)	283	50.7	0.4
고구마(생것, 90 g)	115	27.3	0.8
아이스크림(12% 유지질, 100 g)	211	22.4	0
요구르트(액상, 150 g)	98	22.4	0
식혜(200 g)	80	22.2	0
바나나(생과, 100 g)	80	20.9	0.2
콜라(200 g)	80	20	0
감자(생것, 130 g)	86	18.7	0.3
사과(부사, 100 g)	57	15.3	0.5
포도(델라웨어, 100 g)	55	14	0.2
당근(생것, 70 g)	24	5.5	0.6
늙은호박(생것, 70 g)	19	4.7	0.6
우엉(생것, 25 g)	16	3.6	0.3
양배추(생것, 70 g)	13	3.4	0.4

5. 탄수화물과 관련된 건강문제

1) 당뇨병

당뇨병(diabetes mellitus)은 인슐린이 충분히 분비되지 않거나 인슐린 수용체의 감도가 저하되어 혈당이 세포 내로 들어가지 못하고(고혈당) 소변으로 배설(당뇨)되는 탄수화물 대사장애이다. 혈중 포도당의 농도가 만성적으로 170 mg/dL 이상으로 높아지면 소변으로 빠져나온다.

인슐린을 분비하는 췌장의 질환으로 인해 인슐린 분비량이 절대적으로 부족한 경우(제1형 당뇨병), 또는 유전적 요인을 가지고 있는 사람이 비만, 과식, 스트레스, 운동 부족 등 환경 요인의 영향으로 인해 인슐린 수용체의 감도가 낮아진 경우(제2형 당뇨병), 임신(임신성 당뇨) 시 주로 발생한다.

합병증으로는 과잉의 포도당이 체단백질이나 조직, 특히 눈과 신장, 신경조직, 혈관에 작용해서 생기는 말단혈관질환(발과 다리), 시력 약화나 실명, 신장질환, 신경 손상 등이 일어나기 쉽다.

탄수화물의 과잉 섭취 자체가 당뇨병을 유발시키지는 않으나 탄수화물의 과잉 섭취로 인한 체중 과다나 비만은 당뇨의 원인이 된다. 당뇨병 환자의 경우 에너지 섭취를 줄이고, 단순당질보다는 전곡류와 식이섬유 같은 복합당질을 많이 섭취하여 혈당의 급격한 상승을 억제해야 한다.[36, 37]

2) 저혈당증

저혈당증(hypoglycemia)은 혈당 수준이 계속적으로 혈액 100 mL 중 50~60 mg 이하가 될 때이다. 인슐린의 과잉 분비, 뇌하수체전엽 기능 저하, 부신피질 기능 저하 등이 원인으로 근래에 와서 하나의 질병으로 인식되기 시작하였다. 혈당이 정상치 이하로 저하되면 세포의 에너지 대사가 감소된다. 특히 포도당을 주 에너지원으로 하는 뇌를 비롯한 신경조직의 작용이 제대로 이루어지지 않아서 허약감, 발한, 두통, 어지럼증, 근육경련 등의 증상이 나타나고, 혼수 상태를 거쳐 사망하기도 한다. 당뇨병 환자가 인슐린을 과다 투여하거나 심한 운동을 할 경우에 저혈당증이 일어날 수 있다.

당뇨환자가 아닌 경우에 두 종류의 저혈당증이 있다. 반응성 저혈당증(reactive hypoglycemia)은 주로 단순당 함량이 많은 고단수화물 식이를 섭취한 후 한 시간쯤 후에 나타나며 갑자기 높아진 혈당을 낮추기 위해 과량의 인슐린이 한꺼번에 분비되어 과잉으로 혈중의 포도당을 세포 내로 들여보내 일어난다. 공복성 저혈당증(fasting hypoglycemia)은 음식을 전혀 먹지 않았는데도 인슐린이 너무 많이 분비되어 일어나는데, 췌장에 종양이 있을 경우에 나타날 수 있다.

3) 유당불내증

유당불내증(lactose intolerance)은 유당 소화효소의 결핍이나 활성 저하로 인한 일종의 소화불량성 질환이다. 유당이 분해되지 않은 채 대장으로 내려가면 박테리아에 의해 발효되어 산과 가스를 생성하고 삼투압을 높여서 설사나 복부 팽만, 장 경련, 복통 등을 일으킨다. 후천적인 유당불내증의 경우는 우유를 소량에서 시작해서 천천히 늘려가면서 마시면 유당분해효소가 다시 증가하기도 한다. 유당을 유산으로 발효시킨 요구르트를 이용하는 것도 좋은 방법이며, 우유나 유제품을 전혀 소화시키지 못하는 경우

혈당지수(glycemic index, GI)는 실제로 유용한가

High GI food와 Low GI food[38,39]

혈당지수는 흰 빵이나 포도당의 형태로 탄수화물을 섭취하였을 때 혈액에 나타나는 총포도당의 양을 100으로 보고 특정 식품을 섭취하였을 때 혈액에 나오는 포도당의 양을 상대비율로 환산한 값이다. 혈당지수가 낮은 식품은 혈당을 천천히, 그리고 완만하게 변화시킨다(그림 A). 혈당지수가 높은 식품은 혈당지수가 낮은 식품에 비해 혈당을 빨리, 그리고 많이 올리고 급격하게 떨어뜨린다(그림 B). 혈당지수는 탄수화물의 섭취량뿐만 아니라 함께 섭취하는 영양소의 영향을 받으므로 이를 구분하기 위해 식품의 혈당지수가 개발되었고, 식품의 일상적인 1회 분량의 식품을 섭취하였을 때 나타나는 혈당반응을 계산한 당부하(glycemic load, GL) 개념도 사용되고 있다. 혈당지수는 식이섬유 함량과 소화흡수 속도, 총지질량 등의 영향을 받는다. 백미, 흰 빵, 감자, 콘플레이크, 수박 등은 혈당지수가 높고, 콩류, 전곡빵, 우유, 무가당 요구르트, 사과 등은 낮다. 혈당지수의 유용성에 대해서는 논란이 있지만 혈당지수가 높은 식사는 만성질환의 위험성을 높일 수 있으므로 탄수화물을 섭취할 때는 탄수화물의 양과 종류를 함께 고려할 것을 권장한다.

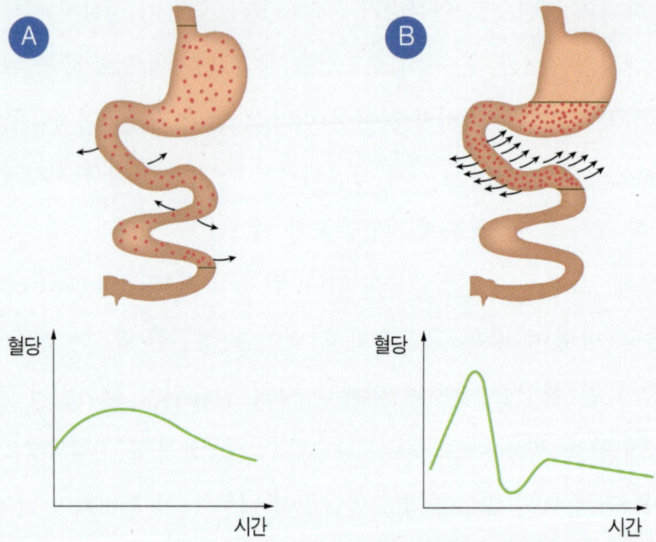

혈당지수가 낮은 식품(A)과 혈당지수가 높은 식품(B)의 섭취가 위장관의 포도당 흡수와 식후 혈당에 미치는 영향에 대한 가설[39]

에는 유당을 제거한 우유를 섭취하거나 대체식품으로서 칼슘 강화 두유 등을 이용할 수 있다.

4) 충치

충치(dental caries)는 치아의 에나멜층과 하부구조가 산에 의해 녹아서 파괴되어 발생하며, 치아 표면의 pH가 5.5 이하일 때 시작된다. 설탕은 입 안에 서식하는 박테리아에 의해 대사되어 플라크를 만드는 덱스트란을 만들고 산을 생성하여 치아 표면의 pH를 4까지 떨어뜨리므로 충치를 일으키기가 쉽다. 설탕 이외에 입 안에서 쉽게 발효되는 전분이나 단순당류, 콘시럽 등도 충치균이 이용할 수 있으므로 충치 유발성(cariogenic) 물질이 된다. 탄수화물 식품 가운데서도 충치 유발 위험성이 가장 높은 것은 당 함량이 많으면서 끈적끈적한 식품으로 구강 내 잔류시간이 길어서 오랫동안 박테리아에게 먹이를 제공한다. 과일주스나 설탕이 첨가된 액상 요구르트도 당과 산을 같이 함유하고 있어서 충치를 유발할 수 있다.

5) 게실증

식이섬유를 너무 적게 섭취하면 대변의 양이 적어지고 단단해진다. 대변의 양이 적으면 배설을 위해 압력을 크게 가해야 하고 이에 따라 대장 벽의 일부가 부풀려져서 주머니, 즉 게실을 형성한다. 게실은 고령화될수록 발생빈도가 증가하며, 게실증(diverticular disease) 자체는 특별한 증상을 나타내지 않는다. 그러나 게실 안에 대변이 머물게 되면 염증을 일으켜서 게실염, 천공, 장출혈 등의 합병증을 유발할 수 있기 때문에 게실이 생기지 않도록 예방하는 것이 중요하다.

서양인의 경우 40세 이하의 연령에서는 잘 생기지 않으나 나이가 늘어감에 따라 증가하여 60세 이상 노인의 60% 이상이 게실증을 가지고 있으며, 발생률은 식이섬유 섭취량과 반비례하고 지질, 육류의 섭취량과는 비례하는 것으로 보고되고 있다.[40~43] 한국

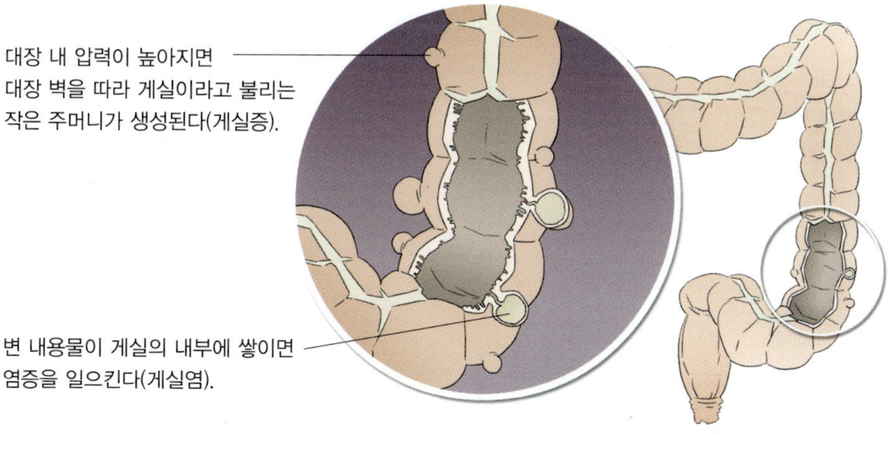

그림 2-11 ▶ 게실증

에서는 드물게 발견되는 질환이었으나 식생활의 변화와 함께 점차 발생빈도가 증가하고 있다.[44,45] 게실증을 예방하고 치료하기 위해서는 식이섬유를 충분히 섭취하는 것이 최선이다.[43,46]

참고문헌

[1] Moore MC, Davis SN, Mann SL, Cherrington AD.(2001). Acute fructose administration improves oral glucose tolerance in adults with type 2 diabetes. *Diabetes Care* 24 : 1882~1887

[2] Chong MF, Fielding BA, Frayn KN.(2007). Mechanisms for the acute effect of fructose on postprandial lipemia. *Am J Clin Nutr* 85(6) : 1511~1520

[3] Newsholme E, Leech AR(1983). *Biochemistry for the medical sciences.* John wiley & sons Ltd. p.468

[4] Swanson JE, Laine DC, Thomas W, Bantle JP.(1992). Metabolic effects of dietary fructose in healthy subjects. *Am J Clin Nutr* 55 : 851~856

[5] Bantle JP, Raatz SK, Thomas W, Georgopoulos A.(2000). Effects of dietary fructose on plasma lipids in healthy subjects. *Am J Clin Nutr* 72 : 1128~1134

[6] Roediger WEW.(1980). Role of anaerobic bacteria in the metabolic welfare of the colonic mucosa in man. *Gut* 21 : 793~798

[7] Livesey G, Elia M. Short-chain fatty acids as an energy source in the colon: metabolism and clinical implications. In: Cummings JH, Rombeau JL, Sakata T.(1995). *Physiological and Clinical Aspects of Short-Chain Fatty Acids.* Cambridge, UK: Cambridge University Press, pp.427~483

[8] Anderson JW.(1995). Short-chain fatty acids and lipid metabolism. In : Cummings JH, Rombeau JL, Sakata T, eds. *Physiological and clinical aspects of short chain fatty acids.* New York : Cambridge university press, pp. 509~523

[9] 나미희·김우경(2007). 자일로올리고당의 섭취가 변 내 비피더스 균수, Lactic Acid 농도와 지질대사에 미치는 영향. 한국영양학회지 40(2) : 154~161

[10] Hayakawa, K., J. Mitzutani, K. Wada, T. Masai, I. Yoshihara, T. Mitsuoka(1990). Effects of soybean oligo-saccharides on human fecal flora. *Microbiol Ecol Health Dis* 3 : 293~303

[11] Kunz C, Rudloff S, Baier W., Klein N., Strobel S.(2000). Oligosaccharides in human milk; structural, functional, and metabolic aspects. *Annu Rev Nutr* 20 : 699~722

[12] Boehm G, Stahl B, Jelinek J, Knol J, Minielli V, Moro GE.(2005). Prebiotic carbohydrates in human milk and formulas. *Acta Paediatr* 94 (suppl 449) : 18~21

[13] 이경자·진효상·문수재(1998). 모유영양아와 인공영양아의 장내균총 조성과 이유보충식 도입에 따른 변화. 한국영양학회지 31(3) : 305~314

[14] 방명희·김우경(2004). 젊은 여성에서 대두 올리고당 섭취가 변의 비피더스균 수 및 지방 농도에 미치는 영향. 한국영양학회지 37(8) : 662~668

[15] 정명근·이재철(2003). 콩 함유 올리고당의 기능적 특성. 한국작물학회지 48: 58~64

[16] Tomomatsu H.(1994). Health effects of oligosaccharides. *Food Technol.* 48(11) : 61~65

[17] Newsholme E, Leech AR.(1983). Biochemistry for the medical sciences. John wiley & sons Ltd. pp.194~199

[18] Scheppach W, Bartram HP, Richter F.(1995). Role of short-chain fatty acids in the prevention of colorectal cancer. *Eur J cancer* 31A : 1077~1080

[19] Hylla S, Gostner A, Dusel G, et al.(1998). Effects of resistant starch on the colon in healthy volunteers: possible implications for cancer prevention. *Am J Clin Nutr* 67 : 136~142

[20] 지근억(1994). 한국인의 장내 균총 조성 및 분포. *Kor J Appl Microbiol Biotechnol* 22(5) : 453~458

[21] Insel P, Turner RE, Ross D.(2006). *Discovering nutrition.* 2nd ed. Jones and Bartlett publishers. p.144

[22] 농촌진흥청(2011). 식품성분표. 제8개정판

[23] Hanisch FG, Mueller S.(2000). The polymorphic appearance of a human mucin, *Glycobiology* 10(5) : 439~449

24 American dietetic association(2004). Position of the American dietetic association: use of nutritive and nonnutritive sweeteners. *J Am. Diet Assoc.*, 104 : 255~275

25 보건복지부(2017). 2016년도 국민건강통계: 국민건강영양조사 제7기 1차년도.

26 보건복지부(2017). 2016년도 국민건강통계 II·추이: 국민건강영양조사 제7기 1차년도.

27 강재헌(2013). 당류 과잉섭취와 비만 등 만성질환과의 연관성 분석 및 당 저감화 모델 개발. 식품의약품안전처 용역 연구개발 최종 보고서.

28 이행신·권성옥·연미영·김도희·이지연·남지운·박승주·연지영·이순규·이혜영·권오상(2014). 한국인의 총당류 섭취실태 평가: 2008-2011년 국민건강영양조사 자료를 이용하여. *J. Nutr Health* 47(4) : 268~276

29 이혜정·김영아·이혜성(2006). 한국인 식이섬유 섭취 상태의 연차적 추이(1991~2001). 한국영양학회지 39(6) : 549~559

30 보건복지부, 한국영양학회(2020). 2020 한국인 영양소 섭취기준(에너지와 다량영양소).

31 Song Y, Joung H.(2012). A traditional Korean dietary pattern and metabolic syndrome abnormalities. N*utr Met Cardio Dis* 22(5) : 456~462

32 World Health Organization(WHO)(2015). *Guideline: Sugar intake for adults and children.*

33 Hartley L1, May MD, Loveman E, Colquitt JL, Rees K.(2016). Dietary fibre for the primary prevention of cardiovascular disease. *Cochrane Database Syst Rev.* 7 January : DOI: 10.1002/14651858.CD011472.pub2

34 Cox N, Hinkle R.(2002). Infant botulism. *American family physician.* 65(7) : 1388~1392

35 Byard RW, Moore L, Bourne AJ, Lawrence AJ, Goldwater PN.(1992). Clostridium botulinum and sudden infant death syndrome : a 10 year prospective study. *J Paediatr Child Health* 28 : 156~157

36 Fung TT., Hu FB, Pereira MA, Liu S, Stampfer MJ, Colditz GA, Willett WC(2002). Whole grain intake and the risk of type 2 diabetes: A prospective study in men. *Am J Clin Nurt* 76(3) : 535~540

37 Willet W., Manson J., Liu S.(2002). Glycemic index, glycemic load and risk of type 2 diabetes. *Am J Clin Nutr* 76(1) : 274s~280s

38 Kendall CW, Augustin LS, Emam A, Josse AR, Saxena N, Jenkins DJ.(2006). The glycemic index: methodology and use. *Nestle Nutr Workshop Ser Clin Perform Programme.* 11 : 43~53

39 Jenkins DJ, Kendall CWC, Augustin LSA, Franceschi S, Hamidi M, Marchie A, Jenkins AL and Axelsen M.(2002). Glycemic index: overview of implications in health and disease. *Am J Clin Nutr* 76(1) : 266S~273S

40 Korzenik JR.(2006). Case closed? Diverticulitis: epidemiology and fiber. *J Clin Gastroenterol* 40(7) : S112~116

41 Salzman H, Lillie D.(2005). Diverticular disease: diagnosis and treatment. *Am Fam Physician* 72(7) : 1229~1234

42 Eglash A, Lane CH, Schneider DM.(2006). Clinical inquiries. What is the most beneficial diet for patients with diverticulosis?. *J Fam Pract* 55(9) : 813~815

43 Ünlü C, Daniels L, Vrouenraets BC, Boermeester MA(2012). "A systematic review of high-fibre dietary therapy in diverticular disease." *International journal of colorectal disease* 27 (4) : 419~27. doi:10.1007/s00384-011-1308-3

44 김주성·차수강·김용태·윤용범·송인성·최규완·김정룡·조재민·최병인(1993). 대장게실증의 발생빈도 및 임상상에 관한 연구. 대한소화기병학회지 25(2) : 305~314

45 김경옥·장병익·김태년·문희정·이운기·우병완(2008). 대장 게실의 연도별 발생빈도 및 임상양상에 관한 고찰. *Intest Res* 6(2) : 116~120

46 Tarleton S, DiBaise JK(2011). "Low-residue diet in diverticular disease: putting an end to a myth." *Nutrition in clinical practice : official publication of the American Society for Parenteral and Enteral Nutrition* 26(2) : 137~42. doi:10.1177/0884533611399774

용어정리

호화 전분 입자를 물속에서 가열하거나 수소결합을 파괴하는 매체 안에 두면 입자가 팽윤을 일으키고 반투명상의 콜로이드상이 되는 현상으로 이에 따라 소화효소작용을 받기 쉬운 형태로 변화된다.

노화 호화된 전분을 수분이 있는 상태로 오래 방치하면 인접한 전분 분자들이 수소결합을 하여 부분적으로 다시 결정구조를 형성하게 되는 과정을 의미한다.

장내균총 사람이나 동물의 장내에 생식하고 있는 세균을 장내세균 또는 장내균이라고 하며, 이러한 장내에 사는 세균의 집단을 장내균총이라 한다.

덱스트린 전분을 산 또는 효소로써 가수분해할 때 중간 과정에서 생기는 여러 가지 분해 생성물을 총칭하여 말한다.

융모 소장 점막 표면에 무수히 존재하는 손가락상의 돌기물(길이 약 1 mm, 굵기 약 0.1~0.25 mm)로, 소장 점막의 흡수 면적을 약 8배로 확대시켜 영양소의 흡수에 중요한 역할을 수행한다.

문맥 복부 기관에서 정맥혈을 모아서 간으로 보내는 정맥을 문맥이라 한다. 소화관에서 흡수된 지방 이외의 영양 성분들이 문맥을 거쳐 간으로 보내지고, 지방은 유미관에서 흉관으로 이동하게 된다.

케톤체 β-히드록시부티르산, 아테토아세트산 및 아세톤을 말하며 생체 에너지원의 하나로 장기간의 절식, 저혈당증, 중증 당뇨병, 심한 운동, 발열, 외상, 수술 등으로 인해 혈액 중의 양이 증가하거나 소변 중에도 나타난다.

뮤신 위장액, 호흡기관의 점액, 소변 등 체외로의 외분비물 또는 배설물 중 점성이 높은 물질로 당과 단백질의 복합체로 된 점액물질을 말한다. 기관을 보호하고 소화기관에서는 소화운동의 윤활제 역할을 한다.

단원정리

- 탄수화물은 탄소, 수소, 산소로 구성된 유기화합물로 자연계에 가장 많이 존재하며, 하루에 필요한 에너지의 60% 이상을 공급하는 주된 에너지 영양소이다.
- 탄수화물은 구성하는 단당류의 개수에 따라 단당류, 이당류, 올리고당류, 다당류 등으로 구분되며 에너지를 제공하지 않으나 체내 기능을 조절하는 식이섬유도 포함하고 있다.
- 섭취한 탄수화물은 입에서 위와 소장을 거쳐 구성 단당류로 소화되며, 소화액을 분비하는 기관은 구강, 췌장 및 소장이다. 소화된 탄수화물은 소장 점막세포에서 확산 및 능동수송으로 흡수되며, 능동수송으로 흡수되는 단당류는 포도당과 갈락토오즈이다.
- 탄수화물은 체내에서 여러 가지 과정을 통하여 대사되며 에너지를 제공하기 위해서는 해당과정과 TCA회로를 거친다. 포도당 한 분자가 해당 과정과 TCA회로를 거쳐 완전히 분해되면 약 30~32ATP를 형성하게 된다.
- 에너지로 사용되고 남은 탄수화물은 글리코겐의 형태로 간과 근육에 저장되고, 간에 저장된 글리코겐은 공복 시 혈당 유지에, 근육에 저장된 글리코겐은 에너지 공급을 위하여 사용된다.
- 탄수화물의 기능은 에너지의 공급(4 kcal/g), 단백질 절약작용, 케톤증의 방지, 혈당 유지, 체구성 성분으로서의 기능 및 단맛을 제공해 주는 것이 있으며 식이섬유로서의 기능 또한 가지고 있다.
- 한국 성인의 탄수화물 섭취는 총에너지 섭취량의 약 58% 정도로 적정 섭취기준을 충족하고 있으며 가장 많이 섭취하는 식품은 백미이다.
- 탄수화물과 관련된 건강문제로는 당뇨병이 가장 대표적이다. 당뇨병 환자는 에너지 섭취를 줄이고 단순당질보다는 전곡류와 식이섬유 같은 복합당질을 많이 섭취하여 혈당의 급격한 상승을 억제해야 한다.

연습문제

1 섭취하는 탄수화물의 양에 비해 체구성 성분으로 몸 안에 존재하는 양이 아주 소량인 이유를 설명하시오.

2 단순당질은 무엇이며 어떤 식품에 들어 있는지 설명하시오.

3 복합당질 식품에는 어떤 것들이 있는가?

4 혈당의 중요성과 체내 조절작용에 대해 설명하시오.

5 유당의 생체 내 중요성에 대해 설명하시오.

6 탄수화물의 소화흡수 과정을 간단히 설명하시오.

7 포도당 한 분자가 분해되어 에너지와 물과 이산화탄소를 생성하는 과정을 요약해서 설명하시오.

8 글리코겐 특유의 가지구조가 주는 이점이 무엇인지 설명하시오.

9 단순당질을 많이 섭취했을 때 오히려 저혈당증이 나타날 수 있는 이유를 설명하시오.

10 식이섬유의 체내 기능에 대해 설명하시오.

*연습문제 정답은 책 뒤쪽에 있습니다.

CHAPTER 3

지질

1. 지질의 분류
2. 지질의 소화, 흡수, 대사
3. 지질의 기능
4. 지질의 섭취기준과 급원식품
5. 지질과 관련된 건강문제

지질은 탄수화물, 단백질과 같은 열량영양소이나 단위 g당 에너지가 높아 비만을 초래하고 심혈관계 질환 및 암의 발병 요인이라는 부정적인 측면이 크게 부각되어 있다. 그러나 지질은 체내의 여러 주요한 기능을 유지하는 데 꼭 필요한 필수영양소로서 그 중요성을 간과해서는 안 된다. 지질은 탄소, 수소, 산소로 구성된 유기화합물로서 물에 쉽게 용해되지 않으나 에테르, 알코올, 벤젠 등의 유기용매에 녹는 특성이 있다. 지질은 크게 중성지방, 인지질, 콜레스테롤로 분류되며, 실온에서 고체인 지질은 지방(fat), 액체인 지질은 기름(oil)이라고 한다.

1. 지질의 분류

1) 중성지방

글리세롤 1분자와 지방산 3분자가 에스터 결합한 것으로서 식품이나 체지방의 95% 정도가 중성지방(triglyceride) 형태로 존재한다. 에스터 결합이란 글리세롤의 수산기(-OH)와 지방산의 카르복실기(-COOH) 사이에서 물 1분자(H_2O)가 빠짐으로써 이루어진다(그림 3-1). 글리세롤 1분자에 1개의 지방산이 결합한 것을 모노아실글리세롤(monoacylglycerol), 2개의 지방산이 결합한 것을 다이아실글리세롤(diacylglycerol), 3개

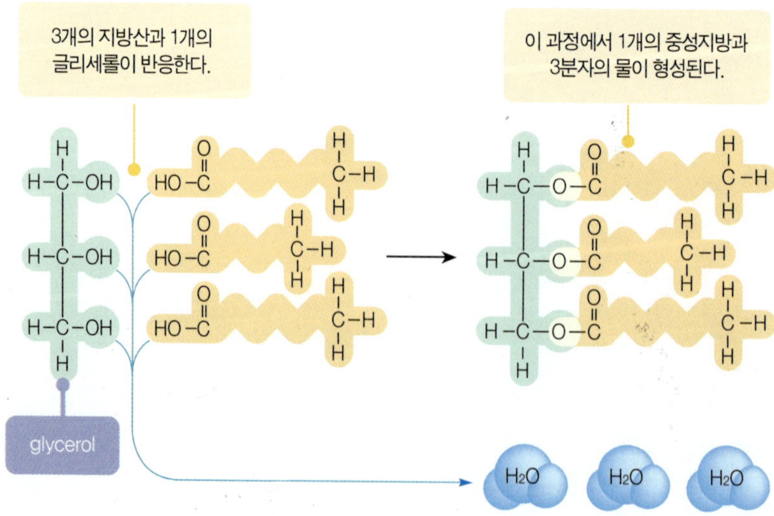

그림 3-1 ▶ 중성지방의 구조

의 지방산이 결합한 것을 트라이아실글리세롤(triaclyglyceorl) 또는 중성지방이라 한다. 일반적으로 글리세롤의 수산기 3개 중 1번과 3번 위치는 포화지방산이, 2번 위치에는 불포화지방산이 결합한다. 다이아실글리세롤이나 모노아실글리세롤은 중성지방이 소화되는 과정에서 생성된다.

2) 지방산

지방산(fatty acid)은 중성지방의 구성 성분으로 한쪽 끝은 카르복실기, 다른 쪽 끝은 메틸기(-CH_3), 가운데 부분은 긴 탄소사슬에 수소들이 결합되어 있는 탄화수소로 화학 구조식은 $CH_3(CH_2)_nCOOH$이며 R-COOH로 표시하기도 한다(그림 3-2). 지방산의 시작 부분인 카르복실기는 친수성이지만 가운데의 탄화수소와 마지막의 메틸기 부분은 소수성이다. 탄소 번호는 카르복실기의 탄소에서 1번으로 시작하여 탄화수소의 탄소로 번호가 계속되다가 메틸기의 탄소가 마지막 번호가 된다. 카르복실기 옆의 탄소는 α탄소(2번 탄소)이고 메틸기의 마지막 탄소는 오메가(ω)탄소 또는 n탄소라고 표시한다. 자연계에 존재하는 지방산은 탄소 수가 4~22개의 짝수이며, 탄소 수와 탄소사슬 안의 결합

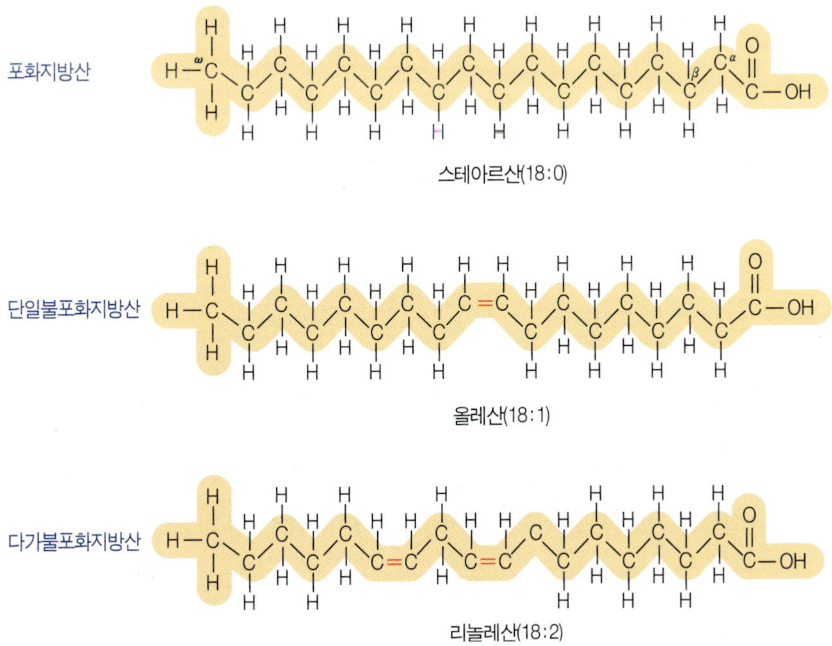

그림 3-2 ▶ 지방산의 구조

방식 및 모양에 따라 종류가 다양하다.

(1) 탄소 수에 따른 지방산의 종류

지방산은 탄소 수에 따라서 짧은사슬지방산, 중간사슬지방산, 긴사슬지방산으로 나뉜다. 탄소 수가 많을수록 지방산의 사슬길이가 길어지고 물에 쉽게 용해되지 않으며 융점이 높아진다(그림 3-3). 중성지방에는 주로 긴사슬지방산이 풍부하며, 코코넛유에는 중간사슬지방산이, 유제품에는 짧은사슬지방산이 존재한다.

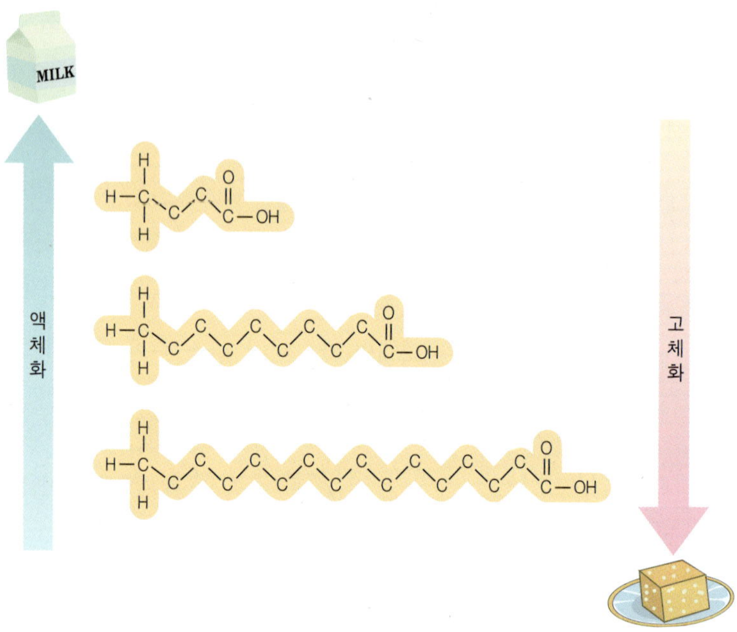

그림 **3-3** ▸ 지방산의 길이와 고체화

(2) 이중결합 수에 따른 지방산의 종류

탄소는 원자가가 4가로서 이웃하는 원자 4개와 결합할 수 있다. 지방산 말단의 카르복실기와 메틸기의 탄소를 제외한 가운데 부분, 즉 사슬 내의 탄소가 인접 탄소 2개 및 수소 2개와 결합하고 있으면 포화되었다고 하고, 인접 탄소들이 수소원자 1개씩을 잃어버리고 이중결합을 형성하면 불포화되었다고 한다(그림 3-2 참고).

① 포화지방산

지방산 사슬 내의 탄소와 탄소 사이에 이중결합이 없이 단일결합만으로 이루어진 지방산이다. 동물성 기름에는 팔미트산(16:0), 스테아르산(18:0) 등의 포화지방산이 많이 함유되어 있어, 대부분 실온에서 고체 형태로 존재한다. 식물성 기름에는 포화지방산 함량이 적지만, 예외로 야자유, 팜유, 마가린 등에는 포화지방산이 다량 함유되어 있다.

② 불포화지방산

이중결합이 1개인 지방산을 단일불포화지방산, 이중결합이 2개 이상인 지방산을 다가불포화지방산이라 한다. 단일불포화지방산은 올리브유에 많은 올레산(18:1)이 대표적이며 스테아르산(18:0)으로부터 체내 합성되기도 한다. 다가불포화지방산은 리놀레산(18:2)이 대표적이며 옥수수기름, 콩기름, 홍화기름, 참기름 등 대부분의 식물성 기름에 많이 존재하는데, 이중결합이 많을수록 융점이 낮아서 실온에서 액체 상태이다. 유지방이나 쇠기름에 함유되어 있는 공액리놀레산(conjugated linoleic acid)은 항암작용과 비만 억제물질이라는 연구 결과가 있다.[1,2] 불포화지방산은 포화지방산에 비해 구조가 엉성하여 열, 자외선, 공기, 화합물 등에 의해 이중결합이 쉽게 산화, 분해되어 산패가 일어난다. 산패물이 생성되면 기름은 맛과 향이 변하여 불쾌한 냄새가 나고, 색도 변하여 질이 떨어지며 인체에 해롭다.

(3) 이중결합 위치에 따른 지방산의 종류

지방산의 마지막 부분인 메틸기에서 가장 가까운 이중결합을 함유한 탄소의 위치에 따라 오메가-3, 6, 9 지방산으로 나눈다(그림 3-4).

① 오메가-3 지방산

첫 번째 이중결합이 메틸기로부터는 3~4번째 탄소 사이에 위치하여 오메가-3 지방산이라 한다. 알파-리놀렌산(18:3, n-3)은 이중결합이 3개인 다가불포화지방산으로 들기름, 잇꽃기름에 다량 함유되어 있으며 옥수수기름보다는 콩기름에 많다. 에이코사펜타에논산(EPA, 20:5, n-3)은 이중결합이 5개, 도코사헥사에논산(DHA, 22:6, n-3)은 이중결합이 6개인 다가불포화지방산으로 연어, 고등어, 정어리 같은 등푸른생선에 다량 함유되어 있으며 알파-리놀렌산으로부터도 소량 합성될 수 있다.

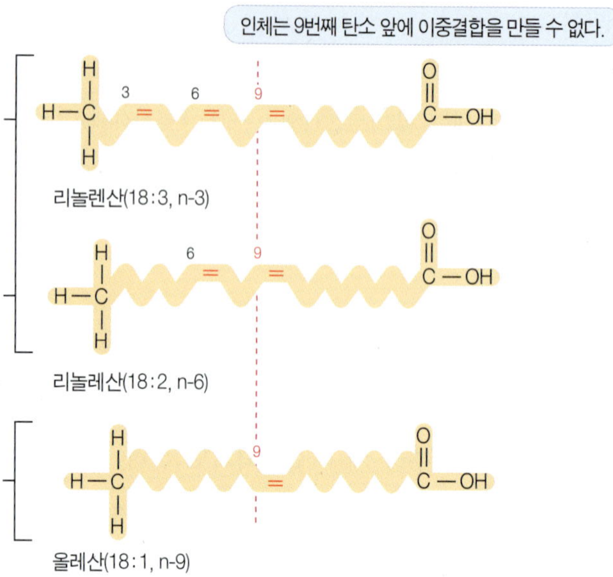

그림 **3-4** 이중결합의 위치에 따른 불포화지방산의 종류

② 오메가-6 지방산

첫 번째 이중결합이 메틸기로부터 6~7번째 탄소 사이에 위치하여 오메가-6 지방산이라 한다. 리놀레산(18:2, n-6)은 이중결합이 2개인 다가불포화지방산으로 옥수수기름, 참기름 등 식물성 기름에 많다. 리놀레산으로부터 합성 가능한 아라키돈산(20:4, n-6)은

EPA와 DHA의 효능

생선 섭취가 많은 에스키모인들이 지방을 많이 섭취함에도 불구하고 심혈관질환의 발생률이 낮은 이유는 생선에 함유되어 있는 EPA와 DHA 때문이다. EPA는 오메가-6 지방산인 아라키돈산(20:4)과 다른 종류의 프로스타글란딘, 트롬복산, 프로스타사이클린, 루코트리엔 등의 에이코사노이드(eicosanoid)를 합성하는 전구체로 사용된다. 아라키돈산에서 생성된 에이코사노이드가 심혈관질환을 유발하고 천식을 악화시키는 등 부정적인 역할을 하는 반면, EPA에서 생성된 에이코사노이드는 이들 질환을 예방하고 면역 기능을 강화한다.[3] 또한, EPA와 DHA는 혈중 중성지방을 낮추고, 염증 억제, 혈액응고 방지, 혈압 강하, 부정맥 방지, 치매 및 우울증 예방에 효과가 있다.[4, 5] 최근에 임상 및 코호트 연구에서 오메가-3 지방산의 섭취가 이미 심혈관질환이 있는 환자에게서도 사망률을 감소시킨다는 보고가 많아,[6~8] 미국과 유럽에서는 일주일에 적어도 2회 정도의 생선 섭취를 권장하고 있다.

이중결합이 4개인 다가불포화지방산으로 육류에 많다.

③ 오메가-9 지방산

첫 번째 이중결합이 메틸기로부터 9~10번째 탄소 사이에 위치하여 오메가-9 지방산이라 한다. 올레산(18:1, n-9)은 이중결합이 1개인 단일불포화지방산으로서 올리브유와 카놀라유에 많다(표 3-1).

표 3-1 ▶ 지방산의 종류와 급원식품

분류		지방산명	기호	급원식품
짧은사슬지방산	포화	Butyric acid	4:0	버터
		Caproic acid	6:0	버터, 코코넛유
중간사슬지방산		Caprylic acid	8:0	코코넛유, 팜유, 버터
		Capric acid	10:0	코코넛유, 팜유, 버터
긴사슬지방산		Lauric acid	12:0	코코넛유, 월계수 종실유
		Myristic acid	14:0	코코넛유, 버터
		Palmitic acid	16:0	대부분의 유지(동물성)
		Stearic acid	18:0	대부분의 유지(동물성)
	단일불포화	Oleic acid	18:1(n-9)	올리브유, 카놀라유
	다가불포화	Linoleic acid	18:2(n-6)	대부분의 식물성 유지
		α-linolenic acid	18:3(n-3)	들기름, 아마유, 채종유
		Arachidonic acid	20:4(n-6)	육류, 난황
		Eicosapentaenoic acid	20:5(n-3)	어유, 등푸른생선
		Docosahexaenoic acid	22:6(n-3)	어유, 등푸른생선

French Paradox

그리스, 스페인, 포르투갈, 프랑스 등 지중해 연안(Mediterranean)에 살고 있는 사람들은 고지방식이를 섭취하나 미국이나 북유럽과 비교하여 심혈관질환 등에 의한 사망률이 낮은 현상이 보고되고 있다.[9, 10] 지중해 연안식의 특징은 채소, 과일, 와인, 그리고 올리브유의 섭취량이 많다는 것이다.[11] 그리스인은 42%에 달하는 지방을 섭취하는데도 세계에서 수명이 가장 길다. 이러한 French Paradox는 올리브유 섭취와 밀접한 관련이 있다.[12] 올리브유에 함유되어 있는 단일불포화지방산인 올레산은 혈중 중성지방과 LDL 콜레스테롤은 낮추고, HDL 콜레스테롤을 상승시켜 심혈관질환의 위험을 감소시킨다고 한다.[13]

(4) 시스와 트랜스 지방산

불포화지방산은 이중결합을 중심으로 좌우 탄소사슬의 모양에 따라 시스(*cis*)형과 트랜스형(*trans*)으로 나뉜다(그림 3-5).

① 시스 지방산

이중결합을 이루는 2개의 탄소에 결합된 수소원자 2개가 같은 방향에 있어서 지방산의 탄소사슬이 이중결합을 중심으로 굽어져 있는 모양을 이룬다. 자연계에 존재하는 불포화지방산들은 시스형이다.

② 트랜스 지방산

이중결합을 이루는 2개의 탄소에 결합된 수소원자 2개가 서로 반대 방향에 있어서 시스형과는 달리 지방산의 탄소사슬이 굽지 않고 똑바른 모양을 이루어 포화지방산과 비슷한 형태와 물리적 성질을 가진다. 다가불포화지방산을 함유한 액체의 식물성 기름에 부분적으로 수소를 첨가하여 고체인 쇼트닝과 마가린 같은 경화유를 만드는 과정에서 생기는 인공 지방산이다. 마가린과 쇼트닝은 식물성이지만 가수소 과정을 거쳐 트랜스 지방산을 다량 함유한다. 조리할 때 식물성 기름 대신 마가린이나 쇼트닝을 사용하면 독특한 질감을 주고 실온에서 일정한 형태를 유지시키므로 제과나 제빵 등에 이용하고 있다(표 3-2). 그러나 트랜스 지방산의 과다 섭취는 LDL 콜레스테롤을 상승시키고 HDL 콜레스테롤을 감소시켜 건강상의 문제를 야기할 수 있어 WHO에서는 총열량의

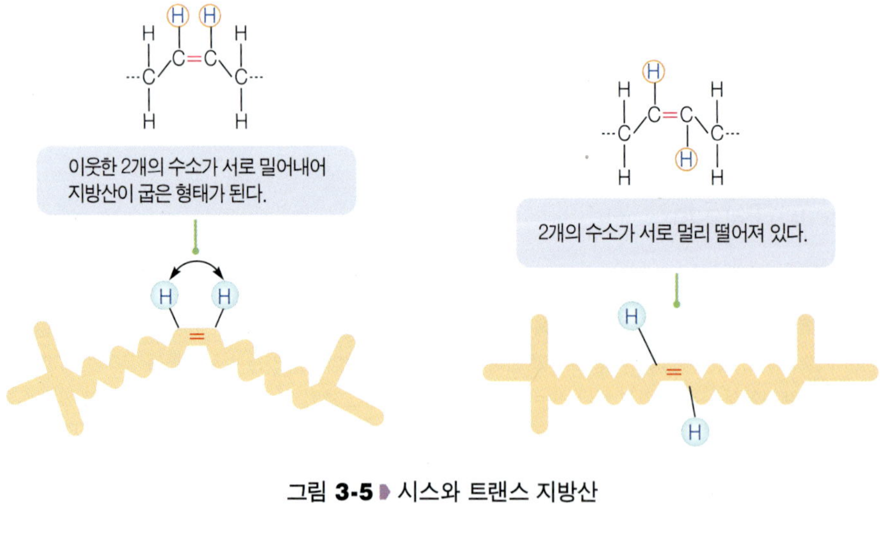

그림 3-5 ▶ 시스와 트랜스 지방산

표 3-2 ▶ 국내 유통 가공식품 및 외식 음식 중의 트랜스 지방산 함량

종류	함량(%)	종류	함량(%)
쇼트닝 · 마가린	14.4	빵류	0.6
식용유지	1.0	햄버거	0.4
전자렌지용 팝콘	11.0	튀김류	0.3
비스킷류	1.6	햄버거류	0.4
초콜릿 가공품	2.1	피자	0.4
케이크류	2.5	튀김용 냉동감자	3.5
도넛	4.7	감자튀김	2.0

자료 : 식품의약품안전청, 2006

버터와 마가린

버터는 우유의 지방으로 만든 유제품으로 혈중 콜레스테롤 수치를 높이는 포화지방산이 다량 함유되어 있다. 그래서 버터의 맛과 향을 즐기면서 포화지방산의 섭취량을 낮추기 위해 마가린이 개발되었다. 마가린은 주로 불포화지방산이 함유된 액체의 식물성 유지를 고체로 만드는 가수소 과정을 통해 생산되므로 콜레스테롤과 포화지방산이 없어 웰빙 식품처럼 보인다. 그러나 경화 과정에서 불포화지방산의 시스 이중결합이 트랜스 이중결합으로 전환된다. 트랜스 지방은 염증을[15] 증가시키고 심혈관질환을[16, 17] 유발한다고 알려져 있어, 한국을 포함한 서구의 여러 국가에서는 식품 중의 트랜스 지방산의 조성을 의무적으로 표시하도록 하고 있으며 트랜스 지방산의 함량을 줄이려는 노력을 하고 있다. 따라서, 트랜스 지방산의 과다한 섭취로 인한 건강상 문제의 심각성을 깨닫고 섭취량을 줄이는 노력이 필요하다.

1% 이하로 트랜스 지방산의 섭취를 제한하고 있다.[14]

(5) 필수지방산과 불필수지방산

필수지방산은 신체의 정상적인 성장과 유지, 생리 기능에 필수적이지만 체내에서 합성되지 않거나 합성되는 양이 부족하므로 식사를 통해 반드시 섭취해야 한다(그림 3-4 참고). 이중결합의 위치에 따라 체내에서 서로 다르게 대사되므로 오메가-6 지방산인 리놀레산과 오메가-3 지방산인 알파-리놀렌산이 필수지방산이다. 아라키돈산은 체내에서 리놀레산으로부터 합성되지만 그 양이 부족하므로 필수지방산으로 간주한다. 성

인을 제외하고는 EPA도 합성되는 양이 적어 필수지방산에 포함시키기도 하며 그 외의 지방산은 체내에서 합성 가능하므로 불필수지방산이라 한다. 필수지방산이 부족하면 피부에 각질이 생기고 가려우며, 시력 감퇴, 설사, 감염 같은 증세가 흔히 나타난다.[18] 또한, 성장과 상처 회복이 지연되고 빈혈이 발생하기도 한다. 이러한 결핍 증세는 저지방 조제유를 먹는 유아나 지방을 사용하지 않는 완전정맥영양(TPN)을 오랫동안 실시한 사람에게서 나타날 수 있다.

3) 인지질

인지질은 글리세롤의 첫 번째와 두 번째 수산기에는 지방산이 결합되어 있고 세 번째 수산기에는 지방산 대신 인산기($-PO_4^{3-}$)와 염기가 결합되어 있다(그림 3-6). 인산기에 결합한 염기의 종류에 따라 다양한 인지질이 존재하며, 세포막의 주요 구성 성분으로 가장 일반적인 형태는 레시틴이다. 간, 땅콩, 소맥아, 콩, 난황 등이 레시틴의 주요 급원식품이다.

인지질의 머리 부분에 있는 인산기는 친수성이므로 인지질의 외부로 향하면서 물과 상호작용을 하고, 인지질의 꼬리 부분에 있는 지방산은 물을 싫어하는 소수성으로서 안쪽으로 모인다. 이와 같이 친수기와 소수기를 모두 가지고 있어 물과 기름에 잘 섞이므로 유화제로 작용한다.

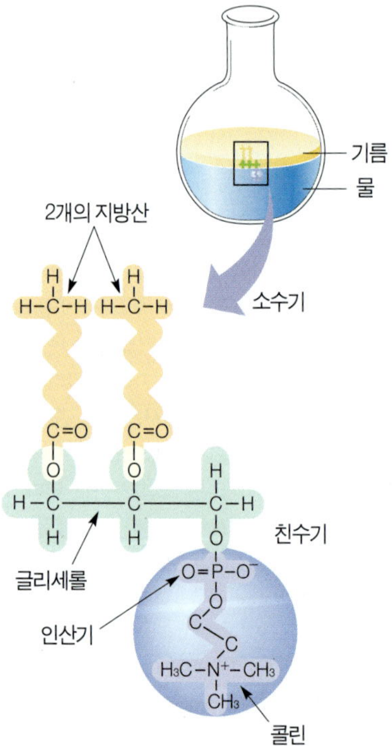

그림 3-6 ▸ 인지질의 친수기와 소수기

유화 및 유화제

유화제는 기름을 물속에 분산시킨다. 좋은 예로, 마요네즈를 만들 때 소수성의 식용유가 친수성의 식초에 섞이지 않지만 이때 레시틴을 함유한 난황을 넣으면 식용유와 식초가 잘 섞인다. 또한, 간에서 생성되어 담낭에 저장되어 있다가 지방의 소화 과정에서 분비되는 담즙산은 유화제로 지방구를 분산시켜 안정된 마이셀(micelle)을 형성하여 지질 소화에 중요한 역할을 한다.

4) 콜레스테롤

콜레스테롤은 탄소가 4개의 고리 모양을 하고 있는 환형 구조로 중성지방과 달리 글리세롤이나 지방산이 없으나 물에 용해되지 않기 때문에 지질로 분류된다(그림 3-7). 체내에서 콜레스테롤은 아세틸 CoA로부터 합성되며 에스트로겐, 테스토스테론, 활성비타민 D 형태인 1,25-$(OH)_2$-비타민 D 등의 중요한 호르몬을 형성하고 담즙산의 전구체와 세포막과 혈액에서 지질을 이동시키는 지단백질의 필수 구성 성분으로 이용된다.

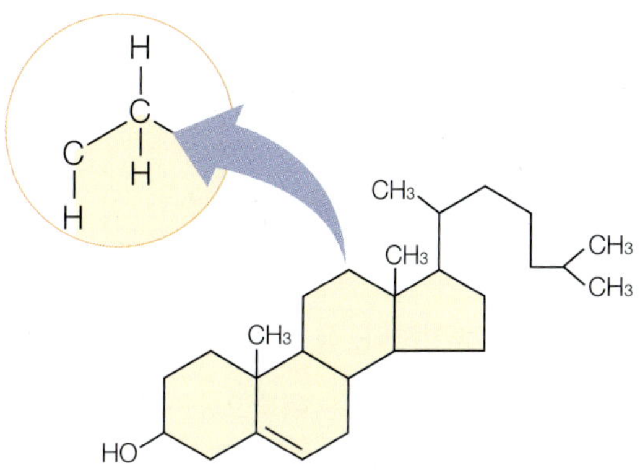

그림 3-7 ▶ 콜레스테롤의 구조

체내 총콜레스테롤의 2/3는 합성된 것이며 나머지는 식사로 섭취하는데, 섭취한 콜레스테롤의 40~60%가 흡수된다. 그러나 체내 필요량은 모두 합성할 수 있으므로 섭취할 필요는 없다. 콜레스테롤은 동물성 식품에만 존재하며 난황, 동물의 내장, 어패류에 다량 함유되어 있다.

2. 지질의 소화, 흡수, 대사

1) 지질의 소화

(1) 구강, 위에서의 소화

지질의 소화는 혀밑샘에서 분비되는 지방분해효소인 라이페이스(lipase)를 이용하여 시작된다(그림 3-8). 이 효소는 주로 짧은사슬지방이나 중간사슬지방을 가수분해하여

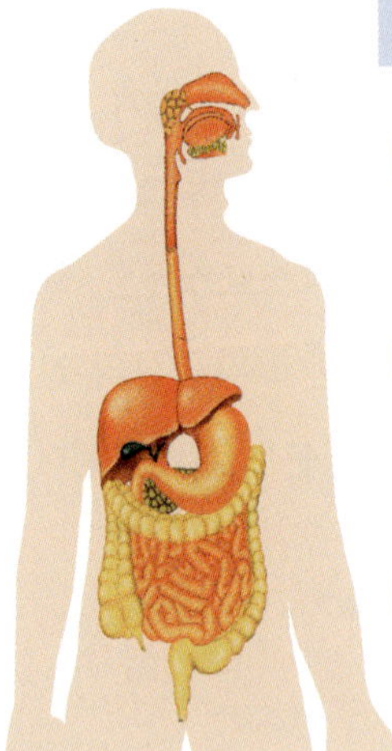

소화장소	소화효소 분비장소	소화효소	생성물질
구강	혀밑샘	구강 라이페이스	작은 지방구
위	위	위 라이페이스	중성지방, 글리세롤, 지방산
소장	췌장	췌장 라이페이스	모노글리세라이드, 글리세롤, 지방산

그림 3-8 ▶ 중성지방의 소화

다이아실글리세롤과 지방산을 생성하나, 음식물이 입안에 머무는 시간은 짧아서 입안에서는 소량만 소화되고 유리된 지방산은 위벽으로 흡수된다. 위 라이페이스에 의해 소량의 중성지방이 다이아실글리세롤과 유리지방산으로 분해된다.[19] 식사에서 흔히 섭취하는 지질은 대부분 소수성의 긴사슬지방으로, 위에서 형성된 유미즙에도 섞이지 않은 상태로 십이지장으로 들어간다. 그러나 모유에 포함되어 있는 유지질은 짧은사슬지방산이 많아 영아의 경우에는 구강과 위에서의 라이페이스 작용이 중요하다.

(2) 소장에서의 소화

위의 산성 유미즙이 소장에 도달하면 세크레틴(secretin)과 콜레시스토키닌(cholecystokinin, CCK)이 분비된다. 세크레틴은 췌장을 자극하여 알칼리성인 탄산수소나트륨의 분비를 촉진하여 유미즙을 중화함으로써 장벽을 산으로부터 보호하며 췌장 소화효소들이 작용하기에 적당한 약알칼리성 환경을 만든다. 콜레시스토키닌은 담즙과 췌장 라이페이스의 분비를 자극한다. 담즙은 유화제로서 친수기와 소수기를 다 가지는 양성물질이므로 지질을 소량씩 떼어내어 감싸므로 여러 개의 미세입자로 나눌 수 있고, 표면적이 1,000배 이상 넓어져 췌장 라이페이스에 의해 쉽게 지방산과 모노아실글리세롤로 분해된다(그림 3-9).[20] 췌장의 포스포라이페이스(phospholipase)는 인지질을 분해하여 라이소인지질, 지방산으로 분해한다. 음식 중의 콜레스테롤은 지방산과 결합한 에스

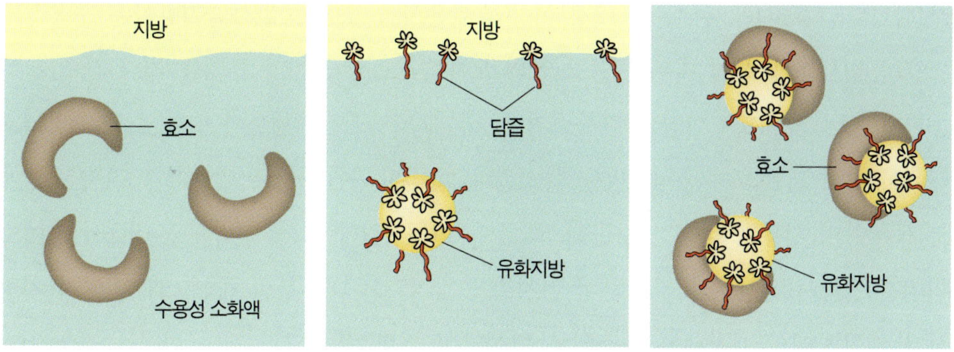

그림 3-9 ▶ 지질 소화에서 담즙의 작용

테르형으로서 췌액 중 콜레스테롤 에스터 가수분해효소에 의해 유리콜레스테롤과 지방산으로 분해된다.

2) 지질의 흡수

지질이 가수분해되어 생성된 글리세롤, 지방산, 모노아실글리세롤, 콜레스테롤 등은 담즙과 함께 복합 마이셀 형태로서 소장 융모로 이동하고, 그 후 세포 안팎의 농도차에 의한 단순확산을 통해 세포 내로 흡수된다. 흡수되는 경로는 지방산의 사슬길이에 따

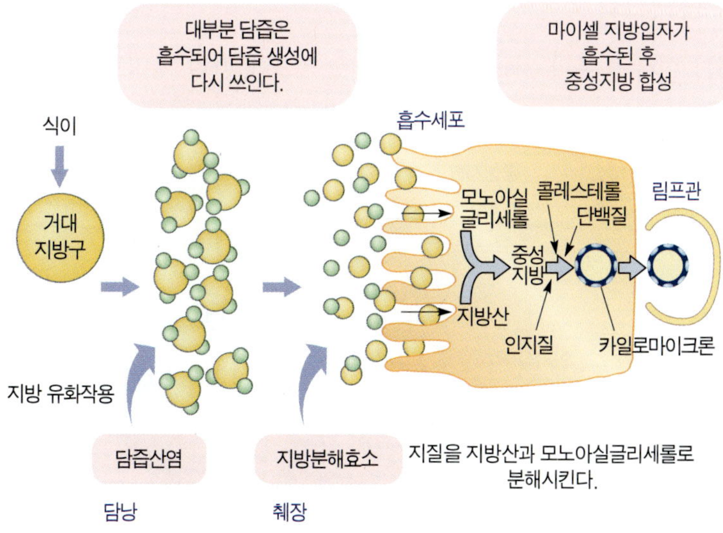

그림 3-10 ▶ 지질의 소화와 흡수

라 다르다(그림 3-10). 탄소 수 12개 이하의 짧은사슬 또는 중간사슬지방산은 수용성이므로 글리세롤과 함께 대부분 융모 안의 모세혈관으로 들어가 문맥을 지나 간으로 이동한다. 탄소 수 12개 이상의 긴사슬지방산은 모노아실글리세롤과 함께 소장 점막세포 내에서 다시 결합하여 중성지방을 합성한다. 합성된 중성지방은 림프계를 거쳐 순환계로 들어가며 지용성 비타민과 콜레스테롤을 이동시킨다. 소장 점막세포 내에서 라이소인지질도 다시 지방산과 결합하여 인지질을 합성하고 대부분의 콜레스테롤 역시 지방산과 결합하여 콜레스테롤 에스터를 합성하여 소화, 흡수되기 전의 형태로 돌아간다. 쓰고 남은 담즙은 재흡수되어 문맥을 거쳐 간으로 돌아가는 장간순환을 하며, 이 과정을 통해 담즙산의 98%는 재활용되고 1~2%만 변으로 배설된다.

3) 지질의 대사

중성지방과 콜레스테롤은 소수성으로서 물과 친화력이 적어서 혈액을 따라 운반되는 데 어려움이 있으므로 친수기와 소수기를 다 가지는 인지질과 아포단백질이 이들 소수성 지질들을 둘러싼 지단백질 형태인 카일로마이크론(chylomicron)을 형성한다(그림 3-11). 카일로마이크론은 융모 내의 림프관, 흉관을 지나 대정맥을 통해 혈류에 합류된다.

(1) 혈청 지단백질의 종류와 특성

혈액 중에는 여러 종류의 지단백질이 있는데, 밀도에 따라 카일로마이크론, 초저밀도

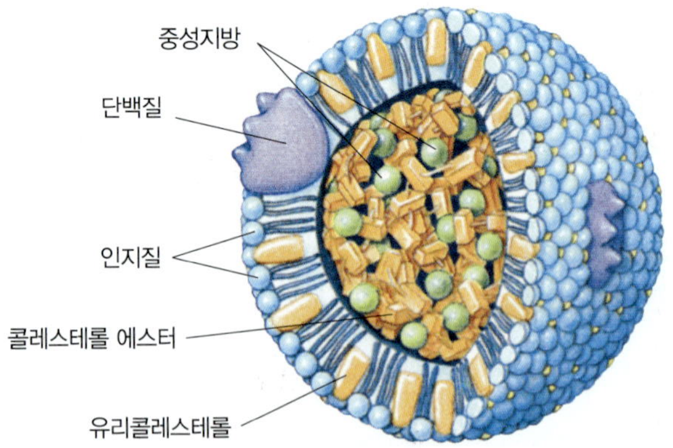

그림 **3-11** ▶ 카일로마이크론의 구조

지단백질(VLDL), 저밀도 지단백질(LDL), 고밀도 지단백질(HDL)의 네 종류로 나눈다. 중성지방 함량이 많을수록 지단백질의 밀도는 작고 아포단백질의 함량이 클수록 밀도는 크며, 크기는 카일로마이크론 > VLDL > LDL > HDL 순이다(표 3-3).

표 3-3 ▶ 지단백질의 특성

특징	카일로마이크론	VLDL	LDL	HDL
지름(nm)	80~500	40~80	20	7.5~12
밀도(g/mL)	<1.006	<1.006	1.019~1.063	1.063~1.210
주성분	음식으로 섭취한 중성지방	간에서 합성된 중성지방	음식으로 섭취하거나 간에서 합성된 콜레스테롤 에스터	각 조직세포에서 사용하고 남은 콜레스테롤 에스터
생성장소	소장	간	혈중에서 VLDL로부터 전환	간(소장에서 소량 생성)
역할	섭취한 중성지방을 근육과 지방조직으로 운반	합성된 중성지방을 근육과 지방조직으로 운반	콜레스테롤을 간과 말초조직으로 운반	사용하고 남은 콜레스테롤을 말초조직에서 간으로 운반

(2) 지단백질의 이동경로

① 카일로마이크론

카일로마이크론(chylomicron)은 림프계로 들어가서 혈류를 따라 근육과 지방조직으로 운반된 후 혈관벽 내부 분해효소인 지단백질분해효소(lipoprotein lipase)에 의해 지방산과 글리세롤로 분해된다(그림 3-12). 분해된 지방산은 간 외의 조직세포, 주로 근육세포나 지방세포 등으로 들어가 산화되어 에너지원으로 이용되며 남는 것은 지방조직에 저장된다. 근육과 지방조직에서 대부분의 중성지방이 제거되고 남은 소량의 중성지방, 콜레스테롤, 인지질은 잔존 카일로마이크론 형태로서 간으로 운반된다.

② VLDL(Very Low Density Lipoprotein)

VLDL은 간에서 합성되는 지단백질로 글리코겐 합성에 이용하고 남은 여분의 포도당으로부터 중성지방을 합성한다. 주로 포화지방산으로부터는 콜레스테롤을 합성하여 식사에서 흡수된 콜레스테롤이나 인지질 등과 함께 VLDL을 형성하여 혈중에 방출한다. 혈중 VLDL은 지단백질분해효소에 의해 분해되고 그 안의 중성지방이 지방산과 글리세롤로 분해되어 세포에 의해 흡수된다.[21]

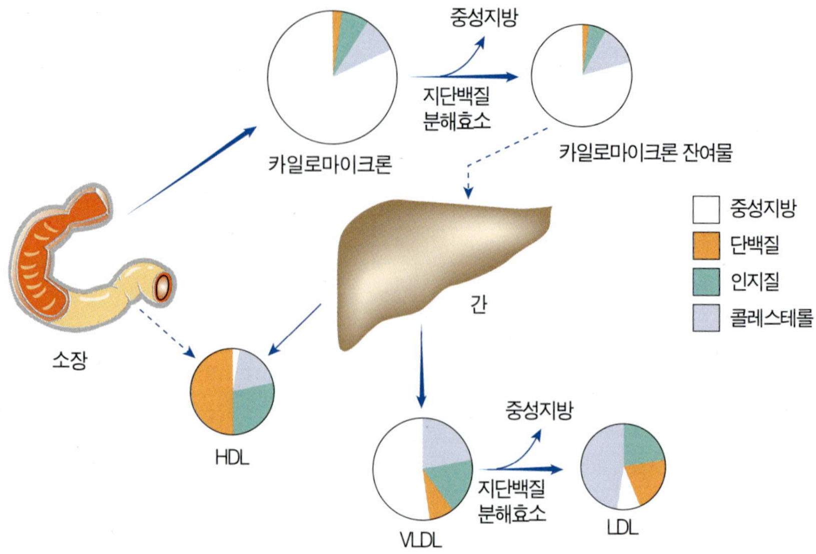

그림 **3-12** 지단백질의 이동경로

③ **LDL(Low Density Lipoprotein)**

LDL은 VLDL로부터 중성지방이 제거되고 남은 지단백질로 콜레스테롤 함량이 많다. LDL 안의 콜레스테롤은 대부분 간세포의 수용체에 의해 흡수된다.[22] 간과 간 이외의 말초세포에서는 콜레스테롤을 여러 용도로 이용하며, 남은 여분의 콜레스테롤은 간에서 합성된 HDL에 의해 다시 간으로 운반되어 처리된다. 소량의 LDL은 정상적인 신체 기능을 위해 필수적이다. 그러나 평소에 콜레스테롤이나 포화지방산이 많은 기름진 동물성 식사를 자주 하는 경우에 LDL 수치가 높아진다. 포화지방산의 섭취는 LDL 수용체와 결합하여 간으로의 콜레스테롤 운반을 방해하기 때문이다.[23,24] 높은 농도의 LDL은 혈관계를 순환하면서 말초혈관 벽에 플라크(plaque)를 형성하여 동맥경화증을 유발하는 심혈관질환의 위험인자이므로 '나쁜 콜레스테롤'이라고도 불린다.[25]

④ **HDL(High Density Lipoprotein)**

HDL은 지질 이동의 최종적인 운반체로서 주로 간에서 합성되나 소장에서도 소량 만들어진다. 말초혈관에 쌓인 콜레스테롤을 간으로 운반 처리하는 청소부 역할을 하므로 심혈관질환을 예방하는 '좋은 콜레스테롤'이라 불린다. HDL이 감소하면 심혈관질환의 위험이 증가하는데, 이는 간으로 다시 이동하여 배설되는 콜레스테롤의 양이 적어지기 때문이다.

(3) 지질 대사

① 지질 분해

지단백질분해효소에 의해 분해된 글리세롤과 지방산은 각 조직의 세포 내로 운반된

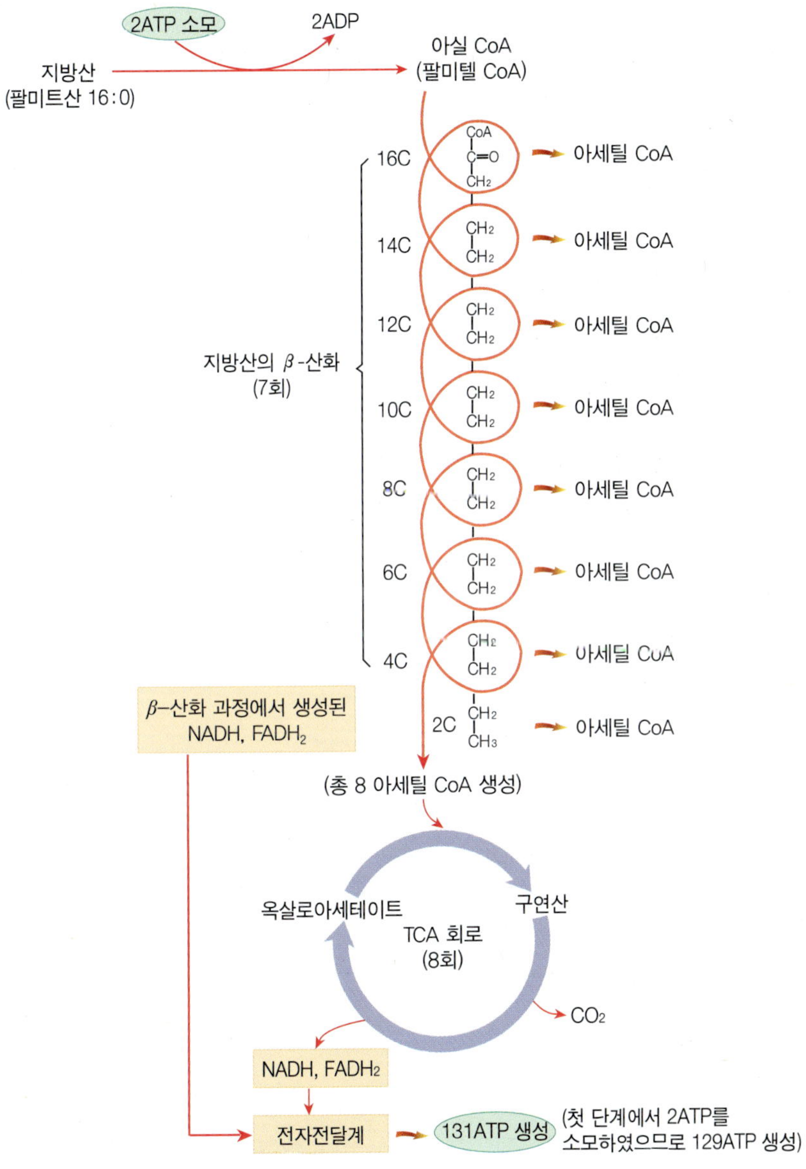

그림 3-13 ▶ 지방산의 β-산화

후 대사된다. 글리세롤은 세포질에서 해당 과정 중간경로로 들어가 에너지원으로 이용되거나 포도당 합성의 전구체로 사용된다. 지방산은 에너지를 내기 위해 산화되어야 하므로 먼저 산소가 적은 세포질에서 산소가 많은 미토콘드리아로 이동해야 한다(그림 3-13). 따라서, 지방산은 CoA와 결합하여 아실 CoA가 된 후, 카르니틴의 도움으로 미토콘드리아 내부로 이동한다. 미토콘드리아에서 지방산의 아실 CoA는 2개의 탄소로 구성된 아세틸 CoA가 되는 β-산화 과정을 거친다. β-산화 과정이 되풀이되면서 지방산으로부터 여러 개의 아세틸 CoA가 생성된 후 TCA회로로 들어가서 다량의 ATP를 생성한다. 지방산의 탄소길이에 따라 β-산화의 횟수가 달라지므로 아세틸 CoA의 생성 양이 달라지고 따라서 생성되는 ATP 양도 달라진다.

② 지질 합성

에너지원으로 이용하고 남은 당질은 간과 지방조직에서 지방산을 생합성하여 중성지방 형태로 저장된다. 지방산의 합성은 산소가 필요 없어 세포질에서 일어난다(그림 3-14). 탄소 2개인 아세틸 CoA에 탄소가 2개씩 증가하게 되는 과정이 반복되면서 주로 긴사슬포화지방산인 팔미트산(16:0)이 합성된다.

그러나 리놀레산(18:2)이나 알파-리놀렌산(18:3) 등의 다가불포화지방산은 체내에서 합성되지 않는 필수지방산이므로 반드시 음식으로 섭취해야 한다.

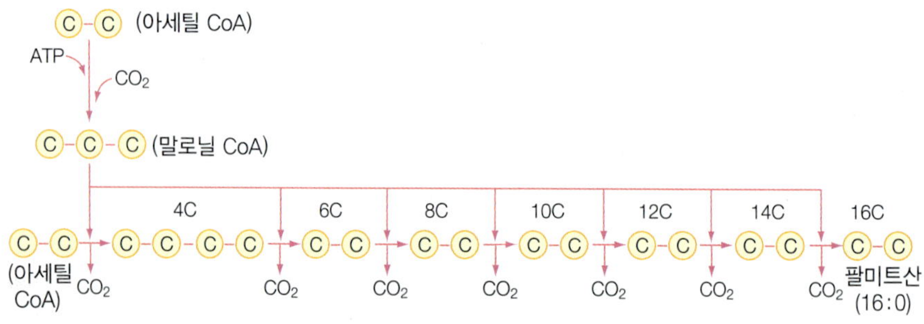

그림 3-14 ▶ 지방산의 생합성

(4) 콜레스테롤 합성

콜레스테롤은 포도당, 지방산, 아미노산으로부터 생성된 아세틸 CoA로부터 합성된다. 대부분 간에서 합성되나 모든 세포에서 소량씩은 생성되어 총생산량은 하루에 대략 1,000 mg에 달하며 이 양은 식이로 섭취한 콜레스테롤보다 훨씬 많은 양이다. 이렇게 많은 양의 콜레스테롤이 합성되는 것은 그만큼 생물학적으로 중요하기 때문이다. 예를 들면, 눈의 렌즈에서 합성되는 콜레스테롤은 백내장을 예방하는 작용을 한다.[26]

콜레스테롤의 섭취를 제한하더라도 혈중 콜레스테롤 수준에는 큰 영향이 없으며, 혈중 콜레스테롤 수준을 낮추려면 콜레스테롤 체내 합성을 억제하는 것이 중요하다. 과식, 포화지방산이 많은 동물성 지질의 과다 섭취는 체내 콜레스테롤 합성을 촉진하고, 콜레스테롤이나 식이섬유소의 섭취량이 많으면 체내 콜레스테롤의 합성은 억제된다.[27] 체내에서 콜레스테롤의 30~60%가 간에서 담즙 생성에 사용되며 유화제로서 긴사슬지방의 소화흡수를 돕는다.

3. 지질의 기능

1) 에너지원

지질은 1 g당 9 kcal를 내는 농축 에너지 급원으로서 체내에 저장될 때 당질과는 달리 물을 소량 함유하여 에너지 저장량이 많다. 피하나 복강 등 지방조직에 저장된 체지방은 효율적인 에너지 저장고이다. 에너지 섭취 상태에 따라 다르지만 대체로 여성의 경우, 나이가 많아질수록 체지방 비율이 높아진다.

2) 체구성 성분

인지질 가운데 특히 레시틴은 세포막의 주성분이다. 세포막은 인지질이 서로 마주보는 이중구조를 이루며, 인지질의 친수기는 세포막의 표면으로 향하여 혈액과 접하고 있다. 세포막에 포화지방산과 불포화지방산이 일정 비율로 존재해야 세포막의 적당한 유동성이 가능하다. 콜레스테롤은 인지질과 함께 세포막의 성분이 된다. 특히 간, 신장, 뇌, 신경조직은 콜레스테롤을 다량 함유하므로 성장이 왕성한 유아, 소아들에게 필수적이다. 뇌조직과 망막세포벽에 다량 함유된 DHA는 인지 기능, 학습능력, 시각 기능과 관련이 있다.

3) 체온 조절 및 장기 보호 기능

피하지방조직은 체온 손실을 막아 주므로 추위에도 체온 저하를 줄이는 역할을 한다. 내장지방은 유방, 자궁, 난소, 정소 등의 생식기관과 심장, 신장, 폐 등 주요 장기를 감싸고 있어서 외부충격으로부터 신체를 보호하는 완충역할을 한다. 체지방은 체중의 15~30%가 적당하며, 부족하면 어린이의 성장 지연, 가임기 여성의 불임, 실온에서도 추위를 타는 등의 문제가 나타날 수 있다.

4) 지용성 비타민의 흡수 촉진

지용성 비타민과 카로티노이드 같은 지용성의 파이토케미컬(phytochemical)은 지질에 용해되어 지질과 함께 흡수되므로 지질 섭취량이 적거나 흡수불량증과 같은 장애가 있으면 지용성 비타민의 흡수량도 저하된다.[28]

5) 필수지방산 공급

필수지방산은 인체의 성장 및 생명 유지를 위해 필수적이지만 체내에서 합성되지 않으므로 반드시 음식으로 섭취해야 한다. 특히 식물성 기름에는 필수지방산의 함량이 높은데, 필수지방산이 결핍되면 피부가 건조해지고 벗겨지며 어린이는 성장 지연도 일으킨다.

6) 맛, 향미, 포만감 제공

지질은 음식에 맛과 향을 주는데 이는 향을 내는 성분이 지질에 용해되어 구강의 감각세포로 전달되는 과정이 매우 효율적이기 때문이다.[29] 지질을 이용하여 식품을 튀길 때는 고온에서 단시간에 조리해야 식품의 향을 그대로 유지할 수 있다. 또한, 지질은 식품의 질감을 좋게 하는데, 이는 전유를 마시다가 무지방 우유로 바꾸면 쉽게 느낄 수 있다. 당질이나 단백질에 비해 지질은 위를 통과하는 속도가 느려서 위에 오래 머물기 때문에 포만감을 준다.

7) 담즙산과 스테로이드 호르몬 합성

콜레스테롤은 긴사슬지방의 소화와 흡수에서 유화제로서 역할을 하는 담즙산과 부신피질호르몬과 같은 스테로이드 호르몬을 합성하는 데 이용된다. 또한, 피하조직의 7-다이하이드로콜레스테롤(7-dihydrocholesterol)은 비타민 D의 전구체이다.

4. 지질의 섭취기준과 급원식품

1) 지질의 섭취 현황과 기준

(1) 섭취 현황

국민건강영양조사 결과 한국인의 평균 1일 섭취량은 에너지 2,074 kcal, 탄수화물 313.2 g, 단백질 73.7 g, 지질 47.7 g이었고, 에너지에 대한 지질의 섭취비율은 20.4% 정도였다.[30] 1969년 7.2%, 2005년 20%로 계속 증가하다가 2013년 이후 20% 정도를 유지하고 있다(그림 3-15). 지질 섭취량에 대한 기여식품으로는 돼지고기와 라면 같은 즉석식품을 꼽을 수 있다. 특히 삼겹살은 포화지방산을 다량 함유하고 있으며, 라면 등의

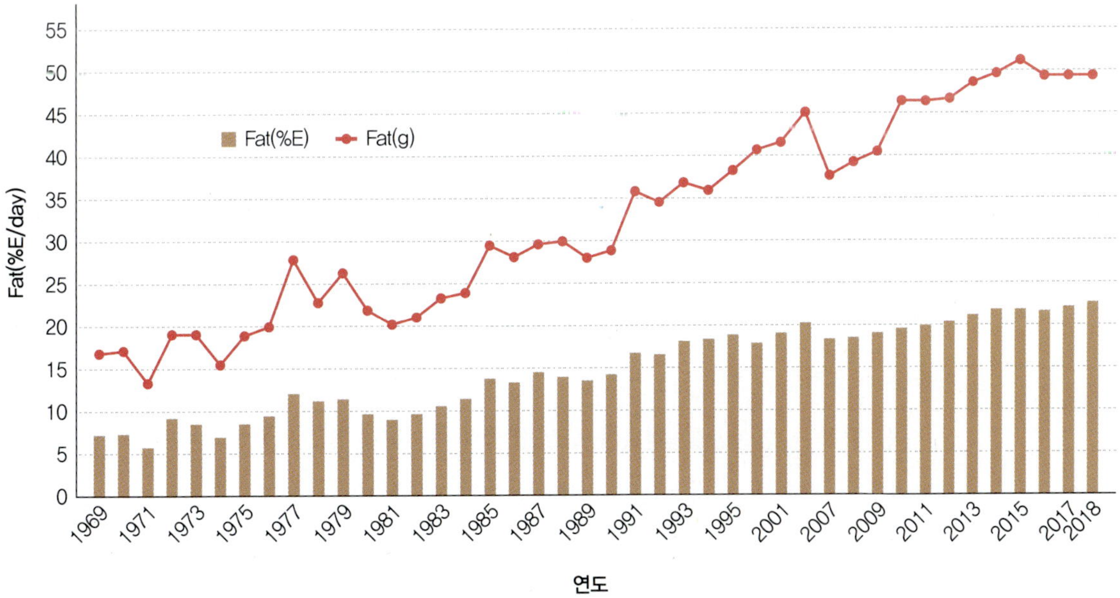

그림 3-15 ▶ 한국인의 지질 섭취 추이

자료 : 질병관리본부

즉석식품은 가공할 때 포화지방산이 많은 팜유를 이용하므로 라면을 많이 섭취하는 13~18세 청소년과 19~29세 청년들은 섭취에 주의해야 한다. 또한, 커피프림 역시 식물성이지만 포화지방산을 다량 함유하고 있으므로 섭취에 주의해야 한다.

(2) 섭취기준

국민영양조사 결과에서 나타난 지질의 섭취비율과 최근 임상중재연구에서 중등도의 지방 섭취가 혈중 지질이나 콜레스테롤을 증가시키지 않았다는 근거를 토대로 지질은 에너지의 15~35%를 적정비율로 설정하였다(표 3-4).[31] 단, 영아의 총지질 섭취기준은 모유 섭취량과 모유와 이유식에 함유된 총지질 함량에 근거하여 충분섭취량으로 설정하였다. 체중과 운동량이 변화하지 않는 경우 에너지의 섭취기준이 일정하고, 지질 섭취량의 증감은 특히 탄수화물 섭취량의 변화를 수반하므로 지질의 섭취기준은 탄수화물 섭취량을 고려하여 에너지 적정비율로 설정하였다.

필수지방산인 리놀레산, 알파-리놀렌산, DHA의 충분섭취량은 영아 전기에는 모유의 지방산 함량을 고려하여 설정하였으며, 영아 후기에는 이유식으로 섭취하는 지방산 양에 대한 근거가 없어서 영아 전기의 충분섭취량에 대사체중을 기초한 외삽 방법을 사용하여 설정하였다. 1세 이상의 리놀레산, 알파-리놀렌산, EPA+DHA의 충분섭취량은 2013~2017년도 국민건강영양조사 결과, 연령과 성별 평균섭취량을 근거로 설정하였다(표 3-4). 미국, 유럽, 일본도 리놀레산(n-6)과 리놀렌산(n-3)의 충분섭취량을 설정하고 있으며, WHO는 n-3와 n-6 지방산 섭취비율을 에너지 적정비율로 설정하는 등 오메가-3 지방산의 섭취량을 상향 조정하였다. 2015년 한국인 영양섭취기준에서 설정한 n-6 : n-3 섭취비율과 유사한 4~8 : 1 비율이 2020년 섭취기준에서도 유지되었다. 오메가-3 지방산의 섭취량을 늘리기 위해서 등푸른생선을 주 2회 정도 섭취하고 들깨나 들기름을 이용하도록 권장하고 있으나, 생선 통조림의 경우 가공할 때 오메가-6 지방산을 다량 함유한 면실유를 첨가하므로 섭취에 주의해야 한다. 오메가-3 지방산 섭취가 강조되지만, 오메가-6 지방산인 리놀레산이나 아라키돈산이 부족할 때에도 결핍증이 나타나므로 지방산의 종류별 균형 잡힌 섭취가 중요하다. 한국인의 기준 설정 근거가 부족하여 트랜스 지방산은 WHO에서 권고하는 1% 에너지 미만을 유지하는 것을 제안하였고, 콜레스테롤은 2015년 목표량을 유지하였다(표 3-4).

표 3-4 2020년 한국인의 지질 섭취기준

연령		충분섭취량				
		지방(g/일)	리놀레산(g/일)	알파-리놀렌산(g/일)	EPA+DHA(mg/일)	DHA(mg/일)
영아	0~5(개월)	25	5.0	0.6		200
	6~11	25	7.0	0.8		300
유아	1~2(세)		4.5	0.6		
	3~5		7.0	0.9		
남자	6~8(세)		9.0	1.1	200	
	9~11		9.5	1.3	220	
	12~14		12.0	1.5	230	
	15~18		14.0	1.7	230	
	19~29		13.0	1.6	210	
	30~49		11.5	1.4	400	
	50~64		9.0	1.4	500	
	65~74		7.0	1.2	310	
	75 이상		5.0	0.9	280	
여자	6~8(세)		7.0	0.8	200	
	9~11		9.0	1.1	150	
	12~14		9.0	1.2	210	
	15~18		10.0	1.1	100	
	19~29		10.0	1.2	150	
	30~49		8.5	1.2	260	
	50~64		7.0	1.2	240	
	65~74		4.5	1.0	150	
	75 이상		3.0	0.4	140	
임신부		+0	+0	+0		
수유부		+0	+0	+0		

자료 : 보건복지부, 2020 한국인 영양소 섭취기준, 2020

2) 지질의 급원식품

식용유지, 샐러드오일, 버터, 마가린, 마요네즈 등은 100%에 가까운 지질로 구성되어 있다. 호두, 아보카도, 베이컨은 80%, 땅콩버터는 75%, 햄버거는 60%, 초콜릿바, 아이스크림, 도넛은 50% 정도의 지질을 함유하는 고지방식품이다(표 3-5).

동물성 지질은 포화지방산의 주요 급원으로 쇠기름과 라드는 포화지방산 함량이 40% 내외 수준으로 높으면서 단일불포화지방산 함량도 40% 이상을 나타내고 있는 반면에, 닭고기는 포화지방산 함량은 적어서 30% 이하 수준이고 단일불포화지방산은 50%를 넘는다. 콩기름, 포도씨유, 옥수수기름 등의 식물성 지질은 73~94% 정도가 불포

표 3-5 ▶ 급원식품의 총지방, 포화지방산, 콜레스테롤 함량

식품명	총지방(g)	포화지방산(g)	콜레스테롤(mg)
쇠고기 안심(60 g)	4.3	3.7	42.6
갈비(60 g)	10.8	3.9	42.0
간(60 g)	2.8	0.6	148.2
돼지고기(60 g)	7.9	0	39.6
삼겹살(60 g)	17.0	9.3	33.0
등심(60 g)	9.7	6.0	33.0
닭고기(60 g)	6.2	0	45.0
가슴살(60 g)	9.8	0	46.8
날개(60 g)	11.2	2.4	66.0
다리(60 g)	7.3	0	49.8
베이컨(1접시, 25 g)	6.4	3.7	17.8
소세지(40 g)	9.8	0	24.0
햄(40 g)	1.7	2.0	20.0
가자미(50 g)	1.9	0.2	50.0
고등어(50 g)	10.4	2.0	41.0
대구(50 g)	0.6	0	38.5
연어(50 g)	4.1	0.7	30.0
참치캔(50 g)	8.3	0	35.0
새우(50 g)	0.7	0	148.0
생오징어(생)(50 g)	0.5	0.1	114.0
생굴(80 g)	1.7	0.2	59.2
달걀(1개, 50 g)	5.5	1.6	237.5
난황(1개, 18 g)	5.3	1.6	230.5
난백(1개, 32 g)	0.2	0	7.0
우유(1컵, 200 g)	6.4	4.3	22.0
치즈(1장, 20 g)	6.8	4.1	15.0
아이스크림(1컵, 100 g)	13.9	7.7	47.0
땅콩(20~30알, 10 g)	4.9	0.9	0
마요네즈(1작은술, 5 g)	3.5	0	4.8
버터(1작은술, 5 g)	4.2	2.6	13.1

화지방산이다. 올리브기름, 미강유, 채종유에는 단일불포화지방산이 많다. 코코넛유와 팜유는 식물성이지만 포화지방산의 함량이 높다(그림 3-16). 콜레스테롤은 동물성 식품에만 함유되어 있으며 육류의 간이나 내장, 난황, 오징어, 새우 등에 많다(표 3-5 참고).

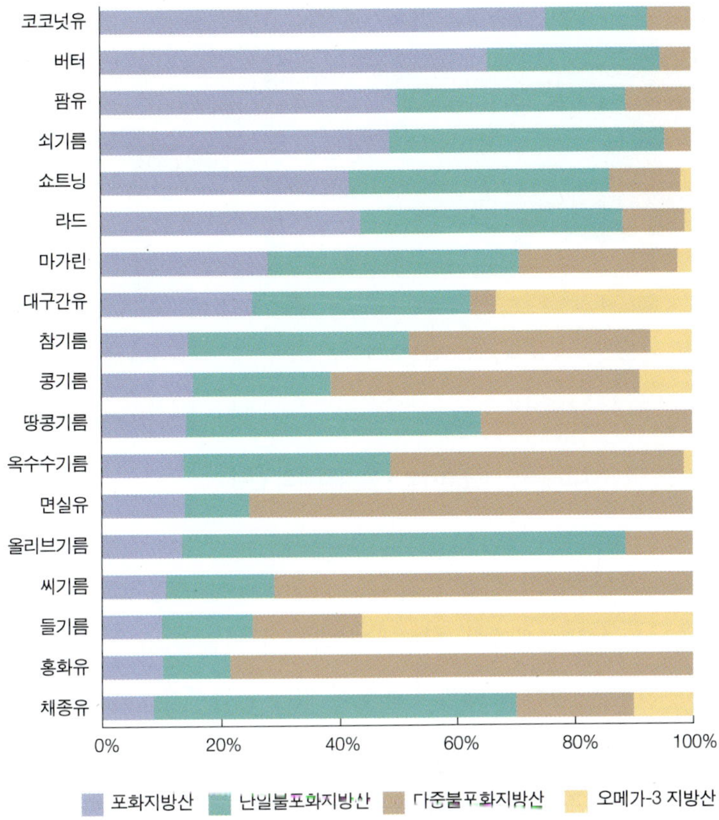

그림 3-16 ▶ 식용유지의 지방산 조성

5. 지질과 관련된 건강문제

지질은 섭취하는 종류나 양에 따라 이상지혈증, 동맥경화증, 고혈압, 심장병 등 심혈관질환 및 암 발생과 관련이 있다.

1) 심혈관질환

혈액 중에 중성지방이나 콜레스테롤이 많으면 혈액의 점도가 증가하여 혈류는 느려지고 혈관벽에 이러한 물질들이 축적된다. 동맥 내벽에 콜레스테롤 플라크가 축적되면 동맥벽이 두꺼워지고 단단해져서 탄력성을 잃게 되어 동맥경화가 발생하고 혈압이 상승하는 고혈압도 따른다(그림 3-17).[32] 동맥경화가 심해지면 혈전이 생성되는데, 대부분의 심혈관질환은 심장이나 뇌의 혈류를 막는 혈전에 의해 발생한다. 심장근육에

그림 **3-17** ▶ 동맥경화의 진행

혈액을 공급하는 관상동맥의 혈류가 막히면 심장근육이 손상되고 그 결과 심근경색(myocardial infarction)이 발생하며, 뇌혈관이 막히면 뇌졸중(stroke, 중풍)이 발생한다. 혈관 내벽이 70~80%가 좁아질 때까지 증상이 없다가 갑자기 심장마비나 뇌출혈을 일으킬 수 있으므로 평소 혈액검사를 통해 중성지방과 콜레스테롤 수치를 미리 알아보고 예방에 힘써야 한다. 혈중 LDL과 중성지방 농도는 정상범위보다 높고 HDL 농도는 정상범위보다 낮으면 심혈관질환의 발생과 관련된다(표 3-6).[33]

표 3-6 ▶ 혈중 지질농도

(mg/dL)	총콜레스테롤	LDL 콜레스테롤	HDL 콜레스테롤	중성지방
바람직	<200	<130	> 40	<150
경계	200~239	130~159	35~40	150~199
위험	≥240	≥160	<35	≥200

혈중 중성지방과 콜레스테롤을 낮추기 위해서 미국(ACC/AHA)과 유럽(ESC/EAS)에서는 에너지 섭취를 제한하여 적정 체중 유지, 지방 섭취를 총에너지의 25~35%로 하며 이 중 포화지방산은 7% 이하로 제한, 300 mg 이하의 콜레스테롤 섭취 등을 포함하는 내용을 제시하고 있다.[34]

음식 중 포화지방산이 많고 불포화지방산이 적은 경우, 즉 식물성 지질보다 동물성

지질 섭취량이 많으면 혈중 LDL 수준이 증가하게 된다. 따라서, 포화지방산 섭취를 줄이고 단일불포화지방산과 다가불포화지방산, 특히 오메가-3 지방산이 많은 등푸른생선을 많이 섭취하는 것이 좋다. 또한, 수용성 섬유소도 혈중 LDL 수준을 낮춘다. 혈중 중성지방은 과식, 당질의 과다 섭취, 흡연, 음주, 과체중과도 관련이 있으므로 체중 조절을 위해 운동량을 늘리고 금연과 금주를 하는 것이 좋다.[35]

2) 암

고지방 식사로 인한 에너지의 과다 섭취는 암의 성장을 촉진한다고 보고되어 있다. 고지방식과 대장암, 결장암, 전립선암 등이 관련 있으나 유방암과의 관련은 적다.[36] 그러나 동물성 지질 섭취량이 많을수록 암 발생률, 특히 대장암과 유방암 발생이 증가하는데, 동물성 지질에 많은 포화지방산과 오메가-6 지방산은 암 발생을 증가시킨다.[37] 또한, 쇠고기, 돼지고기, 양고기 등의 붉은 살코기와 소시지, 베이컨 등의 가공육류 섭취는 대장암을 증가시키나, 가금류와 생선 섭취는 암 발생을 억제하는 효과가 있다.[38] 따라서, 미국암학회(American Cancer Society)에서는 운동량, 채소와 과일의 섭취량을 늘리고, 붉은 살코기와 알코올 섭취를 줄이는 식사지침을 발표하였다.[39]

참고문헌

1 Park Y.(2005). CLA and Cancer. In: ***Nutrition and Cancer Prevention.*** Awad AB, Bradford P. eds. New York: Marcel Dekker Inc. pp.503~518

2 Park Y, Allen KGD, Shultz TD.(2000). Modulation of MCF-7 breast cancer cell signal transduction by linoleic acid and conjugated linoleic acid in culture. ***Anticancer Res*** 20 : 669~676

3 Harris WS, Park Y, Isley WL.(2003). Cardiovascular disease and long-chain omega-3 fatty acids. ***Curr Opin Lipidol*** 14 : 9~14

4 Park Y, Harris WS.(2003). Omega-3 fatty acid supplemen-tation accelerates chylomicron triglyceride clearance. ***J Lipid Res*** 44 : 455~463

5 Park Y, Harris WS.(2002). EPA, but not DHA, decreases mean platelet volume in normal subjects. ***Lipids*** 37 : 941~946

6 Hu FB, Bronner L, Willett WC, et al.(2002). Fish and omega-3 fatty acid intake and risk of coronary heart disease in women. ***JAMA*** 287 : 1815~1821

7 Albert CM, Campos H, Stampfer MJ, et al.(2002). Blood levels of long-chain n-3 fatty acids and the risk of sudden death. ***N Engl J Med*** 346 : 1113~1118

8 GISSI-Prevenzione Investigators(1999). Dietary supplementa-tion with n-3 polyunsaturated fatty acids and vitamin E in 11, 324 patients with myocardial infarction: results of the GISSI-Prevenzione trial. ***Lancet*** 354 : 447~455

9 Lasheras C, Fermandez S, Patterson AM.(2000). Mediterranean diet and age with respect to overall survival in institutionalized, nonsmoking diet elderly people. ***Am J Clin Nutr*** 71 : 987~992

10 Trichopoulou A, Vasilopoulou E.(2000). Mediterranean diet and longevity. ***Br J Nut*** 84 : 205~209

11 Knoops KT, de Groot LC, Kromhout D, et al.(2004). Mediterranean diet, lifestyle factors, and 10-year mortality in elderly European men and women: the HALE project. ***JAMA*** 292 : 1433~1439

12 Drewnowski A, Henderson SA, Shore AB.(1996). Diet quality and dietary diversity in France: implications for the French paradox. ***J Am Diet Assoc*** 96 : 663~669

13 Kris-Etherton PM, Pearson TA, Wan Y, Hargrove RL, Moriarty K, Fishell V, Etherton TD.(1999). High-monoun-saturated fatty acid diets lower both plasma cholesterol and triacylglycerol concentrations. ***Am J Clin Nutr*** 70 : 1009~1015

14 Katan MB, Zock PL, Mensink RP.(1995). Trans fatty acids and their effects on lipoproteins in humans. ***Annu Rev Nutr*** 15 : 473~493

15 Lopez-Garcia E, Schulze MB, Meigs JB, et al.(2005). Consumption of trans fatty acids is related to plasma biomarkers of inflammation and endothelial dysfunction. ***J Nutr*** 135 : 562~566

16 Mozaffarian D, Katan MB, Ascherio A, Stampfer MJ, Willett WC.(2006). Trans fatty acids and cardiovascular disease. ***N Engl J Med*** 354 : 1601~1613

17 Sun Q, Ma J, Campos H, et al.(2007). A prospective study of trans fatty acids in erythrocytes and risk of coronary heart disease. ***Circulation*** 115 : 1858~1865

18 Institute of Medicine, Food and Nutrition Board(2002). ***Dietary Reference Intakes for Energy, Carbohydrate, Fiber, Fat, Fatty acids, Cholesterol, Protein, and Amino Acids.*** Washington, DC: National Academy Press

19 Jones PJH, Kubow S.(1999). Lipids, sterols and their metabolites. In: ***Modern Nutrition in Health and Disease.*** Shills ME, Olson JA, Shike M, Ross CA. 9th ed. Lippincott Williams & Wilkins, pp.67~94

20 Guyton AC, Hall JE.(2000). ***Testbook of Medical Physiology.*** 10th ed. Philadelphia: W.B. Saunders.

21 Miles JM, Park Y, Harris WS.(2001). Lipoprotein lipase and triglyceride-rich lipoprotein metabolism. ***Nutr***

Clin Prac 16 : 273~279

[22] Brown MS, Goldstein JL.(1986). A receptor-mediated pathway for cholesterol homeostasis. *Science* 232 : 34~47

[23] Dietschy JM, Turley SD, Spady DK.(1993). Role of liver in the maintenance of cholesterol and low density lipoprotein homeostasis in different animal species, including humans. *J Lipid Res* 34 : 1637~1659

[24] Wijendran V, Hayes KC.(2004). Dietary n-6 and n-3 fatty acid balance and cardiovascular health. *Ann Rev Nutr* 24 : 597~615

[25] Neaton JD, Blackburn H, Jacobs D, et al.(1992). Serum cholesterol level and mortality findings for men screened in the Multiple Risk Factor Intervention Trial. Multiple Risk Factor Intervention Trial Research Group. *Arch Intern Med* 152 : 1490~1500

[26] Cendella RJ.(1996). Cholesterol and cataracts. *Surv Ophthalmol* 40 : 320~337

[27] Jones PJH.(1997). Regulation of cholesterol biosynthesis by diet in humans. *Am J Clin Nutr* 66 : 438~446

[28] Erdman JW, Bierer TL, Hugger ET.(1993). Absorption and transport of carotenoids. *Ann NY Acad Sci* 691 : 76~85

[29] Taubes G.(1997). New Study says low-fat diet can lower blood pressure. *Science* 276 : 350

[30] 질병관리본부(2014). 2013 국민건강통계 : 국민건강영양조사 제6기 1차년도.

[31] 보건복지부(2020). 2020 한국인 영양소 섭취기준.

[32] Stary HC, Chandler AB, Dinsmore RE, et al.(1995). A definition of advanced types of atherosclerotic lesions and a histological classification of atherosclerosis. A report from the Committee on Vascular Lesions of the Council on Arteriosclerosis, American Heart Association. *Circulation* 92 : 1355~1374

[33] Hoeg JM.(1997). Evaluating coronary heart disease risk. *JAMA* 277 : 1387~1290

[34] American College of Cardiology/American Heart Association Task Force on Practice Guideline(2014). 2013 AHA/ACC guideline on lifestyle management to reduce cardiovascular risk: a report of the American College of Cardiology/American Heart Association Task Force on Practice Guideline. *Circulation* 129 : S79~99

[35] Manson JE, Greenland P, LaCroix AZ, et al.(2002). Walking compared with vigorous exercise for the preventionof cardiovascular events in women. *N Eng J Med* 347 : 716~725

[36] Holmes MD, Hunter DJ, Colditz GA, et al.(1999). Association of dietary intake of fat and fatty acids with risk of breast cancer. *JAMA* 281 : 914~920

[37] Zock PL.(2001). Dietary fats and cancer. *Curr Opin Lipidol* 12 : 5~10

[38] Chao A, Thun MJ, Connell CJ, et al.(2005). Meat consumption and risk of colorectal cancer. *JAMA* 293 : 172~182

[39] Kushi LH1, Doyle C, McCullough M, Rock CL, Denmark-Wahnefried W, Bandera EV, Gapstur S, Patel AV, Andrews K, Gansler T; American Cancer Society 2010 Nutrition and Physical Activity Guidelines Advisory Committee(2012). American Cancer Society Guidelines on nutrition and physical activity for cancer prevention: reducing the risk of cancer with healthy food choices and physical activity. *CA Cancer J Clin* 62 : 30~67

용어정리

융점 일정한 압력하에서 고체 물질이 그 액체와 평형이 되어 존재할 때의 온도. 녹는점이라고도 한다. 기호 mp. 보통 1기압에서의 융점을 융점(녹는점)이라고 하며, 압력이 높아지면 융점은 상승한다. 융점의 측정으로 물질의 확인이나 순도의 판별, 용액 속 용질의 분자량을 구할 수 있다.

공액리놀레산 리놀레산은 두 개의 이중결합이 *cis* 9, *cis* 12 상태로 존재하는 비공액(비짝, 비접합, non-conjugated) 지방산이나, 공액리놀레산은 이중결합이 *cis* 9, *trans* 11이나 *trans* 10, *cis* 12 등 공액(짝, 접합, conjugated) 상태로 존재한다. 공액리놀레산(CLA)은 체지방 감소, 항암성, 성장 촉진, 항동맥경화, 콜레스테롤 감소, 당뇨 억제 등의 활성을 갖는 것으로 보고되었다.

산화 물질이 산소와 화합하는 것을 말하지만, 일반적으로는 널리 전자를 빼앗기는 변화 또는 그것에 따르는 화학변화를 가리킨다. 산화를 받기 쉬운 식품 성분으로는 유지, 정유류, 비타민류, carotenoid, 폴리페놀류 등이 있으며, 여러 가지 원인에 의해서 산화가 일어나 식품의 풍미를 손상하고 경우에 따라서는 독성물질을 생성한다.

산패 유지를 공기 중에 오래 방치해 두었을 때 산성이 되어 불쾌한 냄새가 나고, 맛이 나빠지거나 빛깔이 변하는 것. 가수분해형, 케톤형, 산화형 등으로 나눌 수 있다. 식품의 변질에 영향이 크며 차고 어두운 곳에 보관함으로써 방지할 수 있다.

경화 지방산에 니켈 등의 촉매를 사용하여 수소첨가하면 불포화지방산의 이중결합에 수소가 첨가되어 융점이 상승하면서 고체상이 된다. 이 현상을 지방의 경화(硬化)라고 하며, 이때 얻어진 것을 경화유라고 한다.

완전정맥영양(TPN) 중심정맥에 삽입된 카테터를 통해서 경정맥적으로 생명 유지에 필요한 에너지와 그 밖의 영양소 전부를 보급하는 영양요법. 고에너지 수액과 같은 뜻으로 사용되고 있다. 이 방법이 필요한 경우는 경구적 영양 섭취가 불가능한 경우, 경구적 영양 섭취가 가능하더라도 에너지 소비가 심해 경구적 영양 섭취량보다 많은 고에너지를 보급해야 하는 경우, 음식물이 소화관을 통과하면 병소를 자극하여 병태의 개선에 바람직하지 못한 경우 등이다.

레시틴 글리세린 인산을 포함하고 있는 인지질의 하나이다. 생체막을 구성하는 주요 성분으로, 난황, 콩기름, 간, 뇌 등에 많이 있다. 지방산은 주로 스테아르산, 팔미트산, 올레산(oleic acid), 리놀레산 등이다. 글리세롤의 하이드록시기 2개가 지방산 에스터가 되어 있고, 다른 1개의 하이드록시기가 인산 에스터가 되어 있다.

림프계 림프액을 순환시키는 순환계통의 일종. 척추동물에 있어 림프액을 채우는 일련의 관계(管系) 및 그 부속기관의 총칭. 림프액이 되는 조직액이 있는 조직간극은 흔히 림프강이라고 하여 림프계와 구별하지만, 조직액은 거기에서 모세림프관(림프관)을 거쳐 정맥으로 들어간다. 특히 내장에 분포하는 림프관은 유미관이라고 한다.

카르니틴 4-trimethylamino-3-hydroxybutyric acid. 비타민 BT라고도 하는데, 동물에서는 아미노산의 라이신으로부터 생합성할 수 있다. 생체 내에서 합성되고 생리활성을 갖는 것은 L형이다. 보통 긴사슬지방산이 β산화될 때, 아실카르니틴으로 되어 미토콘드리아 내막을 통과하는 데 필요하다.

단원정리

- 지질은 탄소, 수소, 산소로 구성된 유기화합물로서 물에 쉽게 용해되지 않으나, 유기용매에 녹는 특성이 있다.
- 중성지방은 글리세롤 1분자와 지방산 3분자가 에스터 결합한 것으로서 식품에 함유된 지방의 95% 정도가 이 형태로 존재한다.
- 인지질은 글리세롤의 첫 번째와 두 번째 수산기에는 지방산이 결합되어 있고 나머지 하나에 인이 결합한 형태의 지질이다.
- 지방산은 중성지방의 구성 성분으로 한쪽 끝은 카르복실기, 다른 쪽 끝은 메틸기($-CH_3$), 가운데 부분은 긴 탄소사슬에 수소들이 결합되어 있다.

- 지방산 사슬 내의 탄소와 탄소 사이에 이중결합이 없이 단일결합만으로 이루어지면 포화지방산이고, 이중결합이 1개인 지방산은 단일불포화지방산, 이중결합이 2개 이상인 지방산은 다가불포화지방산이라 한다.
- 불포화지방산은 메틸기에서 가장 가까운 이중결합을 함유한 탄소의 위치에 따라 오메가-3, 6, 9 지방산으로, 이중결합을 중심으로 좌우 탄소사슬의 모양에 따라 시스형과 트랜스형으로 나눈다.
- 필수지방산은 신체의 정상적인 성장과 유지, 생리 기능에 필수적이지만 체내에서 합성되지 않거나 합성되는 양이 부족하므로 반드시 식사를 통해 섭취해야 한다.
- 지질은 물과 친화력이 적어서 혈액을 따라 운반되는 데 어려움이 있으므로 친수기와 소수기를 다 가지는 지단백질 형태로 존재한다.
- 미토콘드리아에서 지방산의 아실 CoA는 2개의 탄소로 구성된 아세틸 CoA가 되는 β-산화 과정을 거친 후 TCA회로로 들어가서 다량의 ATP를 생성한다.
- 식이로부터 섭취한 콜레스테롤보다 간이나 모든 세포에서 생성되는 양이 더 많아 혈중 콜레스테롤 수준을 낮추려면 섭취량뿐만이 아니라 콜레스테롤 체내 합성을 억제해야 한다.

연습문제

1 포화지방산과 불포화지방산의 차이를 설명하고 함유식품의 예를 드시오.

2 오메가-3 지방산과 오메가-6 지방산의 차이를 설명하고 함유식품의 예를 드시오.

3 버터와 마가린의 차이를 설명하시오.

4 지질의 소화 과정에서 담즙의 역할을 설명하시오.

5 지단백질의 종류와 생성장소에 대해서 설명하시오.

6 나쁜 콜레스테롤과 좋은 콜레스테롤은 무엇이고, 왜 그렇게 불리는지 설명하시오.

7 콜레스테롤이 함유된 식품에 대해서 설명하시오.

8 필수지방산의 종류와 결핍증에 대해서 설명하시오.

9 한국 성인의 적정한 지질과 콜레스테롤의 권장량, 오메가-3 지방산과 오메가-6 지방산의 비율에 대해서 설명하시오.

10 심혈관질환을 예방하기 위해 권장되는 것은 무엇인지 설명하시오.

*연습문제 정답은 책 뒤쪽에 있습니다.

CHAPTER 4 단백질

1. 아미노산과 단백질의 분류
2. 단백질의 소화, 흡수, 대사
3. 단백질의 기능
4. 단백질의 섭취기준과 급원식품
5. 단백질의 질 평가
6. 단백질과 관련된 건강문제

단백질은 신체의 기본적 구성물질이며 열량 영양소로서 중요하다. Protein이란, 그리스어의 protos에서 유래한 것으로 '으뜸가는' 또는 '제일가는(of prime importance)'이라는 뜻이다. 단백질은 탄소(C), 수소(H), 산소(O) 및 질소(N) 등의 원소로 구성되어 있고 기본 구성단위는 아미노산(amino acid)이다. 현재 식품에서 발견되고 체내에서 영양소로 이용되고 있는 아미노산은 20종이며, 단백질은 아미노산의 펩타이드 결합(peptide bond)으로 이루어진 고분자화합물이다. 단백질은 질소(N)를 함유하고 있는 점이 탄수화물이나 지질과 다르고, 질소의 함량은 평균 16%이며 유황(S)을 비롯하여 철(Fe), 인(P), 요오드(I) 등의 무기 성분을 구성원소로 함유하기도 한다. 단백질은 체내에서 근육, 뼈, 장기의 구성은 물론 효소, 호르몬을 구성하고 영양소 운반작용과 면역항체 구성 등의 역할을 한다.

1. 아미노산과 단백질의 분류

1) 아미노산의 분류

단백질을 구성하는 기본단위는 아미노산이며, 기본구조는 탄소(C)원자를 중심으로 수소(H)원자, 아미노기($-NH_2$), 카르복실기(-COOH), R기(side group : R)가 각각 1개씩 결합되어 있다(그림 4-1). 아미노산에 결합되어 있는 R기에 따라 아미노산의 성질이나 기능이 달라진다. 가장 간단한 아미노산은 R기에 수소원자 1개가 결합된 글리신(glycine)이다.

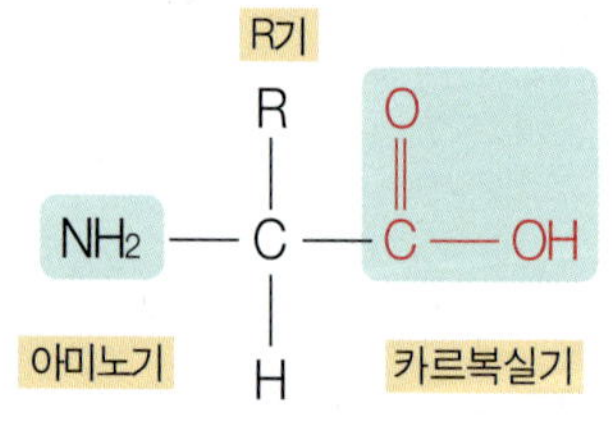

그림 4-1 ▶ 아미노산의 기본구조

(1) 화학 구성에 의한 분류

아미노산은 산성 작용기인 카르복실기와 알칼리성 작용기인 아미노기를 모두 가지는 양성 물질이며 화학적으로 유사한 R기의 조성을 가지는 중성, 산성, 알칼리성 아미노산 등으로 분류할 수 있다(그림 4-2). 중성 아미노산은 카르복실기와 아미노기를 각각 1개씩 가지고 있어 서로 균형을 이루어 중성을 유지하는 것이다. 한편, R기에 카르복실기가 더 첨가되면 산성 아미노산, 아미노기가 더 첨가되면 알칼리성 아미노산이 된다.

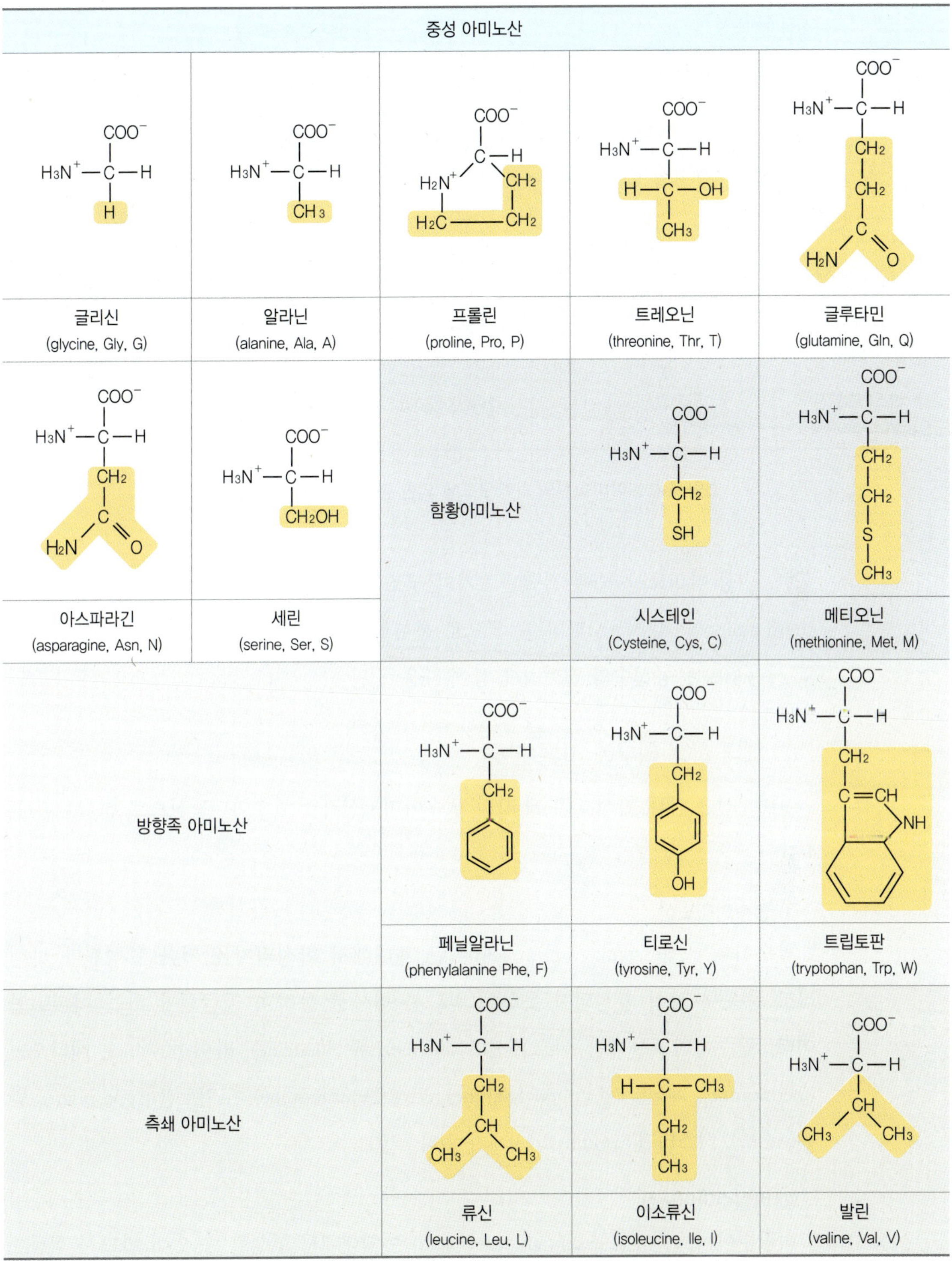

그림 **4-2** ▶ 아미노산의 화학구조에 의한 분류 1 (노란색 : R기)

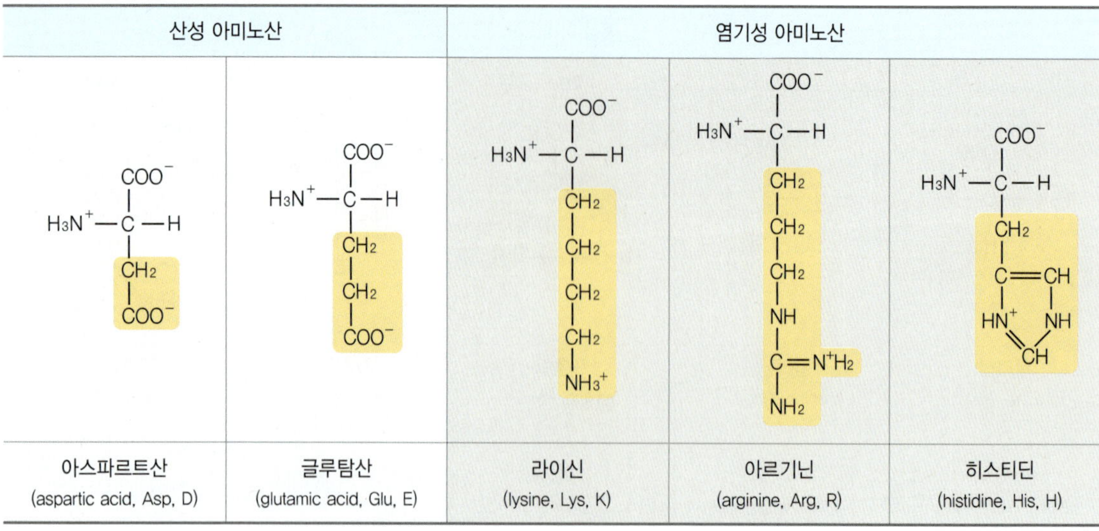

그림 4-2 아미노산의 화학구조에 의한 분류 2 (노란색 : R기)

또한, 중성 아미노산 중에 결합된 R기의 구조에 따라 방향족, 측쇄아미노산(branched chain amino acid, BCAA)과 같은 군으로 분류할 수 있다. 측쇄아미노산은 근육의 연료로 사용되며 운동선수의 경기력 향상에 도움이 된다.[1]

(2) 체내 합성 여부에 따른 분류

아미노산은 체내 합성 여부에 따라 필수아미노산과 비필수아미노산으로 분류된다(표 4-1).

① 필수아미노산

필수아미노산(essential amino acid)이란 체내에서 합성되지 않거나 합성된다 하더라도 충분한 양이 합성되지 못하여 반드시 식사를 통하여 공급해야 하는 아미노산이다. 필수아미노산에는 이소류신(isoleucine), 류신(leucine), 라이신(lysine), 메티오닌(methionine), 페닐알라닌(phenylalanine), 트레오닌(threonine), 트립토판(tryptophan), 발린(valine), 히스티딘(histidine)의 9개가 있다.

② 비필수아미노산

비필수아미노산(non-essential amino acid)은 체내에서 합성할 수 있어 반드시 식품으로 섭취하지 않아도 된다. 비필수아미노산 5종은 체내에서 합성이 용이하며, 7종은 조

표 4-1 ▶ 아미노산의 생체 합성 여부에 따른 분류

필수아미노산	비필수아미노산	조건적 필수아미노산
히스티딘(histidine) 이소류신(isoleucine) 류신(leucine) 라이신(lysine) 메티오닌(methionine) 페닐알라닌(phenylalanine) 트레오닌(threonine) 트립토판(tryptophan) 발린(valine)	알라닌(alanine) 아스파르트산(aspartic acid) 아스파라긴(asparagine) 글루탐산(glutamic acid) 세린(serine)	아르기닌(arginine) 시스테인(cysteine) 글루타민(glutamine) 글리신(glycine) 프롤린(proline) 티로신(tyrosine) 타우린(taurine)

건적 필수아미노산(conditionally essntial amino acid)으로 정상적인 상황에서는 체내 합성으로 충족되지만 특정 생리 상태일 경우 그 합성이 제한되므로[2] 식품 섭취를 통해 공급해야 한다.

예를 들면, 티로신은 필수아미노산인 페닐알라닌으로부터 합성되지만 페닐케톤뇨증(phenylketonuria, PKU) 환자의 경우는 티로신이 체내에서 충분히 합성되지 않으므로 필수아미노산이 된다.

2) 단백질의 분류

단백질은 화학적 분류와 영양적 뷰류로 나눌 수 있다.

(1) 화학적 분류

단백질을 구성하는 화학 성분에 따라 단순단백질과 복합단백질로 분류한다.

① 단순단백질

단순단백질(simple protein)은 가수분해에 의하여 단순히 아미노산과 그 유도체를 생성하는 것으로 순수하게 아미노산만으로 이루어진 단백질이다(표 4-2).

표 4-2 ▶ 단순단백질의 종류

단백질	예
알부민(albumin)	달걀흰자, 유즙, 육류 등
글로불린(globulin)	육류, 대두 등

(계속)

단백질	예
글루텔린(glutelin)	밀의 글루테닌(glutenin), 쌀의 오리자닌(oryzanine) 등
프롤라민(prolamin)	밀의 글리아딘(gliadin), 보리의 호르데인(hordein) 등
알부미노이드(albuminoid)	뼈의 콜라겐(collagen), 모발의 케라틴(keratin) 등

② 복합단백질

복합단백질(complex protein)은 아미노산 외에 다른 화학물질을 함유하고 있으며, 결합된 물질의 종류에 따라 단백질의 생물학적 기능에 중요한 역할을 한다(표 4-3).

표 4-3 ▶ 복합단백질의 분류

단백질	구성	예
당단백질(glycoprotein)	단백질+탄수화물	뮤신, 점액단백질 등
지단백질(lipoprotein)	단백질+지질	카일로마이크론, VLDL, LDL, HDL
인단백질(phosphoprotein)	단백질+인(핵산, 레시틴 등)	우유의 카세인(casein), 난황의 오보비텔린(ovovitellin) 등
헴단백질(hemeprotein)	단백질+헴	헤모글로빈(hemoglobin)
금속단백질(metalloprotein)	단백질+금속(철, 구리, 아연 등)	페리틴(ferritin, 철 저장)

(2) 영양적 분류

단백질을 구성하는 필수아미노산의 종류와 양에 따라 완전단백질, 부분적 불완전단백질, 불완전단백질로 분류한다.

① 완전단백질

완전단백질(complete protein)은 정상적인 성장과 유지에 요구되는 모든 필수아미노산을 적합한 비율로 함유하는 양질의 단백질(high-quality protein)이다. 트립토판과 라이신이 부족한 젤라틴(gelatin)을 제외한 육류, 생선, 달걀, 우유 등의 동물성 단백질이 이에 속한다. 식물성 식품 중 콩(soybean)단백질은 동물성 단백질과 마찬가지로 완전단백질에 속한다.[3]

② 부분적 불완전단백질

부분적 불완전단백질(partially incomplete protein)은 필수아미노산이 포함되어 있지만 함량이 필요량을 충족시키지 못하여 성장을 돕지는 못하나 생명을 유지시키는 단백질이다. 식물성 식품 중 콩단백질을 제외한 밀의 글리아딘(gliadin)과 쌀의 오리제닌(oryzenin) 등의 식물성 단백질이 이에 속한다.

③ 불완전단백질

불완전단백질(incomplete protein)은 하나 이상의 필수아미노산이 부족하여 체단백질의 합성에 필요한 아미노산을 충당하지 못하여 성장이 지연되고 체중이 감소하므로, 이러한 단백질의 섭취가 장기간 계속되면 사망한다. 동물성 단백질 중 젤라틴과 옥수수의 제인(zein)이 이에 속한다. 불완전단백질에 다른 단백질을 보충해 줌으로써 단백질의 질을 보강할 수 있다.

그러나 모든 아미노산을 섭취하더라도 필수아미노산 중 한 가지만 부족하면 신체가 필요로 하는 단백질 합성이 제한된다. 식품에 따라 아미노산의 조성과 함량은 각각 다르며, 인체의 필요량과 비교하여 적은 양이 함유되어 있는 필수아미노산을 제한아미노산(limiting amino acid)이라고 한다. 제한아미노산 중 상대적으로 가장 부족한 필수아미노산을 제1 제한아미노산이라고 한다.

④ 단백질의 상호보충 효과

식품단백질은 구성아미노산의 종류와 양이 모두 다르므로 한 식품 내 부족한 아미노산을 다른 식품에서 보충받을 수 있다. 즉, 제한아미노산이 서로 다른 두 가지 이상의 식품을 함께 섭취하는 경우 단백질의 질을 높여 단백질 작용을 더욱 완전하게 하는 것을 단백질의 상호보충 효과(supplementary action of protein)라고 한다. 예를 들면, 곡류는 필수아미노산 중 라이신이 부족한 반면 메티오닌과 시스테인이 풍부하고, 콩류는

콩단백질

콩 및 콩제품의 단백질은 동물성 단백질만큼 질(quality)이 좋은 것으로 알려졌다. 리놀레산 및 리놀렌산과 같은 필수지방산의 좋은 급원이면서 포화지방이나 콜레스테롤은 없다. 또한, 이소플라본(isoflavones)이 풍부하여 여성호르몬인 에스트로겐(estrogen)과 유사한 역할을 하는 것으로 알려져 식물성 에스트로겐이라고 불리기도 하여 골다공증의 위험을 감소시킬 수 있음이 보고되고 있다.

트립토판과 메티오닌이 부족하나 라이신은 풍부하다. 따라서, 밥을 짓거나 떡을 만들 때 곡류와 콩류를 함께 이용하여 부족한 아미노산을 보충하면 양질의 완전단백질을 섭취하는 효과를 가져온다(그림 4-3, 표 4-4).

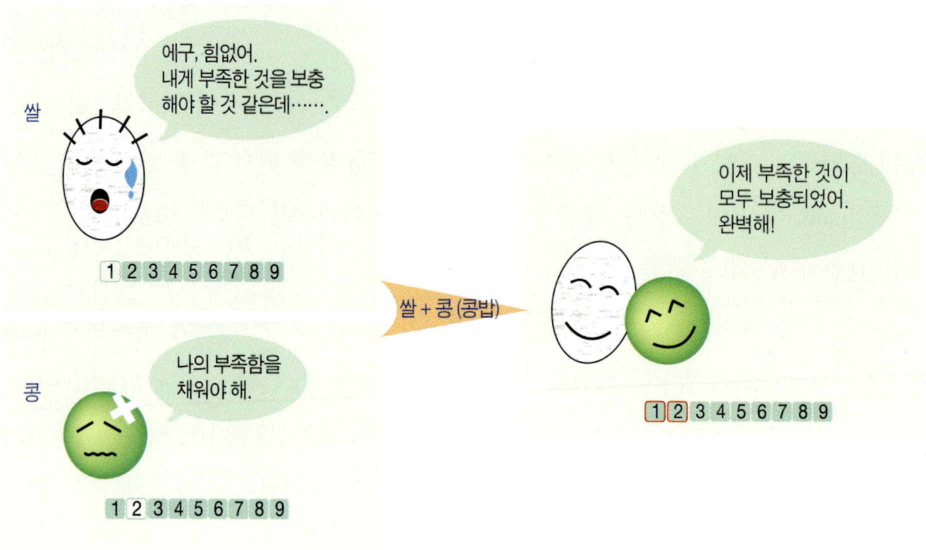

그림 **4-3** 단백질의 상호보충 효과

표 **4-4** 식품단백질의 제한아미노산과 단백질 보충

식품	제한아미노산	단백질 보충의 예
곡류	라이신, 트레오닌	곡류 + 콩류 : 콩밥, 쌀밥과 두부, 식빵과 완두콩수프, 식빵과 땅콩버터 곡류 + 유제품 : 토스트와 우유, 치즈샌드위치, 파스타와 치즈 콩류 + 채소 + 종실류 : 강낭콩, 해바라기씨, 견과류를 넣은 샐러드
콩류	메티오닌	
견과류	라이신	
채소류	트립토판, 라이신	

3) 단백질의 구조

단백질은 수많은 아미노산이 펩타이드 결합에 의해 연결되어 폴리펩타이드(polypeptide)를 이루면서 여러 가지 형태를 가진다. 즉, 둥글거나 긴 형태 또는 꼬이거나 접혀진 형태로 되어 단백질분자들은 고유한 기능을 수행하게 된다.[5]

펩타이드 결합이란 아미노산의 카르복실기와 다른 아미노산의 아미노기에서 물 1분자가 빠지면서 결합한 것이다(그림 4-4). 아미노산 2개가 펩타이드 결합된 것은 다이펩타이

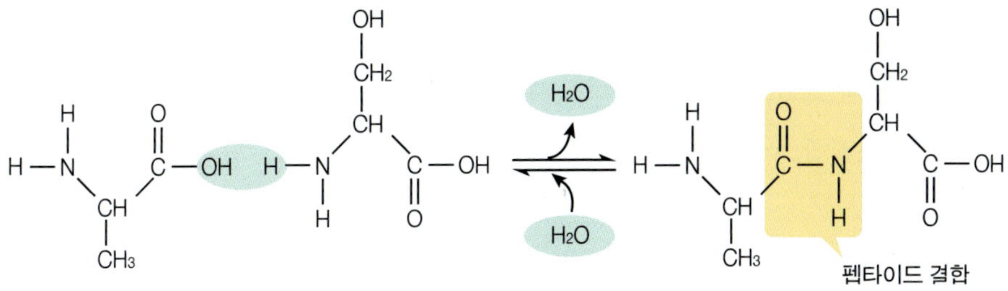

그림 4-4 ▶ 펩타이드 결합

드(dipeptide), 아미노산 3개가 펩타이드 결합된 것은 트라이펩타이드(tripeptide)이다.

(1) 1차 구조

단백질의 1차 구조는 고유한 유전 정보에 의해 아미노산이 특정한 순서(amino acid sequence)에 의해 폴리펩타이드 결합으로 연결된 사슬구조를 이룬다. 폴리펩타이드는 10개 이상의 아미노산을 가지며,[6] 식품이나 인체 내 단백질은 수백 개의 아미노산으로 이루어졌고 결합순서는 단백질마다 다르다(그림 4-5).

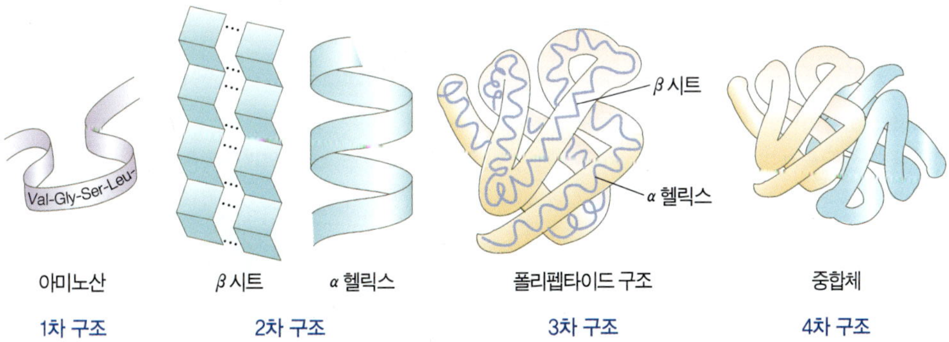

그림 4-5 ▶ 단백질의 구조

(2) 2차 구조

2차 구조는 1차 구조로 생긴 폴리펩타이드 사슬 내에 수소결합이나 이황화결합에 의해 코일 형태의 α헬릭스(α-helix) 구조 또는 병풍 형태의 β시트(β-sheets)를 이룬다.

(3) 3차 구조

3차 구조는 2차 구조의 폴리펩타이드 사슬이 구성하고 있는 아미노산 측쇄의 특성에 따라 다시 수소결합, 이온결합, 이황화결합 등에 의해 3차원적 입체구조를 이루는 것이다.

(4) 4차 구조

4차 구조는 2개 이상의 3차 구조 폴리펩타이드가 다시 결합하여 하나의 구조적 기능 단위를 형성한다. 모든 단백질은 1, 2, 3차 구조를 가지면서 몇 가지 단백질만이 4차 구조를 가진다. 헤모글로빈 분자는 2쌍의 소단위(subunit)로 구성된 4개의 폴리펩타이드가 접히고 꼬인 대표적인 예이다.

섬유상단백질과 구상단백질

섬유상단백질(fibrous protein)
긴 폴리펩타이드 사슬이 수소결합, 이황화결합에 의해 규칙적으로 한 방향으로 배열하는 구조로 물에 용해되지 않으며 세포조직의 유지나 구조를 이루는 단백질이다. 콜라겐(collagen), 모발의 케라틴(keratin), 혈액의 피브린(fibrin) 등이 있다.

구상단백질(globular protein)
폴리펩타이드 사슬이 여러 가지 결합에 의해 구부러지고 휘어져 전체적으로 둥근 모양을 이룬 단백질이다. 수용성으로서 근육의 마이오글로빈(myoglobin), 헤모글로빈, 대부분의 효소, 혈장단백질 등이 이에 속한다.

케라틴

헤모글로빈

(5) 단백질의 변성

단백질의 구조는 열, 산, 자외선, 기계적인 자극, 중금속 등에 의해 깨어진다. 단백질의 3차원 입체구조가 깨어지고 수직선의 폴리펩타이드 사슬로 펼쳐지는 과정을 단백질의

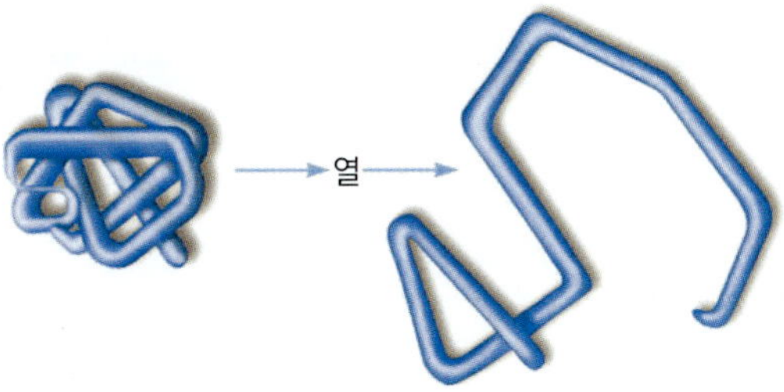

그림 4-6 ▶ 단백질의 변성

변성(denaturation)이라고 한다(그림 4-6). 이러한 변성은 1차 구조에는 영향을 끼치지 않으나 단백질 고유의 기능을 잃게 된다. 그러나 체내 소화기관에는 유용한 과정으로 조리 시 가해지는 열에 의한 단백질의 변성은 소화효소의 작용을 돕고 소화율을 증진시킨다.

2. 단백질의 소화, 흡수, 대사

1) 단백질의 소화

단백질의 소화는 폴리펩타이드가 아미노산으로 분해되는 과정이다. 소화는 일차적으로 변성에 의해 효소의 작용을 잘 받을 수 있는 긴사슬 형태로 된 후 단백질 소화효소(proteases)에 의해 펩타이드 결합이 끊어지게 된다. 단백질은 구강 내에서 씹는 작용과 함께 침과 혼합하는 작용 외에 소화효소가 없어 분해되지 않고 위에서 소화작용이 시작된다(그림 4-7).

(1) 위에서의 소화

단백질의 소화는 위에서 펩신(pepsin)의 작용에 의해 시작된다. 음식물이 위에 도달하면 가스트린(gastrin)이라는 호르몬이 분비되어 불활성 형태의 단백질 소화효소인 펩시노겐(pepsinogen)의 분비를 촉진한다. 위액의 염산(HCl)은 펩시노겐을 활성형의 펩신으로 전환시키고, 펩신은 단백질분자를 큰 폴리펩타이드인 펩톤(peptone)으로 분해한다. 이 큰 폴리펩타이드가 십이지장에 도달하여 췌장액과 혼합되어 알칼리 상태로 되면 펩신의 작용은 중단된다. 단백질의 10~20%는 펩신의 작용에 의해 소화된다.[7]

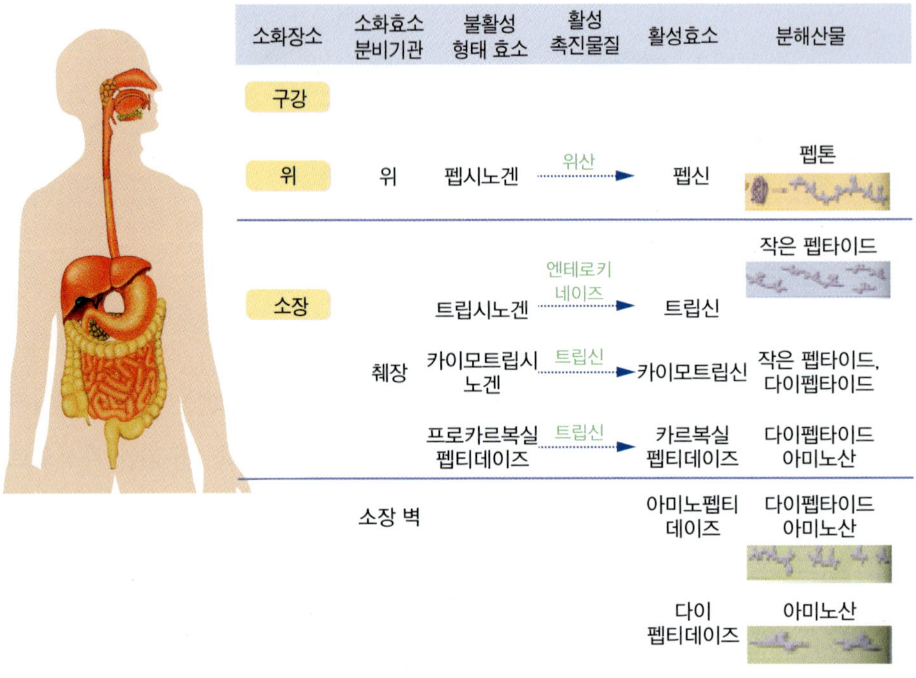

그림 4-7 ▶ 단백질의 소화

(2) 소장에서의 소화

단백질의 소화는 대부분 소장에서 이루어진다. 췌장과 소장에서 분비되는 소화효소에 의하여 분자량이 더 작은 폴리펩타이드, 다이펩타이드로 분해되어 단백질을 완전히 아미노산으로 가수분해시킨다. 췌장에서는 트립시노겐(trypsinogen) 및 카이모트립시노겐(chymotrpsinogen)이 불활성 형태로 분비된다. 소장에서 엔테로키네이즈(enterokinase)가 분비되어 트립시노겐을 트립신(trypsin)으로 활성화시키고 카이모트립시노겐은 트립신에 의해 활성화되어 카이모트립신(chymotrypsin)으로 된다.

펩타이드 결합은 특정한 소화효소에 의해 분해작용을 받는다(그림 4-8). 트립신은 라이

레닌(renin)

유아(乳兒)의 위점막 중에는 카세인(casein)을 응고하는 효소인 레닌이 있다. 이 효소는 젖 중의 카세인을 파라카세인(para-casein)으로 변화시키고 여기에 칼슘이 결합하여 응고물을 만들어 소화를 돕는다.

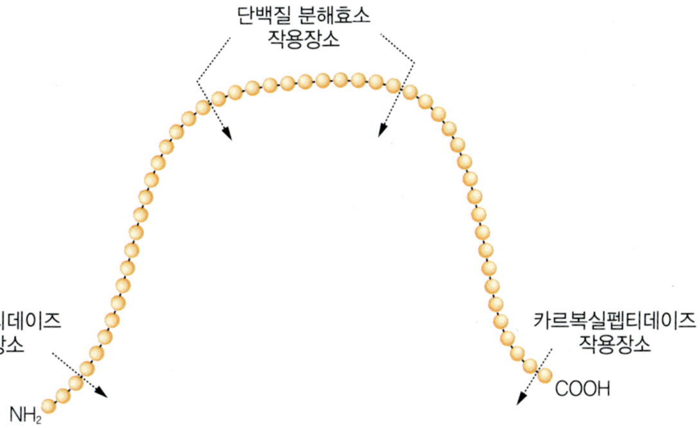

그림 4-8 ▶ 단백질 소화효소의 작용 부위

신과 아르기닌과 같은 염기성 아미노산의 카르보닐기로 된 펩타이드 결합을 가수분해하고, 카이모트립신은 방향족아미노산이 인접한 부위의 펩타이드 결합을 가수분해한다.

소장에서는 펩타이드 사슬의 카르복실 말단에 작용하여 아미노산을 하나씩 끊어내는 카르복실펩티데이즈(carboxylpeptidase), 아미노 말단에 작용하는 아미노펩티데이즈(aminopeptidase), 그리고 다이펩티데이즈(dipeptidase)에 의하여 최종적으로 아미노산으로 분해된 후 흡수된다.

2) 단백질의 흡수 및 운반

소화된 단백질은 위에서는 거의 흡수되지 않고 소장의 점막세포에서 흡수되며 소장 상부일수록 흡수능력은 더 좋다. 모세혈관으로 운반될 때는 주로 능동수송(active transport)에 의해서 흡수되고 일부는 단순확산으로 흡수된다. 특정한 단백질이나 일부 소화되지 않은 단백질분자가 그대로 흡수될 경우 이물질로 판단하여 항체를 형성하고 알레르기 현상을 일으키기도 한다. 단백질의 소화흡수율은 약 92% 정도이며 동물성 단백질은 약 97% 정도 흡수되고, 식물성 단백질은 약 78~85% 정도 흡수된다. 흡수된 아미노산은 소장의 점막세포에 있는 융모벽을 통하여 모세혈관으로 운반되며 문맥을 거쳐 간으로 이동하여 이용된다.

3) 단백질의 대사

건강한 성인의 체세포는 단백질의 합성과 분해 과정을 반복하면서 동적인 평형 상태(dynamic equilibrium)를 유지한다. 단백질의 합성과 분해가 반복되면서 재이용되는 과정을 단백질 전환(protein turnover)이라고 한다.[8] 식사에서 공급되는 아미노산의 양보다 체내에서 재이용되는 아미노산의 양이 더 많은데, 대략 체내에서 300 g의 단백질이 합성되는 것 중 200 g은 재이용되는 아미노산이다. 그러므로 식사를 통한 단백질의 요구량은 매우 적다.

(1) 단백질의 합성

단백질 합성(protein synthesis)은 세포핵의 DNA의 유전 정보에 따라 세포질의 리보좀(ribosome)에서 이루어진다. 단백질 합성을 위해서는 모든 아미노산이 필요한 만큼 있어야 하며 만일 한 가지의 아미노산이라도 부족하면 세포에서는 단백질의 합성을 중단한다. 비필수아미노산이 부족한 경우 세포는 혈액을 통해 간으로부터 그 아미노산을 만들어 단백질 합성을 계속하지만, 만일 필수아미노산이 부족하면 그 아미노산을 공급하지 못하여 단백질 합성을 멈추게 된다.

각 단백질은 아미노산의 순서에 따라 모양과 특정 기능이 결정되는데 유전적 결함은

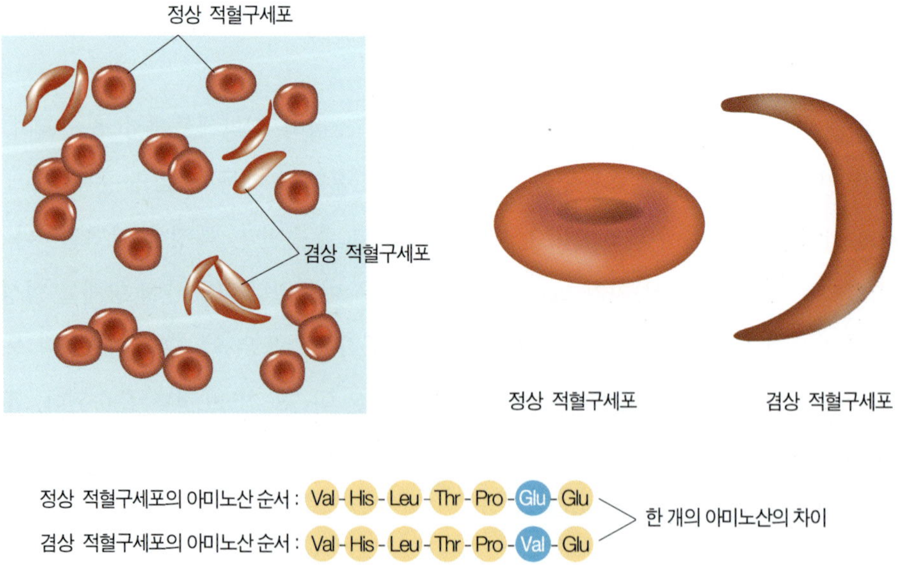

그림 4-9 ▶ 정상 적혈구세포와 겸상 적혈구세포

단백질 합성에 문제를 일으킬 수 있다. 만일 유전적 결함에 의해 아미노산의 순서가 바뀌면 변형된 단백질을 합성하게 되어 심각한 문제를 일으킨다. 예를 들면, 겸상 적혈구빈혈(sickle cell anemia)은 유전적 오류에 의해 아미노산의 순서가 바뀌어 글루탐산이 들어가야 하는 곳에 발린이 위치하여 정상적인 적혈구세포의 부드러운 원반 모양 대신 경직된 낫 모양으로 변화된다(그림 4-9). 변형된 헤모글로빈은 산소 운반하는 능력을 잃게 된다.[9]

(2) 단백질의 분해

단백질이 분해되어 생성된 아미노산은 순환하여 재이용되는데 이들 아미노산들의 세포 내 단기 집합체를 아미노산풀(amino acid pool)이라고 한다.[10]

식사를 통해 섭취된 단백질이 소화흡수된 아미노산, 체조직 단백질 분해로 생성된 아미노산, 체내에서 합성된 아미노산들이 혈액을 순환하고 세포 내로 유입되어 풀을 형성하고 필요에 따라 여러 용도로 이용된다. 아미노산의 풀은 식이 섭취량, 체내 함량 등에 의해 크기가 결정된다. 풀이 너무 크면 아미노산들이 에너지, 포도당, 지방 생성에 사용되고 단백질의 식이 섭취가 부족하면 아미노산풀이 감소하여 세포 내 단백질을 분해하여 이용한다. 따라서, 부적절한 양의 식이단백질의 공급은 아미노산풀의 보충을 위한 체단백질의 분해가 더 빠르게 되어 필수적인 체조직의 손실을 가져올 수 있다.[11] 그러므로 식사를 통한 적정량의 단백질 공급이 필요하다. 아미노산풀의 아미노산은 체단백질 합성에 이용되고, 에너지를 형성하고 포도당과 같은 비단백 물질을 만드는 데 이용된다(그림 4-10).

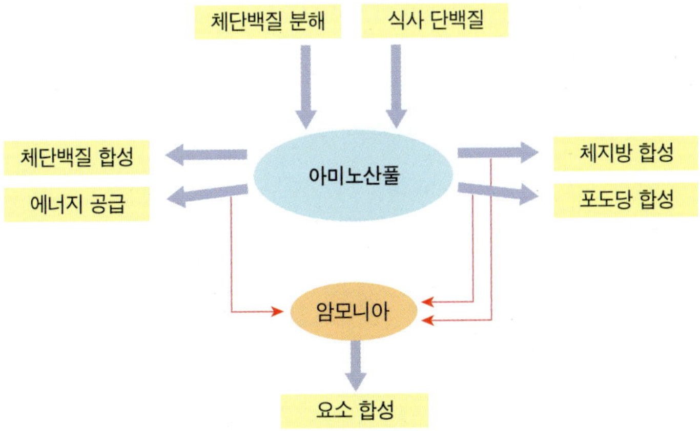

그림 4-10 아미노산풀과 단백질 전환

(3) 아미노산 대사

① 탈아미노반응

탈아미노반응(deamination)은 아미노산의 아미노기가 암모니아 형태로 떨어지면서 아미노기(-NH_2)를 떼어내는 과정이며 탄소골격의 알파-케토산(α-keto acid)이 남는다(그림 4-11).

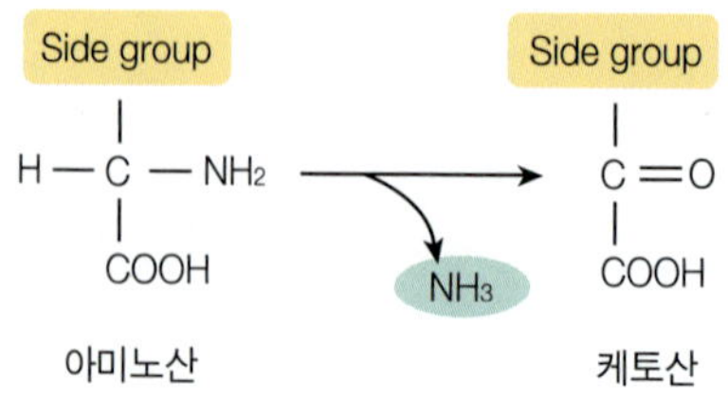

그림 **4-11** ▶ 탈아미노반응

② 아미노기 전이반응

아미노기 전이반응(transamination)은 한 아미노산의 아미노기를 다른 아미노산의 탄소골격인 알파-케토산으로 전달하여 새로운 아미노산과 케토산을 형성하는 반응이다. 탈아미노반응과 아미노기 전이반응을 통해 비필수아미노산의 합성이 이루어지며, 이때 아미노기 전이효소(transaminase : GOT, GPT)가 필요하며 비타민 B_6가 조효소로 작용한다(그림 4-12).

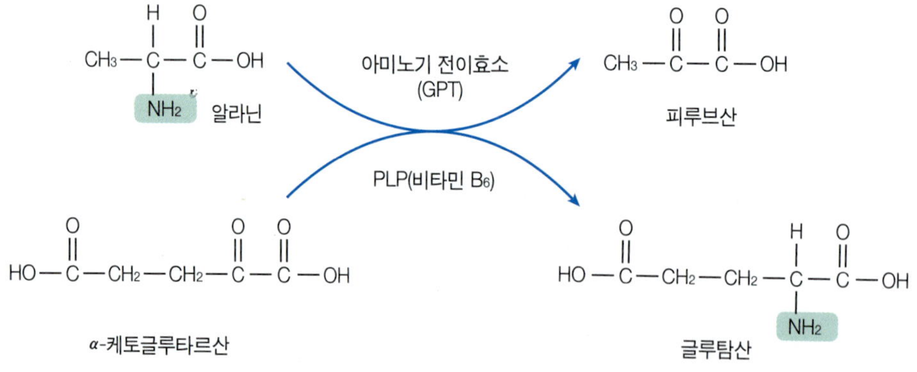

그림 **4-12** ▶ 아미노기 전이반응

③ 탄소골격의 이용

탈아미노반응 후에 아미노산의 탄소골격은 대사경로에 따라 포도당 생성 또는 케톤 생성 아미노산으로 분류하며 에너지를 생성하거나 포도당, 지방 합성에 이용된다(표 4-5).

표 4-5 ▶ 포도당 생성 및 케톤 생성 경로의 아미노산

분류	아미노산의 종류
케톤 생성	류신, 라이신
포도당 생성 및 케톤 생성	이소류신, 페닐알라닌, 티로신, 트립토판
포도당 생성	알라닌, 세린, 글리신, 시스테인, 아스파르트산, 아스파라긴, 글루탐산, 글루타민, 아르기닌, 히스티딘, 발린, 트레오닌, 메티오닌, 프롤린

- 에너지 생성 : 아미노산의 탄소골격은 탄수화물이나 지질 대사의 경로로 들어가 연소되어 에너지를 생성한다.
- 포도당 생성 : 탄수화물의 섭취가 부족할 때 대부분의 아미노산은 간에서 포도당신생합성을 거쳐 포도당을 생성한다. 이렇게 탄수화물 대사경로에 합류되는 아미노산을 당 생성 아미노산(glucogenic amino acid)이라고 한다.
- 지방 생성 : 단백질을 필요량 이상으로 섭취하면 아미노산은 탈아미노화하여 질소가 배출되고 남은 탄소골격은 지방으로 전환되어 저장된다. 이것은 인체가 필요할 때 지질 대사에 관계되는 아세틸 CoA로 전환되어 케톤체를 생성하거나 지방산을 합성하는데 이러한 아미노산을 케톤 생성 아미노산(ketogenic amino acid)이라고 한다.

④ 요소 배설

탈아미노반응 결과 유리된 아미노기($-NH_2$)는 암모니아($-NH_3$)를 생성한다. 인체에서 암모니아는 매우 유독하므로 혈액을 통해 간으로 운반되어 요소회로(urea cycle)에 의해 무해한 요소(urea)로 전환되어 소변으로 배설된다(그림 4-13).

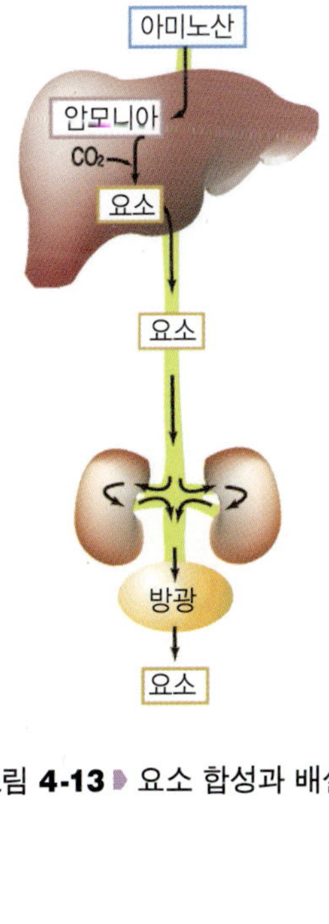

그림 4-13 ▶ 요소 합성과 배설

⑤ 비단백질 질소화합물 합성

아미노산의 일부는 인체에서 중요한 생리 기능을 가지는 비단백질(nonprotein) 질소화합물의 합성에도 이용된다. 트립토판은 니아신의 전구체이며 DNA, RNA, 여러 조효소들의 전구체도 일부 아미노산으로부터 생성된다. 또한, 신경전달물질(neutrotrans-mitters)의 합성을 위해 아미노산을 이용한다. 예를 들면, 트립토판은 수면과 식욕 조절 등에 중요한 세로토닌(serotonin)을 생성하고 티로신은 노르에피네프린(norepinephrine)과 에피네프린(epinephrine)의 생성에 이용된다. 그 외에 티로신은 멜라닌색소를 합성하고 갑상선호르몬(thyroxine)을 생성하여 대사 속도 조절에 중요한 역할을 한다.

3. 단백질의 기능

단백질은 체내에서 에너지의 공급량이 충분한 상태에서는 체구성 성분, 산·알칼리 평형 유지, 수분 평형 유지, 효소와 호르몬의 합성, 면역 기능, 영양소의 운반 기능을 하고, 신경전달물질을 합성하는 등의 다양한 기능을 수행한다(그림 4-14).

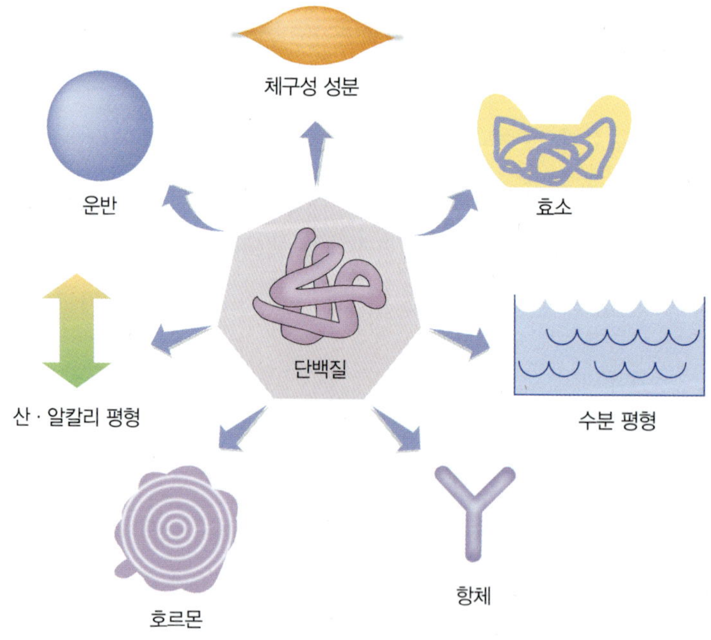

그림 **4-14** ▶ 단백질의 기능

1) 체구성 성분

단백질은 생명의 기본물질로 건강한 성인의 경우 체중의 약 16%가 단백질로 이루어져 인체 내에서 수분 다음으로 많은 부분을 차지한다. 단백질은 모든 세포를 구성하며 신체조직의 성장과 유지에 중요하다. 특히 조직 생성이 왕성한 성장기와 임신기, 수유기에는 많은 양의 단백질이 요구된다. 콜라겐(collagen)은 근육, 뼈, 결체 조직 등을 구성하고, 케라틴(keratin)은 머리카락, 손톱 등을 구성한다.

2) 산·알칼리 평형 유지

단백질은 카르복실기(산성기)와 아미노기(알칼리성기)를 가지고 있는 양성물질로서 체액의 pH를 일정하게 유지시키는 완충제(buffer)로 작용하여 체액을 중성(pH 7.4)으로 유지한다.

3) 수분 평형 유지

혈장단백질인 알부민(albumin), 글로불린(globulin) 등은 체내 수분 함량을 조절하는 중요한 역할을 한다. 이들 단백질은 모세혈관 내에 머무르면서 혈장 내 삼투압을 유지하여 수분을 혈관 내로 재이동시킴으로써 혈장과 세포 사이의 수분 평형을 유지한다(그림 4-15). 단백질 섭취가 충분하지 않아 혈액 중 알부민이 부족하면 혈장의 삼투압이 떨어지고 수분이 조직으로 이동, 잔류하여 부종(edema)이 나타난다.

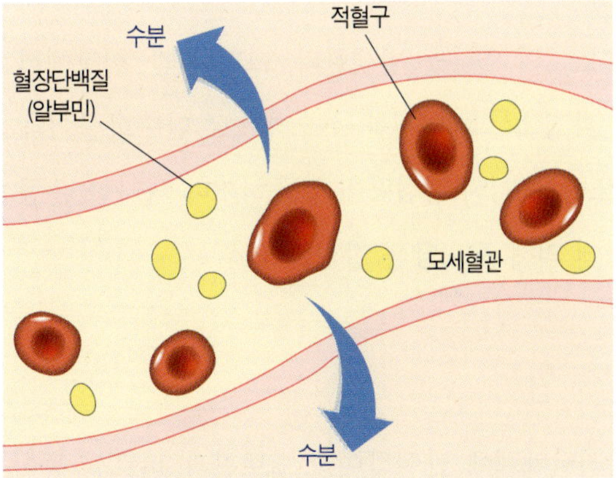

그림 4-15 ▶ 혈장단백질의 수분 평형

4) 효소와 호르몬의 합성

단백질은 체내 대사 과정에서 화학반응 속도를 빠르게 하는 효소를 합성하며 세포 내에는 수천 가지 종류의 효소가 존재한다. 또한, 체내 대사를 조절하는 호르몬 중 인슐린과 글루카곤 등은 단백질로 구성되며 노르에피네프린과 에피네프린, 그리고 갑상선 호르몬 등이 티로신으로부터 합성된다.

5) 면역 기능

단백질은 세균이나 이물질에 의한 감염에 대한 생체의 방어작용을 하는 면역계(immune system)에 중요한 역할을 한다. 항체(antibody)는 외부로부터 침입하는 각종 병원균이나 독성물질인 항원(antigens)에 대항하기 위해 체내에서 합성되는 단백질로서 인체의 면역작용에 관여한다. 그러므로 단백질 섭취가 충분하지 못하면 체내 항체 형성이 부족하여 면역력이 떨어지고 병에 대한 저항력이 떨어진다.

6) 영양소의 운반 기능

단백질은 체내에서 필요한 영양물질의 운반체 역할을 하여 지질, 지용성 비타민, 무기질 등을 혈액 중으로 운반한다. 지단백질(lipoproteins)은 지질, 트랜스페린(transferrin)은 철의 운반체로 작용한다.

7) 에너지와 포도당 급원

단백질 1 g은 약 4 kcal의 열량을 발생한다. 그러나 간, 신장에서 암모니아 배설을 위해 요소를 합성하는 과정에서 에너지를 소모하므로 탄수화물이나 지질에 비해 비효율적인 에너지원이다. 또한, 에너지 섭취량이 부족하거나 과다한 운동 시에 단백질이 분해되어 포도당신생작용에 의해 포도당을 합성한다.

8) 신경전달물질의 합성

단백질은 신경자극전달체계에 관여하여 트립토판과 티로신 등이 신경전달물질의 전구체 역할을 한다. 트립토판에 의해 유도되는 세로토닌은 뇌조직에서 합성되어 수면작용을 증진시키는 신경전달물질이다.

4. 단백질의 섭취기준과 급원식품

1) 단백질의 필요량과 질소 평형

단백질의 필요량은 정상적인 신체활동 시 에너지 평형을 유지하면서 체내 단백질의 합성과 분해가 평형을 이루어 질소 평형(nitrogen equilibrium)을 유지하는 데 필요한 최소수준의 단백질 양을 의미한다. 연령, 생리적 상태, 식사 내 열량 섭취량 등은 질소 평형 및 단백질 필요량에 영향을 주는 요소이며, 식품의 종류와 단백질 급원에 따라서도 단백질 필요량은 달라진다.

질소 평형 상태는 질소의 섭취량과 배설량이 같은 상태로 건강한 성인의 경우에 해당된다. 그러나 성장기, 임신기, 회복기 환자들은 체내 새로운 조직의 형성을 위한 질소보유현상으로 질소의 섭취량이 배설량보다 많아 양의 질소 평형(positive nitrogen balance)을 이룬다. 반면 열량이나 단백질 부족 등으로 인한 체조직 분해 시에는 질소 섭취량에 비해 배설량이 많아 음의 질소 평형(negative nitrogen balance)을 나타낸다(그림 4-16).

그림 4-16 ▶ 질소 평형

성인의 단백질 평균필요량은 성별에 상관없이 질소 균형 실험 결과로부터 얻은 0.66 g/kg/일[12]에 단백질의 소화율을 보정한 0.73 g/kg/일을 질소 평형 유지를 위한 체중당 1일 필요량으로 정하고, 권장섭취량은 평균필요량에 변이계수(12.5%)를 적용하여 설정하였다.[13] 임신부의 단백질은 임신 초기를 제외하고 임신 중기와 후기로 나누어 각각 부가량이 설정되었고 모체의 체중 증가 및 태아와 모체의 체단백질 축적을 위해 필요한 양을 고려하여 수유부의 단백질 부가량은 모유 분비량과 모유 내 단백질 함량을 이용하여 설정한 값이다(표 4-6).[13]

표 4-6 2020년 한국인의 1일 단백질 섭취기준

(g/일)

연령		평균필요량	권장섭취량	충분섭취량
영아	0~5(개월)			10
	6~11	12	15	
유아	1~2(세)	15	20	
	3~5	20	25	
남자	6~8(세)	30	35	
	9~11	40	50	
	12~14	50	60	
	15~18	55	65	
	19~29	50	65	
	30~49	50	65	
	50~64	50	60	
	65~74	50	60	
	75 이상	50	60	
여자	6~8(세)	30	35	
	9~11	40	45	
	12~14	45	55	
	15~18	45	55	
	19~29	45	55	
	30~49	40	50	
	50~64	40	50	
	65~74	40	50	
	75 이상	40	50	
임신부	1분기	+0	+0	
	2분기	+12	+15	
	3분기	+25	+30	
수유부		+20	+25	

자료 : 보건복지부, 2020 한국인 영양소 섭취기준, 2020

2) 단백질의 섭취 현황

최근 국민건강영양조사 보고서[14]에 의하면 만 19세 이상 성인의 평균 단백질 섭취량은 약 75 g이며 총에너지 섭취량의 단백질 섭취비율은 15.9%이었다. 국민건강영양조사 결과에 따른 국민영양통계 기간별 단백질 섭취량과 동물성 단백질 비율 변화 추이를 보면 단백질 섭취량은 2010년에 74.3 g, 2017년 72.0 g, 2018년에는 71.1 g으로 70 g대를 유지하고 있으며 동물성 단백질 비율은 증가하는 경향이다(그림 4-17). 우리나라 국민의 단백질 섭취량에 대한 주요 급원식품의 순위(2018년 국민건강영양조사)는 멥쌀(9.41 g)이 1위이고 그다음은 돼지고기(8.46 g), 닭고기(5.87 g), 달걀(3.97 g) 순이다.

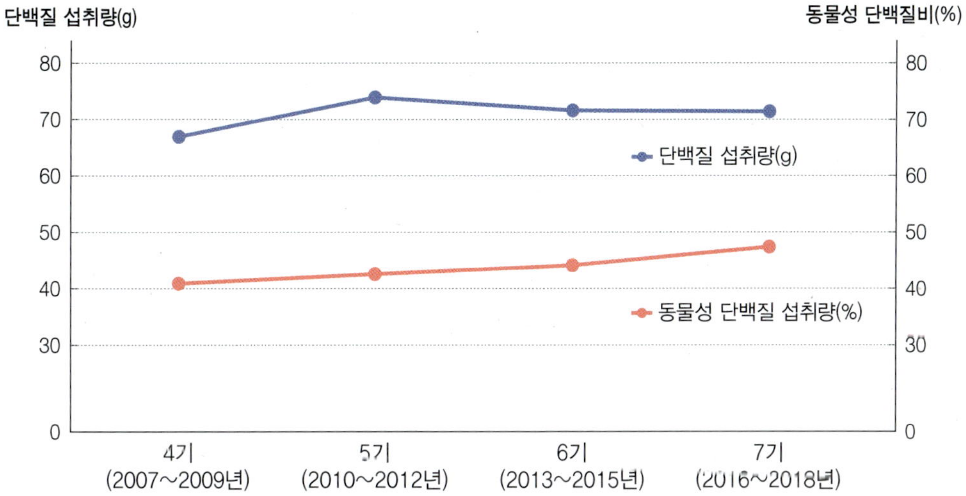

그림 4-17 단백질 섭취량과 동물성 단백질 비율의 변화 추이

2013~2017년도 국민건강영양조사 자료 분석 결과 현재 우리나라 단백질 평균섭취량은 전 연령층에 걸쳐 결핍이 우려되지 않으나 75세 이상 노인, 특히 여성의 단백질 섭취량이 1일 권장섭취량에 미치지 못하고 있으므로, 노인의 경우 충분한 단백질 섭취로 노인의 근감소증(sarcopenia)을 예방할 필요가 있다. 단백질은 섭취가 불충분할 경우 성장 지연과 면역력 저하가, 과잉 섭취 시에는 당뇨, 심혈관질환 발병 위험을 높이므로 적절한 섭취가 중요하다.

근감소증(sarcopenia)

근감소증은 주로 노인에게 나타나는데, 노화가 진행되면서 근력과 근육량이 감소되는 증상으로 각종 감염에 대한 민감도 증가, 신체 활동 및 감각 저하, 인지장애 등과 연관성이 있는 것으로 알려진다.[28~32] 나이가 들면서 발생하는 노쇠(frailty)의 주요 원인 중의 한 가지는 근감소증으로 알려져 있으며 만성질환, 외상, 활동 부족이 있으면서 불충분한 단백질을 섭취할 경우에는 근감소증이 더 빨리 진행되며 이는 각종 장애와 사망의 원인이 된다.[13]

3) 단백질의 급원식품

동물성 식품 중 어육류의 근육이나 내장, 생선, 달걀, 우유, 치즈 등은 필수아미노산을 많이 함유하고 있으며, 식물성 식품으로는 콩류, 견과류, 곡류가 좋은 단백질 급원이다(표 4-7). 식물성 식품은 대체로 소량의 단백질을 함유하고 있으나 동물성 식품과 식물성 식품을 함께 섭취하면 아미노산의 상호보충작용에 의해 영양적으로 우수한 효과를 볼 수 있다.

표 4-7 ▶ 단백질 주요 급원식품과 함량

(g/100 g)

급원식품 순위	급원식품	함량	급원식품 순위	급원식품	함량
1	백미	9.3	16	새우	28.2
2	돼지고기(살코기)	19.8	17	고등어	21.1
3	닭고기	23.0	18	오징어	18.8
4	쇠고기(살코기)	17.1	19	요구르트(호상)	5.2
5	달걀	12.4	20	명태	17.5
6	우유	3.1	21	밀가루	10.3
7	두부	9.6	22	떡	3.7
8	멸치	49.7	23	샌드위치/햄버거/피자	9.6
9	빵	9	24	가다랑어	29
10	햄/소시지/베이컨	20.7	25	간장	7.4
11	배추김치	1.9	26	어묵	11.4
12	라면(건면, 스프포함)	8.6	27	보리	8.7
13	국수	7.3	28	된장	13.7
14	돼지 부산물(간)	26	29	현미	6.3
15	대두	36.1	30	소 부산물(간)	29.1

자료 : 보건복지부, 2020 한국인 영양소 섭취기준, 2020

5. 단백질의 질 평가

양질의 단백질은 모든 필수아미노산을 인체가 필요로 하는 양만큼 가지며, 비필수아미노산의 합성을 위한 충분한 질소 함량을 제공할 수 있도록 여러 종류의 충분한 양의 아미노산을 가지면서 소화하기 쉬운 단백질을 말한다. 완전단백질이면서 소화율(digestibility)이 높은 양질의 단백질 중 하나가 달걀단백질이다. 달걀단백질은 다른 식품에 들어 있는 단백질의 질을 비교하는 기준으로 이용되며 이를 표준단백질(reference protein)이라고 한다. 단백질의 질을 평가하는 방법은 생물학적 평가와 화학적 평가가 있다.

1) 생물학적 평가법

생물학적 평가는 동물 또는 인체에 대한 실험을 근거로 한 단백질의 영양 평가법으로는 단백질 효율, 생물가와 단백질 실이용률 등이 있다.

(1) 단백질 효율

단백질 효율(protein effieciency ratio, PER)은 어린 동물의 체중이 증가하는 양에 따라 단백질의 영양가를 판정하는 방법으로 가장 간단하여 많이 사용된다. 체중 증가가 체단백질 보유량과 정비례한다는 가정하에 측정하며, 주로 영아용 식품의 식품 표시기준을 정하는 방법으로 이용된다.

$$\text{PER} = \frac{\text{실험기간 동안 증가한 체중의 양(g)}}{\text{실험기간 동안 섭취한 단백질의 양(g)}}$$

(2) 생물가

생물가(biological value, BV)는 생체 내에 흡수된 질소가 얼마나 효율적으로 체단백질로 전환되었는가를 측정하는 것이다. 달걀단백질의 생물가가 가장 높고 우유, 육류 등 동물성 단백질의 생물가가 높다(표 4-8).

$$\text{BV} = \frac{\text{보유된 질소의 양}}{\text{흡수된 질소의 양}} \times 100 = \frac{\text{식품 질소량} - (\text{소변 질소량} + \text{대변 질소량})}{\text{식품 질소량} - \text{대변 질소량}} \times 100$$

표 4-8 ▶ 평가 방법에 따른 식품단백질의 질

급원식품	PER	BV	NPU	아미노산가
달걀	3.92	94	94	100
육류, 어류, 가금류	2.30~3.55	74~76	57~80	66~70
우유	3.09	85	82	60
밀가루	0.6~1.53	52~65	40	28~44
옥수수	1.12	60	51	41
대두	2.32	71	61	47
대두 이외 콩류	1.65	55	48	28~43

자료 : FAO Nutrition Studies, 1970

(3) 단백질 실이용률

단백질 실이용률(net protein utilization, NPU)은 흡수된 질소량이 아닌 총섭취한 질소량에 대한 신체 내 보유 질소량의 백분율로서 단백질의 소화흡수율을 고려해 계산한 값이다.

$$\text{NPU} = \frac{\text{보유한 질소의 양}}{\text{흡수된 질소의 양}} \times 100 \times \text{소화흡수율} = \text{BV} \times \text{소화흡수율}$$

2) 화학적 평가법

화학적 평가법은 식품단백질의 아미노산 조성을 분석하고, 이를 기준 단백질의 아미노산 조성과 비교하는 방법으로 화학가와 아미노산가 등이 있다.

(1) 화학가

화학가(chemical score)는 완전단백질인 달걀단백질의 아미노산 조성을 기준으로 평가하고자 하는 단백질의 아미노산 조성을 비교한다. 달걀단백질은 필수아미노산 구성이 인체에 필요한 필수아미노산 함량과 가장 가까우므로 이를 기준으로 삼는다.

$$\text{화학가} = \frac{\text{평가단백질 g당 제1 제한아미노산의 mg}}{\text{표준단백질의 g당 동일 아미노산의 mg}} \times 100$$

(2) 아미노산가

FAO와 WHO에서 인체의 단백질 필요량에 근거한 아미노산 필요량인 이상적 필수아미노산 표준구성을 기준 단백질로 제시하였고, 이 기준치로 화학가를 계산한 값이 아미노산가(amino acid score)이다. 아미노산가는 달걀이 가장 높고 그 다음은 육류, 우유의 순이다(표 4-8 참고).[16]

(3) 소화율이 고려된 아미노산가

아미노산가에서는 고려할 수 없었던 단백질의 소화율을 감안한 아미노산가(Protein Digestibility Corrected Aminoacid Score, PDCAAS)를 구하는 방법이다. 즉, 식품단백질의 아미노산가를 100으로 나누고 소화율(보통 0.8~1.0)을 곱하여 계산한다. 미국 FDA에서 PDCAAS는 대부분의 식품단백질의 질을 판정하는 공식적인 방법으로 인정하고 있다.[17]

$$\text{PDCAAS} = \frac{\text{아미노산가}}{100} \times \text{소화율}$$

단백질의 질을 평가하는 여러 가지 방법은 모두 공통적인 제한점을 가지고 있는데,

밀단백질의 화학가와 아미노산가 계산

밀의 아미노산 함량과 기준 아미노산 함량의 비교

아미노산	아미노산 함량(g/100g 단백질)		
	밀	달걀	FAO/WHO 기준
페닐알라닌+티로신	8.1	10.1	7.3
히스티딘	1.9	2.4	1.7
트립토판	1.2	1.6	1.1
류신	6.3	8.8	7.0
함황아미노산	3.5	5.5	2.6
이소류신	4.0	6.6	4.2
발린	4.3	7.4	4.8
트레오닌	2.7	5.0	3.5
라이신	2.4	6.4	5.1

→ 밀단백질의 제1 제한아미노산은 라이신이다.

$$\text{화학가} = \frac{2.4}{6.4} \times 100 = 38 \qquad \text{아미노산가} = \frac{2.4}{5.1} \times 100 = 47 \qquad \text{PDCAAS} = \frac{47}{100} \times 0.9 = 0.4$$

그것은 잘 조정된 조건하에서 오로지 한 가지 단백질의 질만을 평가할 수 있다는 것이다. 그러나 실제로는 여러 가지 단백질을 혼합해서 섭취하고 있으며, 혼합식사에서의 단백질의 가치를 총체적으로 나타내 주지 못한다.

6. 단백질과 관련된 건강문제

1) 단백질-에너지 영양불량

단백질의 섭취가 장기간 부족하면 결핍증상이 발생하는데, 특히 단백질과 함께 에너지 섭취가 부족하여 단백질-에너지 영양불량(protein-energy malnutrition, PEM) 상태가 된다. 일반적으로 에너지 섭취가 부족하면 단백질 섭취도 부족하게 되어 단백질의 주요 기능인 체단백질 합성이 억제된다. 단백질-에너지 영양불량증은 주로 저개발국가의 어린이들에게서 나타나지만, 성인의 경우도 흡수불량증, 신장과 간장 질환, 암, AIDS, 결핵 등으로 입원한 환자, 신경성 섭식장애와 같은 질환에 의해서 발생한다.[11] PEM 증상은 콰시오커(kwashiokor)와 마라스무스(marasmus)의 형태가 있다(그림 4-18).

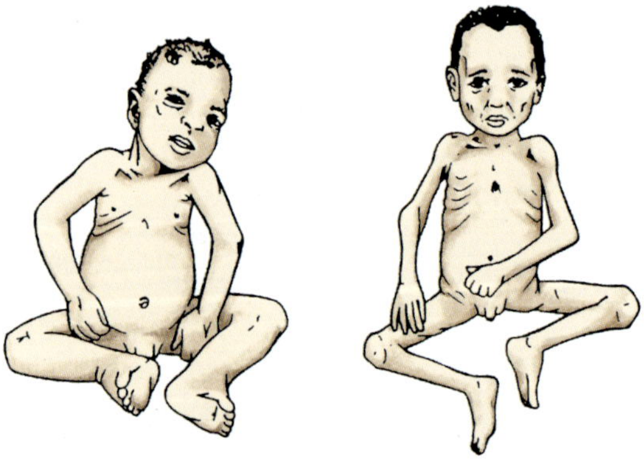

그림 4-18 ▸ 콰시오커와 마라스무스

(1) 콰시오커

콰시오커는 심각한 단백질 결핍증으로 주요 증세는 감염, 부종, 성장 지연, 허약, 질병에 대한 민감도 증가 등이 나타난다.[11] 혈장단백질의 부족으로 체액의 균형을 잃고 부종을 일으키는 것이 마라스무스와 구별되는 증세이다(표 4-9).[18] 또한, 영양 지식의 부족과 식품 패디즘(food faddism)에 의한 단백질 부족의 경우에도 콰시오커를 일으킬 수 있다.[19]

표 4-9 ▶ 콰시오커와 마라스무스의 비교

특징	콰시오커	마라스무스
최고 발생시기	1~3세 어린이	2세 이하의 유아와 어린이
원인	불충분한 단백질 섭취, 감염	심한 단백질, 에너지, 비타민과 무기질의 부족
발생 속도	급성의 PEM	만성의 PEM
체중	약간 감소	극심한 감소
체구성 성분	약간의 근육 소모, 일부 체지방 보유	체지방 손실과 함께 극심한 근육 소모
성장	또래 체중의 60~80%	또래 체중의 60% 이하
부종	있음	없음
지방간	지방간, 간비대	없음
감정	무관심, 과민성, 우울	불안, 무관심
식욕	감퇴	거의 정상
머리카락	건조, 부서지고 잘 빠짐, 변색	건조, 가늘고 숱이 없으며 잘 빠짐
피부	손상	건조, 야위고 주름짐

(2) 마라스무스

마라스무스는 단백질과 에너지가 모두 부족한 상태로 극심한 체지방과 근육 소모가 동시에 발생하여 심하게 마르고 힘이 없다. 부종은 없고 극도로 체중이 감소한다. 어린이의 경우는 성장이 정지되고 주름진 피부로 노인과 같은 모습이 된다.[11]

2) 단백질의 과잉 섭취

단백질은 생체 내에서 매우 중요한 기능을 하지만 필요량 이상으로 섭취하는 경우 오히려 해가 될 수 있다. 단백질의 과잉 섭취가 직접적으로 해를 미치는가는 명확하지 않지만 고단백 식사는 비만과 그 외 다른 건강 위험요인으로 작용한다.[20] 과잉의 단백질 섭취는 신장 기능에 영향을 끼친다.[21] 신장은 단백질의 분해산물을 체외로 배설해야 하므로 신장에 부담을 주게 되고, 특히 신장질환이나 당뇨병 환자에게는 더 해롭다. 또한,

신장을 통한 칼슘 배설이 증가하여 뼈의 무기질 손실을 가져와 골다공증을 일으킬 수 있다.[11]

단백질의 과잉 섭취와 체지방 증가 사이에는 상관관계가 있음이 알려졌으며,[22] 일반적으로 단백질이 풍부한 식품은 지방 함량이 높아 동물성 단백질의 과잉 섭취는 체지방 축적으로 비만을 유발할 수 있다.[11] 또한, 동물성 단백질은 포화지방이 많아 과잉 섭취 시 심장질환을 일으킬 수 있다. 반면 콩단백질은 혈청콜레스테롤이 높은 사람의 경우 혈청수준을 낮추어 주고[23] 비만, 당뇨병, 골격, 신장질환에 대해 보호작용을 한다.[24] 동물성 단백질의 과잉 섭취는 일부 암의 발생을 증가시키는 요인으로 작용하며,[25] 특히 동물성 단백질 섭취량과 대장암 발생 사이에는 상관관계가 있음이 알려져 있다.[26]

단백질과 아미노산 보충제

체중 조절, 운동, 그리고 일부 질환의 치료를 목적으로 단백질과 아미노산 보충제를 이용하는 사람들이 있다. 단백질 보충제 사용의 허와 실에 대해서는 아직 과학적으로 명확히 입증되지는 않았지만 하나의 특정 아미노산의 과잉 복용은 다른 아미노산의 흡수를 저해하는 요인이 되어 결핍의 원인이 될 수 있고 신경전달물질의 작용에도 영향을 끼친다. 또한, 정제된 단백질 보충제의 다량 섭취는 칼슘 손실이 커지고 체내 질소 균형을 잃게 된다.[11]

채식주의자(vegetarian)의 영양 섭취

채식주의자의 식단은 일반적으로 동물성 식품이 제외되므로 저지방, 고섬유소, 파이토케미컬(phytochemical) 함량이 높아 심장질환, 여러 가지 암, 특히 전립선암, 직장암 등의 발병을 감소시킨다. 그러나 엄격한 채식주의자(vegan)의 식사는 아연, 칼슘, 비타민 D, 리보플라빈과 비타민 B_{12} 등의 영양소 함량이 부족한 경향을 띠므로 주의해야 하며,[27] 특히 성장을 위해 모든 영양소가 충분히 섭취되어야 하는 성장기 어린이에게는 각별한 주의가 필요하다.

참고문헌

1 Gordon M, Jeffrey S, Robert A.(2005). *Perspectives in nutrition*, 6th ed. McGraw-Hill

2 Institute of Medicine(IOM). *Dietary Reference Intakes for Energy, Carbohydrate, Fiber, Fat, Fatty Acids, Cholesterol, Protein, and Amino Acids*. Washington D.C.: National Academies Press; 2005. pp.422~588

3 Young VR.(1991). Soy protein in relation to human protein and amino acid nutrition. *J Am Diet Assoc* 91 : 828~835

4 ADA.(1993). ADA Reports. *Position of the American Dietetic Association* 93 : 1317

5 Lehninger AL and others.(1993). *Principles of biochemistry*, 2nd ed. New York

6 Vot D, Voet JG.(1995). *Biochemistry*, 2nd ed. New York: Wily

7 Guyton AC, Hall JE.(2000). *Textbook of Medical Physiology*, 10th ed. Philadelphia W.B.Saunders

8 Berg JM, Tymoczko JL, Stryer L.(2002). *Biochemistry*, 5th ed. New York: W.H. Freeman

9 Bunn HF.(1997). Pathogenesis and treatment of sickle cell disease. *New England Journal of Medicine* 337 : 762~769

10 Mathews DE.(1999). Proteins and amino acids. In: Shils ME, Olson JA, Shike M, Ross AC, eds. *Modern Nutrition in Health and Disease*, 9th ed. Philadelphia: Lippincott Williams & Wilkins

11 Insel P, Turner RE, Ross D.(2006). Discorvering Nutrition, 2nd ed. Jones and Bartlett.

12 Rand WM, Pellett PL, Young VR.(2003). Meta-analysis of nitrogen balance studies for estimating protein requirements in healthy adults. *The American journal of clinical nutrition* 77(1) : 109~127

13 보건복지부(2020). 2020 한국인 영양소 섭취기준.

14 보건복지부 · 질병관리청(2020). 2019 국민건강통계 : 국민건강영양조사 제8기 1차년도.

16 FAO.(1970). Amino Acid Content of Foods and Biological Data on Proteins. *FAO Nutrition Studies*, No.24, Rome

17 FAO and Agriculture Organization(1991). Protein Quality Evaluation: Report of the Joint FAO/WHO Expert Consultation. Rome: Food and Agriculture Organization FAO Food and Nutrition Paper 51 Sarwar G, McDonough RE.(1990). Evaluation of protein digestibility-corrected amino acid score method for assessing protein quality of foods. *J Assoc Official Analytic Chem* 73 : 347~356

18 Sizer F, Whitney E.(2006). *Nutrition concepts and controversies*, 10th ed. Wadsworth

19 Liu T, Howard RM, Mancini AL, et al.(2001). Kwashiorkor in the United States: fad diets, perceived and true milk allergy, and nutritional ignorance. *Arch Dermatol* 137 : 630~636

20 Young VR, Pellett PL.(1994). Plant proteins in relation to human protein and amino acid nutrition. *Am I Clin Nutr* 59 : 1203S~1212S

21 Slov AR and coauhors.(1999). Changes in renal function during weight loss induced by high vs low ofat diets in overweight subjects. *International Journal of Obesity and Related Metabolic Disorders* 23 : 1170~1177

22 Institute of Medicine, Food and Nutrition Board.(2002). *Dietary Reference Intakes for Energy, Carbohydrates, Fiber, Fat, Fatty acids, Cholesterol, Protein, and Amion Acids*. Washington, DC: National Academy Press

23 Potter SM.(1998). Soy Protein and cardiovascular disease: The impact of bioactive components in soy. *Nutrition Review* 56 : 231~235

24 Friedman M, Brandon DL.(2001). Nutritional and health benefits of soy proteins. *J Agric Food Chem* 49 : 1069~1086

25 Norat T, Riboli E.(2001). Meat consumption and colorectal cancer: a review of epidemiologic evidence. *Nutr Rev* 59 : 37~47

[26] Willett WC.(2005). Diet and cancer: an evolving picture. *JAMA* 293 : 233~234

[27] The American Dietetic Association.(2003). Position of the American Dietetic Association and Dietitians of Canada: vegeterian diets. *J Am Diet Assoc* 103 : 748~765

[28] Kim SY, Sim S, Kim HJ, Choi HG.(2015). Low-fat and low-protein diets are associated with hearing discomfort among the elderly of Korea. *Br J Nutr 114* : 1711~1717

[29] Houston DK, Tooze JA, Garcia K, Visser M, Rubin S, Harris TB, Newman AB, Kritchevsky SB, Health ABCS.(2017). Protein intake and mobility limitation in community-dwelling older adults: the Health ABC Study. *J Am Geriatr Soc* 65 : 1705~1711

[30] Mendonca N, Granic A, Hill TR, Siervo M, Mathers JC, Kingston A, Jagger C.(2019). Protein intake and disability trajectories in very old adults: The Newcastle 85+Study. *J Am Geriatr Soc* 67 : 50~56.

[31] Mustafa J, Ellison RC, Singer MR, Bradlee ML, Kalesan B, Holick MF, Moore LL.(2018). Dietary Protein and preservation of physical functioning among middle-aged and older adults in the framingham offspring study. *Am J Epidemiol* 187 : 1411~1419

[32] Ding BJ, Xiao R, Ma W, Zhao L, Bi Y, Zhang Y.(2018). The association between macronutrient intake and cognition in individuals aged under 65 in China: a cross-sectional study. *BMJ* 8(1) : e018573.

용어정리

필수아미노산 체내에서 합성되지 않거나 합성된다고 하더라도 충분한 양이 합성되지 못하여 반드시 식사를 통하여 공급해야 하는 아미노산으로 9가지 종류가 있다.

완전단백질 정상적인 성장과 유지에 요구되는 모든 필수아미노산을 적합한 비율로 함유하는 양질의 단백질로 육류, 생선, 달걀, 콩 등의 단백질이 완전단백질에 속한다.

제한아미노산 식품에 따라 아미노산의 조성과 함량은 각각 다르며, 인체의 필요량과 비교하여 적은 양이 함유되어 있는 필수아미노산을 제한아미노산이라 한다.

펩타이드 결합 아미노산의 카르복실기와 다른 아미노산의 아미노기에서 물 1분자가 빠지면서 결합한 형태로 단백질은 수많은 아미노산이 펩타이드 결합에 의해 연결된 폴리펩타이드로 구성되어 있다.

단백질 변성 열, 산, 자외선, 기계적인 자극, 중금속 등에 의해 단백질의 입체구조가 깨지고 수직선의 폴리펩타이드 사슬로 펼쳐지는 과정을 말하며, 체내 소화기관에서 소화효소의 작용을 도와 소화율을 증진시킨다.

아미노기 전이반응 한 아미노산의 아미노기를 다른 아미노산의 탄소골격으로 전달하여 새로운 아미노산과 케토산을 형성하는 반응이며, 탈아미노반응과 아미노기 전이반응을 통해 비필수아미노산의 합성이 이루어진다.

아미노산풀 단백질이 분해되어 생성된 아미노산은 순환하여 재이용되는데 이들 아미노산들의 세포 내 단기 집합체를 아미노산풀이라고 한다.

질소 평형 질소의 섭취량과 배설량이 같은 상태로 인체의 배설량만큼 식품단백질을 섭취하는 것을 뜻한다.

콰시오카 장기간의 단백질 섭취가 부족하여 발생하는 단백질 결핍증으로 부종, 성장 지연, 감염, 지방간 등의 증세를 나타낸다.

마라스무스 단백질과 에너지가 모두 부족한 상태로 극심한 체지방 손실과 근육 소모가 발생하며 부종은 없고 극도로 체중이 감소한다.

단원정리

- 단백질은 신체의 기본적 구성물질로서 아미노산이 펩타이드 결합에 의해 이루어진 열량 영양소이다.
- 단백질은 산, 알칼리, 효소 등에 의해 분해되어 생성된 물질로 20여 종의 아미노산이 단백질을 구성한다. 아미노산은 인체 내에서의 합성 여부에 따라 필수아미노산과 비필수아미노산으로 분류한다.
- 식품의 단백질은 구성아미노산의 종류와 양이 모두 다르므로 단백질의 질이 낮은 경우 부족한 필수아미노산을 보충하거나 부족한 필수아미노산이 풍부한 식품을 함께 섭취하여 단백질의 질을 높일 수 있는데 이를 단백질의 상호 보충 효과라 한다.
- 단백질은 체내에서 대사되어 합성과 분해가 계속되며 단백질 분해로 생성된 아미노산은 세포 내 아미노산풀을 이루며 재이용된다.
- 단백질은 체구성 성분이며, 산·알칼리 평형을 이루어 체액을 중성으로 유지하고, 수분 평형 유지, 효소 및 호르몬의 합성, 면역 기능, 영양소의 운반, 신경전달물질의 합성 등의 중요한 기능을 한다.
- 단백질의 필요량은 체내에서 질소 평형 실험자료를 근거로 산출하며, 단백질의 권장섭취량은 평균필요량에 변이계수를 적용하여 설정한 것이다.

- 단백질 급원식품으로는 어육류·달걀·우유 등의 동물성 식품과 콩류·견과류 등의 식물성 식품이 좋은 단백질 급원이다.
- 단백질의 질을 평가하는 방법은 단백질 효율, 생물가, 단백질 실이용률, 화학가, 아미노산가 및 소화율을 고려한 아미노산가 등이 있다.
- 단백질 섭취의 장기적인 부족증은 콰시오커와 마라스무스가 있다.

연습문제

1 완전단백질과 불완전단백질을 정의하시오.

2 필수아미노산, 비필수아미노산, 그리고 조건적 필수아미노산를 구분하여 설명하시오.

3 단백질 소화 과정에 관여하는 효소에 대해 설명하시오.

4 단백질의 체내 주요 기능을 설명하시오.

5 질소 평형을 설명하시오.

6 단백질의 상호보충 효과는 무엇이며 그 예를 들어보시오.

7 단백질이 부족한 식사를 장기간 지속할 때 나타나는 증상을 설명하시오.

*연습문제 정답은 책 뒤쪽에 있습니다.

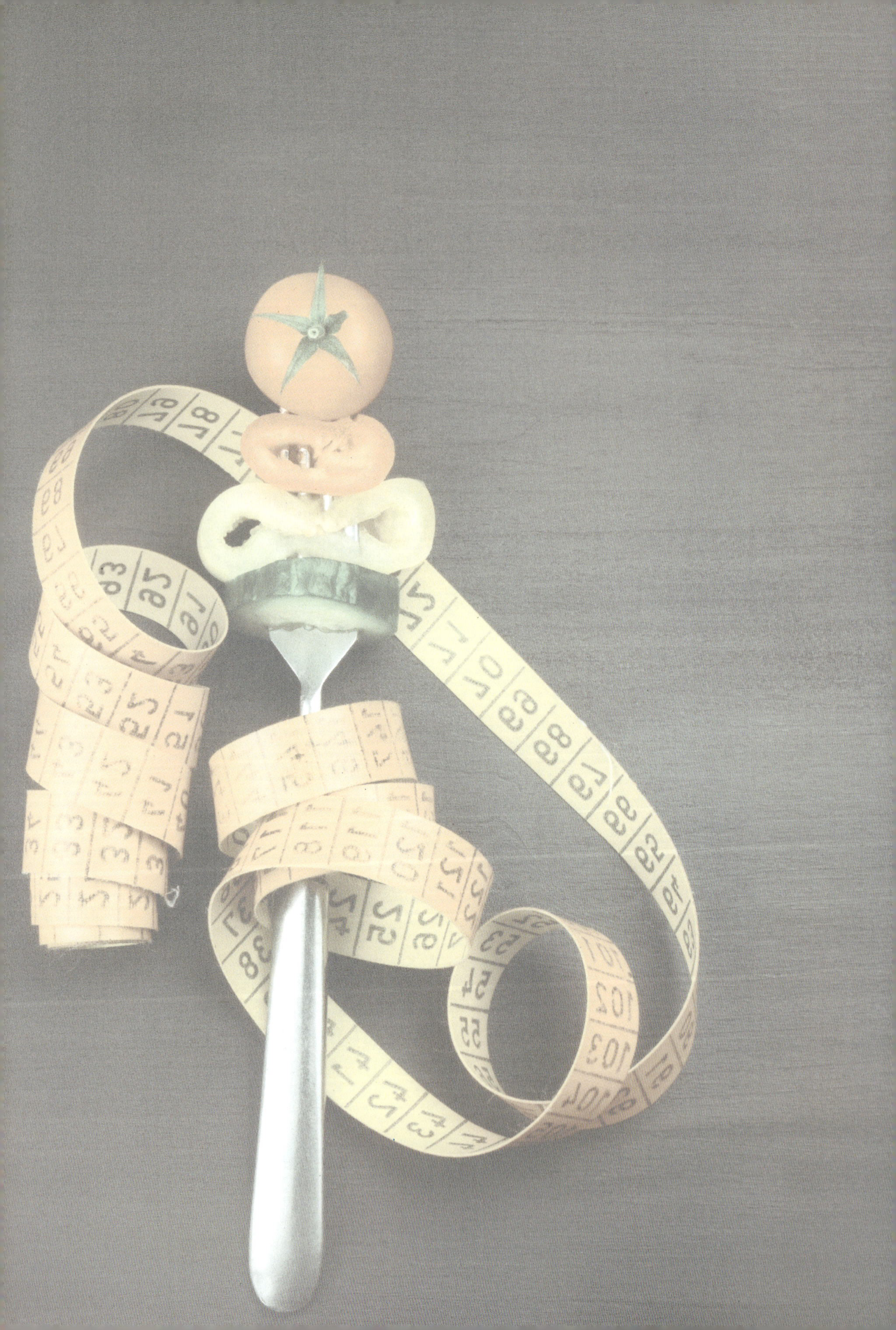

CHAPTER **5**

에너지

1. 에너지 균형
2. 에너지 불균형

우리는 생명을 유지하고 몸의 기능을 수행하며 여러 가지 신체활동을 하기 위해 에너지를 필요로 한다. 인체가 사용하는 에너지의 근원은 태양으로부터 오며, 이를 직간접적으로 동식물이 이용하여 탄수화물, 단백질, 지질의 화학결합에너지로 저장한다. 우리는 식품을 통해 이들 동물과 식물의 저장 에너지를 공급받아 생명 유지는 물론 일상생활에서 필요한 여러 가지 활동을 수행할 수 있다. 이 장에서는 에너지 균형의 구성요소인 에너지 섭취와 에너지 소비에 대해서 먼저 알아보고, 에너지 불균형이 가져오는 건강문제에 대해서 살펴보기로 한다.

1. 에너지 균형

인체가 필요로 하는 에너지는 음식을 통해 섭취하는 여러 영양소 중 탄수화물, 단백질, 지질로부터 공급이 되고, 영양소는 아니지만 알코올 섭취를 통해서도 에너지를 공급받을 수 있다. 이렇게 음식의 섭취를 통해 몸 안으로 에너지를 공급하는 것을 '에너지 섭취'라 하고, 기본적인 신체 기능, 신체활동, 식품의 이용 및 저장을 위해 신체가 에너지를 소비하는 것을 '에너지 소비'라고 한다. 이와 같이 우리는 섭취되는 에너지와 소비되는 에너지 사이에서 균형을 이루면서 건강을 유지하고 있다(그림 5-1).

그림 5-1 ▶ 에너지 균형 : 에너지 섭취와 에너지 소비

1) 에너지 섭취

(1) 식품의 에너지양

우리가 매일 섭취하는 식사를 통해 공급되는 에너지의 양이 어느 정도인지 알고 싶다면 먼저 식품에 들어 있는 에너지의 양을 알아야 한다. 식품 중의 탄수화물, 단백질, 지질은 1 g당 각각 4 kcal, 4 kcal, 9 kcal의 에너지를 내며, 이를 식품의 생리적 에너지가 또는 대사 에너지라고 한다. 이 생리적 에너지가는 폭발 열량계(Bomb calorimeter)를 이용해 실제로 식품의 연소열을 측정하여 계산한 총에너지가보다 약간 작은데 그 이유는 식품 중의 영양소들이 폭발 열량계에서와는 달리 신체 내에서는 완전히 소화되지 못하기 때문이다.[1] 따라서, 생리적 에너지가는 총에너지가로부터 각 영양소의 소화율을 고려하여 계산한다. 또한, 단백질은 대사 특성상 체내에서 에너지원으로 사용될 때 질소가 요소의 형태로 소변을 통해 배설되며, 그 과정에서 에너지가 손실되므로 단백질 1 g당 요소 합성에 소모되는 에너지양인 1.25 kcal를 빼준다(표 5-1).

어떤 식품의 섭취를 통해 공급되는 에너지양을 계산하고자 할 때에는 그 식품에 함유된 에너지 영양소의 함량에 각각의 생리적 에너지가를 곱하여 합계를 구하면 그 식품으로부터 공급되는 총에너지 섭취량을 계산할 수 있다. 몇몇 식품의 에너지양을 계

표 5-1 ▶ 에너지 영양소의 총에너지가와 생리적 에너지가 비교

영양소	총에너지가 (kcal/g)	소화율	에너지 소비 (kcal/g)	생리적 에너지가 (kcal/g)
탄수화물	4.15	0.98		4
단백질	5.65	0.92	-1.25*	4
지질	9.45	0.95		9
알코올	7.10	1.00	-0.1**	7

* 단백질 1 g당 요소 합성에 소비되는 에너지

** 호흡으로 발산되는 에너지

영양소의 에너지 함량이 다른 이유[3]

지구상의 모든 에너지의 근원은 태양 에너지로, 이를 동식물이 직간접적으로 이용하여 탄수화물, 단백질, 지질과 같이 탄소원자로 연결된 유기물 내부에 화학결합 에너지 형태로 저장되는데 지질과 알코올은 동량의 탄수화물과 단백질보다 탄소-탄소 결합을 더 많이 가지고 있기 때문에 더 많은 에너지를 보유할 수 있고, 따라서 더 많은 양의 에너지를 공급해 줄 수 있다.

표 5-2 ▶ 몇몇 식품의 에너지양 계산

식품	에너지 영양소 함량(g)			총에너지양 계산	총에너지양
	탄수화물	단백질	지질		
쌀 90 g	70.7	5.1	0.1	(70.7×4)+(5.1×4)+(0.1×9)	304.1 kcal
쇠고기(등심) 40 g	0.1	8.0	4.5	(0.1×4)+(8.0×4)+(4.5×9)	72.9 kcal
우유 200 mL	9.4	6.4	6.4	(9.4×4)+(6.4×4)+(6.4×9)	120.8 kcal

한국인 영양섭취기준[2]의 식품영양가표로부터 계산하였음.

산해 보면 표 5-2와 같다.

(2) 식품 섭취 조절[4,5]

① 배고픔, 배부름, 포만감

우리가 식품을 섭취하는 데 영향을 끼치는 내적 신호는 세 가지가 있다. 첫 번째로 배고픔(hunger)은 "음식을 섭취하라."는 신호이다. 배고픔은 위장이 쪼그라드는 것 같은 느낌의 물리적 감각으로 이에 따라 음식을 섭취하려고 하는 생리적 욕구가 일어나도록 신호를 보낸다. 두 번째로 배부름(satiation)은 "음식 섭취를 중단하라."는 신호이다. 식품 섭취를 통해 소장으로 들어온 영양소들이 뇌에 배가 부르다는 것을 알려준다. 세 번째로 포만감(satiety)은 "아직 배고프지 않다.", 따라서 "아직 먹을 준비가 되어 있지 않다."는 신호이다. 포만감이 식사 사이의 간격을 결정짓는데, 이전 식사에서 얼마나 많은 에너지를 섭취했느냐에 의해 영향을 받는다(그림 5-2).

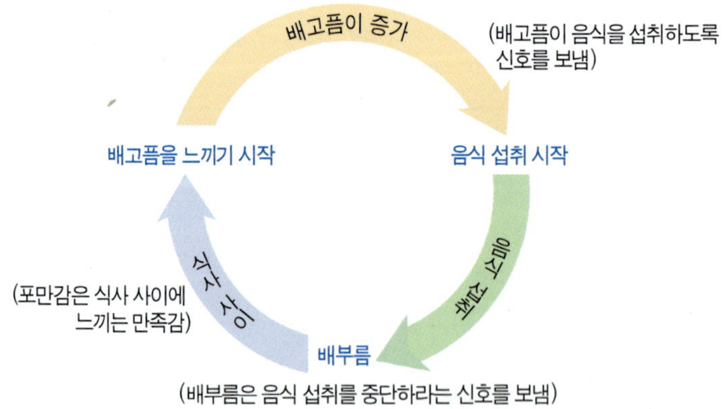

그림 5-2 ▶ 식품 섭취 조절

이러한 배고픔과 포만감이 식행동에 작용하는 강도에는 차이가 있어서 생존을 위한 기본적 욕구인 배고픔은 먹는 행동을 강하게 자극하는 반면, 배부름이나 포만감은 식품 섭취 조절에 약하게 작용하여 종종 무시되기도 한다. 따라서, 인간의 식품 섭취 균형은 식품을 섭취하는 쪽으로 기울어져 있다.[6]

② 식욕

식욕(appetite)은 먹고자 하는 심리적 욕구이고, 식품 섭취와 관계된 즐거운 기분이다. 식욕은 배고프지 않을 때조차도 어떤 특별한 음식을 먹고 싶어하는 욕구를 불러일으킬 수 있다. 예를 들어 식사를 배부르게 먹은 후에 더 이상 어떤 음식도 먹을 수 없을 것 같은 상태에서 달콤한 아이스크림을 보고 먹고 싶다는 생각이 들 수 있는데, 이것이 식욕이다. 반면 질병이나 약물 섭취로 인해 식욕이 떨어지면 배고플 때조차 어떤 음식도 먹고 싶지 않을 수가 있다.

배고픔, 배부름, 포만감 그리고 식욕과 같은 여러 가지 신호들이 공동으로 작용하여 우리는 식품을 섭취하게 된다.

2) 에너지 소비

에너지 섭취는 전적으로 음식을 통한 에너지 영양소의 섭취나 알코올 섭취에 의존하는 반면, 인체가 소비하는 에너지는 기초대사량, 활동대사량, 식품 이용을 위한 에너지 소비량의 세 가지 요소로 구성된다(그림 5-3).

그림 5-3 ▶ 인체의 에너지 소비

식품의 에너지 측정과 인체의 에너지 소비량 측정[7]

식품의 에너지 측정

식품의 에너지는 폭발 열량계(Bomb calorimeter)로 연소열을 측정하여 식품의 총에너지가를 구할 수 있다. 열량계 내부의 단열된 밀폐 공간에 일정량의 식품을 놓고, 그 식품을 태우면 연소열이 나오는데, 그것이 밀폐 공간을 둘러싸고 있는 물의 온도를 올리게 된다. 따라서, 식품을 태우기 전과 후의 물의 온도 변화를 측정함으로써 식품의 연소열을 계산할 수 있다.

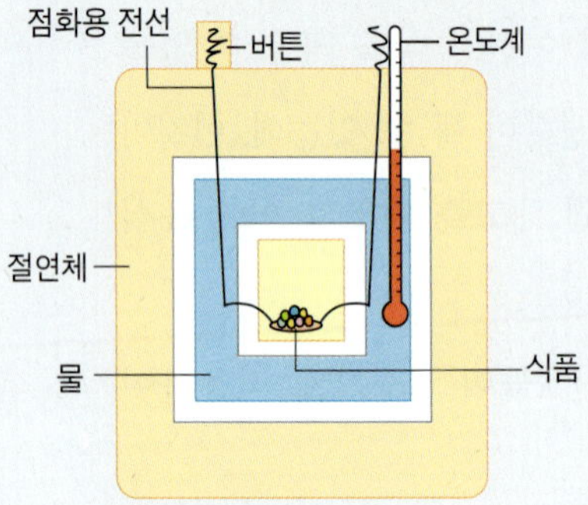

인체의 에너지 소비량 측정

1) 직접 에너지 측정법

사람이 단열된 밀폐 공간에 들어가서 직접 에너지를 방출함으로써 그 공간을 둘러싸고 있는 물의 온도를 상승시키면 그 온도차를 측정해 계산하는 방법이며, 폭발 열량계로 식품의 에너지를 측정하는 방법과 비슷하다. 직접 에너지 측정법을 위해서는 특수 설비가 필요하며 비용이 많이 들고 복잡하기 때문에 최근에는 거의 사용하지 않는다.

2) 간접 에너지 측정법

간접 에너지 측정법은 호흡 시의 산소 소비량이나 이산화탄소 배출량을 측정하여 에너지 소비량과의 상관관계를 나타내는 공식에 적용시켜 간접적으로 소비되는 에너지양을 계산하는 방법이다.

간접 에너지 측정법에서 호흡계수(respiratory quotient, RQ)를 측정하면 대사되는 에너지 영양소의 조성비를 예측할 수 있다. RQ값은 어떤 영양소가 산화되느냐에 따라 그 값이 달라서, 탄수화물만이 연소될 때의 RQ값은 1.0이며, 지질만이 산화될 때는 약 0.7이다. 단백질은 지질에 비해 평균 원소 조성이 정확하지 않고 소변으로 배설되는 질소화합물이 많으므로 정확하게 계산하기가 어렵지만, 일반적으로 소변으로 배설되는 질소량을 제외하고 RQ를 계산하면 약 0.8 정도라고 한다.

$$\text{호흡계수(RQ)} = \frac{\text{생성된 } CO_2 \text{ 양}}{\text{소비된 } O_2 \text{ 양}}$$

따라서, 에너지 영양소의 호흡계수는 0.7~1.0이며, 1.0에 가까울수록 탄수화물 섭취가 많은 것이고 0.7에 가까울수록 지질 섭취가 많은 것이다. 혼합 식사를 할 경우 호흡계수는 보통 0.85 정도이다.

(1) 기초대사량 또는 휴식대사량

인체는 심장 박동, 호흡, 신경 기능, 근육 긴장, 체온 유지 등과 같이 생명을 유지하기 위해 필요한 기본적인 신체 기능을 수행하는 데에 섭취한 에너지의 대부분을 소비한다. 이것을 기초대사량(basal energy expenditure, BEE) 또는 휴식대사량(resting energy expenditure, REE)이라고 하며, 총에너지 소비량의 60~75%를 차지한다.[8] 사실 기초대사량은 식사 후 10~12시간, 그리고 신체활동 후 12~18시간이 지난 완전한 휴식 상태에서 측정하는 반면, 휴식대사량은 식사 후 또는 신체활동 후 3~4시간이 지난 상태에서 측정하기 때문에 약간의 차이는 있으나, 기초대사량을 측정하기 위한 이상적인 조건을 갖추기가 매우 어렵기 때문에 휴식대사량과 같은 의미로 사용한다.[4, 8]

휴식 상태에서의 신체기관 활동과 근육 긴장에 의해 소비되는 에너지가 기초대사량의 대부분을 차지하고, 지방조직들은 대사활동이 적기 때문에 에너지 소비량이 적다. 그러므로 같은 체중의 사람이라도 근육량이 많은 사람은 체지방이 많은 사람보다 휴식 시 에너지 소비량이 더 크다. 나이가 많아짐에 따라 근육은 감소하고 체지방은 증가하는 경향이 있으므로, 꾸준한 운동으로 연령 증가에 따른 근육량 감소를 지연시키고 지방 축적을 억제하면 기초대사량을 높게 유지할 수 있다. 또한, 일반적으로 여자가 남자보다 기초대사량이 낮은데, 보통 여자가 남자보다 체격이 더 작고 단위체중당 근육량이 적기 때문이다. 이외에도 여러 가지 요인이 기초대사량에 영향을 끼친다(그림 5-4).

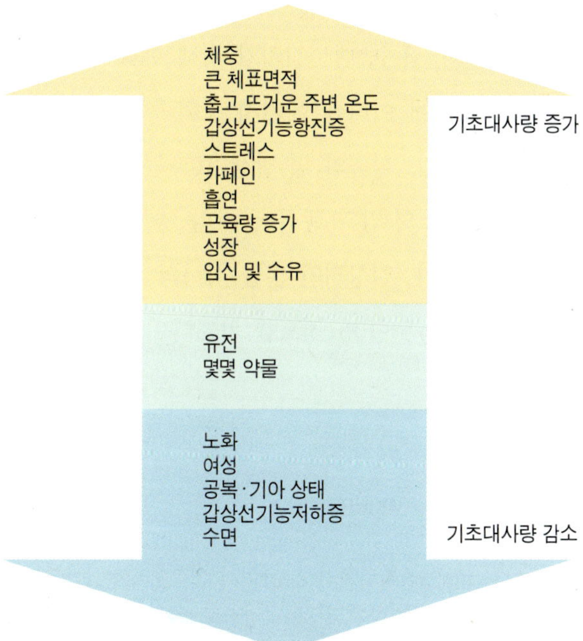

그림 5-4 ▶ 기초대사량에 영향을 끼치는 요인들

(2) 활동대사량

활동대사량은 단순히 운동이나 스포츠 활동뿐만 아니라 일상의 모든 신체활동에 소비되는 에너지양을 말한다. 한 개인의 활동 정도에 따라 활동대사량으로 소비되는 에너지양은 총에너지 소비량의 15~30%를 차지한다.

비운동성 활동대사량(nonexercise activity thermogenesis, NEAT)[11, 12]

공부와 같은 정신활동은 거의 에너지를 소비하지 않는다. 그러나 만약 시험준비를 하느라고 마음을 졸이면서 공부한다면 상당한 양의 에너지가 소비될 수도 있는데, 이와 같이 운동 이외의 다른 활동으로 인해 에너지가 소비되는 것을 '비운동성 활동대사량'이라고 한다. 최근의 연구에 따르면 의도적인 운동 외의 안절부절하는 마음, 무의식적인 근육 수축, 꼿꼿한 자세와 같은 신체활동 시에도 열 발생이 일어날 수 있으며, 사람에 따라 하루에 거의 800 kcal까지 차이가 났다고 한다. 비운동성 활동대사량이 높은 사람은 과식을 해도 체중이 잘 증가하지 않기 때문에, 비만한 사람들의 경우 비운동성 활동대사량이 효율적으로 활성화되지 않는 것이 체중 증가의 한 원인으로 추정하고 있다.

(3) 식품 이용을 위한 에너지 소비량

신체는 섭취한 식품을 소화, 흡수, 대사시키기 위해 에너지를 소비하기도 하는데, 이 과정에서 열이 발생하기 때문에 이러한 에너지 소비를 '식품의 열 발생 효과(thermic effect of food, TEF)'라고도 한다. 식품의 열 발생 효과는 식사 후 1시간 정도에 최고에 도달하고 식사에 포함된 영양소의 양과 종류에 따라 영향을 받는데 지방 섭취 시 가장 낮고, 단백질 섭취 시 가장 높다. 일상적인 혼합 식사의 경우 식품 이용을 위한 에너지 소비량은 총에너지 소비량의 약 5~10% 정도를 차지하며, 비만[13]이나 불규칙한 식습관[14]에 의해 감소될 수도 있다.

적응대사량(adaptive thermogenesis)

적응대사량은 인체가 환경의 변화에 적응하기 위해 소비하는 에너지로 추위, 과식, 부상 등의 여러 가지 스트레스 상황하에서 신경 및 호르몬 분비의 변화에 의한 열 발생으로 소비되는 에너지를 말한다. 실제로 사람들이 과식을 하더라도 섭취량에 비례하여 체중이 증가하지 않는 이유도 적응대사량으로 소비되는 에너지 때문이라 여겨진다. 적응대사량은 총에너지 소비량의 7% 정도이지만 실제 1일 에너지 필요량을 계산할 때는 포함시키지 않는다.

3) 에너지 균형의 평가

일정 기간 동안 총에너지 섭취량과 총에너지 소비량을 계산하여 비교해 봄으로써 자신의 에너지 균형 여부를 확인할 수 있다.

(1) 총에너지 섭취량의 추정

에너지 섭취는 전적으로 우리가 섭취하는 음식으로부터 공급되므로 일정 기간 동안 섭취하는 모든 음식의 양을 기록한 후 식품영양가표[2]를 이용하여 탄수화물, 단백질, 지질 섭취량 및 알코올 섭취량을 계산하여 총에너지 섭취량을 추정할 수 있다. 최근에는 영양소 분석 프로그램[15]이 개발되어 보다 손쉽게 총에너지 섭취량을 계산할 수 있게 되었다.

(2) 총에너지 소비량의 추정

총에너지 소비량을 추정하는 방법은 여러 가지가 있으나 가장 많이 사용되는 두 가지 방법은 다음과 같다.

① 기초대사량, 활동대사량, 식품 이용을 위한 에너지 소비량으로 계산

에너지 소비의 구성요소인 기초대사량, 활동대사량, 식품 이용을 위한 에너지 소비량을 각각 계산하여 이를 모두 더함으로써 총에너지 소비량을 추정할 수 있다.

- 기초대사량은 다음과 같은 간단한 공식을 이용하여 계산할 수 있다.
  - 남자 : 체중(kg)×1.0 kcal/kg/h×24시간
  - 여자 : 체중(kg)×0.9 kcal/kg/h×24시간
- 활동대사량은 사람들의 전반적인 활동 정도를 5단계로 구분한 후 각 단계별 에너지 소비량을 기초대사량에 대한 백분율로 제시된 값(표 5-3)을 이용하여 간단히 계산할 수 있다.[4]
- 식품 이용을 위한 에너지 소비량은 기초대사량과 활동대사량을 더한 값의 10% 정도로 추정한다.

표 5-3 ▶ 신체 활동 수준에 따른 에너지 소비량의 추정

활동 수준(activity level)	기초대사량에 대한 백분율
거의 앉아서 지냄	20~30%
가벼운 활동(산책과 같은 활동을 비규칙적으로 함)	30~45%
중등 활동(가볍게 걷기와 같은 활동을 거의 규칙적으로 함)	45~65%
심한 활동(몇 시간 동안 지속되는 운동을 함)	65~90%
아주 극심한 활동(시합을 위한 훈련과 같은 고강도의 운동을 아주 오랫동안 함)	90~120%

② 기초대사량을 포함한 활동대사량과 식품 이용을 위한 에너지 소비량으로 계산

- 기초대사량을 포함한 활동대사량 : 수면을 포함하여 하루 24시간 동안의 모든 신체활동 내용을 조사한 후 각각의 신체활동으로 소비되는 에너지양을 모두 더하는 방법이 있다(표 5-4).[9,10] 이 방법에서는 각각의 신체활동으로 소비되는 에너지양이 기초대사량(엄밀히 말하면 휴식대사량)을 포함하고 있기 때문에 기초대사량을 따로 계산하지 않아도 된다.
- 식품 이용을 위한 에너지 소비량은 기초대사량을 포함한 활동대사량의 10% 정도로 추정한다.

표 5-4 ▶ 활동 종류에 따른 에너지 소비량

구분	신체활동의 종류	MET(kcal/kg/h)*
비활동	잠자기	0.9
	눕기, TV나 영화보기, 가만히 앉아있기, 버스 타기 등	1.0
일상생활 속 활동	앉아서 독서나 신문보기	1.3
	앉아서 하는 활동(식사, 카드놀이, 이야기 또는 전화통화, 음식 먹기, 사무실 업무, 운전 등), 목욕	1.5
	공부, 수업, 글쓰기, 토론	1.8
	주변 정리, 옷입고 벗기, 몸치장하기(씻기, 면도, 양치, 화장하기 등)	2.0
	서서 하는 활동(설거지, 장보기, 쇼핑하기 등), 서서 활동하는 직업(상점 점원, 간호사 등)	2.3
	가사활동(요리, 식사 준비, 재봉, 머리 손질하기 등 약한 강도), 아이 돌보기(옷 입히기, 목욕 시키기, 밥 먹이기 등), 아이들과 놀기(약한 강도, 주로 앉아서)	2.5
	낚시, 일반적인 청소	3.0
	걷기(여가), 가사활동(여러 가지 동시에, 중간 강도), 목공일	3.5
	걷기(직장 또는 학교 가기 위해), 가사활동(강한 강도), 아이들과 놀기(중간 강도), 정원 가꾸기	4.0
운동	스트레칭, 요가	2.5
	걷기(직장 또는 학교 가기 위해), 체조, 탁구	4.0
	배드민턴, 골프	4.5
	자전거 타기(약한 강도), 농구, 수영	6.0
	에어로빅	6.5
	달리기, 축구, 테니스, 스케이팅, 스키	7.0
	자전거 타기(중간 강도)	8.0
	줄넘기, 자전거 타기(강한 강도)	10.0

원자료를 토대로 일부만 발췌하여 재구성하였음.[10]

* MET(metabolic equivalents)는 신체활동 중의 산소 소비량이 휴식 시의 몇 배인가로 표시한 값
1 MET = 3.5 mL O2/kg/min = 4.3 kJ/kg/h = 1 kcal/kg/h임.

4) 에너지 섭취기준[2]

영양소에 대한 영양섭취기준이 있는 것처럼 에너지에 대해서도 섭취기준이 제시되고 있다. 개인의 에너지 필요량을 측정하는 것은 기술적인 문제 등 제한점이 있으므로 대개의 경우 연령, 신장, 체중, 신체활동 수준을 반영한 산출식을 이용하여 에너지 필요량을 추정하고 있다(표 5-5). 따라서, 에너지에 대한 섭취기준은 에너지 필요추정량(estimated energy requirements, EERs)이라는 용어를 사용한다. 에너지 필요추정량은 정상 체중의 건강한 사람이 에너지 균형을 유지할 수 있도록 하는 에너지 섭취기준으로 정의된다.

표 5-5 ▶ 연령 · 성별을 위한 에너지 필요추정량 산출 (kcal/일)

<table>
<tr><th colspan="2">연령</th><th>총에너지 소비량(TEE) 산출 공식</th><th>생애단계별 추가필요량</th></tr>
<tr><td>영아</td><td>0~5개월
6~11개월</td><td rowspan="2">[89×체중(kg)-100]</td><td>+115.5
+22</td></tr>
<tr><td rowspan="2">유아</td><td>1~2세</td><td>+20</td></tr>
<tr><td>3~5세</td><td rowspan="3">남자
88.5-61.9×연령(세)+PA×[26.7×체중(kg)+903×신장(m)]
PA=1.0(비활동적), 1.13(저활동적), 1.26(활동적), 1.42(매우 활동적

여자
135.3-30.8×연령(세)+PA×[10.0×체중(kg)+934×신장(m)]
PA=1.0(비활동적), 1.16(저활동적), 1.31(활동적), 1.56(매우 활동적)</td><td rowspan="2">+20</td></tr>
<tr><td>아동</td><td>6~8세
9~11세</td></tr>
<tr><td>청소년</td><td>12~14세
15~19세</td><td>+25</td></tr>
<tr><td rowspan="3">성인</td><td>20세 이상</td><td rowspan="3">남자
662-9.53×연령(세)+PA[15.91×체중(kg)+539.6×신장(m)]
PA=1.0(비활동적), 1.11(저활동적) 1.25(활동적), 1.48(매우 활동적)

여자
354-6.91×연령(세)+PA[9.36×체중(kg)+726×신장(m)]
PA=1.0(비활동적), 1.12(저활동적) 1.27(활동적), 1.45(매우 활동적)</td><td>-</td></tr>
<tr><td>임신부</td><td>초기 +0
중기 +340
말기 +450</td></tr>
<tr><td>수유부</td><td>+340</td></tr>
</table>

자료 : 보건복지부, 2020 한국인 영양소 섭취기준, p.19, 2020

2020년 에너지 필요추정량(EER)은 2015년에 사용하였던 에너지 필요추정량 산출 공식이 그대로 적용되었다. 2020년도에 변경된 체위 참고치를 적용하여 에너지 필요추정량을 계산하되, 최근 한국인의 비만유병률을 고려하여 산출값을 100 kcal 단위로 절삭하는 등의 계산 방법을 통해 에너지 필요추정량이 상향 조정되지 않도록 하였다. 그 결과 2020년 에너지 필요추정량은 2015년에 비해 전반적으로 하향 조정(남자 30~39세 제

표 5-6 ▶ 2020 에너지 필요추정량 설정

(kcal/일)

연령		2020 EER(A)	2015 EER(B)	EER 변동량(A-B)
영아	0~5(개월)	500	550	-50
	6~11	600	700	-100
유아	1~2(세)	900	1,000	-100
	3~5	1,400	1,400	0
남자	6~8(세)	1,700	1,700	0
	9~11	2,000	2,100	-100
	12~14	2,500	2,500	0
	15~18	2,700	2,700	0
	19~29	2,600	2,600	0
	30~49	2,500	2,400	100
	50~64	2,200	2,200	0
	65~74	2,000	2,000	0
	75 이상	1,900	2,000	-100
여자	6~8(세)	1,500	1,500	0
	9~11	1,800	1,800	0
	12~14	2,000	2,000	0
	15~18	2,000	2,000	0
	19~29	2,000	2,100	-100
	30~49	1,900	1,900	0
	50~64	1,700	1,800	-100
	65~74	1,600	1,600	0
	75 이상	1,500	1,600	-100

자료 : 보건복지부, 2020 한국인 영양소 섭취기준, p.27, 2020

외)되어 산출된 것을 볼 수 있다(표 5-6).

성별, 연령별로 제시된 에너지 섭취기준, 즉 에너지 필요추정량의 대표값은 단체급식에서 에너지 제공량의 적정성 여부를 판단하는 기준으로 활용될 수 있다. 에너지 필요추정량은 개인차가 크므로 자신의 적정 에너지 필요추정량을 알고자 할 때는 제시된 추정식(표 5-5 참고)에 자신의 신장, 체중 및 신체활동 수준을 적용하여 개인별로 에너지 필요추정량을 계산하여 사용하도록 권장한다.

에너지 균형 평가의 예

대학생인 K군(25세, 체중 70 kg, 신장 170 cm)의 1일 식사 섭취량과 신체활동 내용을 토대로 K군의 에너지 균형을 평가해 보자.

일일 식사 섭취량

	식사 내용	섭취량
아침	콘플레이크	1공기(100 g)
	우유	1컵(200 mL)
	토마토	약 1/2개(200 g)
점심	쌀밥	1.5공기
	배추김치	2접시(80 g)
	불고기	2접시(120 g)
	두부전	4조각(160 g)
	시금치나물	1접시(60 g)
간식	샌드위치(햄, 달걀)	1개
	오렌지주스	1잔(200 mL)
저녁	잔치국수	1인분
	깍두기	2접시(80 g)
	호박나물	1.5접시(90 g)
	수박	2조각(200 g)

일일 신체활동 내용

활동 내용	시간	활동 내용	시간
수면	7	TV 보기, 휴식	2
옷 갈아입기, 주변 정리	1	컴퓨터	1
식사, 이야기하기	2	버스 타기	2
공부하기	7		
걷기(학교 오갈 때)	2	합계	24

K군의 에너지 균형을 평가해 보면 다음과 같다.

1. 총에너지 섭취량의 추정

2,703 kcal (영양소 분석 프로그램을 이용하여 분석)[2]

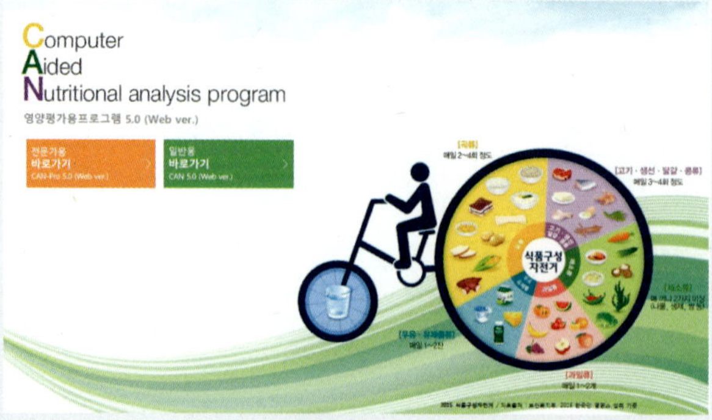

2. 총에너지 소비량의 추정

1) 방법 1

① 기초대사량 : 1 kcal × 70 kg × 24 시간 = 1,680 kcal

② 활동대사량 : 활동 수준에 따른 에너지 소비량의 추정값 이용(표 5-3 참고)

기초대사량 × 0.45(중등 활동) = 1,680 × 0.45 = 756 kcal

③ 식품 이용을 위한 에너지 소비량

(①+②) × 10% = (1,680 kcal+756 kcal) × 10% = 243.6 kcal

④ 총에너지 소비량 : ①+②+③ = 1,680 kcal+756 kcal+243.6 kcal = 2,679.6 kcal

2) 방법 2

① 기초대사량과 활동대사량을 포함한 에너지 소비량 계산(표 5-4 참고)

활동 내용	활동 시간	에너지 소비량 계산(kcal/체중/시간)
수면	7	0.9 kcal×70×7=441 kcal
옷 갈아입기, 주변 정리	1	2.0 kcal×70×1=140 kcal
식사, 이야기하기	2	1.5 kcal×70×2=210 kcal
공부하기	7	1.8 kcal×70×7=882 kcal
버스 타기	2	1.0 kcal×70×2= 40 kcal
걷기(학교 오갈 때)	2	4.0 kcal×70×2=560 kcal
TV 보기, 휴식	2	1.0 kcal×70×2=140 kcal
컴퓨터	1	1.5 kcal×70×1=105 kcal
합계	24	2,618 kcal

② 식품 이용을 위한 에너지 소비량 : ①×10%=2,618 kcal×10%=261.8 kcal

③ 총에너지 소비량 : ①+② = 2,618 kcal+261.8 kcal=2,879.8 kcal

3. 에너지 균형의 평가

K군의 섭취 에너지는 2,703 kcal이고 소비 에너지는 2,680(방법 1)~2,880(방법 2) kcal이므로 K군은 에너지 균형을 이루고 있다고 평가됨.

2. 에너지 불균형

우리가 필요로 하는 것보다 더 많은 양의 에너지를 음식으로 섭취하면 여분의 에너지는 체지방(주요 에너지 저장고)과 글리코겐(단기간의 에너지 저장고)으로 저장되어 체중이 증가된다(양의 에너지 균형, positive energy balance). 반면 우리가 필요로 하는 것보다 더 적은 양의 에너지를 섭취하면 인체는 부족한 에너지를 보충하기 위해 저장된 글리코겐과 체지방을 소모하게 되어 체중이 감소된다(음의 에너지 균형, negative energy balance). 즉, 에너지 불균형은 체중의 변화를 가져오는데, 과거에는 영양결핍에 의한 저체중이 문제였으나 오늘날에는 영양과잉에 의한 비만과 그에 따른 건강문제가 사회적으로 주목받고 있다. 그러나 저체중의 문제는 여전히 남아 있으며 비만과 저체중 모두 건강을 위협하며 조기 사망률 증가와 관련이 있다(그림 5-5).[16] 따라서, 에너지 균형을 통한 체중관리는 건강한 삶을 위해 매우 중요하다.

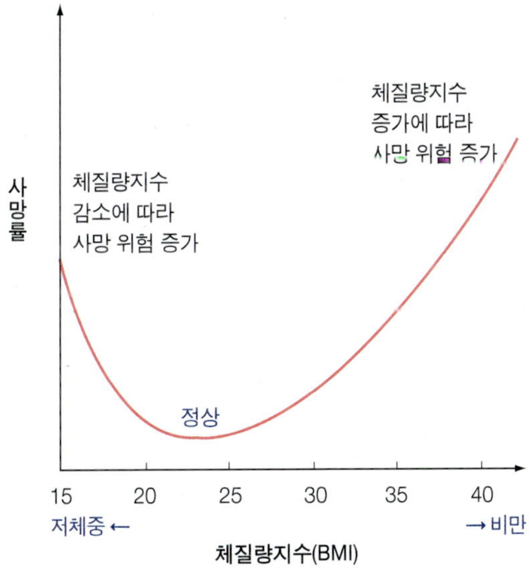

그림 5-5 ▶ 비만도(체질량지수)와 사망률의 관계

1) 에너지 불균형의 평가

(1) 체중에 의한 평가

체질량지수(body mass index, BMI)는 키에 대한 체중을 평가하기 위해 가장 많이 사용되는 방법으로, 체지방 및 건강 위험 정도와 상관관계가 높다. 체질량지수를 계산하는 방법과 그에 따라 체중을 평가하는 방법은 표 5-7과 같다.[18]

표 5-7 ▶ 체질량지수 계산법과 체중 평가

계산 방법	체질량지수(kg/m²)	분류
BMI = 체중(kg)/신장(m)²	< 18.5	저체중
	18.5~22.9	정상
	23~24.9	비만 전단계(=위험 체중)
	25~29.9	1단계 비만
	30~34.9	2단계 비만
	≥ 35	3단계 비만(=고도 비만)

자료 : 비만 진료지침, 대한비만학회, 2020

체질량지수는 비만 정도를 평가하는 데 있어서는 대체로 정확하지만 비만하지 않은 사람들의 체지방량을 평가하는 데는 별로 유용하지 못하며, 체질량지수만으로는 체지방의 양과 분포 양상에 대해 알 수 없다. 따라서, 비만이나 과체중을 진단하기 위해서는 체질량지수뿐만 아니라 체구성 성분과 지방 분포를 측정할 수 있는 다른 방법들도 함께 사용하는 것이 필요하다.

(2) 체지방량에 의한 평가

오늘날 많은 사람들이 현재 자신의 체중보다 더 많거나 적은(대부분이 더 적은) 체중을 원하고 있다. 물론 사람들의 주된 관심사는 대개 외형적인 것이지만 신체 건강이 체중과 어느 정도 관계가 있다는 것 또한 인식하고 있다. 목적이 외모 때문이든 건강 때문이든 많은 사람들이 체중 관리를 위해 노력하고 있는데, 사실상 조절해야 하는 것은 체중이 아니라 근육에 비례하는 체지방의 양이다.[17]

왜냐하면 같은 체중의 사람이라도 근육과 체지방 구성비는 다를 수 있고, 이 중 지방량이 과도하게 많은 경우 심장질환, 고혈압, 암, 당뇨병, 그리고 다른 만성질환들의 발생 위험을 증가시키기 때문이다.

체지방은 피부 바로 아래에 있는 피하지방(subcutaneous fat)과 내부 장기 주변을 둘러싸고 있는 내장지방(visceral fat)의 형태로 존재한다(그림 5-6). 성인 여자의 경우 체지

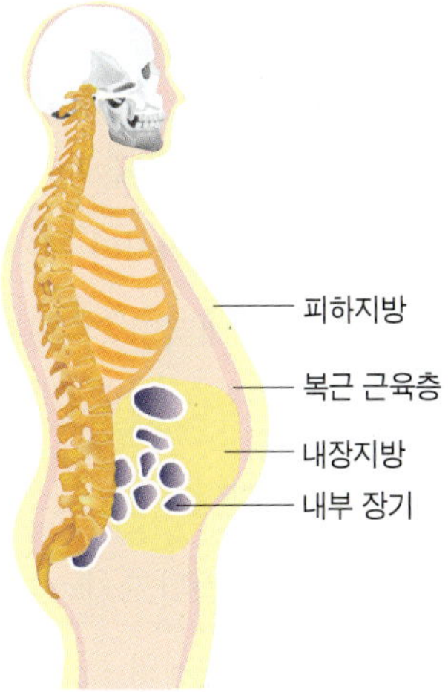

그림 5-6 ▶ 피하지방과 내장지방

그림 5-7 ▶ 남자와 여자의 체구성 성분의 차이

방량은 전체 체중의 20~30% 정도를 차지하며, 남자의 경우에는 12~20% 정도이다(그림 5-7). 체지방량이 남녀 각각 25%와 35%를 초과할 경우 만성질환의 위험이 매우 증가한다고 한다. 체지방량을 평가하는 방법은 다음과 같다(그림 5-8).

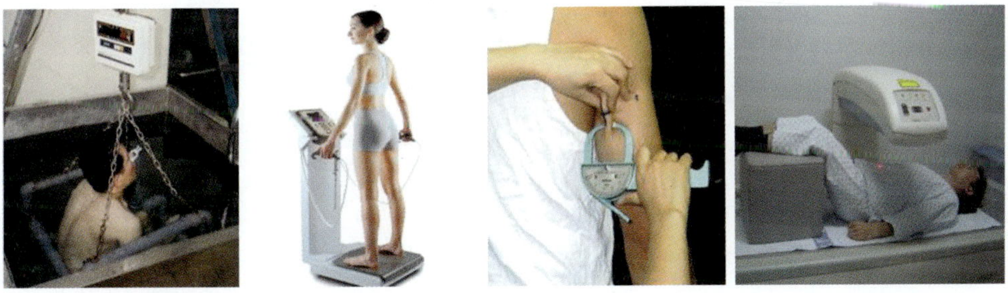

수중체중법 / 생체전기전도법 / 피부두겹집기 / 이중에너지방사선흡수계측기 (DEXA)

그림 5-8 ▶ 체지방량 평가하는 방법

수중체중법 : ©www.sportsmedicine.re.kr, 생체전기전도법: ©Biospace.Co., Ltd
피부두겹집기: ©www.sportsmedicine.re.kr, DEXA : ©www.sportsmedicine.re.kr

① 수중체중법

수중체중법(underwater weighing)은 연구 목적이나 일부 스포츠 프로그램에서 사용되는 정확도가 매우 높은 방법이다. 지방은 근육보다 밀도가 낮기 때문에 체지방이 많은 사람은 같은 체중의 체지방이 적은 사람보다 물속 체중이 적게 나간다.

② 생체전기전도법

생체전기전도법(bioelectrical impedance, BIA)은 특별한 장비를 사용하여 신체에 약한 전류를 흘려보내고 체구성 성분들이 전기를 전도하는 정도를 측정하는 방법이다. 근육조직은 지방조직보다 전도율이 더 높으므로 전도율은 근육과 지방의 상대적인 양을 반영해 준다.

③ 피부두겹집기

피부두겹집기(skinfold measurements)는 체지방을 측정하는 방법 중 정확도가 가장 낮지만 사용법이 간편하여 널리 이용되는 방법이다. 캘리퍼를 이용하여 신체의 특정 위치에서 피부 바로 아래 지방의 두께를 측정한다. 정확하게 측정하면 피부두겹집기를 이용하여 추정한 체구성 성분의 양이 수중체중법에 의해 측정한 값과 상관관계가 매우 높지만, 숙련되지 않은 사람이 측정할 경우 큰 오차를 만들기가 쉽다. 피부두겹집기는 대개 과체중 및 비만을 판정하기보다는 영양불량을 평가하는 데 더 유용하다.

④ 이중에너지방사선흡수계측기

이중에너지방사선흡수계측기(dual energy X-ray absorptiometry, DEXA)는 적은 양의 X선을 신체에 통과시킴으로써 총체지방량, 지방 분포, 그리고 골밀도까지 측정할 수 있는 최신 방법이다.

(3) 체지방 분포에 의한 평가

체지방량을 측정하는 것이 단순히 체중만 측정하는 것보다 더 많은 정보를 제공하지만 체지방의 분포를 아는 것은 질병 발생의 위험을 예측하는 데 훨씬 더 도움이 된다. 여자에게 흔하여 여성형 비만(gynoid obesity)이라고도 불리는 '서양배형' 비만은 지방이 주로 엉덩이와 허벅지에 분포하며, 남자에게 흔하여 남성형 비만(android obesity)이라고도 불리는 '사과형' 비만은 지방이 주로 복부 주변에 분포한다(그림 5-9). 일반적으로 서양배형의 지방 분포보다 사과형의 지방 분포가 질병 발생 위험이 더 크다. 실제로 여자의 경우 폐경 후에는 사과형의 지방 분포를 보이는 경우가 많은데 과도한 복부지방이 유방암 위험을 증가시킬 수 있다고 보고된 바 있다.[19]

복부비만을 평가하기 위해 허리/엉덩이 둘레비(waist/hip ratio, WHR)가 주로 이용되

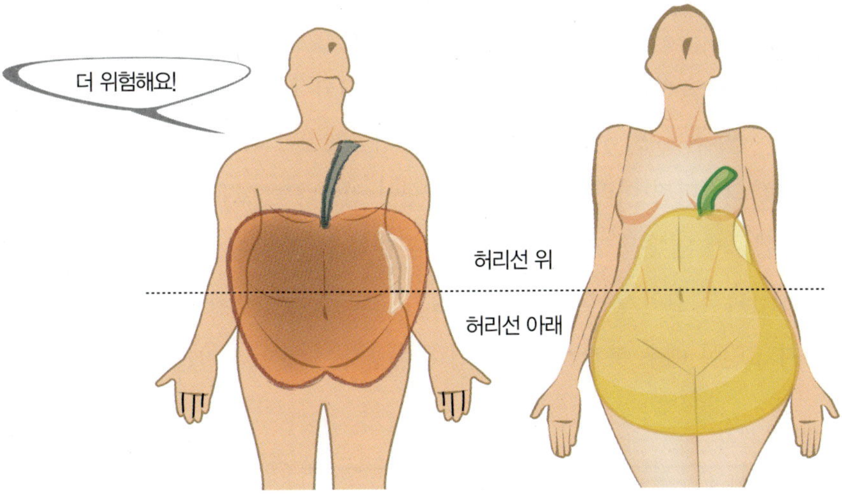

그림 5-9 ▶ 체지방 분포에 따른 비만 형태

어 왔으나, 최근에는 허리둘레 자체가 복부비만 평가에 더욱 유용하게 사용되고 있다. 만약 허리둘레가 증가한다면 복부지방이 증가하고 있음을 의미한다. 우리나라의 「비만 치료지침」에 의하면[18] 허리둘레가 남자의 경우 90 cm(35인치), 여자의 경우 85 cm(33.5 인치) 이상일 때 복부비만에 해당되며 여자는 80 cm(32인치) 이상 시에도 질병 발생의 위험이 증가한다고 한다. 또한, 컴퓨터 단층촬영으로 복부지방을 내장지방과 피하지방으로 구분하여 측정했을 때 그 면적의 비가 0.4 이상이면 내장형 비만, 그 이하이면 피하지방형 비만으로 분류하며 내장형 비만이 건강상 더 위험하다.

흡연, 알코올, 운동과 체지방 분포[5]

흡연, 알코올, 운동 정도가 신체의 체지방 분포에 영향을 끼치는 것으로 보고되었다. 즉, 담배를 피우는 사람이 담배를 피우지 않는 사람보다 체중이 적을 수도 있지만 허리둘레 측정값이 더 큰 것으로 보고되어 흡연이 체지방의 분포에 직접적으로 영향을 끼친다는 이론이 제기되고 있다. 또한, 중 정도 양에서 많은 양의 알코올 섭취는 복부비만과 양의 상관관계가 있으며, 신체활동이 많은 것은 음의 상관관계가 있다고 한다.[20]

2) 체중 과다와 비만

체중 과다(overweight)와 비만(obesity)은 에너지 섭취가 에너지 소비보다 많은 상태가 오랫동안 지속되어 체중이 증가한 것으로 보통 이상체중의 최소 20% 이상을 초과한 상태이다(표 5-8). 그렇다면 이러한 에너지 불균형이 일어나는 이유는 무엇일까? 현재까지는 우리의 식행동에 영향을 끼치는 배고픔과 포만감, 식욕 등의 요인, 유전이나 연령, 성별과 같은 생물학적 요인, 사회적·환경적 요인, 그리고 일상생활에서의 행동양식과 같은 여러 가지 요인이 매우 복잡하게 관여하여 발생하는 것으로 알려져 있다.

표 5-8 ▶ 비만의 판정

방법	판정기준
이상체중의 백분율값으로 판정 • 이상체중 계산법(변형된 브로카법) 신장 160 cm 이상 : (신장 cm−100)×0.9 신장 150~160 cm : (신장 cm−150)/2+50 신장 150 cm 이하 : 신장 cm−100	경증 : 120% 이상 중증 : 140% 이상 극심 : 200% 이상
체질량지수로 판정 • 체질량지수＝체중(kg)/신장(m)^2	1단계 비만 : 25~29.9 2단계 비만 : 30~34.9 3단계 비만 : 35 이상
총체지방량으로 판정* • 피부두겹집기 두께, 생체전기저항법, 수중체중법 등으로 측정	남자 : 체중의 25% 이상 여자 : 체중의 35% 이상
체지방의 분포로 판정 • 허리둘레	남자 : 90 cm 이상이면 복부비만 여자 : 85 cm 이상이면 복부비만

* 국내 자료가 거의 없어 제시된 값이 책마다 다를 수 있음. 여자의 경우 체중의 30% 이상을 비만으로 판정하기도 함. 최근 국내에서 수행된 한 연구는 체지방량이 남녀 각각 20%, 32% 이상일 때부터 심혈관질환의 위험이 크게 증가한다고 보고하기도 하였음.[22]

한편, 종종 체중 과다와 비만이라는 용어가 구별없이 사용되기도 하는데 사실상 그 의미가 다르다. 체중 과다는 단순히 신장에 대한 이상체중을 초과한 체중을 의미하는 반면, 비만은 '매우 지방이 많은(very fat)'을 의미하는 라틴어(obedere, to devour)에서 유래된 특별한 용어이고 실제적으로 여러 가지 건강문제를 일으키는 질병 상태를 의미한다.[21]

(1) 비만으로 인한 건강문제

비만은 건강상 많은 문제를 유발하며, 비만 상태가 오래 지속될수록 위험은 더욱 증가한다. 체중 과다인 사람들은 말초혈관의 저항 증가와 신장 기능의 변화로 인해 고혈압 발생률이 2~6배가량 더 증가한다.[23] 비만할 경우에는 혈중 지질농도에 변화를 가져와 동맥경화증과 관상심장질환의 발생 위험이 증가한다.[24] 또한, 비만은 인슐린 저항을 증가시켜 체세포가 포도당을 이용하는 능력을 감소시키므로 비만한 사람들, 특히 복부비만인 사람들에게서 제2형 당뇨병이 발생할 확률이 3배나 된다.

한편, 비만이 암의 위험을 증가시킨다는 보고가 있는데, 비만에 기여하는 식품 섭취 양상(고지방, 고에너지, 섬유소와 과일, 채소 등의 낮은 섭취)이 암 발생에도 기여하는 것으로 생각된다. 이외에도 수면 시 호흡 곤란, 뼈와 관절의 질환, 통풍, 담낭질환 등이 비만과 관련이 있는 건강문제로 지적되고 있다(그림 5-10, 11).

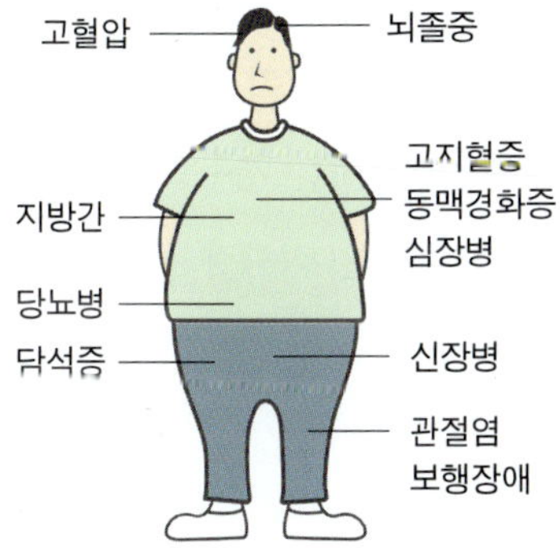

그림 **5-10** ▶ 비만으로 인한 건강문제

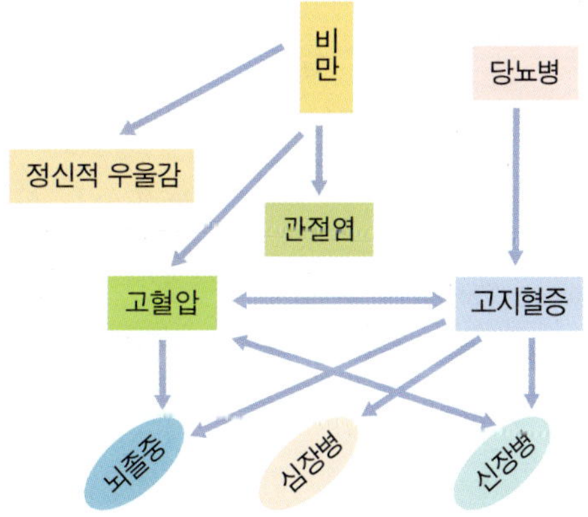

그림 **5-11** ▶ 비만으로 인한 여러 건강문제의 상호관계

(2) 비만 관리

비만 관리의 목적은 우선 체지방 감소를 통하여 체중을 감소시키고 감량된 체중을 일생 동안 유지하도록 하는 것이다. 비만의 원인이 개인마다 다르기 때문에 치료 방법도 개인에 따라 달라져야 하지만 일반적으로 식사요법, 운동요법, 행동수정요법의 3가지 방법

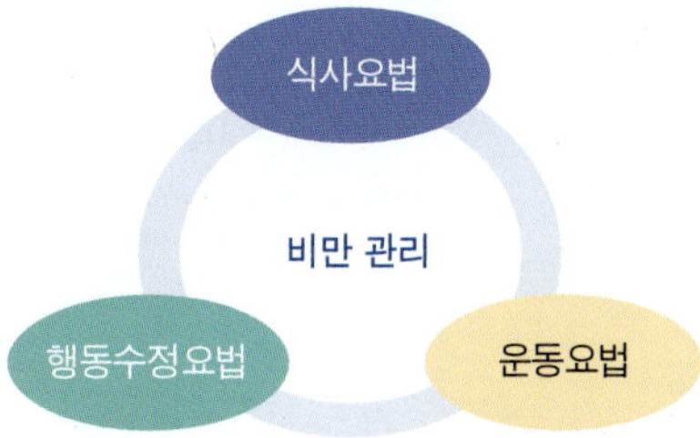

그림 **5-12** ▶ 바람직한 비만 관리를 위한 구성요소

을 병행하여 관리하는 것이 가장 이상적이다(그림 5-12).

3) 저체중

대중 건강의 견지에서 볼 때, 저체중(underweight)은 비만보다는 훨씬 문제가 적다. 그러나 저체중인 사람들의 입장에서는 저체중이 매우 다루기 힘들고 잘 극복되지 않는 건강문제가 된다. 저체중의 원인 또한 비만과 마찬가지로 다양하여 배고픔, 식욕, 포만감과 같은 정상적인 생체반응의 변화라든가 왜곡된 신체상, 강박적인 식사 조절에 의한 섭식장애, 대사적 또는 유전적 요인들, 스트레스, 알코올과 약물 남용 등이 원인이 될 수 있다. 저체중이 단순히 유전적인 원인에 의한 것이라면 식사와 다른 건강 관련 행동들에 문제가 없는 한 건강상의 위험에 대해 크게 걱정하지 않아도 되지만, 만약 저체중이 영양결핍 때문이라면 피로감에서부터 면역 기능 손상에 이르기까지 영양소 결핍에 따른 여러 건강문제들을 유발할 수 있다.[4]

저체중을 극복하기 위해 체중을 증가시키는 방법은 에너지 소비보다 에너지 섭취를 더 많이 하는 것이다. 그러나 건강한 체중 증가를 위해서는 고에너지 식사와 함께 운동을 병행하는 것이 이상적이다. 식사 섭취만으로 체중을 증가시킬 경우 체중 증가량의 대부분이 체지방 증가에서 비롯되기 때문이다. 고에너지 식사는 식사량 증가로 인해 위에 부담이 될 수 있으므로 에너지 밀도가 높은 식품과 음료로 구성된 식사를 소량씩, 자주 섭취하는 것이 좋다.

에너지 밀도(energy density)

에너지 밀도는 식품 중량당 제공되는 에너지의 양(kcal/g)으로 계산하며, 에너지 밀도가 높은 식품이란 동일한 중량당 제공되는 에너지 함량이 많다는 것을 의미한다.

보통 우유 1컵 120 kcal : 에너지 밀도=120 kcal/200 g=0.6 kcal/g
저지방 우유 1컵 102 kcal : 에너지 밀도=102 kcal/200 g=0.5 kcal/g

4) 섭식장애

섭식장애(eating disorders)는 에너지 균형을 변화시키려는 의식적인 행동으로 인해 나타나는 장애이다. 너무 먹거나 반대로 먹기를 거부한 결과 비만이나 신체 쇠약이 초래된다. 특히 여자들에게 날씬한 몸매를 요구하는 사회풍토 때문에 체중을 감소시키고자 하는 여자들의 지나친 욕구에서 비롯된 거식증과 폭식증이 대표적이다.

(1) 신경성 식욕부진증

신경성 식욕부진증(anorexia nervosa)은 거식증이라고도 하며, 날씬한 몸매를 추구하는 정도가 극에 달하여 계속 자신이 뚱뚱하다고 느끼므로 극도로 수척해질 때까지 굶는 심리적 장애이다(그림 5-13). 신경성 식욕부진증 환자들의 특징은 날씬함에 대한 왜곡된 척도를 자신에게만 적용하고, 타인에 대해서는 비만도에 대한 객관적인 판단을 할 수 있다는 것이다. 이들은 정서적으로 불안정하고 공격적이며, 비판적이고 우울하며 가족과 친구들로부터 자신을 격리시킨다. 주요 증상으로는 극심한 체중과 체지방의 감소, 체온과 맥박 수의 감소, 철 결핍성 빈혈, 백혈구 수의 감소, 탈모, 변비, 혈중 칼륨농도 감소 및 월경 중단 같은 신체증상이 나타난다.

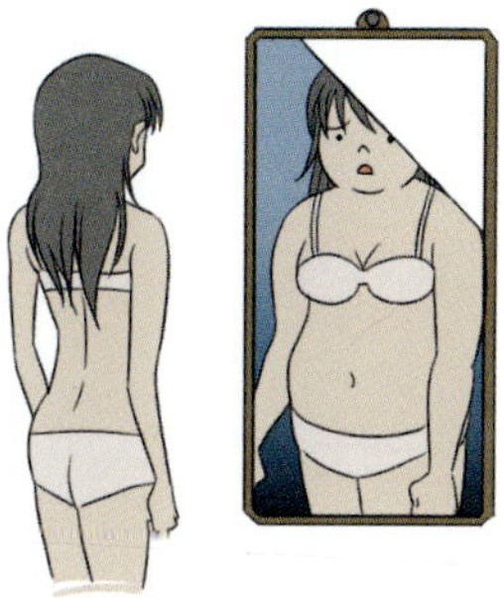

그림 5-13 ▶ 거식증 환자의 왜곡된 신체상

(2) 신경성 탐식증

신경성 탐식증(anorexia bulimia)은 폭식증이라고도 하며, 폭식과 고의로 장을 비우는 일을 교대로 반복하는 증상을 말한다(그림 5-14). 이런 장애를 가진 사람들은 체중 조절을 위해 극도의 저에너지 식사를 하지만 한 번에 음식을 15,000 kcal까지 폭식하기도 한다. 폭식 후에는 절제하지 못한 데서 오는 수치감과 과식으로 인한 생리적 고통으로 다시 장을 비우기 위해 인위적인 구토, 하제 사용, 과다한 운동 등을 반복한다. 이와 같이 절식과 폭식을 번갈아 하는 것은 인체의 섭

그림 5-14 ▶ 폭식증 환자

세한 생리적, 생화학적 균형을 교란시킬 뿐만 아니라 계속되는 구토로 식도와 위장의 파열, 입·식도·후두 점막의 부식, 치아 에나멜층의 파괴 등이 나타난다.

심리적 타격도 심각하여 폭식증의 저변에 깔려 있는 자긍심의 부족, 다이어트를 지속하지 못한 데서 오는 죄책감, 극단적인 절망감 등으로 자살 충동을 느끼기도 한다. 거식증과 달리 폭식증은 자신의 행동에 문제가 있다는 것을 인정하는 것이 특징이다.

참고문헌

1 Wardlaw GM.(1999). *Perspectives in Nutrition*. McGraw-Hill. pp.261~264

2 보건복지부(2020). 한국인 영양섭취기준 요약, pp.19~27

3 박태선·김은경(2010). 현대인의 생활영양. 교문사. pp.202~203

4 Insel P, Turner RE, Ross D.(2006). *Discovering Nutrition*. Jones and Bartlett. pp.272~315

5 Sizer F, Whitney E.(2006). *Nutrition: Concepts and Cont-roversies*. Thomson Wadsworth. pp.311~358

6 Prentice A, Jebb S.(2004). Energy intake/physical activity interactions in the homeostasis of body weight regulation. *Nutr Rev* 62 : S98~S104

7 최혜미·김정희·장경자·민혜선·임경숙·변기원·이홍미·김경원·김희선·김현아(2005). 21세기 영양학 원리. 교문사. pp.138~141

8 Institute of Medicine, Food and Nutrition Board(2002). *Dietary Reference Intake for Energy, Carbohydrate, Fiber, Fatty Acids, Cholesterol, Protein, and Amino Acids*. National Academies Press, Washington, D.C.

9 Ainsworth BE, Haskell WL, Whitt MC, Irwin ML, Swartz AM, Strath SJ, O'Brien WL, Bassett DR Jr, Schmitz KH, Emplaincourt PO, Jacobs DR Jr, Leon AS.(2000). Compendium of physical activities: an update of activity codes and MET intensities. *Med Sci Sports Exerc* 32(9 Suppl) : S498~S504

10 박재현·강민수·이미영·김혜진·강상조(2005). 신체활동평가를 위한 한국어판 신체활동목록과 컴퓨터 프로그램 개발, 한국체육학회 44(2) : 385~404

11 Levine JA, Eberhardt NL, Jensen MD.(1999). Role of nonexercise activity thermogenesis in resistance to fat gain in humans. *Science* 283 : 212~214

12 Levine JA, Eberhardt NL, Jensen MD.(2004). Nonexercise activity thermogenesis (NEAT): environment and biology. *Am J Physiol Endocrinol Metab* 286 : E675~E685

13 de Jonge L, Bray GA.(2002). The thermic effect of food is reduced in obesity. *Nutr Rev* 60 : 295~297

14 Farshchi HR, Taylor MA, Macdonald IA.(2004). Decreased thermic effect of food after an irregular compared with a regular meal pattern in healthy lean women. *Int J Obesity* 28 : 653~660

15 한국영양학회(2021). 영양평가용 프로그램, Computer Aided Nutritional analysis program ver.5.0

16 Flegal KM, Graubard BI, Williamson DF, Gail MH.(2005). Excess deaths associated with underweight, overweight, and obesity. *JAMA* 293 : 1861~1867

17 Despres JP, Allard C, Tremblay A.(1985). Evidence for a regional component of body fatness in the association with serum lipids in men and women. *Metabolism* 34 : 967~973

18 대한비만학회(2020). 비만 진료지침 2020. 청운. pp.18~25

19 Ziegler RG.(1997). Anthropometry and breast cancer. *J Nutr* 127(suppl 5) : 924S~928S

20 Breslow RA, Smothers BA.(2005). Drinking patterns and body mass index in never smokers. *Am J Epidem* 161 : 368~376

21 Williams SR.(2001). *Basic Nutrition and Diet Therapy*. Mosby. pp.270~271

22 황경하(2006). 한국인의 비만관련 위험인자에 대한 체지방률(%Fat) 분별치 정립과 이에 근거한 체질량지수(BMI) 기준의 제시. 을지의과대학교 대학원 박사학위논문

23 National High Blood Pressure Education Program(NHBPEP) Working Group.(1993). Report on Primary Prevention of Hypertention. *Arch Intern Med* 153 : 186

24 Blackburn GL.(1995). Effects of weight loss on weight-related risk factors. In: Brownell KD, Fairburn CG, eds. *Eating Disorders and Obesity*. Guilford. NY. pp.406~410

용어정리

에너지 섭취 음식 섭취를 통해 몸 안으로 에너지를 공급하는 것을 에너지 섭취라고 한다.

에너지 소비 기본적인 신체 기능, 신체활동, 식품의 이용 및 저장을 위해 신체가 에너지를 소비하는 것을 에너지 소비라고 한다.

생리적 에너지가 식사를 통해 섭취된 탄수화물, 단백질, 지질이 신체 내에서 대사된 후 발생하는 에너지의 양으로 각각 4 kcal, 4 kcal, 9 kcal의 생리적 에너지가를 갖는다.

기초대사량 심장 박동, 호흡, 신경 기능, 근육 긴장, 체온 유지 등과 같이 생명을 유지하기 위해 필요한 기본적인 신체 기능을 수행하는 데 소비되는 에너지양을 기초대사량이라고 하며, 기초대사량을 측정하기 위한 이상적인 조건을 갖추기가 매우 어렵기 때문에 휴식 상태에서 측정된 휴식대사량과 같은 의미로 사용된다.

활동대사량 운동이나 스포츠 활동뿐만 아니라 일상의 모든 신체활동에 소비되는 에너지양으로 보통 총에너지 소비량의 15~30%를 차지한다.

적응대사량 인체가 환경의 변화에 적응하기 위해 소비하는 에너지로 추위, 과식, 부상 등의 여러 가지 스트레스 상황하에서 신경 및 호르몬 분비의 변화에 의해 열 발생으로 소비되는 에너지를 말한다.

에너지 필요추정량 정상 체중의 건강한 사람이 에너지 균형을 유지하기 위해 필요한 에너지 섭취기준을 의미한다.

섭식장애 에너지 균형을 변화시키려는 의식적인 행동으로 나타나는 장애로 거식증과 폭식증이 대표적이다.

신경성 식욕부진증 날씬한 몸매를 추구하는 정도가 극에 달하여 계속 자신이 뚱뚱하다고 느끼므로 극도로 수척해질 때까지 굶는 심리적 장애로 거식증이라고도 한다.

신경성 탐식증 폭식과 고의로 장을 비우는 일을 교대로 반복하는 증상으로 폭식증이라고도 한다.

단원정리

- 인체는 '에너지 섭취'와 '에너지 소비' 사이에서 균형을 이루면서 건강을 유지한다.
- 어떤 식품의 섭취를 통해 공급되는 에너지양을 계산하고자 할 때는 그 식품에 함유된 에너지 영양소의 함량에 각각의 생리적 에너지가를 곱하여 합계를 구하면 된다.
- 우리가 식품을 섭취하는 데 영향을 끼치는 내적 신호는 '배고픔', '배부름', '포만감'의 세 가지 요소가 있고, 여기에 먹고자 하는 심리적 욕구인 '식욕'이 공동으로 작용하여 우리는 식품을 섭취하게 된다.
- 에너지 소비는 '기초대사량', '활동대사량', '식품 이용을 위한 에너지 소비량'의 세 가지 요소로 구성된다.
- 양의 에너지 균형(positive energy balance)과 음의 에너지 균형(negative energy balance)은 모두 체중의 변화를 가져오며, 비만과 저체중 모두 건강을 위협하는 에너지 불균형의 문제이다.
- 에너지 불균형을 평가하는 방법으로 '체중에 의한 평가', '체지방량에 의한 평가', '체지방 분포에 의한 평가'가 있다.
- '체중 과다(over weight)'는 단순히 신장에 대한 이상체중을 초과한 체중을 의미하는 반면, '비만(obesity)'은 실제적으로 여러 가지 건강문제를 일으키는 질병 상태를 의미한다.
- 에너지 균형을 변화시키려는 의식적인 행동으로 인해 나타나는 섭식장애로는 신경성 식욕부진증(anorexia nervosa)과 신경성 탐식증(anaorexia bulima)이 있다.

연습문제

1 다음 각 영양소의 생리적 에너지가를 쓰시오.
1) 탄수화물 : (　　) kcal　　2) 단백질 : (　　) kcal　　3) 지방 : (　　) kcal
4) 비타민 : (　　) kcal　　5) 무기질 : (　　) kcal

2 호흡계수(RQ) 값이 0.9 이상으로 측정되었을 때 추정할 수 있는 식사 패턴은 무엇인가?

3 1일 소비 에너지의 구성요소는 무엇인가?

4 신체 구성 성분 중 기초대사량에 영향을 끼치는 요인으로 가장 옳은 것은?
① 골격량　　② 근육량　　③ 수분량　　④ 지방량

5 기초대사량을 증가시키는 요인에 대한 설명으로 옳지 <u>않은</u> 것은?
① 갑상선기능항진 시 증가한다.　　② 겨울에는 여름보다 증가한다.
③ 소아가 성인보다 체표면적당 기초대사가 높다.
④ 영양 상태가 저하되면 증가한다.

6 식품 이용을 위한 에너지 소모량이 가장 큰 것은?
① 탄수화물　　② 단백질　　③ 지방　　④ 혼합 식이

7 에너지 불균형에 의한 건강 위험도를 평가할 때 체중과 더불어 체구성 성분을 평가해야 하는 이유를 설명하시오.

8 체지방의 분포에 따라 질병 발생의 위험 정도가 다르다. 질병 발생 위험도가 더 큰 비만 형태는?
(예) 여자형 비만 (<) 남자형 비만
상체 비만 (　　) 하체 비만
사과형 비만 (　　) 서양배형 비만
피하지방형 비만 (　　) 내장지방형 비만

9 이상적인 비만 관리를 위한 세 가지 방법은?

10 섭식장애에서 신경성 식욕부진증과 신경성 탐식증을 구별하여 설명하시오.

*연습문제 정답은 책 뒤쪽에 있습니다.

CHAPTER 6

지용성 비타민

1. 비타민의 개요
2. 비타민 A
3. 비타민 D
4. 비타민 E
5. 비타민 K

비타민(vitamin)은 인체의 정상적인 기능과 성장 및 유지를 위해 식사로 반드시 소량 섭취해야만 하는 중요한 유기물질이다. 비타민 자체는 에너지를 생성하지 않으나 에너지를 생성하는 반응에서 보조효소로 많이 관여한다.

1. 비타민의 개요

1) 비타민의 종류와 특성

비타민은 물과 기름에 대한 용해도에 따라 지용성 비타민(fat-soluble vitamin)과 수용성 비타민(water-soluble vitamin)으로 분류한다. 지용성 비타민에는 비타민 A, D, E, K가 있으며, 수용성 비타민에는 비타민 B군과 C가 있다(표 6-1).

지용성 비타민과 수용성 비타민의 일반적인 특성은 표 6-2와 같다. 수용성 비타민은 물에 녹으므로 과량 섭취해도 저장되지 않고 소변으로 배설된다. 따라서, 수용성 비타민은 필요량을 매일 식사를 통하여 섭취해야 한다. 반면 지용성 비타민은 과량 섭취하면 체내에 축적되므로 독성이 나타날 수 있다. 일반적으로 사람들은 비타민 보충제(vitamin supplements)를 섭취해야 건강에 유익하다고 생각하나, 건강한 사람들의 경우 비타민 급원식품을 잘 선택해서 균형 잡힌 식생활을 하면 체내에서 필요한 비타민을 충분히 공급받을 수 있다.[1, 2]

한편, 비타민은 유기물질이므로 파괴될 수 있으며, 산화분해되면 그들의 역할을 수행할 수 없게 된다. 특히 수용성 비타민인 티아민, 리보플라빈, 비타민 C는 쉽게 파괴되므로 저장과 조리 시에 주의해야 한다.

지용성 비타민

수용성 비타민

표 6-1 ▶ 비타민의 종류

종류			비타민 작용을 나타내는 물질
지용성 비타민	비타민 A		레티놀(retinol), 레티날(retinal), 레티노인산(retinoic acid), 비타민 A의 전구체인 베타-카로틴(β-carotene)
	비타민 D		콜레칼시페롤(cholecalciferol), 에르고칼시페롤(ergocalciferol)
	비타민 E		토코페롤(tocopherol), 토코트리에놀(tocotrienol)
	비타민 K		필로퀴논(phylloquinone), 메나퀴논(menaquinone), 메나디온(menadione)
수용성 비타민	비타민 B군	비타민 B_1	티아민(thiamin)
		비타민 B_2	리보플라빈(riboflavin)
		니아신(niacin)	니코틴산(nicotinic acid), 니코틴아미드(nicotine amide)
		판토텐산	판토텐산(pantothenic acid)
		비오틴	비오틴(biotin)
		비타민 B_6	피리독신(pyridoxin), 피리독살(pyridoxal), 피리독사민(pyridoxamin)
		엽산(folic acid)	엽산(folic acid), 폴리글루타밀폴라신(polyglutamyl folacine)
		비타민 B_{12}	코발라민(cobalamin)
	비타민 C		아스코르빈산(ascorbic acid), 디하이드로아스코르빈산(dehydroascorbic acid)

표 6-2 ▶ 지용성 비타민과 수용성 비타민의 일반적인 특성 비교

구분	지용성 비타민	수용성 비타민
성질	기름과 유기용매에 녹음	물에 녹음
구성 성분	C, H, O	C, H, O, N 외에 경우에 따라 황(S), 코발트(Co) 함유
필요량	결핍 증세가 서서히 나타나므로 필요량을 매일 공급해 주지 않아도 된다. 1주~1달 간격으로 주기적인 복용이 필요함	필요량을 매일 공급하지 않으면 결핍 증세가 빨리 나타남
독성	보충제로 필요량 이상 섭취하면 간과 지방조직에 저장되어 체외로 쉽게 배설되지 않으므로 독성이 나타날 수 있음	필요량 이상 섭취해도 체내에 저장되지 않고 쉽게 소변으로 배설되므로 독성 수준에 도달하기 어려움

2) 비타민의 흡수

지용성 비타민은 소장에서 수용성 소화액과 잘 섞이지 않으므로 지방과 마찬가지로 담즙에 의해 유화된 후 소장에서 흡수된다. 따라서, 지용성 비타민은 지방과 함께 흡수되므로 지방의 흡수가 원활해야 흡수가 잘 된다. 지방 흡수가 효율적일 때 지용성 비타민의 흡수율은 약 40~90% 정도 된다.[3,4] 식이지방과 함께 소장으로 흡수된 지용성 비타민은 카일로마이크론의 형태로 림프를 경유하여 간으로 운반된 후 저장되거나 사용된다. 지용성 비타민 A와 D의 경우 필요량 이상을 섭취하면 체내에 축적되어 독성을 유발할 가능성이 높다.

수용성 비타민은 소장에서 물과 함께 쉽게 흡수되어 혈액으로 들어온 후 체내 각 부분으로 이동하며, 사용하고 남은 여분은 소변으로 배설된다(그림 6-1).

비타민 A는 최초로 발견된 지용성 비타민이다. 그러나 발견된 지 거의 1세기가 지난 후에야 비로소 비타민 A와 비타민 A의 전구체인 베타-카로틴(beta-carotene)이 건강에 미치는 다양한 역할과 중요한 효능에 대해 연구자들이 관심을 가지게 되어 최근에 들어서야 그들의 많은 기능과 효능이 밝혀지고 있다.

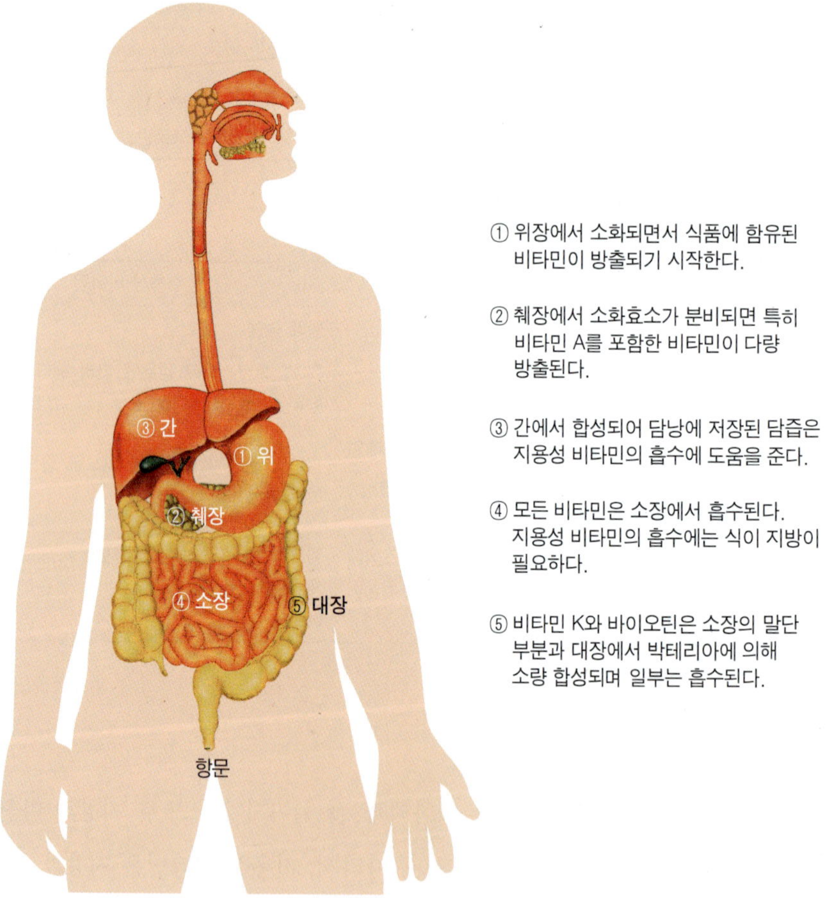

그림 6-1 ▶ 비타민의 소화, 흡수 과정

2. 비타민 A

1) 비타민 A의 구조와 성질

비타민 A는 레티노이드(retinoids)와 비타민 A 전구체(precursor)인 카로티노이드(carotenoid) 모두를 일컫는다.[5] 레티노이드는 비타민 A의 활성 형태로서 레티놀(retinol), 레티날(retinal), 레티노인산(retinoic acid)의 3가지 형태가 있다. 이들은 상호 전환될 수 있지만 일단 레티노인산 형태로 되면 더 이상 전환되지 않는다(그림 6-2). 비타민 A 분자의 꼬리는 시스(*cis*) 또는 트랜스(*trans*)의 구조를 가지며, 이에 따라 레티노이드의 기능이 결정된다. 동물성 식품 내에 함유되어 있는 비타민 A는 대부분 레티닐에스터(retinyl ester) 형태이며, 체내에서도 이러한 형태로 저장된다. 식물성 식품에는 노란색에서 주홍색에 이르는 색소를 제공하는 600여 종의 카로티노이드가 있으며 이 중 몇 가지만 비타민 A의 전구체로 작용한다. 베타-카로틴은 천연 카로티노이드 중 비타민 A의 활성이 가장 높으며 양적으로도 우세하다(표 6-3). 베타-카로틴은 2분자의 비타민 A가 결합된 것과 같은 모습을 하고 있다(그림 6-2 참고).

비타민 A는 열, 산, 알칼리에는 안정하나 산소와 광선, 특히 자외선에 의해 쉽게 분해

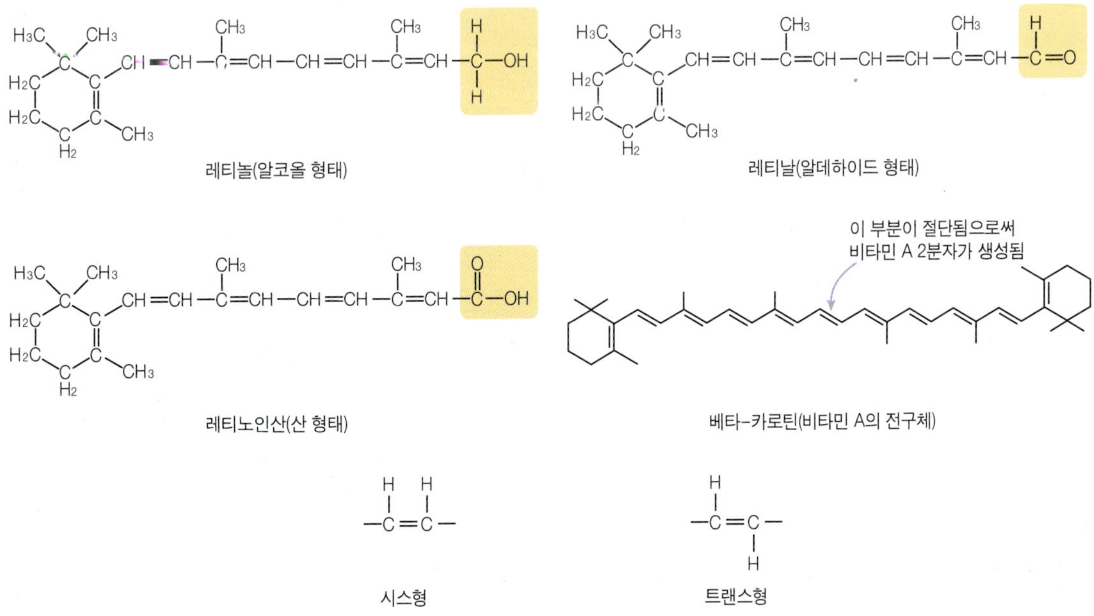

그림 6-2 ▶ 비타민 A의 종류와 형태

표 6-3 ▶ 비타민 A 활성을 가진 카로티노이드들

화합물	상대적 활성 강도
베타-카로틴(β-carotene)*	100
알파-카로틴(α-carotene)	53
감마-카로틴(γ-carotene)	43
크립토잔틴(cryptoxanthin)	57
라이코펜(lycopene)	0
지아잔틴(xeaxanthin)	0
잔토필(xanthophyll)	0

* 다른 카로티노이드 화합물에 대한 표준화합물

비타민 전구체

식품에 비활성 형태(inactive form)로 존재하는 비타민을 비타민 전구체(vitamin precursor) 또는 프로비타민(provitamin)이라고 부른다. 비타민 전구체는 체내에 흡수되면 활성 형태(active form)로 전환된다. 따라서, 식품 내 비타민의 함량을 계산할 때 비타민 전구체의 양도 함께 계산해야 한다.

된다. 특히 비타민 A는 이중결합이 많기 때문에 산화되기 쉽다.

2) 비타민 A의 흡수와 대사

레티닐에스터는 소장에서 가수분해되어 레티놀과 지방산으로 분리된다. 담즙은 레티닐에스터의 용해도를 높여 췌장의 지방분해효소와 레티닐에스터 가수분해효소를 활성화하는 데 필요하다. 유리된 레티놀의 90%가 소장에서 흡수된다.[4] 소장에 흡수된 레티놀은 지방산과 다시 결합하여 새로운 레티닐에스터를 형성하고 이는 카일로마이크론의 형태로 림프를 경유하여 간으로 운반된 후 저장되거나 사용된다. 체내에 저장되는 비타민 A의 90% 이상이 간에 저장되고 나머지는 지방조직, 신장, 골수, 안구, 고환에 저장된다. 간에 비타민 A가 주로 저장되어 있으므로 몇 개월간 비타민 A를 섭취하지 않아도 결핍증상이 나타나지 않는다.[7]

카로티노이드는 형태가 변화되지 않은 채 흡수되므로 레티놀보다 훨씬 느리게 흡수된다. 소장에서 흡수된 카로티노이드는 레티날로 전환되나, 그 전환율은 높지 않다. 베타카로틴의 경우 비타민 A의 1/12 정도의 활성을 가진다. 이렇게 형성된 레티날은 다시 레티놀로 환원된 후 에스터화되어 카일로마이크론에 결합해서 림프를 경유하여 간으로 운반된다. 소장에서 레티날로 전환되지 못한 베타-카로틴은 간에서 레티놀로 전환되어 지방산과 결합하여 레티닐에스터의 형태로 저장된다. 레티놀은 레티닐에스터의 형태로 90% 정도 간에 저장되며, 나머지는 간에서 만들어진 레티놀 결합단백질(retinol binding protein, RBP)과 결합하여 눈이나 다른 체조직으로 이동한다. 레티놀이 각 조직에서 활성을 나타내려면 세포 내에서 산화단계를 거쳐 레티날 또는 레티노인산으로 전환되어야 한다(그림 6-3). 비타민 A는 쉽게 배설되지 않으며, 소량만 소변으로 배설된다. 따라서, 신장질환이 있는 경우 비타민 A가 다른 방법으로 배설되지 않는다면 비타민 A 독성이 나타날 수 있다.[7]

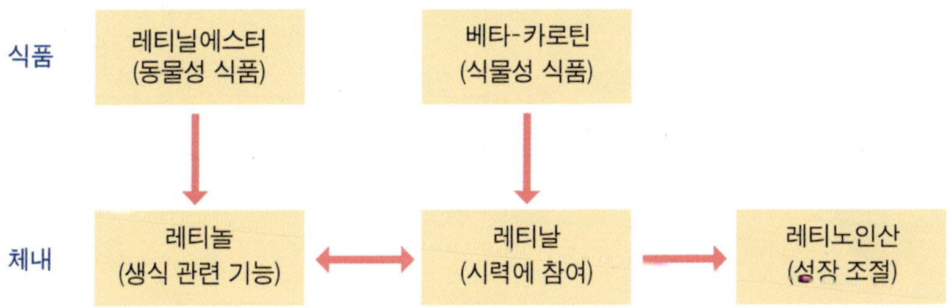

그림 6-3 ▶ 비타민 A의 전환

3) 비타민 A의 기능

비타민 A는 시각, 상피세포의 건강 유지(특히 피부), 면역 기능, 성장과 발달 등에 중요하다.

(1) 시각

비타민 A는 암 적응에 관여하는 시각(vision) 회로에 필요하다. 눈의 망막에는 명암과 어두운 곳에서 형태를 감지하는 데 관여하는 간상세포(rod cell)와 밝은 빛과 색깔을 감지하는 데 관여하는 원추세포(cone cell)가 있다. 간상세포는 로돕신(rhodopsin) 색소를, 원추세포는 요돕신(iodopsin) 색소를 함유하고 있다. 간상세포에서 *cis*-레티날(비타민 A의 형태)과 단백질인 옵신(opsin)이 결합하여 로돕신을 합성함으로써 어두운 곳에서 사물을 구별할 수 있게 된다. 로돕신은 밝은 빛에 의해 *cis*-레티날과 옵신으로 분리가 되고 *cis*-레티날은 *trans*-레티날로 전환된다. 로돕신이 재합성되기 위해서는 *trans*-레티놀은 *cis*-레티놀로 전환된 후 다시 옵신과 결합해야 한다. 이때 *trans*-레티놀은 *cis*-레티놀로 100% 전환되지 않고 일부는 레티노인산으로 대사되어 로돕신을 합성할 수 없게 된다(그림 6-4).

따라서, 비타민 A 섭취가 부족하여 손실된 양을 보충하지 못하면 로돕신이 충분히 합성되지 못하여 어두운 곳에서 적응하여 보는 것이 어려워진다. 이러한 증상을 야맹증(night blindness)이라고 한다. 야맹증은 비타민 A 결핍의 초기 증세로 비타민 A를 충분히 섭취하면 회복될 수 있다.

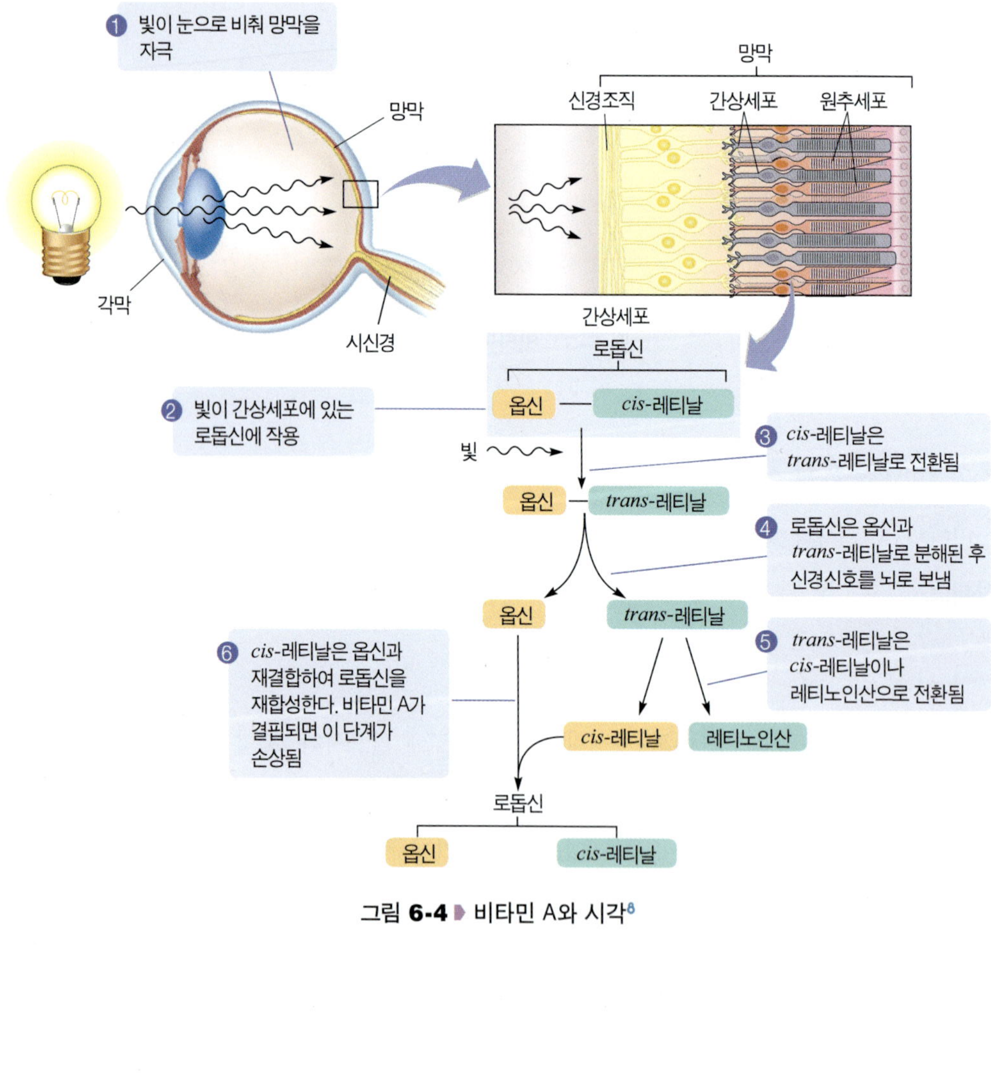

그림 6-4 ▶ 비타민 A와 시각[8]

(2) 세포 생성과 분화

비타민 A는 피부와 신체기관의 내막에서 새로운 세포를 형성할 때 단백질 생성에 관여한다. 즉, 손에 상처가 났을 때 상처 치유를 위해 새로운 세포를 생성하는 데 비타민 A가 필요하다. 또한, 비타민 A는 세포분화(cell differentiation), 즉 미성숙한 세포를 특정 기능을 가진 성숙한 세포로 발전시키는 과정에 관여한다. 레티노인산은 핵의 레티노인산 수용체(nuclear-retinoic acid receptor)에 결합하여 유전자의 발현(gene expression)을 활성화 또는 저해함으로써 세포분화를 조절하는 것으로 최근에 밝혀졌다.[7]

(3) 상피세포 형성과 유지

상피세포(epithelial cell)는 우리 신체의 표면이나 소화기 같은 내장기관과 혈관 내벽, 그리고 눈 등의 점막 표면을 덮고 있는 세포이다. 비타민 A는 점액을 합성, 분비하는 점막세포의 분화에 관여함으로써 상피세포의 구조를 완전하게 유지시키고, 정상적인 기능을 발휘하는 데 필요하다. 따라서, 비타민 A가 부족하면 점액 분비가 저하되어 각막의 상피세포나 피부, 장 점막세포의 각질화(keratinixation)를 초래한다.[8]

(4) 면역 기능

비타민 A는 면역세포(immune cell) 생성에 관여함으로써 면역체계의 활성을 증진시킨다.[9] 따라서, 비타민 A가 결핍되면 감염에 대한 저항력과 질병에 대한 면역력이 감소된다.[9,10]

(5) 생식 기능

비타민 A는 생식기관의 점막을 건강하게 유지시킴으로써 정상적인 생식 기능을 돕는다. 여성의 경우 비타민 A는 임신 유지에 도움을 주며, 남성의 경우 정자 생성에 필요하다. 비타민 A의 세포 생성 및 분화 기능은 배아의 발달 과정에 특히 중요하며 이 시기에 비타민 A가 부족되면 기관분화가 제대로 이루어지지 않아 기형 또는 사산을 초래할 수 있다.[8]

(6) 정상적인 성장과 발달

비타민 A는 세포의 정상적인 성장과 발달에 필요하다. 비타민 A는 DNA와 결합하여 적절한 성장과 발달을 자극하는 단백질 합성에 필요하다. 또한, 비타민 A는 골격의 형성에 관여하는 조골세포와 골격의 분해에 관여하는 파골세포의 형성과 대사 과정에 필요하다. 즉, 뼈의 끝부분에 새로운 뼈가 형성되는 것을 도움으로써 뼈의 성장을 가능하게 한다. 따라서, 비타민 A가 결핍되면 결국 성장이 지연된다.[3] 비타민 A는 치아 에나멜 모세포의 정상적인 발달과 기능에도 필요하므로 비타민 A 결핍 시 치아가 불완전하게 발달하며 치아 에나멜이 얇고 부서지기 쉽다.[8]

(7) 암 예방

비타민 A는 면역계의 활성을 증진시킴으로써 암의 발생위험률을 낮춘다.[9] 특히 비타민 A의 섭취는 피부, 폐, 방광, 유방 암의 발생위험률을 낮출 수 있다. 최근 자료에 의하면 비타민 A의 보충제를 섭취한 여성의 경우 비타민 A의 섭취가 매우 낮은 여성들보다 유방암 발생률이 낮다고 보고하고 있다.[9] 그러나 비타민 A 보충제를 과량 복용하면 비타민 A의 독성 증세가 나타날 수 있으므로 주의가 필요하다.

카로티노이드 중 베타-카로틴과 라이코펜(lycopene)은 활성산소를 제거하는 항산화제로서 항암 효과가 있다. 베타-카로틴이 풍부한 과일과 채소의 섭취는 폐암 발생위험률을 감소시키고, 라이코펜이 풍부하게 함유된 토마토의 섭취는 전립선암 발생위험률을 감소시키는 것으로 최근 연구에 의해 보고되고 있다.[3] 반면, 정제된 베타-카로틴의 섭취는 오히려 폐암 발생률을 증가시키는 것으로 밝혀졌으므로, 폐암의 발생위험을 감소시키려면 과일과 채소의 섭취 증가에 중점을 두어야 한다.[4]

(8) 심혈관질환 예방

카로티노이드의 항산화제로서의 역할로 인해 카로티노이드, 특히 베타-카로틴이 풍부한 식사는 심혈관질환 발생위험률을 감소시킨다.[6]

라이코펜과 전립선암

라이코펜(lycopene)은 카로티노이드의 일종이나 비타민 A의 활성을 가지고 있지는 않다. 그러나 라이코펜은 항산화력이 높아 전립선암의 발생위험률 감소와 관련 있다. 라이코펜은 토마토에 가장 많이 분포되어 있으며 그 다음으로 수박에 많이 함유되어 있다.

4) 비타민 A의 섭취기준과 급원식품

(1) 섭취기준

비타민 A는 레티노이드와 여러 종류의 카로티노이드로부터 얻어지므로 비타민 A의 식품 중 함량과 섭취기준량은 μg 레티놀 활성당량(μg Retinol Activity Equivalent, μg RAE)을 사용한다. 우리나라 성인의 비타민 A 권장섭취량은 남자(19~29세)의 경우 800 μg RAE/일이며, 여자(19~49세)의 경우 650 μg RAE/일이고 노인(65세 이상)은 남녀 각각 700 μg RAE/일, 600 μg RAE/일이다(표 6-4).

임신부와 수유부는 각각 70 μg RAE/일, 490 μg RAE/일의 양을 더 섭취하도록 권장하고 있다. 비타민 A는 과량 섭취하면 독성을 나타내므로 성인(19세 이상)의 경우 상한

표 6-4 ▶ 한국인의 비타민 A 섭취기준

(μg RAE/일)

연령		평균필요량	권장섭취량	충분섭취량	상한섭취량
영아	0~5(개월)			350	600
	6~11			450	600
유아	1~2(세)	190	250		600
	3~5	230	300		750
남자	6~8(세)	310	450		1,100
	9~11	410	600		1,600
	12~14	530	750		2,300
	15~18	620	850		2,800
	19~29	570	800		3,000
	30~49	560	800		3,000
	50~64	530	750		3,000
	65~74	510	700		3,000
	75 이상	500	700		3,000
여자	6~8(세)	290	400		1,100
	9~11	390	550		1,600
	12~14	480	650		2,300
	15~18	450	650		2,800
	19~29	460	650		3,000
	30~49	450	650		3,000
	50~64	430	600		3,000
	65~74	410	600		3,000
	75 이상	410	600		3,000
임신부		+50	+70		3,000
수유부		+350	+490		3,000

자료 : 보건복지부, 2020 한국인 영양소 섭취기준, 2020

섭취량은 3,000 μg RAE/일로 책정되어 있다.

(2) 비타민 A의 급원식품

비타민 A의 활성을 지닌 레티노이드는 동물성 식품에 레티닐에스터 형태로 존재한다. 레티노이드가 가장 풍부한 동물성 급원식품은 간, 우유와 유제품, 버터, 달걀, 지방이 많은 생선이다. 시리얼과 같이 비타민 A가 강화된 식품도 좋은 급원이다. 식물성 식품에는 레티노이드는 들어 있지 않지만 초록색, 노란색, 오렌지색, 붉은색 등의 색깔을 가진 채소와 과일들은 카로티노이드를 함유하고 있다. 식물은 많은 종류의 카로티노이드를 함유하고 있으나 이 중 소수만이 비타민 A의 활성을 가지며 비타민 A의 활성이 가

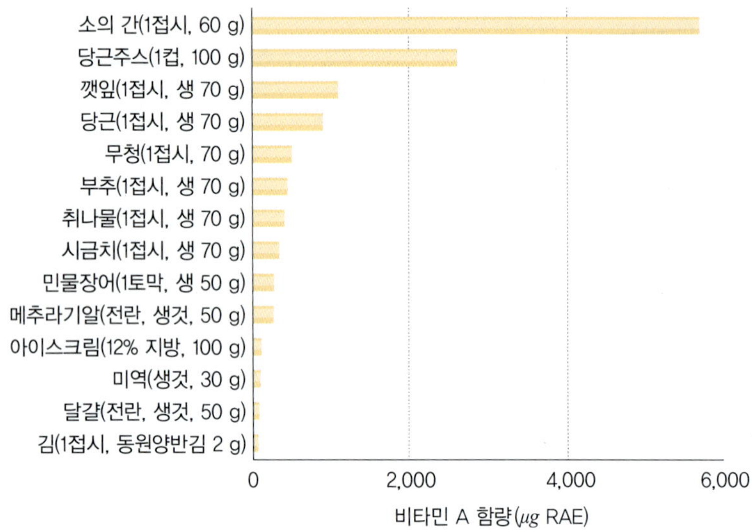

그림 6-5 비타민 A의 급원식품과 함량

비타민 A의 단위

그동안 비타민 A의 기본단위로 레티놀 당량(RE, Retinol Equivalents)을 사용하여 왔으나 2015년 한국인 영양소 섭취기준에서부터는 국제적 추세에 따라 레티놀 활성당량(RAE)을 채택하였다.

레티놀과 전구체인 베타-카로틴에 해당되는 양과 RAE 단위와 IU(International Unit) 단위의 관계는 다음과 같다.

1 μg 레티놀 활성당량(Retinol Activity Equivalent, RAE)
= 1 μg 레티놀
= 12 μg 식품 중 베타-카로틴
= 3.3 IU 레티놀

장 큰 카로티노이드는 베타-카로틴이다. 베타-카로틴은 당근과 시금치와 같은 녹황색 채소와 해조류에 많이 함유되어 있다. 비타민 A의 주요 급원식품은 그림 6-5와 같다.

5) 비타민 A의 결핍증

비타민 A의 결핍증은 전 세계적으로 개발도상국가 또는 저개발국가의 어린이들에게서 주로 나타난다. 이들 대부분에게서 심각한 단백질-에너지 영양불량 상태나 지방 섭취의 부족 등을 볼 수 있다. 단백질 결핍은 레티놀-결합 단백질의 수준을 감소시키고, 지방 섭취 부족 및 지방 흡수 장애는 비타민 A의 흡수를 저해하므로 체내 비타민 A의 결핍이 더욱 심해질 수 있다. 미숙아나 간질환자, 알코올 중독자의 경우 간 손상으로 인해 비타민 A를 간에 충분히 저장할 수 없으므로 비타민 A의 결핍증이 나타난다. 이외에 만성설사, 지방 흡수 불량, 지방 흡수를 저해하는 약물복용 시 비타민 A의 흡수에 지장을 주므로 비타민 A의 결핍증이 나타난다. 또한, 신체는 비타민 A의 효과적인 이용을 위해 아연을 필요로 하므로 불충분한 아연 섭취는 비타민 A의 결핍 증세를 초래할 수 있다.

비타민 A 결핍의 조기 증세로 야맹증이 나타나며, 비타민 A의 결핍이 더 진행되면 결막건조증(xerophthalmia)과 떨어져나간 세포들이 결막의 가장자리에 축적되는 비토반점(bitot's sports)으로 발전한다. 심각한 경우 각막궤양(ulceration)과 각막연화증(keratomalacia)이 될 수 있으며, 더 심해지면 실명할 수도 있다(그림 6-6).

비타민 A가 결핍되면 피부의 각질화로 인해 피부 표면이 건조하고 거칠어져 목 안쪽, 팔다리 바깥부분, 복부 등에 닭살과 같은 모낭각화증(follicular hyperkeratosis)이 나타난다(그림 6-7). 모낭각화증은 비타민 A 결핍 초기에 주로 나타난다. 이외에 소화기관의

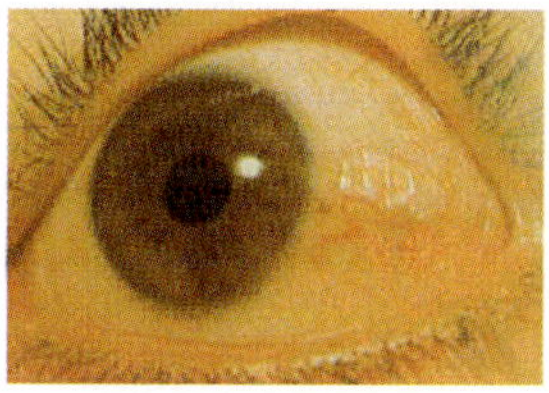

결막건조증

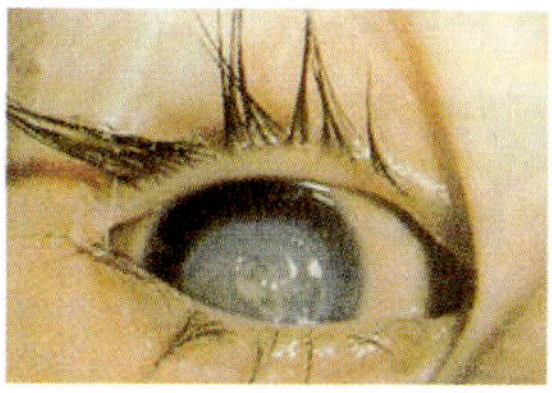

각막연화증

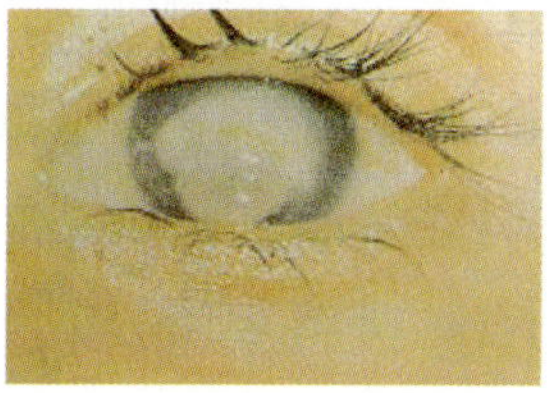

심한 각막연화증(실명단계)

그림 6-6 ▶ 비타민 A 결핍으로 인한 안질환

그림 6-7 ▶ 비타민 A 결핍으로 인한 모낭각화증

상피세포 이상으로 소화능력이 상실되어 설사 등의 증세를 보이기도 하며, 미각과 후각 등 감각기관의 퇴화로 식욕부진이 나타나기도 한다. 또한, 비타민 A가 결핍되면 면역력 저하로 인해 감염에 대한 저항력이 약해진다. 비타민 A는 세포의 성장과 분화에 필수적이므로 비타민 A 결핍 시 뼈와 치아의 성장과 발달이 손상되어 성장 지연현상이 나타난다.

결막건조증(xerophthalmia)

비타민 A 결핍으로 인해 눈의 점액 생성이 잘 이루어지지 않아 각막과 결막 등이 건조해지고 결막이 케라틴화되는 증상

6) 비타민 A의 과잉증

동물성 식품이나 보충제로부터 1일 상한섭취량인 3,000 μg RAE 이상의 비타민 A를 섭취하면 비타민 A의 독성 증세가 나타난다.[12] 비타민 A의 독성 증세로는 복부 통증, 탈모, 관절 통증, 성장 정지, 뼈와 근육의 통증, 월경 중지, 메스꺼움, 설사, 발진, 간의 손상과 비장 비대 등이 있다. 과량 복용의 초기 증세로 식욕 상실, 시력 저하, 성장 지연(어린이), 두통, 피부 가려움증이 나타난다. 수년에 걸쳐 소량씩 계속해서 과잉 섭취하면 골격 약화로 인해 엉덩이 골절을 초래할 수 있다.[13] 임신 중에 권장량의 3~4배 이상의 비타민 A 보충제를 만성적으로 과량 복용하면 중추신경계 이상, 탈뇌, 뇌수종 등을 가진 기형아를 출산할 확률이 높다.[8]

비타민 A의 전구체인 카로티노이드는 체내에서 레티놀로의 전환율이 느리고 섭취량이 많아지면 소장에서의 카로티노이드의 흡수율이 현저하게 감소되므로 카로티노이드의 과량 섭취는 독성을 초래하지 않는다. 당근이나 베타-카로틴을 과잉 섭취하면 레티놀로 전환되고 남은 베타-카로틴은

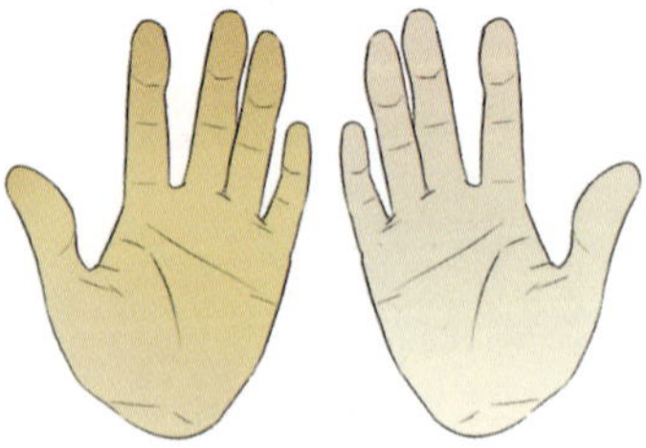

그림 6-8 ▶ 베타-카로틴의 과잉 증세

피하지방조직에 축적되어 피부가 노랗게 변하는 고카로틴혈증(hypercarotenemia)이 나타난다. 이러한 현상은 건강에 해를 주지 않으며 베타-카로틴의 섭취량을 줄이면 몇 개월 후에 다시 정상적인 피부색으로 되돌아온다(그림 6-8).

3. 비타민 D

비타민 D는 흔히 햇빛비타민(sunshine vitamin)이라고 부른다. 피부가 햇빛 중 자외선에 노출되면 피하조직 내에 있는 콜레스테롤은 비타민 D로 전환된다. 비타민 D는 햇빛에 의해 체내 필요량을 모두 합성할 수 있다는 점에서 다른 영양소들과 구분된다. 햇빛을 매일 충분히 받으면 식품으로부터 비타민 D를 전혀 섭취하지 않아도 된다.[8,14] 그러나 햇빛을 충분히 받지 않은 상태에서 비타민 D의 섭취가 부족하면 결핍증이 나타날 수 있다.

1) 비타민 D의 구조와 성질

비타민 D는 비타민 D의 활성을 가진 화합물들의 총칭으로, 그중에서 비타민 D_2(에르고칼시페롤, ergocalciferol)와 비타민 D_3(콜레칼시페롤, cholecalciferol)가 가장 중요하나(그

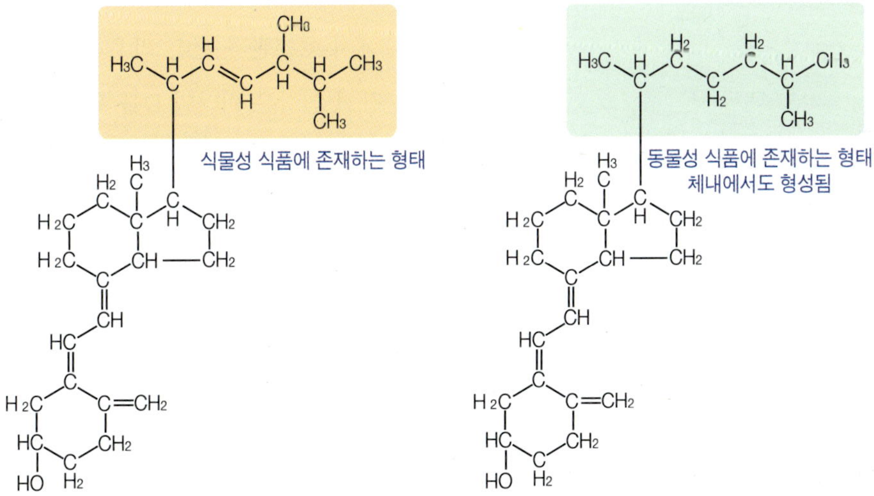

비타민 D_2　　　비타민 D_3

그림 6-9 ▶ 비타민 D의 구조[16]

림 6-9). 비타민 D_2는 식물성 급원으로부터, 비타민 D_3는 동물성 급원으로부터 각각 얻을 수 있다. 또한, 피부에 있는 7-디하이드로콜레스테롤(7-dehydrocholesterol)은 햇빛 중의 자외선 조사에 의해 비타민 D_3로 합성된다. 합성된 비타민 D_3는 인체가 필요로 하는 비타민 D의 약 90%를 공급하는 데 비해 식품으로부터 얻어지는 비타민 D_3의 양은 매우 적다.[15]

비타민 D는 비타민 A보다 가열 및 산화에는 매우 안정하나 알칼리에 대해서는 불안정하여 쉽게 분해되며 산성에서는 서서히 분해된다.

2) 비타민 D의 흡수와 대사

비타민 D의 흡수는 비타민 A의 흡수 과정과 유사하다. 식사를 통해 섭취한 비타민 D는 소장에서 담즙의 도움을 받아 유화되고 효소에 의해 소화된 후 카일로마이크론의 형태로 림프관으로 이동하여 혈액순환계를 통해 간으로 운반된다. 반면 자외선 조사에 의해 피부에서 합성된 비타민 D는 순환계로 직접 흡수된 후 간으로 이동한다. 간으로 운반된 비타민 D는 간에서 비타민의 25번 탄소 위치가 수산화(hydroxylation)되어 25-OH-비타민 D로 전환되어 수 주간 혈액에서 순환한 후 신장에서 비타민 D의 활성 형태인 1,25-$(OH)_2$-비타민 D(칼시트리올, calcitriol)로 전환되어 체내에서 호르몬과 같은 작용을 하게 된다(그림 6-10). 이와 같이 신장은 비타민 D를 활성화시키는 기관이므로 만성신부전 환자는 1,25-$(OH)_2$-비타민 D의 농도가 매우 낮으므로 정기적으로 치료를 받아야 한다.

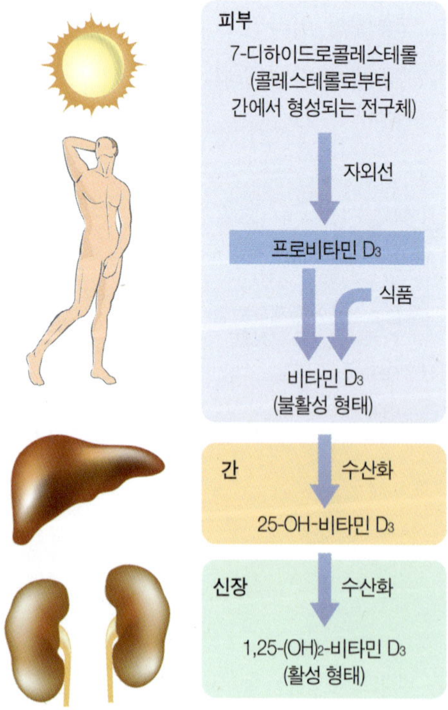

그림 6-10 ▶ 비타민 D의 합성과 활성화

한편, 일단 순환계로 들어간 비타민 D는 간에 저장되었다가 필요한 경우 사용되거나 간에서 25-OH-비타민 D로 전환된다.[4] 혈중 칼슘농도가 낮아지면 부갑상선호르몬(parathyroid hormone, PTH)의 분비가 증가된다. 분비된 부갑상선호르몬은 신장에서 1,25-$(OH)_2$-비타민 D의 형성을 증가시킨다. 비타민 D는 체내에서 이용된 후 주로 담즙을 통해 대변으로 배설되며 소변으로 소량 배설된다.

3) 비타민 D의 기능

(1) 칼슘의 항상성 유지(calcium homeostasis)

비타민 D[1,25-$(OH)_2$-비타민 D, 칼시트리올]는 혈액 내 칼슘의 수준을 정상 범위 내에 있도록 유지시켜 주는 역할을 한다. 혈액 중 칼슘농도가 감소하면 부갑상선에서 부갑상선호르몬이 분비되어 신장에서 1,25-$(OH)_2$-비타민 D의 생성이 촉진된다. 생성된 1,25-$(OH)_2$-비타민 D는 소장에서 칼슘과 인의 흡수를 촉진하고 신장에서 칼슘의 배설을 감소시키며, 뼈에서의 칼슘 방출을 촉진시켜 혈액 내 칼슘농도를 증가시킨다. 혈액 내 칼슘농도가 일정 수준을 초과하면 갑상선에서 칼시토닌(calcitonin)이 분비되어 칼슘의 초과량을 다시 뼈로 이동시킨다. 이러한 방식에 의해 혈액 내 칼슘농도가 항상 일정한 수준을 유지하게 된다. 따라서, 비타민 D는 뼈에 칼슘과 인의 축적을 증가시켜 정상적인 뼈를 형성하고 유지시켜 주는 역할을 한다.

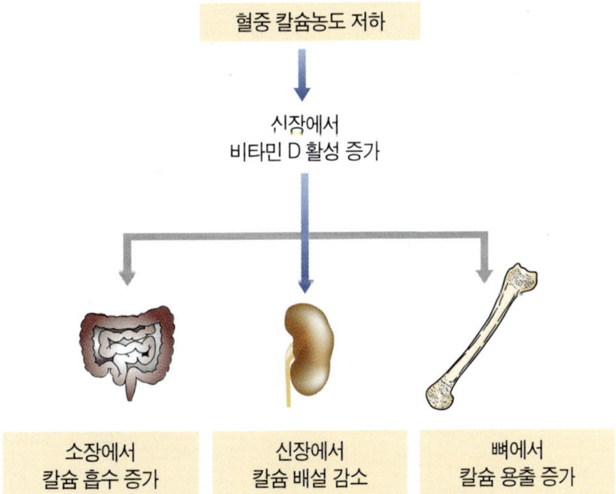

그림 6-11 ▶ 비타민 D와 칼슘의 항상성

(2) 세포분화와 암

비타민 D는 미성숙한 세포를 특정 기능을 가진 성숙한 세포로 발전시키는 과정, 즉 세포분화에 중요한 역할을 한다. 비타민 A와 마찬가지로 비타민 D는 세포핵에서 유전자 발현을 활성화 또는 저해함으로써 세포분화를 조절한다. 예를 들면, 비타민 D는 미성숙한 골세포를 성숙한 골수세포로, 소장 내 상피세포를 성숙한 적혈구로 분화시키는 데 관여한다. 또한, 최근 연구에 의하면 비타민 D는 암세포의 분화에 영향을 끼쳐 결장, 유방, 피부, 전립선 암의 발생을 예방하는 데 도움이 된다고 보고하고 있다.[17] 그러나 이와 관련해서는 앞으로 부가적인 연구가 필요하다.

4) 비타민 D의 섭취기준과 급원식품

(1) 섭취기준

비타민 D는 최저 필요량 설정에 관한 확실한 근거가 부족하고 햇빛 중 자외선에 의해 피부에서 생합성되므로 식품을 통한 권장량 설정이 어렵다. 특히 우리나라의 경우 한국인을 대상으로 섭취기준에 대한 연구가 부족한 실정이다.[11] 따라서, 미국을 비롯한 다른 나라의 영양소 섭취기준을 근거로 비타민 D의 섭취기준을 모든 연령층에서 충분섭취량과 상한섭취량으로 설정하였다(표 6-5). 남녀(12~64세)의 충분섭취량은 10 μg/일로 설정되었다. 나이가 들수록 피부에서의 비타민 D 합성이 현저하게 감소되므로 충분섭취량을 65세 이후에는 15 μg/일로 설정하고 있다.[13] 영아는 생후 9개월 동안 사용할 수 있는 양의 비타민 D를 보유하고 태어나지만 모유는 비타민 D가 충분한 식품이 아니므

표 6-5 ▶ 한국인의 비타민 D 섭취기준

(μg/일)

연령		평균필요량	권장섭취량	충분섭취량	상한섭취량
영아	0~5(개월)			5	25
	6~11			5	25
유아	1~2(세)			5	30
	3~5			5	35
남자	6~8(세)			5	40
	9~11			5	60
	12~64			10	100
	65 이상			15	100
여자	6~8(세)			5	40
	9~11			5	60
	12~64			10	100
	65 이상			15	100
임신부				+0	100
수유부				+0	100

자료 : 보건복지부, 2020 한국인 영양소 섭취기준, 2020

로 모유 영양아의 경우 9개월이나 그 이전부터 규칙적으로 햇빛을 쐬도록 하는 것이 좋다.[4,12] 조제분유에는 비타민 D가 첨가되어 있다. 임신부와 수유부의 충분섭취량은 성인 여성의 섭취량과 같이 10 μg/일로 설정하고 있다. 비타민 D를 다량 섭취하면 고칼슘혈증을 일으킬 수 있으므로 12세 이상의 남녀, 노인, 임신부, 수유부 모두 비타민 D의 상한섭취량을 100 μg/일로, 영아의 경우 25 μg/일로 설정하고 있다.

(2) 급원식품

햇빛을 충분히 쐬지 못한 사람들은 반드시 식품을 통해 비타민 D를 충분히 섭취해야 한다. 실제로 비타민 D의 함량이 높은 자연식품은 그리 많지 않다. 기름기 많은 생선(참다랑어, 정어리 등)과 비타민 D를 강화한 식품(우유, 시리얼)은 비타민 D의 좋은 급원식품이다. 달걀, 버터, 간 등에도 소량의 비타민 D가 함유되어 있으나 이들 식품으로부터 비타민 D를 얻기 위해서는 아주 많은 양을 섭취하여야 하므로 좋은 급원식품은 아니다.[4] 대구간유 또는 기타 생선간유에는 비타민 D가 농축되어 있지만 흔히 섭취하는 식품은 아니다. 식물성 식품은 비타민 D가 전혀 없거나 아주 소량 함유되어 있다. 따라서, 엄격한 채식주의자의 경우 햇빛을 충분히 받거나 강화식품 또는 보충제를 섭취해야만 한다.

한편, 동물성 식품에는 비타민 D_3가 함유되어 있으나, 식물성 식품(버섯), 보충제, 강화식품에는 비타민 D의 전구체인 에르고스테롤 또는 비타민 D_2가 함유되어 있다. 비타민 D_2도 체내에서 비타민 D의 활성을 나타내지만 비타민 D_3만큼 혈액 내 25-OH-비

피부를 통한 비타민 D_3의 합성에 영향을 주는 요인[4,8,16]

비타민 D_3를 합성하기 위해 피부가 노출되어야 할 햇빛의 양은 피부색, 연령, 시간, 계절, 지역, 햇빛차단제 사용 여부 등에 따라 다르다. 전문가들은 손, 얼굴, 팔 등의 부위를 일주일에 2~3회씩 1도 화상(sunburn)을 입을 정도의 25% 강도로 햇빛에 노출하도록 권장하고 있다. 즉, 1시간 내에 피부에 1도 화상을 입는 사람이라면 15분간 노출하도록 권장한다. 그러나 피부색이 검은 경우에는 권장량의 5배 정도로 노출시간을 늘려야 한다. 피부가 검은 사람은 피부 밑에 다량의 멜라닌 색소가 존재하는데 이 색소는 자외선이 피부 밑의 7-디하이드로콜레스테롤에 전달되는 것을 방해하기 때문이다. 비타민 D는 SPF 8 이상의 햇빛 차단제를 사용하지 않고 오전 8시부터 오후 4시 사이에 햇빛을 쬐면 가장 효과적으로 피부에서 합성될 수 있다. 그리고 겨울은 여름보다 일조량이 적으므로 비타민 D가 충분히 합성되지 못한다.

따라서, 여름 동안 지방세포에 축적한 비타민 D를 사용할 수 있다. 연령이 증가할수록 피부에서의 비타민 D의 합성이 현저하게 감소된다. 즉, 50세 미만 성인의 경우 하루에 10~15분 정도 햇빛을 충분히 받으면 충분한 양의 비타민 D를 합성할 수 있으며, 50세 이상 노인의 경우에는 15분 이상 햇빛을 받아야 한다.

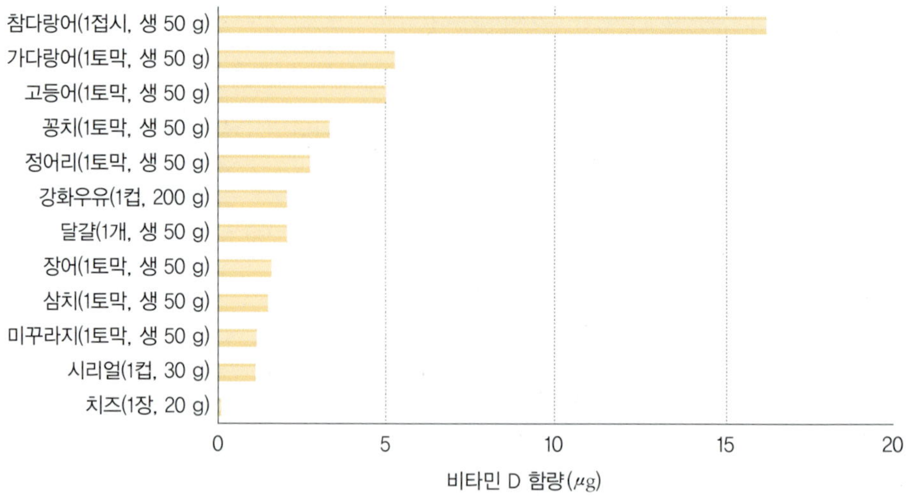

그림 **6-12** 비타민 D의 급원식품과 함량

타민 D 수준을 상승시키는 데 효율적이지 않다.[4] 한국인 상용식품들의 비타민 D 함량을 그림 6-12에 제시하였다.

5) 비타민 D의 결핍증

비타민 D의 결핍은 소장에서의 칼슘 결합단백질의 생성을 지연시킨다. 칼슘이 소장으로 흡수되지 못하고 통과하게 되므로 뼈로의 칼슘 공급이 적어진다. 따라서, 비타민 D의 결핍은 칼슘의 결핍을 초래한다.

(1) 구루병

비타민 D가 부족한 경우 골격이 정상적으로 석회화되지 못해 체중을 견딜 수 없는 무른 뼈가 형성되어 다리가 휘어지게 된다. 이러한 현상이 어린이에게 발생했을 때 구루병(rickets)이라고 한다(그림 6-13). 구루병을 가진 어린이는 골격이 제대로 형성되지 못하고 머리, 관절, 흉곽이 커지고 골반 형성이 잘 되지 않는다. 이러한 증상은 비타민 D의 섭취가 부족하거나 적절하게 햇빛을 받지 못한 어린이에게 나타난다.

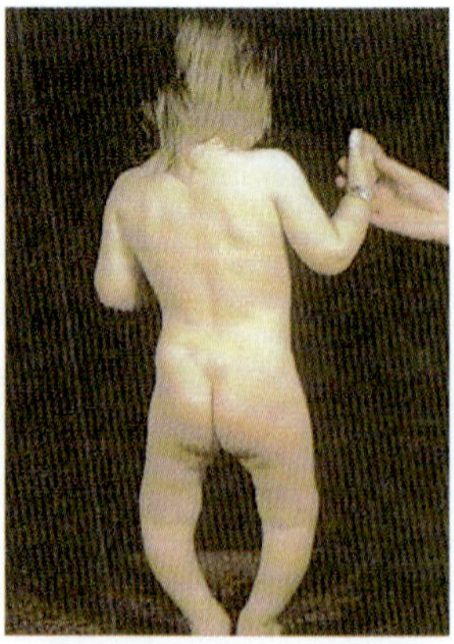

그림 **6-13** 구루병

(2) 골연화증

골연화증(osteomalacia)은 성인에게서 발생하는 구루병으로서 칼슘의 섭취가 적고 햇빛을 거의 받지 않은 출산 경험이 많은 여성에게서 가장 자주 발생한다. 또한, 비타민 D의 흡수나 활성과 관련된 기관에 질병이 있는 경우 골연화증 발생위험이 높다. 골연화증의 증세로는 골밀도의 저하로 뼈가 약화되어 다리뼈에 통증이 나타나며 골반뼈 또는 갈비뼈가 쉽게 골절된다. 골연화증의 경우 뼈의 총량은 정상이나 기질의 석회화가 감소하여 뼈의 조성이 비정상적으로 된다.

(3) 골다공증

골다공증(osteoporosis)은 중년기 이후에 특히 폐경 후 여성에게 자주 발생하며, 골연화증과 증세가 비슷하다.[18] 골연화증과 차이점은 골다공증의 경우 단백질과 무기질의 상대적인 화학적 조성에는 변화가 없으나 골밀도가 감소하므로 뼈의 조성은 정상이지만 뼈의 총량이 감소한다.

한편, 노인의 경우 노화로 인한 퇴행성 질환이 많아 햇빛에 노출이 제한되고, 성인에 비하여 피부에서 비타민 D_3의 합성 능력이 절반밖에 되지 않으며 신장에서 1,25-$(OH)_2$-비타민 D로의 전환이 효율적이지 못하므로 비타민 D 결핍증이 발생할 위험률이 높다. 따라서, 노인에게 비타민 D 보충제를 복용시키면 뼈의 밀도를 증가시킴으로써 골다공증으로 인한 골절, 특히 엉덩이 골절률이 감소된다.[19] 그러나 고용량의 비타민 D 보충제 복용으로 권장량의 5배 이상을 주기적으로 섭취할 경우에는 비타민 D의 독성 증세가 나타날 수 있다.[3,6]

6) 비타민 D의 과잉증

햇빛에 의해 인체 내에서 합성되는 비타민 D는 독성이 없지만 고용량의 비타민 D 보충제 복용은 독성이 매우 강하다. 비타민 D 독성의 특징은 고칼슘혈증(혈중 칼슘의 농도가 12 mg/dL 이상)이다.

고칼슘혈증의 초기 증세로는 소변량 증가와 갈증이 나타난다. 고칼슘혈증이 지속되면 연조직에 과잉의 칼슘이 침착되어 통증과 기관 손상이 초래된다. 이외의 비타민 D 과잉 증세로는 심각한 우울증, 메스꺼움, 구토, 식욕 손실이 나타난다.

4. 비타민 E

1922년 이반(Evans)과 비숍(Bishop)은 쥐의 생식에 필요한 채소기름의 한 성분을 발견하고 토코페롤(tocopherol)이라고 하였다. 항불임인자(antisterility factor)인 토코페롤은 그리스어로 자손을 낳는다(to bear offspring)는 의미이다. 몇 년 후 이 화합물을 비타민 E라고 하였다. 하지만 오늘날 비타민 E는 심혈관질환과 같은 만성질환 발생위험을 감소시키는 것으로 알려지고 있다.

1) 비타민 E의 구조와 성질

비타민 E에는 4개의 토코페롤(tocopherol : α, β, γ, δ)과 4개의 토코트리에놀(tocotrienol : α, β, γ, δ)이 있으며, 이 중 활성이 가장 큰 비타민은 알파-토코페롤(α-tocopherol)이다(그림 6-14).

비타민 E는 열과 산에는 안정하나 공기 중의 산소와 결합하여 산화되기 쉬우며, 특히 자외선에 의해 쉽게 파괴된다.

2) 비타민 E의 흡수와 대사

비타민 E의 흡수 과정은 다른 지용성 비타민의 흡수 과정과 같다. 식사로 섭취한 비타민 E는 소장에서 담즙의 도움을 받아 유화되고 효소에 의해 소화된 후 카일로마이크론의 형태로 림프관으로 이동한 후 혈액순환계로 가서 간으로 이동한다.

비타민 E는 간과 지방조직, 골격근육에 저장되나 결국은 인지질과 관련된 세포막에 존재한다. 실제적으로 모든 조직이 소량의 비타민 E를 함유함으로써 그들의 세포막을 보호한다. 비타민 E는 주로 담즙을 통해 대변으로 배설되고 소량의 대사물은 소변으로 배설된다.

3) 비타민 E의 기능

동물실험에서 비타민 E가 생식 기능에 관여하고 불임을 예방하는 효과가 있음이 보고되었으나, 사람에게는 아직까지 이러한 효과가 관찰되지 않고 있다.[6,8]

비타민 E는 인체에서 중요한 지용성 항산화제이다. 즉, 비타민 E는 자신이 산화되면

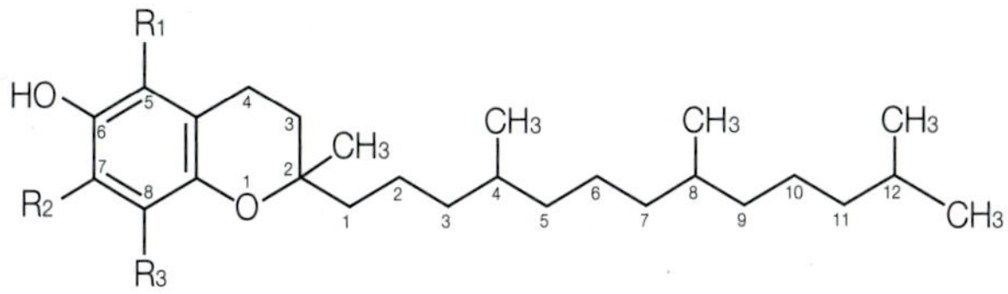

	R_1	R_2	R_3
α-tocopherol	CH_3	CH_3	CH_3
β-tocopherol	CH_3	H	CH_3
γ-tocopherol	H	CH_3	CH_3
δ-tocopherol	H	H	CH_3

(a) 토코페롤

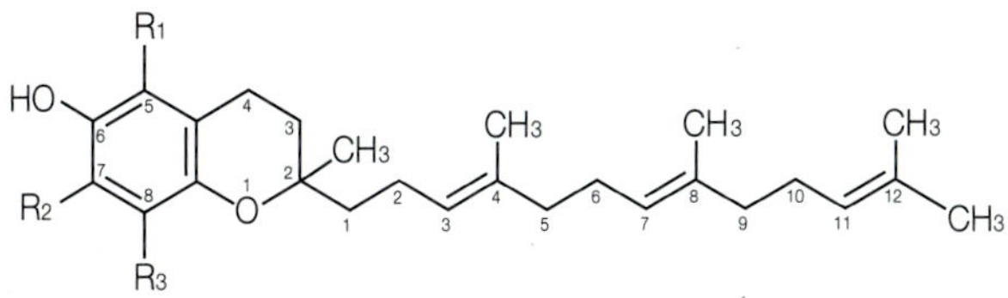

	R_1	R_2	R_3
α-tocotrienol	CH_3	CH_3	CH_3
β-tocotrienol	CH_3	H	CH_3
γ-tocotrienol	H	CH_3	CH_3
δ-tocotrienol	H	H	CH_3

(b) 토코트리에놀

그림 6-14 ▶ 비타민 E의 구조

서 다른 물질의 산화를 막기 때문에 산화제의 공격으로부터 다른 분자나 세포의 일부분을 보호하는 역할을 한다. 세포막 내에서 유리라디칼(free radical)이 형성되면 유리라디칼의 연쇄반응으로 불포화지방산이 산화된다. 이때 비타민 E는 유리라디칼의 생성과 연쇄반응을 차단함으로써 지질의 과산화를 방지하여 세포막을 안정화시킨다(그림 6-15).[12]

연구에 의하면 많은 양의 항산화성 비타민의 섭취는 만성질환, 특히 심장병 발생위험을 낮춘다고 보고하고 있다.[20]

항산화성 영양소는 암을 일으키는 유리라디칼의 손상으로부터 DNA를 보호하므로 비타민 E가 암을 예방 또는 치료할 수 있을 것이라는 사실에 매우 관심을 가지고 있다. 하지만 비타민 E의 함량이 높은 식사는 암 발생위험을 감소시키지만 비타민 E 자체가 이러한 질병의 발생위험을 감소시킨다는 증거는 없다.[21] 이는 비타민 E가 암으로부터 신체를 보호하는 다른 식사 성분과 상호작용을 하기 때문이다.

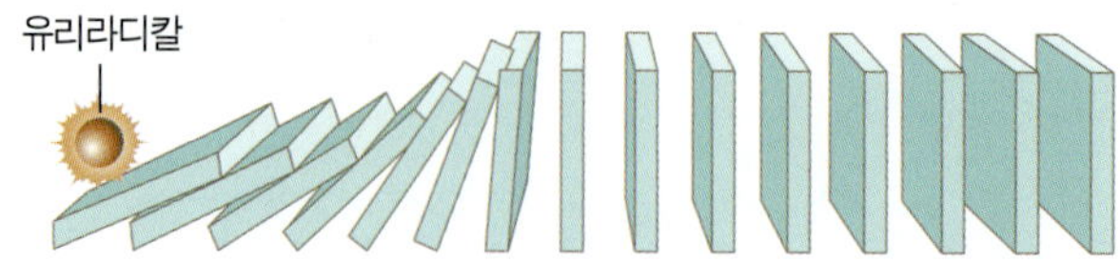

유리라디칼은 세포의 구조를 연쇄적으로 손상시킨다.

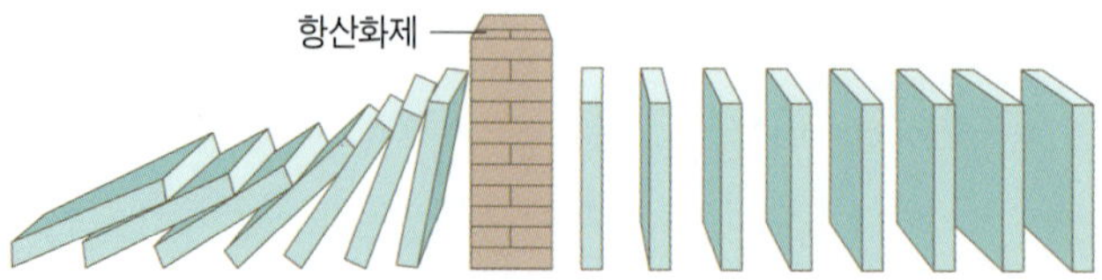

항산화제는 유리라디칼의 연쇄반응을 단절함으로써 세포의 구조를 보호한다.

그림 6-15 ▶ 유리라디칼의 손상과 항산화 보호

4) 비타민 E의 섭취기준과 급원식품

(1) 섭취기준

비타민 E의 섭취단위는 알파-토코페롤 당량(α-tocopherol equivalent, α-TE)으로 표현하며, 1당량은 1 mg의 알파-토코페롤이 가진 비타민 E의 활성을 의미한다. 우리나라 1일 성인 남녀(19~49세)의 비타민 E 충분섭취량은 12 mg α-TE/일이며, 성인 남녀의 비타민 E 상한섭취량은 540 mg α-TE/일이다(표 6-6). 많은 양의 다가불포화지방산을 섭취하는 사람들은 지질과산화를 방지하기 위해 비타민 E를 더 많이 섭취해야 한다. 다행히도 비타민 E와 다가불포화지방산은 같은 식품 중에 함께 존재한다.

(2) 급원식품

비타민 E는 불포화지방산이 많이 함유된 식품에 주로 분포되어 있다. 비타민 E가 풍부한 식품으로는 식물성 기름, 쌀, 견과류, 종실류, 콩류, 진한 녹색잎 채소 등이 있으며, 육류, 가금류, 생선, 달걀 등에도 소량 들어 있다. 식물유 중 밀배아유와 대두유에 비타민 E가 매우 풍부하며, 옥수수유, 면실유도 좋은 급원이다.

한국인의 상용식품 가운데 1인 1회 분량 중 비타민 E의 함량은 그림 6-16과 같다.

5) 비타민 E의 결핍증

지방 흡수가 불량한 환자나 유전적 결함이 있는 사람, 비타민 E가 불충분한 조제식

표 6-6 ▶ 한국인의 비타민 E 섭취기준

(mg α-TE/일)

연령		평균필요량	권장섭취량	충분섭취량	상한섭취량
영아	0~5(개월)			3	
	6~11			4	
유아	1~2(세)			5	100
	3~5			6	150
남자	6~8(세)			7	200
	9~11			9	300
	12~14			11	400
	15~18			12	500
	19 이상			12	540
여자	6~8(세)			7	200
	9~11			9	300
	12~14			11	400
	15~18			12	500
	19 이상			12	540
임신부				+0	540
수유부				+3	540

자료 : 보건복지부, 2020 한국인 영양소 섭취기준, 2020

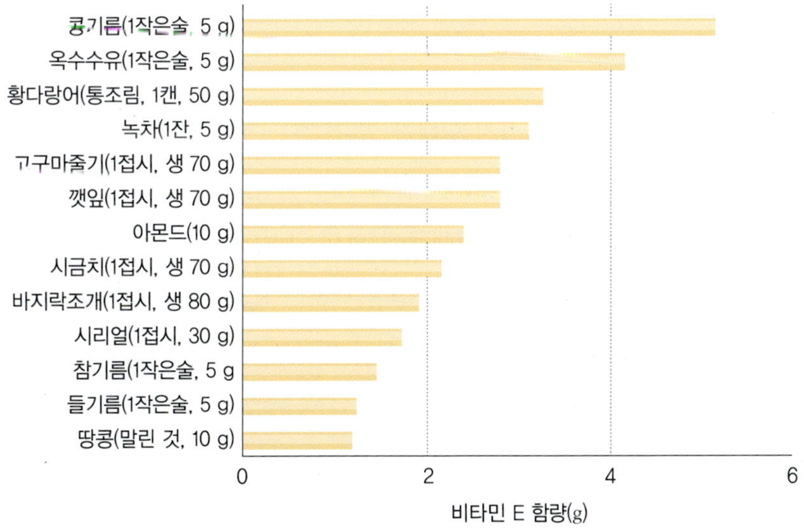

그림 6-16 ▶ 비타민 E의 급원식품과 함량

을 먹는 유아를 제외하고는 건강한 성인에게서 비타민 E가 결핍되는 경우는 드물다.[6] 비타민 E 결핍 시 적혈구의 세포막이 손상되어 파열됨으로써 용혈성 빈혈(hemolytic anemia)이 발생한다. 이러한 증세는 모체로부터 비타민 E의 전달이 일어나기 수 주 전에 태어난 미숙아에게서 흔히 나타난다. 또한, 비타민 E의 결핍은 신경근육계의 기능 저하로 인한 근육 조정과 반사능력 상실, 시력과 언어구사력 손상을 초래한다.

6) 비타민 E의 과잉증

비타민 E는 거의 독성이 없다. 그러나 고용량의 비타민 E 보충제를 항응고제나 아스피린과 같이 복용하면 비타민 K의 혈액응고작용을 방해함으로써 혈액이 잘 응고되지 않는다.[22]

5. 비타민 K

비타민 K는 혈액응고에 필수적이다. 비타민 K와 혈액응고와의 관계를 처음으로 밝힌 덴마크 학자는 '응고'의 덴마크 철자인 'koagulation'의 첫 자를 따서 비타민 K로 명명하였다.

1) 비타민 K의 구조와 성질

비타민 K에는 K_1, K_2, K_3의 세 가지 형태가 있다(그림 6-17). 비타민 K_1의 화학명은 필로퀴논(phylloquinone)이며 식물성 급원인 녹색 잎에 함유되어 있다. 비타민 K_2의 화학명은 메나퀴논(menaquinone)으로 장내세균에 의해 합성되며, 동물성 식품에도 함유되어 있고 비타민 K_1의 75% 활성을 가지고 있다. 비타민 K_3는 메나디온(menadione)이라고 불리는데 자연계에 존재하지 않고 실험실에서 인공적으로 합성된 것으로 K_1과 K_2보다 2배의 활성을 가지고 있다.

비타민 K는 산화, 알칼리, 산, 광선에 의하여 쉽게 파괴되나 열과 습기에는 비교적 안정하다.

2) 비타민 K의 흡수와 대사

비타민 K는 비타민 K의 종류에 따라 흡수되는 방식에 차이가 있다. 필로퀴논과 메나퀴논은 다른 지용성 비타민과 같이 담즙의 도움을 받아 소장에서 흡수되나 합성형인

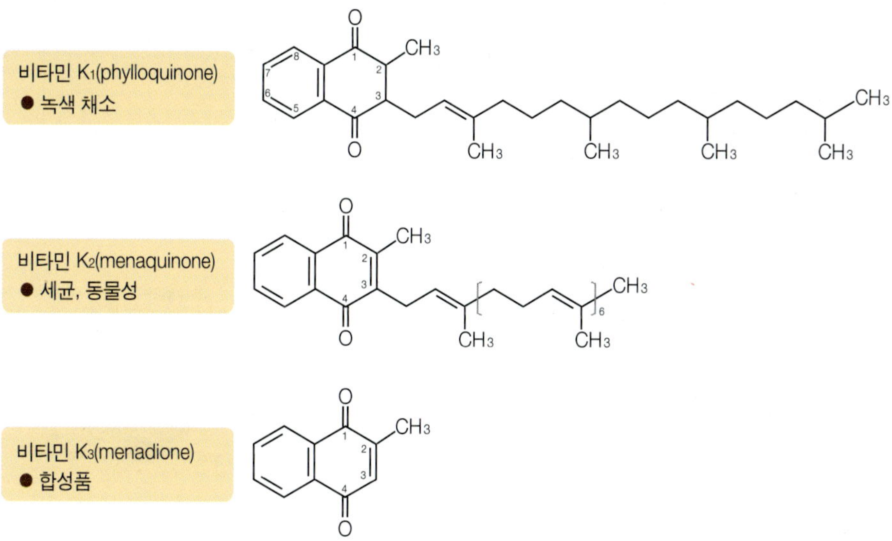

그림 6-17 비타민 K의 구조

메나디온은 수용성이므로 담즙의 도움 없이 흡수된다.

필로퀴논은 소장, 특히 공장 부분에서 흡수되는 반면 메나퀴논은 회장의 말단과 결장 부위에서 흡수된다. 대장에서 박테리아에 의해 합성된 메나퀴논 또한 상당량이 장내로 흡수되는 것으로 알려져 있지만 그 정도는 사람에 따라 다르다.[23] 인공적으로 합성형인 메나디온은 소장 말단에서 흡수된다. 흡수된 비타민 K는 카일로마이크론의 일부가 되어 림프계를 통해 간으로 간다. 비타민 K는 간에 저장되나 전환 속도가 빨라 체내 풀(pool)의 크기가 매우 작으며, 다른 지용성 비타민에 비해 저장량이 적은 편이다. 비타민 K는 주로 담즙을 통해 대변으로 배설되고 소량의 대사물은 소변으로 배설된다.

3) 비타민 K의 기능

비타민 K는 혈액응고인자인 프로트롬빈(prothrombin)의 합성에 관여한다. 프로트롬빈은 칼슘과 트롬보키네이스(thrombokinase)에 의해 트롬빈(thrombin)으로 활성화된다. 트롬빈은 혈액 중의 피브리노겐(fibrinogen)에 작용하여 피브린(fibrin)으로 전환되어 혈액응고에 관여한다(그림 6-18).

또한, 비타민 K는 뼈단백질인 오스테오칼신(osteocalcin)의 카르복실화(carboxylation)에 관여함으로써 뼈의 형성을 돕는다.[24] 따라서, 혈중 비타민 K의 수준이 낮으면 뼈가

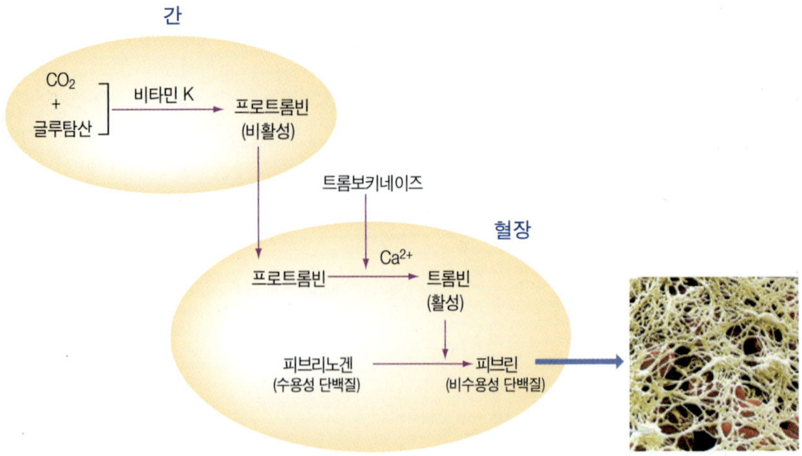

그림 6-18 ▶ 비타민 K와 혈액응고[4]

쉽게 골절된다.[25]

4) 비타민 K의 섭취기준과 급원식품

비타민 K의 섭취기준은 모든 연령층에 대해 충분섭취량만 설정되어 있고 평균필요량, 권장섭취량, 상한섭취량은 설정되어 있지 않다. 성인과 노인의 비타민 K의 충분섭취량은 남자 75 μg/일, 여자 65 μg/일로 설정되어 있고 임신부와 수유부에 대해서는 부가 섭취량이 설정되어 있지 않아 성인 여성과 동일하다(표 6-7).

비타민 K는 식품 중에 광범위하게 분포되어 있을 뿐만 아니라 인간의 장관, 특히 공장과 회장 부분에서 박테리아에 의해 합성된다. 비타민 K는 예전에는 장내 박테리아에 의해 1일 체내 요구량의 50% 정도 공급한다고 생각하였으나 최근 연구 결과에 의하면 K의 약 10~15% 정도만 공급한다고 보고하고 있다.[23] 비타민 K가 풍부한 식품에는 간, 녹색 채소(시금치, 브로콜리), 양배추과에 속하는 채소류, 낫토, 녹차가 있다. 이외 우유, 육류, 달걀, 곡류, 과일 등에도 소량이지만 비타민 K가 함유되어 있다. 모유에는 비타민 K가 거의 존재하지 않는다(그림 6-19).

5) 비타민 K의 결핍증

비타민 K는 장내세균에 의해 생성되고 또한 식품 중에 널리 분포되어 있으므로 결핍

표 6-7 ▶ 한국인의 비타민 K 섭취기준

(μg/일)

연령		평균필요량	권장섭취량	충분섭취량	상한섭취량
영아	0~5(개월)			4	
	6~11			6	
유아	1~2(세)			25	
	3~5			30	
남자	6~8(세)			40	
	9~11			55	
	12~14			70	
	15~18			80	
	19 이상			75	
여자	6~8(세)			40	
	9~11			55	
	12~14			65	
	15~18			65	
	19 이상			65	
임신부				+0	
수유부				+0	

자료 : 보건복지부, 2020 한국인 영양소 섭취기준, 2020

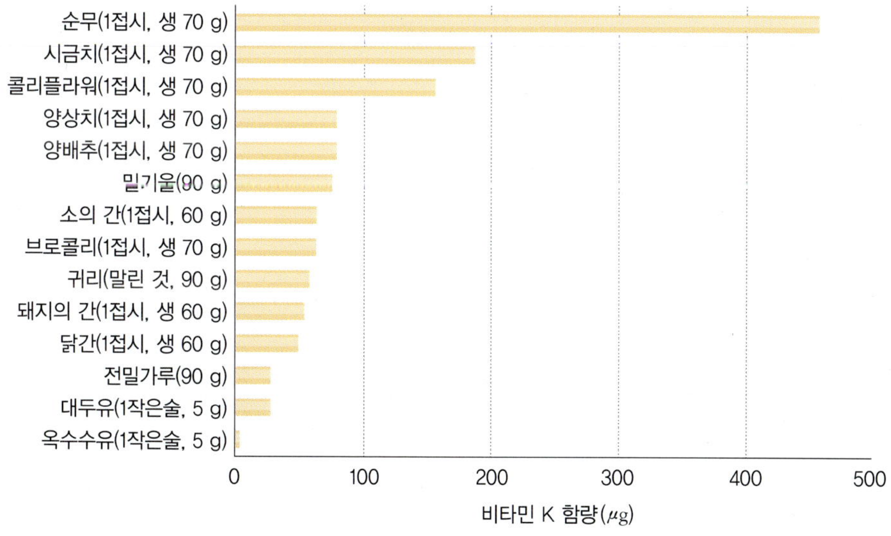

그림 6-19 ▶ 비타민 K의 급원식품과 함량

증이 거의 나타나지 않으나, 담즙 생산이 불가능한 경우, 설사 등으로 지방 흡수가 손상된 경우, 항생제 복용으로 장내세균이 박멸되어 비타민 K가 합성되지 않는 경우 등에 의해 비타민 K의 결핍증인 출혈성 질환이 발생한다.

특히 신생아의 경우 장이 무균 상태이므로 장내에 비타민 K 생성 세균이 서식하기까지는 수 주가 걸린다. 인체 내 비타민 K의 부족으로 신생아 출혈이 일어날 수 있다. 따라서, 신생아 출혈을 방지하기 위해 출생 시 비타민 K(필로퀴논)를 경구 또는 근육주사로 투여한다(그림 6-20).[6,16]

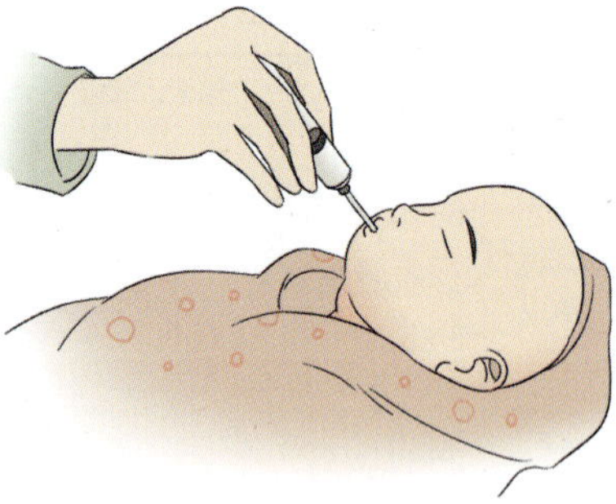

그림 6-20 ▶ 태어난 직후 신생아 출혈을 방지하기 위해 비타민 K를 공급받는 모습

6) 비타민 K의 과잉증

비타민 K는 다른 지용성 비타민들보다 신속하게 체외로 배설되므로 식품 형태로 비타민 K를 섭취한 경우 과잉증은 거의 나타나지 않는다. 따라서, 비타민 K에 대해서는 상한섭취량이 설정되어 있지 않다. 그러나 합성한 메나디온을 과량 섭취한 경우 적혈구의 용혈, 황달, 뇌 손상 등이 나타날 수 있다.[6,8]

표 6-8 ▶ 지용성 비타민의 요약

종류	기능	결핍증	과잉증	풍부한 식품
비타민 A	• 시력 유지, 암 적응능력 • 세포의 생성과 분화 • 상피세포 형성과 유지 • 면역 • 생식 • 정상적인 성장과 발달	• 야맹증 • 감염성 질환 • 결막건조증 • 모낭각화증 • 성장 부진 • 면역력 저하 • 성 기능장애	• 복부 통증 • 탈모증 • 관절 통증 • 성장 지연 • 뼈와 근육의 통증 • 월경 중지 • 메스꺼움 • 설사, 발진 등	• 레티놀 : 우유와 유제품 • 베타-카로틴 : 녹황색 채소
비타민 D	• 칼슘의 항상성 유지 • 세포분화	• 구루병(어린이) • 골연화증(성인) • 골다공증(성인)	• 고칼슘혈증 - 소변량 증가, 갈증 - 연조직의 석회화와 결석 형성 • 우울증 • 메스꺼움 • 구토 • 식욕 상실	• 햇빛에 의해 체내 합성 • 생선 간유, 달걀, 비타민 D 강화 우유
비타민 E	• 항산화제(지질 과산화 방지를 통한 세포막 안정화) • 동물에서 생식에 관여	• 적혈구의 파열 • 용혈성 빈혈 • 신경, 근육계의 기능 저하	• 흔하지 않음 • 비타민 K의 혈액응고작용 방해	• 식물성 기름, 전곡, 견과류, 종실류 • 녹황색 채소
비타민 K	• 혈액응고	• 출혈	• 흔하지 않음 • 적혈구의 용혈, 황달, 뇌손상	• 장내세균에 의해 체내 합성 • 녹황색 채소, 간, 곡류

참고문헌

1 Herbert, V.(1994). The antioxidant supplement myth. *Am J Clin Nutr* 60 : 157

2 Jacob RA, Burri BJ.(1996). Oxidative damage and defense. *Am J Clin Nutr* 63 : 958S

3 Wardlaw GM.(2003). *Contemporary Nutrition*, 5th ed. McGraw Hill. pp.239~288

4 Wardlaw GM, Hampl JS, Disilvestro RA.(2004). *Perspectives in Nutrition*, 6th ed. McGraw Hill. pp.285~322

5 Olsen JA.(1994). Needs and sources of carotenoids and vitamin A. *Nut Rev* 52 : S67

6 Rolfes SR, Pinna K, Whitney E.(2006). *Understanding Normal and Clinical Nutrition*, 7th ed. Thomson & Wadsworth. pp.365~393

7 Solomons N.(2001). Vitamin A and carotenoids. In Bowman BA, RM Russel(eds). *Present knowledge in nutrition.* Washington, DC: ILSI Press

8 Insel P, Turner RE, Ross D.(2005). *Discovering Nutrition*, 2nd ed. Jones and Bartlet. pp.317~365

9 Semba RD.(1998). The role of vitamin A and related retinoids in immune function. *Nutr Rev* 56 : S38~S48

10 Food and Nutrition Board, Institute of Medicine.(2001). *Dietary reference intakes for vitamin A, vitamin K, arsenic, boron, chromium, copper, iodine, iron, manganese, molybdenum, nickel, silicon, vanadium, and zinc.* Washington, DC: National Academy Press

11 보건복지부(2020). 2020 한국인 영양소 섭취기준(비타민). pp.2~131

12 Sizer F, Whitney E.(2004). *Nutrition : Concepts and controversies*, 10th ed. Thomson & Wadsworth. pp.213~262

13 Gelaro PS, Martioni LA.(2004). Vitamin A supplementation and risk of skeletal fracture. *Nutr Rev* 62 : 65~67

14 Halvorsen BL.(2002). A systematic screening of total antioxidants in dietary plants. *J Nutr* 132 : 461~471

15 Eastell R, Riggs BL.(1997). Vitamin D and osteoporosis. In: Feldman D, Glorieux FN, Pida JW, eds. *Vitamin D.* San Diego: Academic Press. 695~711

16 McGuire M, Beerman KA.(2006). *Nutritional sciences From fundamentals to food.* Thomson & Wadsworth. pp.435~466

17 Bikle DD.(2004). Vitamin D and skin cancer. *J Nutr* 134 : 3472S~8S

18 Eastell R, Riggs BL.(2000). Vitamin D and osteoporosis. In: Feldman D, Glorieux FH, Piek JW, eds. Op. cit. 695~711; and Chapuy M-C, Meunier PJ. *Vitamin D, msufficiency in adults and the elderly.* In: Feldman D, Glorieux FH, Piek JW, eds. *Op. cit.* 679~693

19 Chapuy MC, Arlot ME, Duboeuf F.(1992). Vitamin D_3 and calcium to prevent hip fractures in elderly women. *N Engl J Med* 327 : 1637~1642

20 Jialal I, Traber M, Devaraj S.(2001). Is there a vitamin E paradox? *Curr Opin Lipidol* 12 : 49~53

21 Kline K, Yu W, Sanders BG.(2004). Vitamin E and breast cancer. *Journal of Nutrition* 134 : 3458S~62S

22 Horwitt MK.(2001). Critique of the requirement for vitamin E. *Am J Clin Nutr* 73 : 1003~1005

23 김숙희·김선희·김정선·김주현·윤군애·이다희·이상선·정혜경(2006). 고급영양학. 라이프사이언스, pp.118~148

24 Niemeier A, Kassem M, Toedter K.(2005). Expression of LRP1 by human osteoblasts: a mechanism for the delivery of lipoproteins and vitamin K(1) to bone. *J Bone Miner Res* 20 : 283~293

25 Sokoll LJ, Booth SL, O'Brien ME.(1997). Changes in serum osteocalcin, plasma phylloquinone, and urinary g-carboxyglutamic acid in response to altered intakes of dietary phylloquinone in human subjects. *Am J Clin Nutr* 65 : 779~784

용어정리

레티노이드(retinoid) 비타민 A의 활성 형태로 레티놀, 레티날, 레티노인산의 3가지 형태가 있다.

야맹증 망막에 있는 간상체의 능력이 감퇴하여 암 적응 속도가 지연되어 저녁에 어두워지면 물체가 잘 보이지 않는 상태를 말한다.

구루병 비타민 D 결핍 시 골격 내 정상적인 칼슘의 축적이 부족하여 체중을 견딜 수 없는 무른 뼈가 형성되어 다리가 휘어진다. 이러한 현상이 어린이에게 발생한 경우 구루병이라고 한다.

골연화증 성인에게 발생하는 구루병으로 골밀도의 저하로 뼈가 약화되어 다리뼈에 통증이 나타나며 골반뼈나 갈비뼈가 쉽게 골절된다.

용혈성 빈혈 비타민 E의 결핍으로 적혈구의 세포막이 손상되어 적혈구가 쉽게 파괴되어 생기는 빈혈을 말한다.

신생아 출혈 출생 직후 비타민 K의 결핍으로 혈액이 응고되지 않아 외출혈이나 여러 장기에 출혈이 나타나는 상태를 말한다.

단원정리

- 비타민은 물과 기름에 대한 용해도에 따라 지용성 비타민과 수용성 비타민으로 분류한다.
- 지용성 비타민은 소장에서 수용성 소화액과 잘 섞이지 않으므로 지방과 마찬가지로 담즙에 의해 유화된 후 소장으로 흡수된다.
- 비타민 A는 레티노이드와 비타민 A의 전구체인 카로티노이드를 모두 일컫는다. 비타민 A는 시각회로, 세포의 생성과 분화, 상피세포의 형성과 유지, 면역 기능, 생식 기능, 정상적인 성장과 발달 등의 기능에 관여한다. 비타민 A가 부족하면 야맹증, 결막건조증, 피부각질화 증상이 나타나며, 과잉 섭취하면 급성 및 만성적인 과잉증, 기형 발생 등의 독성이 나타난다.
- 비타민 D는 체내에서 상당량 합성되며 비타민 D_2와 D_3가 있다. 비타민 D는 혈액 내 칼슘의 수준을 정상범위 내에 있도록 유지시켜 주는 역할을 한다. 비타민 D가 부족하면 구루병, 골연화증, 골다공증과 같은 결핍증이 발생한다.
- 비타민 E는 인체에서 중요한 항산화제로 작용하여 유리라디칼에 의한 산화적 파괴로부터 세포를 보호해 주는 역할을 한다. 건강한 성인의 경우 비타민 E가 결핍되는 경우는 드물며, 비타민 E는 불포화지방산이 많이 함유된 식품에 많이 분포되어 있다.
- 비타민 K는 혈액응고인자인 프로트롬빈의 합성에 관여한다. 비타민 K는 장내세균에 의해 생성되고 또한 식품에 널리 분포되어 있으므로 결핍증이 거의 나타나지 않는다.

연습문제

1 지용성 비타민의 특성으로 <u>틀린</u> 것은?
① 결핍 증세가 서서히 나타난다. ② 체내 저장이 가능하다.
③ 지방의 흡수 및 대사와 관계가 있다. ④ 주로 소변으로 배설된다.

2 토코페롤의 필요량을 좌우하는 것은?
① 다불포화지방산 섭취량 ② 포화지방산 섭취량
③ 다른 지용성 비타민의 섭취량 ④ 콜레스테롤 섭취량

3 비타민 K의 필요량에 부분적으로 기여할 수 있는 것은?
① 태양광선에 의한 합성 ② 장내 미생물에 의한 합성
③ 간에서 활성형으로 전환 ④ 트립토판으로부터 전환

4 비타민 A의 기능으로 <u>틀린</u> 것은?
① 암 적응반응 ② 상피세포의 분화 ③ 콜라겐의 합성 ④ 성장 유지

5 비타민 D 결핍증에 걸리기 쉬운 직업을 가진 사람은?
① 사무원 ② 농부 ③ 목수 ④ 광부

6 어떤 식품에 레티놀 100 μg과 베타-카로틴 120 μg이 함유되어 있다면 이는 몇 RAE(레티놀 활성당량)에 해당하는가?

7 당근주스를 먹으면 피부색이 노랗게 변하는데 그 이유는?

8 동물의 피부에 존재하며 비타민 D로 전환될 수 있는 것은 무엇인가?

9 비타민 D의 기능에 대해 간단히 설명하시오.

10 비타민 K의 생리 기능과 가장 좋은 급원식품은?

*연습문제 정답은 책 뒤쪽에 있습니다.

CHAPTER 7

수용성 비타민

1. 비타민 B 복합체

2. 비타민 C

3. 비타민 유사물질

식품에 함유된 특정 활성물질이 부족하여 괴혈병과 각기병 또는 펠라그라와 같은 질병으로 사망한다는 사실이 20세기 초에 밝혀진 수용성 비타민으로 비타민 B군과 비타민 C가 있다.

비타민 B를 처음 발견한 과학자들은 각기병이 하나의 화합물로 치료되는 줄 알았으나, 더 많은 연구를 통하여 비타민 B는 몇 가지 화합물질이 합쳐진 것임을 알게 되었다. 이에 명칭을 B군이라 하고 각각을 구별하기 위하여 알파벳 B에 번호를 붙였는데, 예를 들어 비타민 B_6와 비타민 B_{12}라고 하였다. 비타민 B_6와 비타민 B_{12}를 제외한 나머지 비타민 B 복합체는 각각 고유한 이름, 즉 티아민(B_1), 리보플라빈(B_2), 니아신(B_3), 판토텐산, 비오틴, 그리고 엽산이라는 이름이 있다.

이들 비타민 B 복합체는 체내에서 특수한 효소들의 기능을 수행할 수 있게 하는 조효소(그림 7-1, 표 7-1)의 구성 성분으로 작용한다. 모든 비타민 B는 보조인자(cofactor)의 일종인 조효소(coenzyme)로 작용한다(그림 7-2). 조효소는 효소단백질과 밀접한 관계를 맺고 있는 비단백물질(비타민이나 금속이온)로 효소의 촉매활성을 돕고, 나머지 부분은

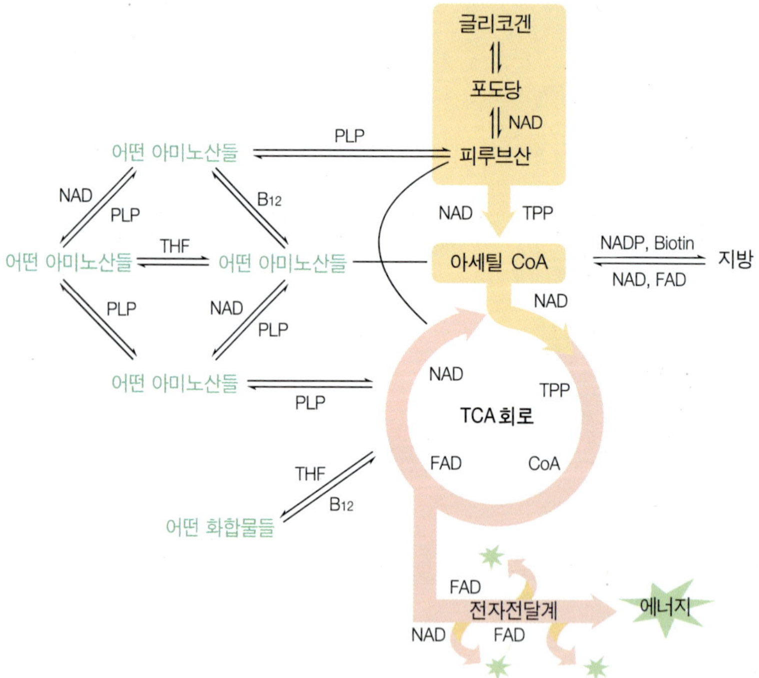

그림 7-1 ▶ 비타민 B군을 필요로 하는 신체 대사 과정

표 7-1 ▶ 비타민 B군의 조효소형

비타민 B군	조효소형
티아민(Thiamin)	Thiamin pyrophosphate(TPP)
리보플라빈(Riboflavin)	Flavin mononucleotide(FMN) Flavin adenine dinucleotide(FAD)
니아신(Niacin), 니코틴산(Nicotinic acid)	Nicotinamide adenine dinucleotide(NAD) Nicotinamide adenine dinucleotide phosphate(NADP)
판토텐산(Pantothenic acid)	Coenzyme A(CoA) ACP
비오틴(Biotin)	Biocytin
피리독신(Pyridoxine)	Pyridoxal phosphate(PLP) Pyridoxamine phosphate(PMP)
엽산(Folic acid)	Tetrahydrofolic acid(THF)
비타민 B_{12}(Vitamin B_{12})	methylcobalamin, 5-deoxyadenosycobalamin

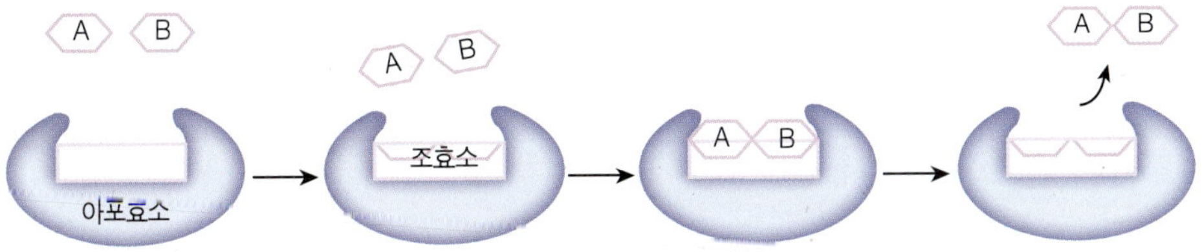

조효소가 없이는 화합물 A와 B는 효소에 반응하지 못함

조효소가 제자리에 있을 때 화합물 A와 B는 효소의 결합부위로 끌림

그러면 반응이 순간적으로 진행된다. 조효소는 전자, 원자 또는 원자단을 주거나 받음

반응은 새로운 화합물 AB의 형성과 함께 완료

그림 7-2 ▶ 조효소(coenzyme)의 작용

그의 아포효소(apoenzyme)에 결합되어 있다. 조효소의 도움 없이 그 효소는 기능할 수 없다. 비타민 B군의 결핍 증세들은 조효소의 결여에 의해 일어나는 대사 혼란을 직접 반영한다. 비타민 C는 체내에서 중요한 기능을 담당하는 화합물을 합성하는 데 관여하지만 조효소로서의 작용은 없다. 비타민 B군은 에너지 대사에 관여하므로 비타민 B군 없이는 체내에서 에너지를 생성할 수 없다. 비타민 B군 중에서 특히 티아민, 리보플라빈, 니아신, 판토텐산, 비오틴은 탄수화물, 지질, 단백질로부터 에너지를 생성하는 효소들의 조효소로 작용하여 체내에서 에너지를 생성하는 것을 돕는다. 또한, 비타민 B_6는 에너지 생성반응에는 참여하지 않고 단백질 대사, 즉 아미노산 대사에 관여하는 효소

의 조효소로 작용한다. 엽산과 비타민 B_{12}는 세포 증식에 관여하므로, 적혈구세포 형성에 필요한 조혈비타민이며 소화관 내막세포와 같이 수명이 짧아 빨리 교체되어야 하는 세포들의 증식에 특히 중요하다.

급원식품에서 수용성 비타민은 비교적 함유식품이 적은 지용성 비타민에 비해 곡물, 육류, 우유와 유제품, 채소, 과일 등 많은 종류의 식품에 존재하고 있다. 특히 비타민 B_{12}는 동물성 식품에만 함유되어 있고, 비타민 C는 주로 과일과 채소에 존재한다.

비타민 유사물질들은 체내의 정상적인 대사 유지에 필요하지만 정상적인 사람은 반드시 식사로 공급할 필요는 없고, 특별한 결핍 증세를 나타내지 않는 물질로는 콜린(choline), 이노시톨(inositol), 카르니틴(carnitine), 타우린(taurine), 리포인산(lipoic acid) 등이 있다.

대체로 과잉의 수용성 비타민은 주로 소변으로 배설되므로 정기적으로 섭취하는 것이 중요하다. 또한, 물에 용해되므로 조리 과정 중 다량의 수용성 비타민이 손실될 수 있다.

1. 비타민 B 복합체

1) 티아민

티아민(thiamin) 결핍질환인 각기병은 4,000년 이전에 처음으로 중국에서 기술되었지만, 흔히 도정된 백미를 먹을 때인 19세기까지 널리 퍼지지는 않았다. 1885년 일본인 해군장교 다카키(K. Takaki)가 처음으로 각기는 식사가 원인이라고 생각하고 식사에 육류, 우유와 전곡류를 첨가하여 치료하였고, 몇 년 후 네널란드 의사 에이크만(C. Eijkman)이 백미를 먹인 새에서 사람의 각기와 비슷한 다발성 신경염 증세를 관찰하고 식사에 쌀겨를 첨가함으로써 치유하였다. 이것이 '항각기' 인자로 바로 티아민이다.

(1) 티아민의 구조와 성질

티아민은 미색 결정체로 질소를 함유한 피리미딘(pyrimidine)과 황(S)을 함유한 티아졸 환(thiazole ring)이 메틸렌기에 연결되어 있어서 Thio-amin, 즉 티아민이라고 불린다. 티아민과 그 조효소형 티아민 피로인산염(thiamin pyrophosphate, TPP)의 구조는 그림 7-3과 같다.

티아민

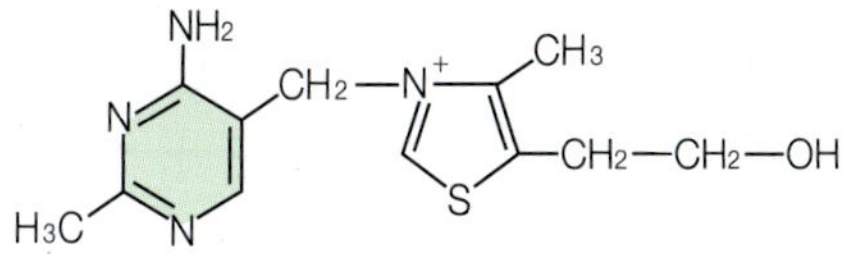

티아민 피로인산

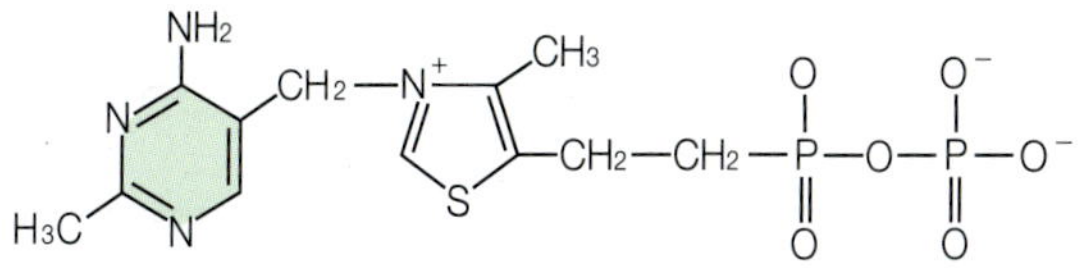

그림 **7-3** 티아민과 티아민 피로인산의 구조

티아민은 산성용액에서는 강하고 물에 잘 녹으며 열과 알칼리용액에서는 매우 약하다. 그래서 채소를 삶을 때 탄산수소나트륨을 넣으면 채소 색깔은 선명하지만 티아민이 파괴되어 바람직하지 않다.

(2) 티아민의 흡수와 대사

티아민은 소량 섭취하면 소장 상부에서 능동적 운반 메커니즘에 의해 흡수되고, 다량 섭취 시는 수동적 확산에 의해 흡수된다. 흡수된 티아민은 장 점막세포 내에서 인산기와 결합하여 활성조효소형인 TPP로 전환되어 산문맥을 통해 간으로 이동한 후 일반 순환계로 들어간다. 티아민은 주로 근육, 심장, 간, 뇌, 신장에 TPP의 형태로 저장되며, 체내필요량 이상으로 섭취한 경우 소변으로 배설된다.

(3) 티아민의 생리적 기능

① 에너지 대사

티아민은 조효소인 TPP의 형태로 에너지 대사에 관여하여 탄수화물, 지질, 단백질로부터의 에너지 생성반응에 필수적이다. 주로 티아민은 TPP의 형태로 기질로부터 이산화탄소를 제거하는 탈탄산반응(decarboxylation)의 조효소로 작용한다. 예를 들어, 포도당의 분해 과정 중에 피루브산이 아세틸 CoA로 전환되는 반응과 TCA회로에서 알파-케토글루타르산(α-ketoglutarate)이 숙시닐 CoA로 전환되는 반응에 관여하며, 이 반응은 TCA회로에서 에너지를 생성하는 과정이다(그림 7-4).

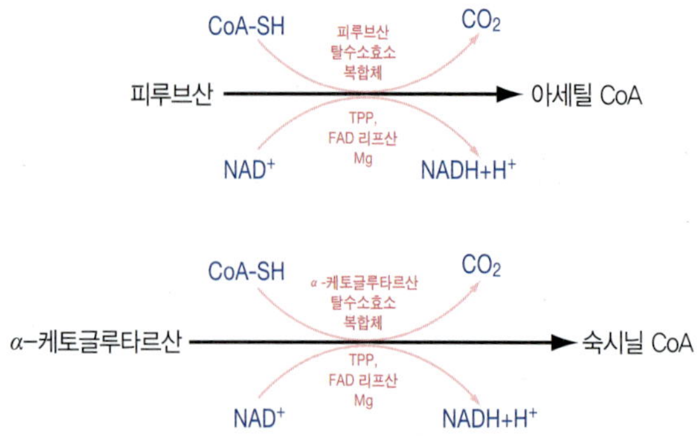

그림 7-4 ▶ TPP가 관여하는 에너지 대사 과정

② 오탄당 인산회로

티아민은 당질 대사의 다른 경로인 오탄당 인산회로(pentose phosphate pathway)에서 케톨기 전이효소(transketolase)의 조효소로 작용한다. TPP는 이 회로를 통해 체내에서 DNA와 RNA의 구성 성분인 리보오즈, 디옥시리보오즈와 지방산 합성에 필수적인 NADPH를 생성하는 효소반응을 제공한다.

③ 신경자극 전달

티아민은 신경세포와 신경세포 사이에서 신경자극을 전달하는 아세틸콜린 합성 과정 중 탈탄산반응의 조효소로 작용하여 말초신경의 신경자극 전달에 관여한다.

(4) 티아민의 섭취기준과 급원식품

티아민은 에너지 대사에 필수적인데 실제 요구량은 식사 중 에너지 함량에 달려 있으며 영양소들 사이의 에너지 배분에 따라서도 요구량이 달라진다. 즉, 탄수화물 섭취가 증가되면 티아민 요구량을 증가시키고, 단백질과 지방은 티아민의 요구량이 낮아진다. 티아민의 평균필요량은 성인에서 1일 남자 1.0 mg, 여자 0.9 mg이며, 1일 권장섭취량은 개인차를 고려하여 평균필요량의 120% 수준인 남자 1.2 mg, 여자 1.1 mg이다. 티아민은 에너지 대사에서 매우 중요한 역할을 하므로 에너지 섭취량이 2,000 kcal 이하인 경우에도 1일 1.0 mg 이상 섭취하도록 권장하고 있다(표 7-2).

에너지의 대부분을 빈 열량 식품(empty calorie foods)인 설탕이나 술로 섭취하면 티아민 결핍의 위험이 크며, 절식이나 초저칼로리식사(very low calorie diet)를 하는 사람도

표 7-2 ▶ 한국인의 티아민 섭취기준

(mg/일)

연령		평균필요량	권장섭취량	충분섭취량	상한섭취량
영아	0~5(개월)			0.2	
	6~11			0.3	
유아	1~2(세)	0.4	0.4		
	3~5	0.4	0.5		
남자	6~8(세)	0.5	0.7		
	9~11	0.7	0.9		
	12~14	0.9	1.1		
	15~18	1.1	1.3		
	19~29	1.0	1.2		
	30~49	1.0	1.2		
	50~64	1.0	1.2		
	65~74	0.9	1.1		
	75 이상	0.9	1.1		
여자	6~8(세)	0.6	0.7		
	9~11	0.8	0.9		
	12~14	0.9	1.1		
	15~18	0.9	1.1		
	19~29	0.9	1.1		
	30~49	0.9	1.1		
	50~64	0.9	1.1		
	65~74	0.8	1.0		
	75 이상	0.7	0.8		
임신부		+0.4	+0.4		
수유부		+0.3	+0.4		

자료 : 보건복지부, 2020 한국인 영양소 섭취기준, 2020

자유로운 식사 시와 같은 양의 티아민을 필요로 한다. 티아민의 급원식품으로는 돼지고기와 햄 등의 육류, 콩류, 밀 배아, 건조 효모, 해바라기씨, 통밀빵 등이며 가장 우수한 급원은 돼지고기와 콩류이다. 대부분의 티아민은 곡류의 겨층에 있는데 도정 과정에서 제거되므로 백미는 티아민 함량이 낮으나 통보리, 현미, 잡곡류는 티아민의 좋은 급원이다(그림 7-5).

(5) 티아민의 결핍증

티아민의 대표적인 결핍증은 각기병으로 백미를 주식으로 하는 극동지역에서 많이 발생한다. 이는 뇌와 신경세포의 주요 에너지원인 포도당이 티아민 결핍으로 정상적으

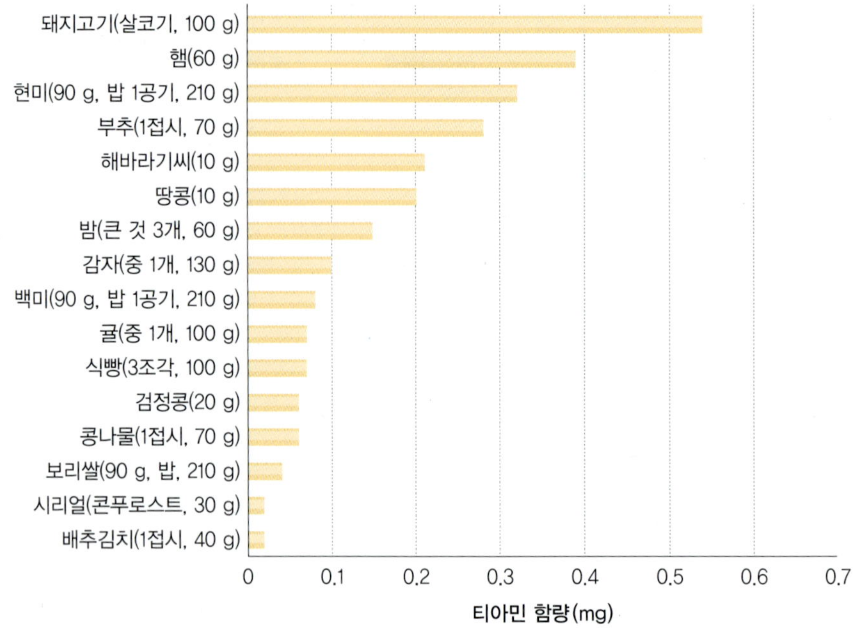

그림 7-5 ▶ 티아민 1인 1회 분량

로 대사되지 않아 포도당 중간 대사물질이 혈액과 조직 내에 축적되어 발생하며, 초기에 식욕 감퇴, 피로, 체중 감소, 정신적인 장애 등의 증세가 나타나기 시작하여, 동물에서는 다발성 신경염(多發性神經炎), 사람에게서는 각기증(脚氣症)으로 발전한다. 티아민 결핍은 심혈관계, 근육계, 신경계, 위장관 기능에 모두 영향을 끼친다.

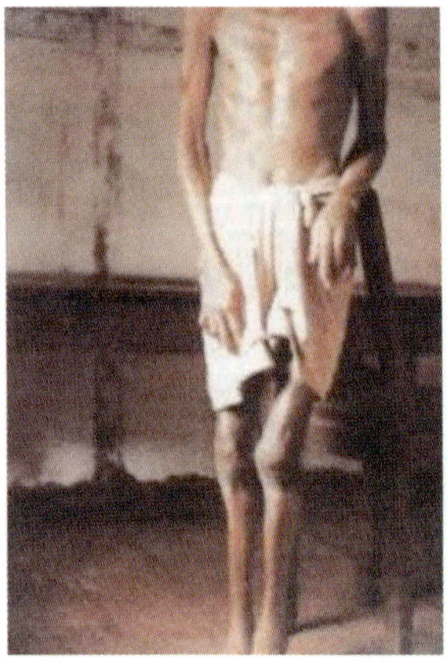

그림 7-6 ▶ 건성 각기

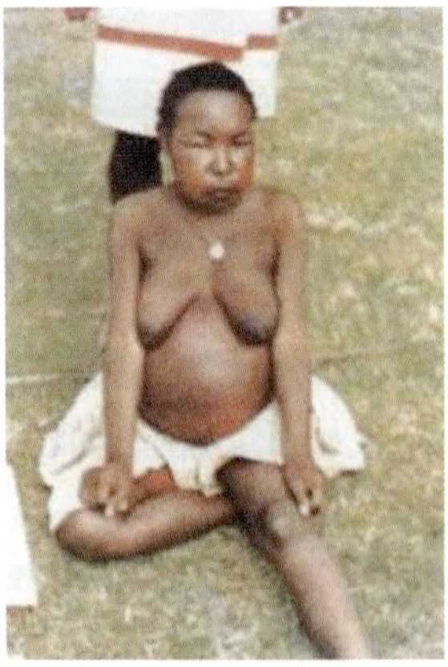

그림 7-7 ▶ 습성 각기

각기병은 건성 각기(신경계)와 습성 각기(심장계)가 있다(그림 7-6, 7-7). 건성 각기는 부종은 없고 말초신경계 마비로 인해 사지의 감각, 운동, 반사 기능의 장애 및 극심한 근육 손실이 나타나는 증상이다. 체조직의 점차적인 손실로 환자는 마르고 쇠약해져 쉽게 피로감, 무력감, 다리 무감각증으로 보행이 어려워지고 만성 감염증으로 흔히 사망한다.

습성 각기는 울혈성 심부전 증세와 유사하다. 사지, 몸통, 안면 부종, 보행이 어렵고,

심장이 비대해지고 호흡곤란 등의 증세가 악화되어 사망하게 된다.

2) 리보플라빈

리보플라빈(riboflavin)은 처음에 티아민과 같은 비타민으로 간주되었으나 그 후 '항각기'인자로부터 분리하여 비타민 B_2라 하였고, 황색을 띤 초록색인 '리보플라빈'이라 명명하였다. 리보플라빈, 티아민, 니아신은 주로 동일식품에 함유되어 있으므로 리보플라빈 단독으로 결핍되는 경우는 많지 않다.

(1) 리보플라빈의 구조와 성질

3개의 6환 고리구조 형태인 플라빈 중간고리에 리비톨(ribitol)이 결합되어 있다(그림 7-8). 리보플라빈은 인산과 결합하여 생체활성을 가진 조효소로서 작용하는 플라빈모노뉴클레오타이드(flavin mononucleotide, FMN)와 플라빈아데닌다이뉴클레오타이드(flavin adenine dinucleotide, FAD)를 만들게 된다.

리보플라빈은 열에 대해 안정성이 높은 성장인자로서 형광의 노란색을 띤다.

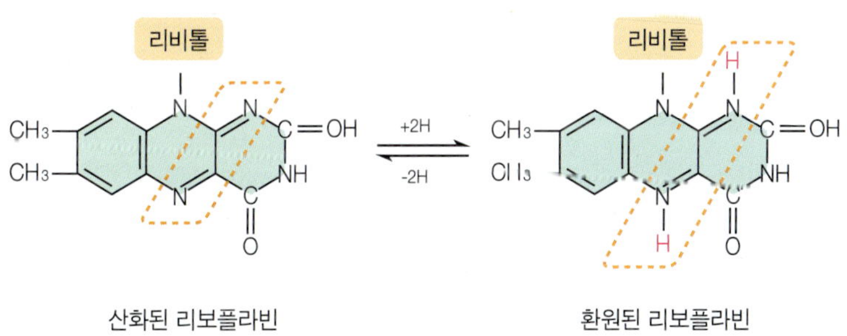

그림 7-8 ▸ 리보플라빈의 구조

(2) 리보플라빈의 흡수와 대사

리보플라빈은 식품 중에 리보플라빈, 그의 조효소 형태인 FMN, FAD의 형태로 들어있다. FMN과 FAD는 소장에서 단백질분해효소나 인산분해효소에 의해 리보플라빈으로 유리된다. 유리된 리보플라빈은 소장 상부에서 능동적 운반 메커니즘에 의해 흡수된다. 이는 장 점막세포 내에서 인산화되어 FMN을 형성한 후 문맥을 통해 간으로 이동하며, 간에서 FMN은 ATP가 첨가되어 FAD로 전환되어 간, 신장, 심장 등의 조직에 저장되는데 저장량은 얼마 되지 않는 편이다. 과잉의 리보플라빈은 소변으로 배설된다.

(3) 리보플라빈의 기능

리보플라빈은 FMN과 FAD의 구성 성분으로 수소이온을 쉽게 받아들이고 쉽게 내어주는 성질 때문에 수소운반체로서 산화환원반응에 관여한다. 따라서, 리보플라빈은 포도당, 아미노산, 지방산으로부터 체내 에너지를 생성하는 과정에 매우 중요한 역할을 한다. FAD는 피루브산이 아세틸 CoA로 산화될 때 지방산의 β-산화 과정과 아미노산의 탈아미노반응에서 조효소로 작용한다. 특히 리보플라빈이 관여하는 대표적인 반응은 TCA회로에서 숙신산이 푸마르산으로 전환되는 과정이다. FMN은 전자전달 과정에서 수소운반체로 작용한다.

또한, 리보플라빈은 아미노산인 트립토판으로부터 비타민인 니아신으로 전환시키고, 비타민 B_6와 엽산의 활성화, 부신피질에서 코르티코이드 형성, 골수에서 적혈구 형성, 글리코겐의 합성과 분해에 관여한다.

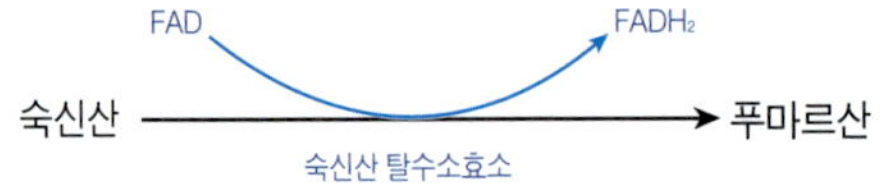

(4) 리보플라빈의 섭취기준과 급원식품

한국 성인의 리보플라빈 1일 평균필요량은 남자 1.3 mg, 여자 1.0 mg이며, 1일 권장섭취량은 평균필요량의 120% 수준인 남자 1.5 mg, 여자 1.2 mg이다(표 7-3). 주요 급원은 우유와 유제품, 요구르트, 치즈, 육류, 달걀, 강화 곡류 등에 많이 들어 있다. 그 외에도 간, 버섯, 짙은 녹색 잎채소, 아스파라거스, 브로콜리, 저지방유, 탈지유 등에 들어 있다. 리보플라빈은 일반적으로 흰색(우유와 유제품), 적색(육류, 생선, 가금류), 녹색(채소) 식품에 풍부하다(그림 7-9).

(5) 리보플라빈의 결핍증

리보플라빈의 결핍은 조직 손상, 성장 지연, 눈 등에 문제가 발생된다. 결핍 증세로는 코와 눈 주변의 피부염증, 혀의 염증이 생기는 구순염과 입가의 균열인 구각염, 혀부풀

표 7-3 ▶ 한국인의 리보플라빈 섭취기준

(mg/일)

연령		평균필요량	권장섭취량	충분섭취량	상한섭취량
영아	0~5(개월)			0.3	
	6~11			0.4	
유아	1~2(세)	0.4	0.5		
	3~5	0.5	0.6		
남자	6~8(세)	0.7	0.9		
	9~11	0.9	1.1		
	12~14	1.2	1.5		
	15~18	1.4	1.7		
	19~29	1.3	1.5		
	30~49	1.3	1.5		
	50~64	1.3	1.5		
	65~74	1.2	1.4		
	75 이상	1.1	1.3		
여자	6~8(세)	0.6	0.8		
	9~11	0.8	1.0		
	12~14	1.0	1.2		
	15~18	1.0	1.2		
	19~29	1.0	1.2		
	30~49	1.0	1.2		
	50~64	1.0	1.2		
	65~74	0.9	1.1		
	75 이상	0.8	1.0		
임신부		+0.3	+0.4		
수유부		+0.4	+0.5		

자료 : 보건복지부, 2020 한국인 영양소 섭취기준, 2020

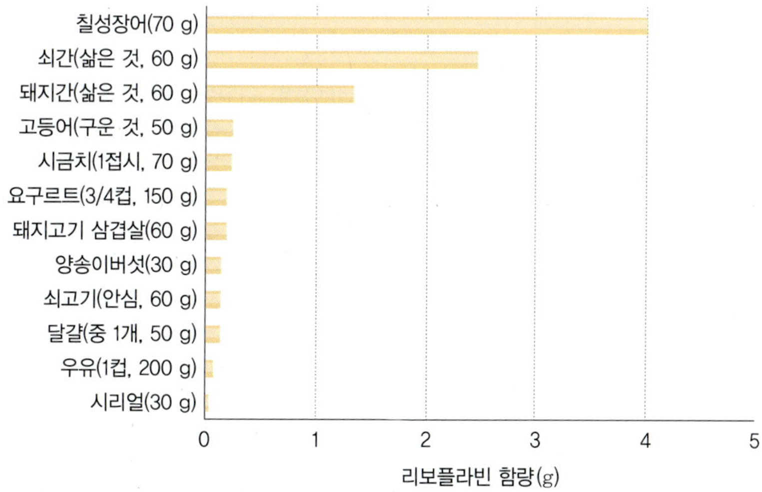

그림 7-9 ▶ 리보플라빈 1인 1회 분량

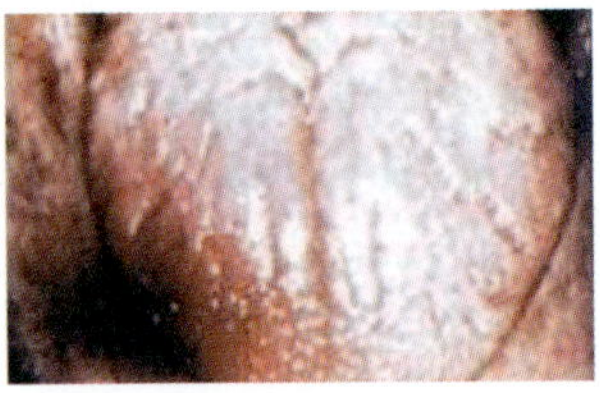

그림 7-10 ▶ 설염

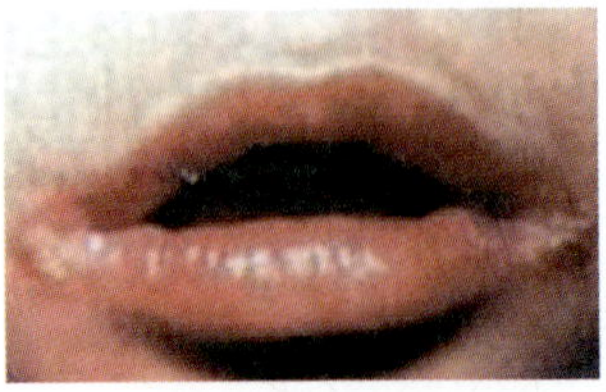

그림 7-11 ▶ 구각염

림(설염), 두통, 각막의 충혈, 빛에 대한 과민증 등이 있다(그림 7-10, 7-11). 리보플라빈 단독 결핍보다는 니아신, 비타민 B_6, 판토텐산 등 다른 비타민이 동시에 결핍되는 경우가 대부분이다.

3) 니아신

니아신(niacin)은 두 가지의 비슷한 화합물의 이름인 니코틴산과 니코틴아미드이다. 1867년 니코틴산은 담배에 있는 니코틴의 화학적 산화물질에서 얻었으며, 1940년대 초에 확립된 비타민의 역할에서 니코틴과 혼동하지 않도록 '니아신'이라고 재명명되었다. 1915년 골드버거(J. Goldberger)가 죄수를 대상으로 한 연구에서 옥수수빵, 고구마와 양배추 등 주로 식물성 식품으로 구성된 식사를 급여한 결과 펠라그라 증세가 나타남을 발견하였고, 1937년 엘베헴(C. Elvehjem)도 니코틴산, 즉 니아신이 항펠라그라 인자임을 확인하였다.

펠라그라는 주식으로 정제된 옥수수 식사와 관계된 질병으로 거친 피부를 의미하며 피부염(dermatitis)은 이 병의 4D(dermatitis, diarrhea, dementia, death) 증세 중의 하나이다.

(1) 니아신의 구조와 성질

니아신은 니코틴산과 니코틴아미드를 포함하는 일반적 명칭으로, 그 구조는 그림 7-12와 같다. 니코틴산은 니코틴아미드로 전환되며 ATP와 작용하여 생리적 활성을 띤 조효소 Nicotinamide adenine dinucleotide(NAD)와 Nicotinamide adenine dinucleotide phosphate(NADP)로 전환된다(그림 7-12). NAD와 NADP는 체내 산화환원

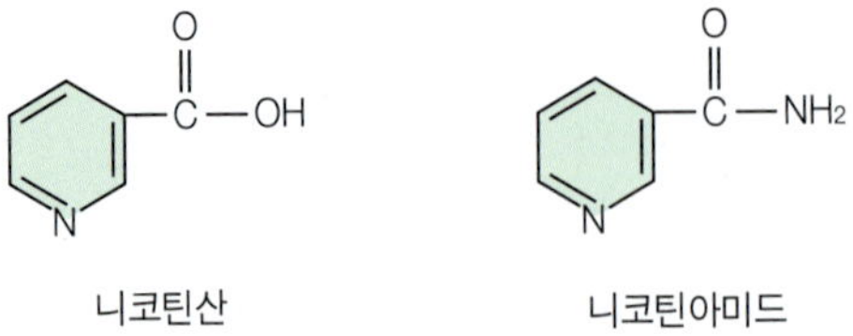

그림 7-12 ▶ 니아신의 두 가지 형태

반응에 참여하는 주된 조효소이다. 니아신은 산, 알칼리, 빛, 열, 산소에 비교적 강하며 비타민 B 복합체 중에서 니아신이 가장 안정한 화합물이다.

(2) 니아신의 흡수, 대사

식품 중의 니아신은 NAD, NADP의 구성 성분으로 존재한다. 니아신은 소장 상부에서 단순확산에 의해 흡수되어 체내에서 쉽게 NAD와 NADP로 전환되어 세포 내의 여러 가지 효소반응에 조효소로 이용된다. 니아신은 NAD와 NADP 형태로 소량만이 신장, 간 및 뇌에 저장되며, 여분의 니아신은 최종 대사산물로 전환되어 소변으로 배설된다. 니아신은 아미노산인 트립토판으로부터 일부 생성될 수 있는 독특한 대사상의 특성을 가지고 있으며, 필수아미노산인 트립토판이 니아신의 전구체라는 사실이 알려지면서 펠라그라 치료가 쉬워졌다. 식품 중의 트립토판 60 mg이 니아신 1 mg으로 전환되며, 이 전환 과정에서 티아민, 리보플라빈과 피리독신(B_6)이 조효소로 사용된다. 그러나 체내 합성량이 적으므로 부족하지 않도록 니아신의 형태로 섭취해야 한다.

(3) 니아신의 생리적 기능

니아신의 조효소인 NAD와 NADP는 체내에서 탈수소효소의 조효소로서 산화환원반응에 관여하며, 체내의 많은 대사반응에 참여한다. NAD는 에너지 영양소인 포도당, 아미노산, 지방, 알코올의 산화반응에 참여하며, 해당 과정 중 피루브산이 아세틸 CoA로 전환될 때 관여하며, TCA회로와 전자전달계의 반응에 필요하다. 그러므로 니아신은 모든 조직세포에 에너지를 공급함으로써 정상적인 생명현상을 유지시켜 나가는 데 없어서는 안 되는 물질이다. 뿐만 아니라 NADP는 탄수화물 대사 과정의 오탄당인산회로에서 리보오즈와 함께 생성되어 지방산의 β산화, 지방산의 합성, 스테로이드의 합성, 아미노산의 분해와 합성에도 관여한다.

(4) 니아신의 섭취기준과 급원식품

니아신의 섭취량 단위는 니아신 당량(niacin equivalent, NE)으로 mg NE로 표현된다. 즉, 1 mg NE = 1 mg 니아신 = 60 mg 트립토판에 해당된다.

한국인 성인의 1일 니아신의 평균필요량은 남자 12 mg NE, 여자 11 mg NE이며, 권장섭취량은 남자 16 mg NE, 여자 14 mg NE이다. 에너지 섭취량이 감소하더라도 권장

표 7-4 ▶ 한국인의 니아신 섭취기준

(mg NE/일)*

연령		평균필요량	권장섭취량	충분섭취량	상한섭취량 니코틴산/니코틴아미드
영아	0~5(개월)			2	
	6~11			3	
유아	1~2(세)	4	6		10/180
	3~5	5	7		10/250
남자	6~8(세)	7	9		15/350
	9~11	9	11		20/500
	12~14	11	15		25/700
	15~18	13	17		30/800
	19~29	12	16		35/1000
	30~49	12	16		35/1000
	50~64	12	16		35/1000
	65~74	11	14		35/1000
	75 이상	10	13		35/1000
여자	6~8(세)	7	9		15/350
	9~11	9	12		20/500
	12~14	11	15		25/700
	15~18	11	14		30/800
	19~29	11	14		35/1000
	30~49	11	14		35/1000
	50~64	11	14		35/1000
	65~74	10	13		35/1000
	75 이상	9	12		35/1000
임신부		+3	+4		35/1000
수유부		+2	+3		35/1000

*1 mg NE(니아신 당량) = 1 mg 니아신 = 60 mg 트립토판

자료 : 보건복지부, 2020 한국인 영양소 섭취기준, 2020

섭취량이 13 mg NE 이하가 되지 않도록 한다. 임신, 수유기 때는 에너지 필요량이 증가되므로 니아신 생리적 요구량도 증가하여 임신부의 경우 1일 4 mg NE를 추가하도록 권장한다(표 7-4). 니아신은 니아신이나 트립토판이 풍부한 식품에서 얻을 수 있다. 니아신이 풍부한 식품은 쇠고기, 돼지고기, 닭고기, 칠면조의 살코기, 생선, 달걀, 우유, 전곡, 견과류, 아스파라거스, 버섯 등이다. 식물성 단백질보다 동물성 단백질이 트립토판 함량이 높으므로 육류나 생선은 곡류보다 니아신 함량이 많다(그림 7-13).

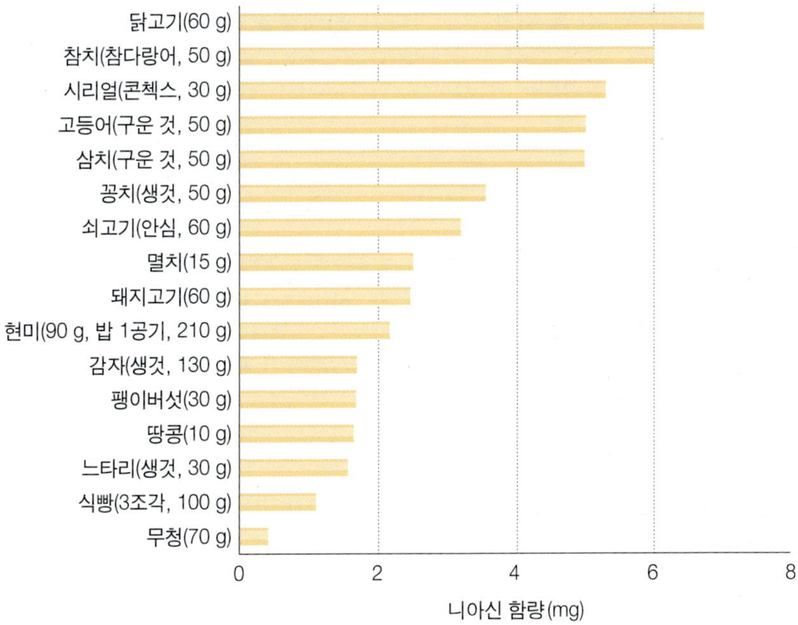

그림 7-13 ▶ 니아신 1인 1회 분량

(5) 니아신의 결핍증

니아신의 초기 결핍증은 허약함, 피로, 식욕 감퇴, 소화불량 등이 나타난다. 결핍이 지속되어 수개월이 지나면 펠라그라 증세가 나타나기 시작한다. 혀와 입에서부터 위장으로 염증, 빈혈, 구토 등이 발생하며, 펠라그라의 4단계 증세인 4D's로 증상에 의해 피부염(dermatitis), 설사(diarrhea), 치매(dementia), 죽음(death)의 순으로 진행된다. 피부는 붉게 부어오르고 거칠어지면서 갈라진다. 설사는 위장의 염증으로 인하며, 치매는 어지러움, 정신 혼돈, 기억상실, 환각, 환청 등이 나타나고 치료가 되지 않으면 사망에 이른다.

(6) 니아신의 과잉증

다른 수용성 비타민과는 달리 니코틴산의 다량 복용 시의 독성 효과로 신경계, 혈중 지질과 혈당 수준 개선의 방법으로 처방하기도 한다. 다량의 니코틴산 복용은 모세혈관을 확장시키고 따끔거리는 증세를 나타내는데, 이 증세를 니아신 홍조(niacin flush)라고 한다. 이외에도 두통, 시력 혼란, 피부 가려움, 소화기장애, 불규칙한 심장박동, 간장 손상 등의 증세가 나타난다.

장기간 다량 섭취하면 간염 위험이 증가하고 위궤양을 유발하므로 의사의 처방 없이 혈청콜레스테롤을 낮추기 위해서 섭취하지 말아야 한다.

4) 판토텐산

판토텐산(pantothenic acid)의 'Pantos'란 그리스어 'pantothen'에서 유래하며 그 뜻은 '모든 곳(from every side)'을 의미하는데, 그 의미대로 다양한 식품에 함유되어 있다.

판토텐산은 코엔자임 A(CoA)의 구성 성분으로 에너지 대사 등에 중요한 역할을 하는 영양소이다.

(1) 판토텐산의 구조와 성질

체내에서 판토텐산은 코엔자임 A(CoA)의 구성 성분으로 작용하며, 이 조효소는 그림 7-14와 같이 판토텐산과 ADP, 시스테인이 결합하여 형성된다.

판토텐산은 수용성으로서 습열과 중성용액 중에서는 안정하나 건열과 산, 알칼리에서는 비교적 불안정하다.

(2) 판토텐산의 소화, 흡수, 대사

판토텐산은 식품 중에 CoA의 구성 성분으로 존재하며 소장에서 가수분해효소에 의해 유리된다. 유리된 판토텐산은 능동수송이나 단순확산에 의해 소장의 점막을 통하여 쉽게 흡수되며 흡수 후 혈액을 통해 조직으로 운반되고 조직 중에서 대부분의 판토텐산은 CoA로 존재한다. 혈장 내에서는 유리 형태의 판토텐산으로 존재하며 적혈구 내에 더 많이 존재한다.

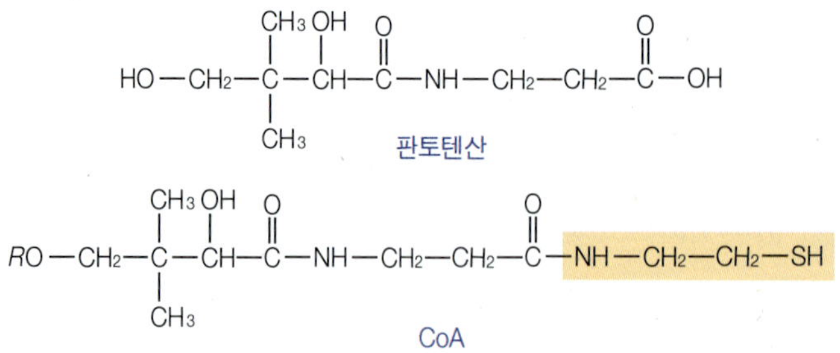

그림 7-14 ▶ 판토텐산과 CoA

(3) 판토텐산의 기능

판토텐산은 아실 운반단백질(ACP, acyl carrier protein)의 구성 성분으로 지방산, 콜레스테롤 및 스테로이드 호르몬 합성에 관여한다.

또한, 판토텐산은 CoA의 구성 성분으로 에너지 대사에 중요한 역할을 한다. CoA는 아세틸(acetyl)기의 운반체로서 한 물질로부터 아세틸기를 제거하여 아세틸 CoA를 형성하고 다시 그 아세틸기를 다른 화합물에 넘겨준다. 아세틸 CoA는 탄수화물, 지질, 단백질의 대사에 관련되며 많은 호르몬과 신경전달물질, 그리고 신체의 다른 필수화합물들의 합성 등 여러 반응과 관련된다. 그림 7-15와 같이 에너지를 생성하기 위해 탄수화물, 지질, 일부 단백질은 아세틸 CoA의 형태로 TCA회로를 거쳐 전자전달계로 들어가게 되며 그곳에서 ATP를 형성하게 된다.

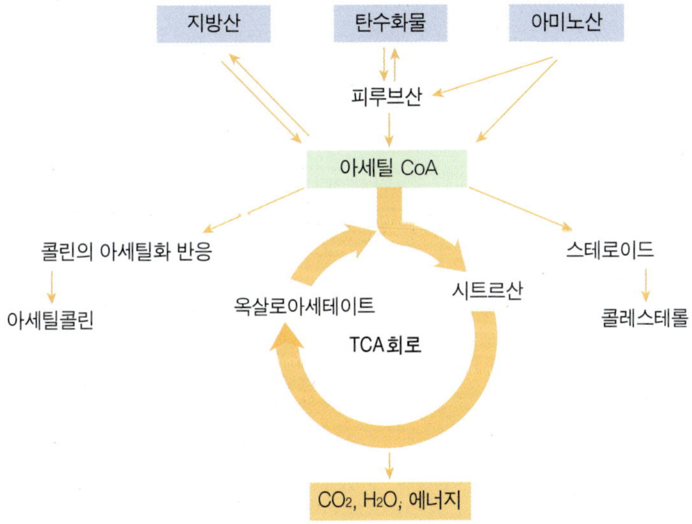

그림 7-15 ▸ 아세틸 CoA의 체내 대사 기능

또한, 판토텐산은 CoA의 형태로 신경자극전달물질인 아세틸콜린 합성에 관여하며 이 외에도 판토텐산은 헤모글로빈의 헴구조에서 포피린 고리 생성에 관여한다.

시중에서 '항스트레스' 비타민으로 판토텐산 보충제가 소개되고 있으나, 일부 연구에 의하면 판토텐산이 분노 또는 스트레스를 감소시킨다는 것에 대한 증거는 없다.

(4) 판토텐산의 섭취기준과 급원식품

판토텐산의 섭취기준은 한국인에 대한 판토텐산 필요량에 대한 연구가 수행된 것이 없기 때문에 미국인의 판토텐산 섭취량 4~7 mg/일, 일본인의 섭취량 4.5 mg/일을 근거로 남녀 성인의 충분섭취량을 5 mg/일로 설정하였다. 임신부는 6 mg/일, 수유부는 7 mg/일을 충분섭취량으로 정하였다(표 7-5).

판토텐산은 과일류와 우유 및 유제품을 제외한 모든 식품군이 판토텐산의 급원이라 할 수 있는데, 육류(특히 간), 생선, 가금육, 전곡, 콩류, 브로콜리 등에 많이 들어 있다. 판토텐산의 영양밀도(mg/kcal)가 높은 식품은 버섯, 간, 땅콩, 달걀, 이스트, 브로콜리 등이다(그림 7-16). 과량 섭취의 부작용이 없기 때문에 상한섭취량이 별도로 설정되어 있지는 않다. 판토텐산은 쉽게 손상되므로 냉동이나 통조림은 판토텐산 함량을 감소하고 정제된 곡류 등에서는 거의 75%나 파괴되는 것으로 나타났다.

판토텐산 함량이 풍부한 곡류, 채소류, 육류와 어패류의 경우 1회 분량을 기준으로 5~8회의 섭취로 성인의 1일 충분섭취량 5 mg을 충족시킬 수 있다.

표 7-5 ▶ 한국인의 판토텐산 섭취기준

(mg/일)

연령		평균필요량	권장섭취량	충분섭취량	상한섭취량
영아	0~5(개월)			1.7	
	6~11			1.9	
유아	1~2(세)			2	
	3~5			2	
남자	6~8(세)			3	
	9~11			4	
	12~14			5	
	15~18			5	
	19 이상			5	
여자	6~8(세)			3	
	9~11			4	
	12~14			5	
	15~18			5	
	19 이상			5	
임신부				+1.0	
수유부				+2.0	

자료 : 보건복지부, 2020 한국인 영양소 섭취기준, 2020

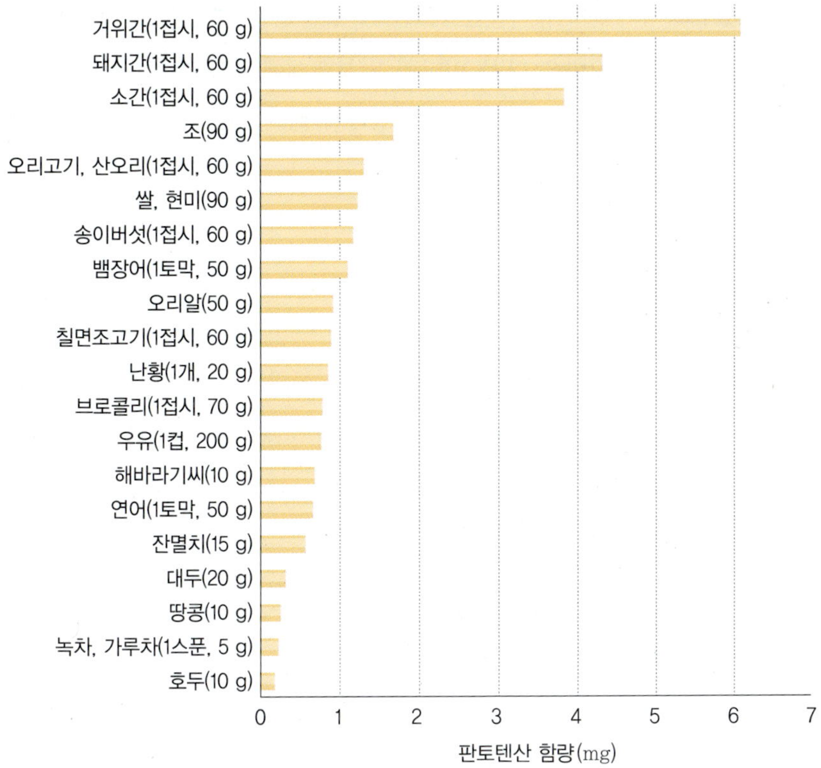

그림 7-16 ▶ 판토텐산의 급원식품

(5) 판토텐산의 결핍증

판토텐산은 동식물성 식품에 모두 존재하므로 아직까지 인체에서 결핍증이 보고된 바는 없으나, 알코올중독자와 같은 심한 영양결핍 식사를 하는 사람이나 판토텐산에 길항작용을 하는 항비타민제(antagonist)를 먹는 경우에는 나타날 수 있다.

실험적인 결핍증상으로는 과민, 침착하지 못함, 피로, 소화장애, 수면장애, 따끔거림, 근육 경련, 비틀거림, 저혈당 등이 나타나며, 그 외에도 감염에 대한 면역력이 떨어지고 신체의 전반적인 기능부전이 발생한다. 판토텐산 결핍증은 티아민이나 리보플라빈, 비타민 B_6나 엽산 등 다른 비타민 B군 결핍증에 가려져서 알아내기 어려울 수도 있다.

5) 비오틴

1924년 연구자들은 'biosII',' 비타민 H', 그리고 'coenzyme R'이라는 3가지 성장인자를 동정해 냈다고 생각했으나 이것은 곧 한 가지 물질인 비타민 B군의 비오틴(biotin)이라는 것이 밝혀졌다. 비오틴은 다른 비타민 B 복합체에 비해 그리 잘 알려져 있지 않으나 체내 기능은 대단히 중요하다.[2] 비오틴은 당신생과 시트르산회로(citric acid cycle)에 요구되는데 ATP 생산을 위하여 중요하다.

(1) 비오틴의 구조와 성질

비오틴은 황을 함유하는 비타민으로 비오틴(biotin)과 비오시틴(biocytin)의 형태가 있다(그림 7-17). 비오시틴은 비오틴에 단백질이 결합된 형태로 단백질 내의 아미노산인 라이신(lysine)과 결합하는데 식품 중에 존재하는 주된 형태이다. 비오틴과 비오시틴 모두 공기, 빛, 열에 비교적 안정하나 자외선에 의해 서서히 파괴된다. 동물조직 내에 단백질과 결합되어 있는 비오시틴은 지용성이지만 유리 상태로 식물조직 내에 함유되어 있는 비오틴은 수용성이다.

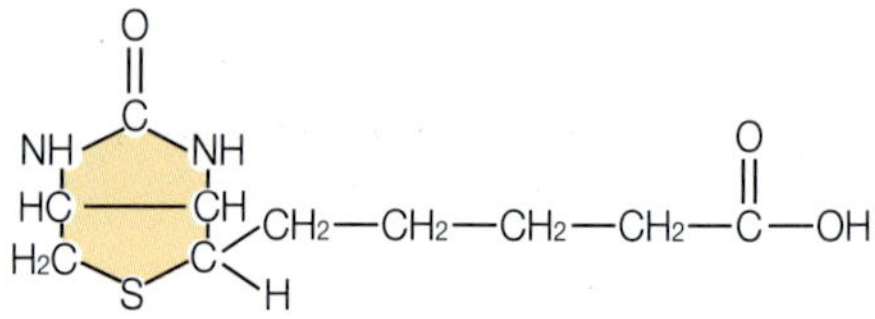

그림 7-17 ▶ 비오틴의 구조

(2) 비오틴의 소화, 흡수, 대사

비오틴은 소장에서 흡수되는 반면 비오시틴은 소장에 존재하는 비오티니데이즈(biotinidase)에 의해 펩타이드와 떨어져 유리 형태의 비오틴이 되어야 흡수된다. 유리된 비오틴은 섭취량이 적을 때는 촉진확산에 의해, 섭취량이 많을 때는 단순확산에 의해 흡수된다. 흡수된 비오틴은 카르복실화효소가 많은 조직에 주로 분포한다. 비오틴은 상당량이 장내 미생물에 의해 합성된다. 그러나 합성된 비오틴의 생체이용률이 어느 정도인지 의문시되는데 그 이유는 비오틴은 소장에서 효과적으로 흡수되지만 합성은 주로 대장에서 일어나기 때문이다.

(3) 비오틴의 생리적 기능

비오틴은 다른 B군 비타민과 같이 많은 반응에 조효소로 작용한다. 카르복실기 운반체로서 탈탄산반응, 카르복실기 전이반응, 카르복실화 반응의 조효소로서 아미노산으로부터 당의 전환(포도당신생합성)을 포함한 아미노산 대사, 지방산 합성, 지방산으로부터 에너지 방출, 그리고 DNA 합성 등에 관여한다. 카르복실기를 고정하는 역할을 함으로써 효소의 촉매작용을 돕는다.

① 옥살로아세트산의 생성 : 카르복실화 반응

피루브산에 이산화탄소를 첨가하여 옥살로아세트산(oxaloacetic acid)을 형성하는 카르복실화 반응에 참여하는 피루브산 카르복실화효소(pyruvate carboxylase)는 비오틴을 필요로 하는데 이 반응은 포도당신생합성(gluconeogenesis)의 초기단계이다.

② 말로닐 CoA의 생성

아세틸 CoA 카르복실화효소(acetyl CoA carboxylase)는 지방산 생합성 과정의 주요 조절효소로서 그 첫 단계 반응에서 아세틸 CoA에 카르복실기를 더하여 말로닐 CoA를 생성한다.

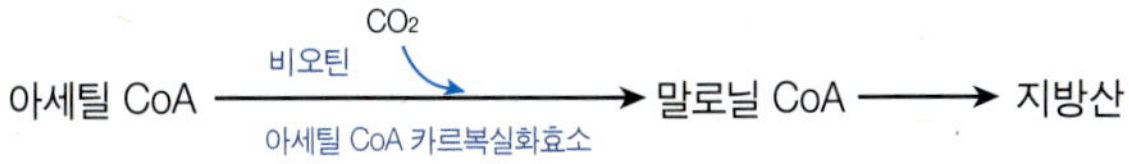

그 외에 비오틴을 조효소로 의존하는 카르복실화효소들과 그 반응을 표 7-6에서 볼 수 있다.

표 7-6 ▶ 비오틴을 조효소로 의존하는 카르복실화효소와 그 반응

효소	반응
피루브산 카르복실화효소 (pyruvate carboxylase)	• 포도당신생반응에서 pyruvate를 포도당으로 전환하는 경로의 첫 반응 • TCA회로를 위한 oxaloacetate 공급 반응
아세틸 CoA 카르복실화효소 (acetyl-CoA carboxylase)	• 지방산 합성 과정 첫 반응에서 malonyl-CoA로 전환하는 반응
프로피오닐 CoA 카르복실화효소 (propionyl-CoA carboxylase)	• propionate를 methylmalonyl-CoA로 전환하는 반응(아미노산을 TCA회로 중간산물로 전환(예 : valine → succinyl CoA)
베타-메틸크로토닐 CoA 카르복실화효소 (β-methycrotonyl-CoA carboxylase)	• leucine과 isoprenoid 화합물의 분해반응

(4) 비오틴의 섭취기준과 급원식품

사람은 비오틴을 식이와 비오틴 생산 박테리아에 의해 얻을 수 있는데[3] 식품 중에는

표 7-7 ▶ 한국인의 비오틴 섭취기준

(mg/일)

연령		평균필요량	권장섭취량	충분섭취량	상한섭취량
영아	0~5(개월)			5	
	6~11			7	
유아	1~2(세)			9	
	3~5			12	
남자	6~8(세)			15	
	9~11			20	
	12~14			25	
	15~18			30	
	19 이상			30	
여자	6~8(세)			15	
	9~11			20	
	12~14			25	
	15~18			30	
	19 이상			30	
임신부				+0	
수유부				+5	

자료 : 보건복지부, 2020 한국인 영양소 섭취기준, 2020

널리 분포되어 있어서 식품을 다양하게 섭취하면 결핍증을 막을 수 있다. 그러므로 사람의 경우 성인 남녀의 비오틴 1일 충분섭취량으로 30 μg을 권장하고 있으며 노인, 임신부에게도 동일 수준이면 충분한 것으로 여겨진다. 다만 수유기에는 하루 5 μg을 추가로 섭취할 것을 권장한다(표 7-7). 또한, 장내 박테리아에 의해 합성되나 얼마나 흡수되는지는 알려져 있지 않다.[4] 비오틴은 비교적 독성이 없으므로 많은 양을 장기간 주어도 해롭지 않다.

식품 중 비오틴 함량에 대한 자료는 거의 없으나 콜리플라워, 간, 콩팥, 땅콩 등의 견과류, 콩류, 난황, 효모, 치즈 등이 좋은 급원이며, 과일과 육류들은 함량이 낮아 좋은 급원이 되지 못한다. 달걀을 조리하여 먹으면 달걀 노른자위는 비오틴의 좋은 급원이 된다.

(5) 비오틴의 결핍증

비오틴 결핍증은 흔하지는 않지만 비오틴 결핍이 나타나는 경우로는 비오틴 함량이 낮은 식사를 하거나 유전적 결함으로 영아에게서 비오틴 분해효소가 부족한 경우, 장기간 정맥주사를 통한 영양 지원을 받는 경우이다. 이때 영아에게서 나타나는 증상은 초기 탈모, 발진, 그리고 성장 지연에서 경련과 기타 신경적인 문제까지 발전한다. 초기에 진단되거나 매일 비오틴 보충제를 섭취하면 보통 증세가 없어지지만 만약 치료하지 않으면 비오틴 결핍은 혼수와 사망까지 가져온다.

또한, 흔하지는 않지만 생달걀 흰자위를 다량 섭취한 경우에도 비오틴 결핍증이 나타나는데, 이를 생난백상해(egg white injury)라고 한다. 비오틴이 결핍되면 비늘이 일어나는 붉은 피부발진, 탈모, 식욕 상실, 우울증, 설염 등의 증세를 나타낸다.

생난백상해(egg white injury)

생달걀 흰자위에는 아비딘(avidin)이라고 부르는 단백질이 있는데 이 단백질과 비오틴이 결합하여 흡수를 저해하여 나타나는 비오틴 결핍증이 생난백상해이다. 건강한 성인이 하루 12~24개의 생달걀을 매일 규칙적으로 1달 또는 1년 이상 섭취해야 결핍증이 일어나기 때문에 생달걀의 섭취가 문제를 일으키는 경우는 드물다. 가열하면 아비딘이 불활성화되어 비오틴에 결합되는 것을 막을 수 있으므로 달걀을 조리하여 먹으면 생난백상해는 일어나지 않는다.

6) 비타민 B_6

비타민 B_6(pyridoxine)는 3개의 인산 그룹과 인산이 없는 3개의 그룹인 6개의 화합물 그룹이다. 소화 과정에서 인산 그룹을 떼어 내고 나머지 화합물은 간으로 보내어, 주요한 활성 조효소 형태인 pyridoxal phosphate(PLP)로 전환한다.[5]

(1) 비타민 B_6의 구조와 성질

비타민 B_6의 기능을 가지고 자연계에 존재하는 물질은 피리독신(pyridoxine, PN or pyridoxol), 피리독살(pyridoxal, PL), 피리독사민(pyridoxamine, PM) 등 3가지 형태로 존재하며, 서로 쉽게 전환된다. 세포질 속에서 3가지 물질들이 인산화반응에 의해 인산결합체인 피리독살 인산(pyridoxal phosphate, PLP), 피리독사민 인산(pyridoxamine phosphate, PMP), 피리독신 인산(PNP)으로도 존재하며, 가장 활성이 강력하고 단백질 대사에 주로 관여하는 조효소는 피리독살 인산(PLP)이다(그림 7-18).

비타민 B_6는 열과 산성용액에 안정하나, 자외선 조사에 의해 쉽게 분해되어 기능을

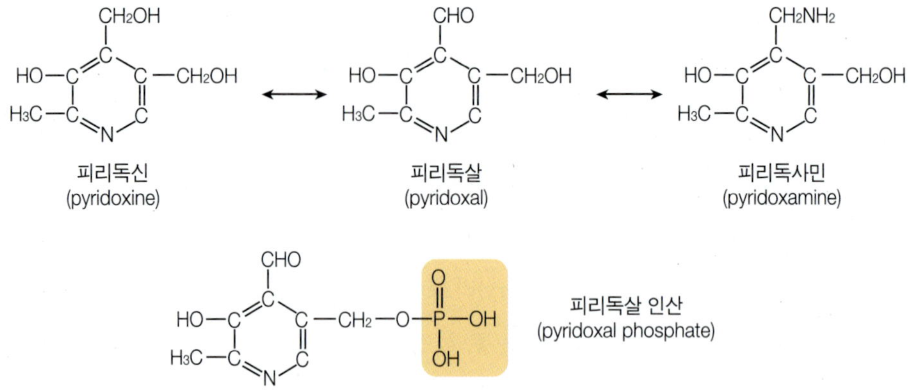

그림 7-18 ▶ 비타민 B_6와 피리독살 인산의 구조

상실하게 된다.

(2) 비타민 B_6의 흡수, 대사

식품 중에 비타민 B_6는 인산결합체 형태인 PLP, PMP, PNP로 존재한다. 이들은 흡수되기 전에 소장 내에서 인산분해효소에 의해 인산기가 제거된 후 소장 상부에서 단순확산에 의해 흡수되어 간으로 운반된다. 간에서 피리독신은 PLP로 전환된 후 주로 근육에 저장된다. 근육에서는 PLP의 80~90% 정도가 글리코겐 가인산분해효소(glycogen phosphorylase, 글리코겐 분해효소)와 결합되어 들어 있다. 한편, 과량 섭취했을 때는 대사적으로 불활성형인 피리독신산(pyridoxic acid)으로 산화되어 소변으로 배설된다.

(3) 비타민 B_6의 기능

비타민 B_6는 조효소형 PLP로서 서로 다른 100개 이상의 효소반응에서 조효소의 기능을 한다(그림 7-19).[6]

① 단백질 대사

비타민 B_6의 활성 조효소 형태인 PLP는 단백질과 아미노산 대사에 필수적인 물질로서 거의 모든 아미노산 대사반응에 참여한다.

- 아미노기 전이반응(transamination) : 조효소인 PLP는 한 아미노산의 아미노기(NH_2 group)를 탈아미노화하여 keto acid에 전달하고 새 아미노산을 합성하는 대사에 관여하는 아미노기 전이효소(transaminase)를 활성화하여 비필수아미노산을 합

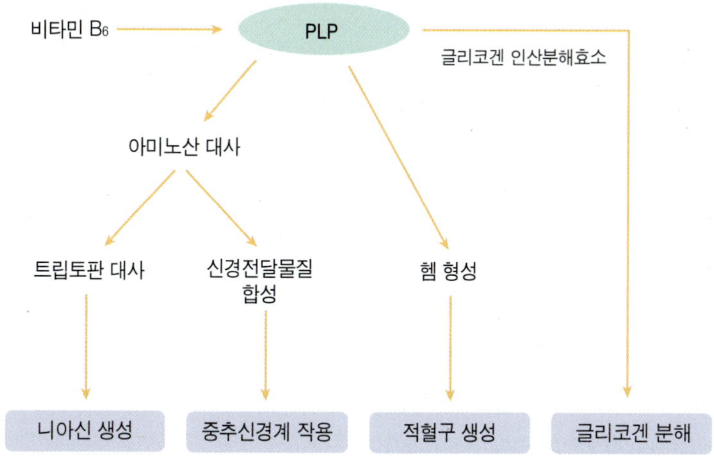

그림 7-19 ▶ PLP(피리독살 인산)가 조효소로서 참여하는 생체 내 반응

성할 수 있다. 비타민 B_6가 없으면 몸에서 합성할 수 없어서 모든 아미노산은 필수아미노산이 되어 식사에서 반드시 공급되어야 한다. 즉, 케토산인 피루브산이 글루탐산(glutamate)의 아미노기를 받아들여 아미노산인 알라닌(alanine)이 되고 그 아미노산인 글루탐산 아미노기를 잃어서 케토산인 알파-케토글루타르산(α-ketoglutarate)이 된다.

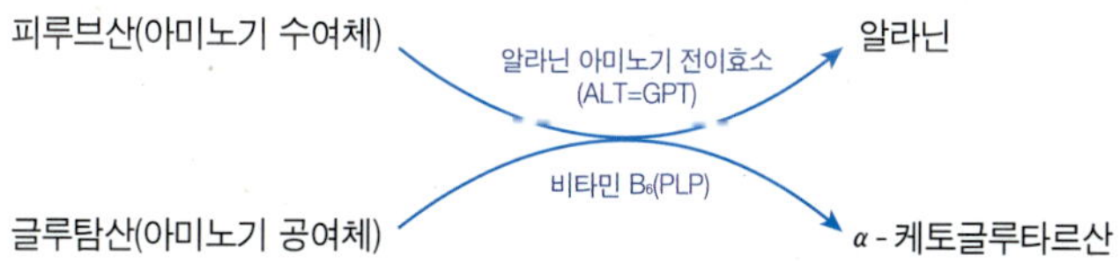

- 탈카르복실반응(decarboxylation) : 아미노산에서 카르복실기(-COOH)를 이탈시키는 데 PLP가 관여한다. 카르복실기를 떼어 내는 아미노산의 탈탄산반응의 조효소로서 트립토판으로부터 세로토닌을 합성하는 데 작용하고, 타이로신에서 도파민과 노르에피네프린을, 히스티딘(histidine)으로부터 히스타민(histamine)의 합성, 그리고 글루탐산으로부터 GABA(γ-amino butyric acid)의 합성 등 신경전달물질을 합성하는 데 필요하다.
- 유황 전이반응(transsulfuration) : PLP는 함황아미노산인 메티오닌(methionine) 대사에서 일어나는 호모시스테인(homocysteine)이 시스테인(cysteine)으로 전환되는 데

에 관여하고, 트립토판이 니아신으로 전환되는 과정에도 관여한다. 그러므로 비타민 B_6가 결핍되면 펠라그라와 비슷한 증세가 나타난다.

② 당질과 지방 대사

- 글리코겐 분해 : 비타민 B_6는 글리코겐(glycogen)이 분해하는 데 관여하는 글리코겐 분해효소(glycogen phosphorylase)의 조효소로 작용한다. 그러므로 비타민 B_6는 혈당농도를 유지하는 데 도움을 주며, 아미노기를 전이시키고 남은 아미노산의 탄소 골격으로부터 포도당이 생성되는 당신생합성에 관여한다.
- 지방산 대사 : 필수지방산인 리놀레산(linoleic acid)으로부터 아라키돈산(arachidonic acid)으로 전환하는 데 PLP가 관여한다.

③ 혈구세포의 합성

비타민 B_6는 헤모글로빈을 구성하는 헴 합성에 필요하며, 핵산 합성에도 관여하므로 적혈구 형성은 물론, 백혈구 등 면역세포 형성에도 필수적이다. 따라서, 비타민 B_6가 결핍되면 적혈구의 크기가 작아지고 산소 운반에 필요한 헤모글로빈도 부족해지는 소적혈구성 저색소성 빈혈이 나타난다.

④ 니아신 합성

비타민 B_6는 트립토판이 니아신으로 전환되는 과정에서 조효소로 작용한다. 이 반응은 비타민 B_6의 영양 상태를 평가하는 데도 이용된다.

⑤ 신경전달물질의 합성

주요 신경전달물질들[serotonin, γ-aminobutyric acid(GABA), dopamin(DOPA), norepinephrine] 합성에 관여하므로, 결핍되면 우울증, 두통, 혼란, 메스꺼움, 구토, 경기와 같은 뇌신경장애가 발생한다. 이와 같은 근거로 비타민 B6가 월경전증후군에 도움이 될 것이라고 생각되나 아직 정확히는 밝혀지지 않았다.

(4) 비타민 B_6의 섭취기준과 급원식품

한국인 성인의 1일 비타민 B_6 평균필요량은 남자 1.3 mg, 여자 1.2 mg이며, 1일 권장섭취량은 평균필요량의 120% 수준인 남자 1.5 mg, 여자 1.4 mg이다. 피리독신의 과잉섭취는 신경장애를 초래하므로 1일 상한섭취량인 100 mg을 초과하지 않도록 한다(표 7-8). 비타민 B_6는 주로 동물의 근육조직에 저장되므로 육류, 생선류, 가금류 등이 가장

표 7-8 ▶ 한국인의 비타민 B_6 섭취기준

(mg/일)

연령		평균필요량	권장섭취량	충분섭취량	상한섭취량
영아	0~5(개월)			0.1	
	6~11			0.3	
유아	1~2(세)	0.5	0.6		20
	3~5	0.6	0.7		30
남자	6~8(세)	0.7	0.9		45
	9~11	0.9	1.1		60
	12~14	1.3	1.5		80
	15~18	1.3	1.5		95
	19 이상	1.3	1.5		100
여자	6~8(세)	0.7	0.9		45
	9~11	0.9	1.1		60
	12~14	1.2	1.4		80
	15~18	1.2	1.4		95
	19 이상	1.2	1.4		100
임신부		+0.7	+0.8		100
수유부		+0.7	+0.8		100

자료 : 보건복지부, 2020 한국인 영양소 섭취기준, 2020

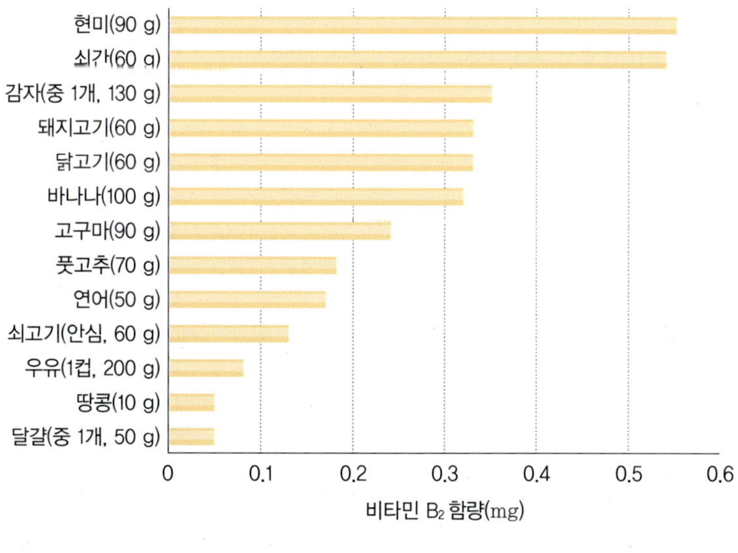

그림 7-20 ▶ 비타민 B_6 1인 1회 분량

좋은 급원식품이다. 이외에 전곡, 콩류, 말린 과일, 종실류, 해바라기씨, 감자, 견과류, 바나나와 채소들도 좋은 급원이다. 일반적으로 동물성 식품의 비타민 B_6가 식물성 식품의 비타민 B_6보다 더 쉽게 흡수된다(그림 7-20).

(5) 비타민 B_6의 결핍증

비타민 B_6가 결핍되면 피부염, 빈혈(소적혈구성 빈혈), 구각염, 구내염, 간질성 혼수, 설염, 근육 경련, 말초신경장애, 메스꺼움, 현기증, 우울증, 신경과민, 비정상적 뇌파, 신결석, 심해지면 전신경련을 포함한 신경장애가 나타날 수 있다. 비타민 B_6 결핍의 위험이 높은 사람들은 피임약 장기복용, 고령화, 만성 알코올중독, 고단백식사, 임신, 갑상선기능항진, 간질환, 결핵 치료제(INH)나 류머티스 관절염 치료제를 장기간 복용하는 사람들이다.

(6) 비타민 B_6의 과잉증

비타민 B_6의 과잉증은 흔하지는 않지만 비타민 B_6가 신경전달물질의 생성에 관여하므로 월경전증후군(premenstrual syndrome, PMS : 월경 시작 2~3일 전에 나타나는 증세로 우울, 걱정, 부종, 두통, 감정 변화를 동반)을 치료할 목적으로 과잉 복용하면 오히려 신경계의 손상을 초래할 수 있다. 손발이 쑤시고, 입 주위 감각상실, 관절이 경직되며 보행장애와 손발 마비 증세가 나타난다. 비타민 B_6의 과다 섭취에 따른 독성을 우려하여 성인의 비타민 B_6 상한섭취량은 100 mg/일로 설정하였다.

7) 엽산

엽산(folate, folic acid)의 어원은 라틴어에서 잎을 의미하는 'folium'으로 시금치 등 녹색 잎채소에 널리 분포한다. 엽산의 가장 단순한 형태인 folic acid는 인공 합성한 안정된 형태로 비타민 보충제와 식품 강화에 사용된다. 자연계에서 생성되는 엽산은 이와 달리 환원된 형태이다.

(1) 엽산의 구조와 성질

엽산은 그림 7-21과 같이 프테리딘(pteridine), 파라아미노벤조산(para-amino-benzoic acid), 글루탐산(glutamic acid)이 결합된 수용성의 황갈색 결정체이다. 인간을 비롯한 동물의 세포는 엽산의 구조 중 파라아미노벤조산 부분을 합성하지 못하므로 엽산은 반드시 식품을 통해 얻어야 하는 필수영양소이다. 프테리딘핵의 5, 6, 7, 8번 탄소에 수소가 4개 결합된 테트라하이드로엽산(tetrahydrofolate, THF)이 생체 내에서 활성을 나타내는

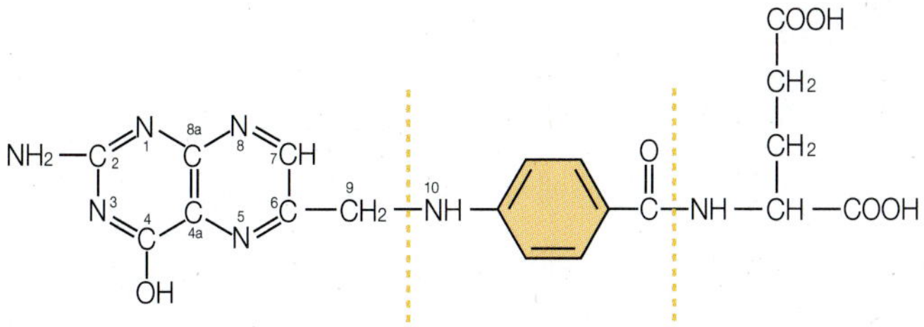

엽산(프테로일모노글루탐산)

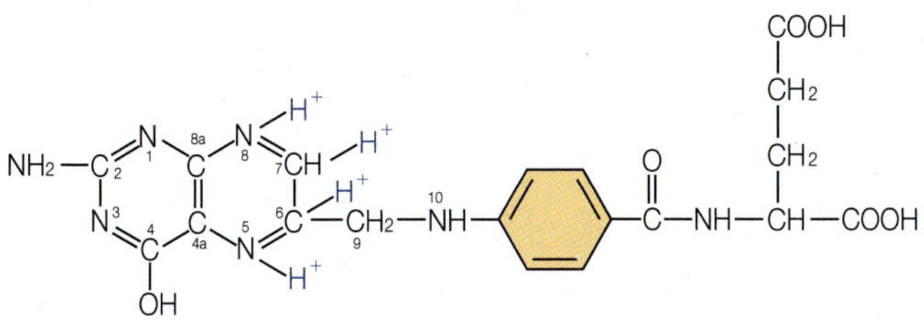

테트라하이드로엽산(THF)

그림 7-21 ▶ 엽산과 THF의 구조

엽산의 조효소 형태이다.

(2) 엽산의 흡수와 대사

일반적으로 글루탐산이 2개 이상 결합된 폴리글루타메이트형(polyglutamate form)이 식품이나 체내에 저장되는 형태이며, 글루탐산이 1개 결합된 모노글루타메이트형(mono glutamate form)이 체내에 흡수되는 형태이다. 소장에 존재하는 효소에 의해 폴리글루타메이트형은 모노글루타메이트형으로 가수분해된 다음 4개의 수소가 결합하여 환원형의 THF로 전환된다. 환원형의 THF는 장 점막세포로 흡수되어 메틸기와 결합한 후 간과 다른 체세포로 운반되고, 그곳에서 다시 폴리글루타메이트형으로 전환되어 저장된다. 체내 엽산의 반 이상이 주로 간에 저장되며 저장된 엽산은 필요하면 모노글루타메이트형으로 다시 가수분해되어 세포 밖으로 방출된다. 합성형 엽산을 섭취하면 생체 이용률이 100%이나 곡류 등 자연식품의 형태로 섭취하면 흡수율이 크게 감소된다. 과잉의 엽산은 대부분 담즙으로 분비되며 장간순환에 의해 재흡수되거나 대변으로 배설된다.

(3) 엽산의 기능

엽산의 주요 조효소형 THF는 메틸(-CH_3), 메틸렌(-CH_2-), 포밀(-CHO)기 등의 단일 탄소들(one-carbon units)을 한 화합물에서 다른 화합물로 운반하는 효소복합체의 일부분으로서 작용한다. THF가 기능을 하기 위해서는 메틸-THF로부터 메틸기가 제거되어야 한다. 이 메틸기를 제거하는 효소는 비타민 B_{12}의 도움을 필요로 하므로 흡수 후 엽산은 비타민 B_{12}와 밀접하게 관련하여 작용하게 된다.

조효소로서 엽산은 DNA 합성과 세포분열, 아미노산 대사, 적혈구의 성숙 등에 중요한 역할을 한다.

① 퓨린과 피리미딘 염기의 합성

엽산은 비타민 B_{12}와 함께 빠르게 성장하는 세포에 필요한 DNA의 염기인 퓨린(purine)과 피리미딘(pyrimidine) 합성에 필요하다. THF는 단일탄소 메틸렌기(-CH_2-)를 유리딜산(uridylate)으로 전이시켜 DNA의 필수 성분이며 세포복제에 필수적인 티미딜산(thymidylate)을 형성시킨다.[7] 엽산이나 비타민 B_{12} 중 어느 하나라도 부족하면 DNA가 정상적으로 합성되지 못해서 세포분열이 제대로 이루어지지 않는다. 예를 들면, 골수에서 세포분열이 제대로 이루어지지 않아 비정상적으로 커다란 적아구를 생성하게 되어 거대적아구성 빈혈을 초래한다.

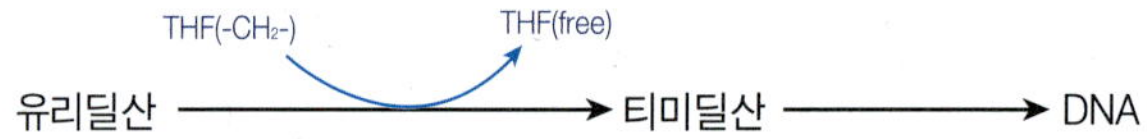

② 메티오닌 합성

엽산의 조효소 형태인 메틸-THF는 메틸기를 호모시스테인으로 전해 주어 메티오닌을 생성한다. 이때 비타민 B_{12}가 필요하며 엽산과 비타민 B_{12}가 상호 연관된 과정이다. 호모시스테인의 혈중농도가 낮아지면 심장마비의 위험이 줄어든다.

(4) 엽산의 섭취기준과 급원식품

인체는 보충제 또는 강화된 식품 중의 엽산은 거의 100% 흡수하나, 식품 중 자연적으로 존재하는 엽산은 1/2~2/3 정도만 흡수된다. 이러한 차이를 계산하기 위해 영양소 섭취기준에서는 DFE(dietary folate equivalents)로 표시한다.

적혈구 엽산, 혈장 호모시스테인, 혈청 엽산 등의 혈중농도를 정상으로 유지하는 데 필

식이엽산당량(DFEs, Dietary Folate Equivalents)

1 μg DFE = 1 μg 식품 중의 엽산
= 0.5 μg 빈속에 섭취한 보충제 중의 엽산
= 0.6 μg 강화식품 또는 식품과 함께 섭취한 보충제 중의 엽산

따라서, 섭취한 식이엽산당량은 다음과 같이 계산된다.

μg DFEs = (식품 중의 엽산 μg) + (1.7 × 강화식품 또는 식품과 함께 섭취한 보충제 중의 엽산 μg)
+ (2.0 × 빈속에 섭취한 보충제 중의 엽산 μg)

요한 엽산의 성인 남녀의 1일 평균필요량은 320 μg DFE이며, 1일 권장섭취량은 평균필요량의 120%인 400 μg DFE이다. 태아의 선천적 결손(birth defects)의 위험을 줄이기 위해 한국인 영양소 섭취기준에서 임신부는 220 μg DFE를 추가로 권장하고 있다(표 7-9).

엽산은 간과 조리하지 않은 신선한 과일과 채소에 풍부하다. 한국인 상용식품 중 엽산의 함량이 높은 식품은 대두, 녹두 등의 콩류, 브로콜리, 상추 등의 채소류, 마른김, 다시마 등의 해조류, 김치 등이 있다(그림 7-22).[9~11]

표 7-9 ▶ 한국인의 엽산 섭취기준

(μg DFE/일)*

연령		평균필요량	권장섭취량	충분섭취량	상한섭취량**
영아	0~5(개월)			65	
	6~11			90	
유아	1~2(세)	120	150		300
	3~5	150	180		400
남자	6~8(세)	180	220		500
	9~11	250	300		600
	12~14	300	360		800
	15~18	330	400		900
	19 이상	320	400		1,000
여자	6~8(세)	180	220		500
	9~11	250	300		600
	12~14	300	360		800
	15~18	330	400		900
	19 이상	320	400		1,000
임신부		+200	+220		1,000
수유부		+130	+150		1,000

*Dietary Folate Equivalents, 가임기 여성의 경우 400 μg/일의 엽산보충제 섭취를 권장함
**엽산의 상한섭취량은 보충제 또는 강화식품의 형태로 섭취한 μg/일에 해당됨
자료 : 보건복지부, 2020 한국인 영양소 섭취기준, 2020

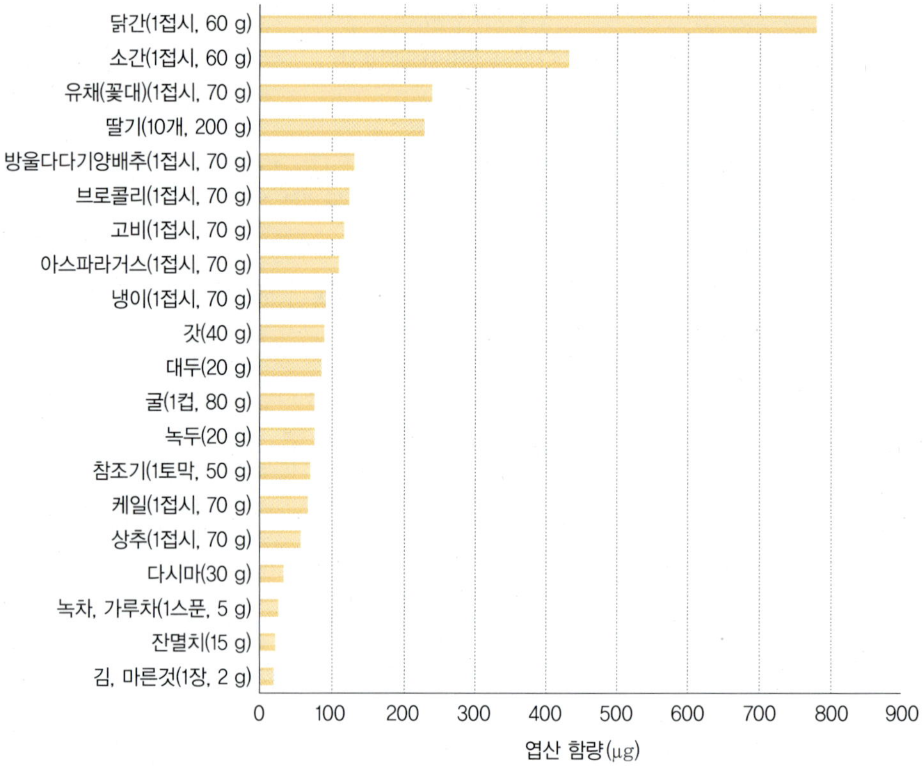

그림 7-22 ▶ 엽산의 급원식품

(5) 엽산의 결핍증

엽산의 보유가 양호하면 더 섭취하지 않아도 인체는 보통 2~4달 동안 유지할 수 있는 충분한 엽산을 저장할 수 있다. 엽산의 부족으로 인한 비정상적인 세포 재생은 비타민 보충으로 24시간 안에 회복될 수 있다.[8]

엽산 결핍은 엽산의 섭취가 부적절하거나 흡수가 손상될 때, 또는 이 비타민에 대한 요구량이 비정상적으로 높거나 세포증식이 빨라지는 등의 경우에 일어날 수 있는데, 엽산이 부족할 때는 세포분열에 이상이 오게 되며, 거대적아구성 빈혈과 같은 임상적 결핍 증세가 나타난다.

① 거대적아구성 빈혈

엽산 결핍의 주요 증상 중 하나가 적혈구 합성 초기단계에서의 변화이다. 엽산이 없다면 골수 내의 적혈구 전구세포들이 새로운 DNA를 형성할 수 없기 때문에 정상적으로 분열된 성숙한 적혈구가 되지 못한다. 이런 세포들은 RNA를 계속적으로 형성하고 단백질과 새로운 세포를 구성하는 다른 세포 구성체들의 합성을 증가시키기 때문에, 그 크기가 점점 더 커지게 되며, 헤모글로빈의 합성도 증대된다. 한편, 그 세포들이 분열하는 시기가 되면 정상적인 분열을 위한 DNA의 양이 부족하게 되어 그 세포들은 골수에서 미성숙한 형태인 거대적아구(megaloblast)의 상태로 남게 된다. 정상적으로 성숙한 적혈구와는 달리 거대적아구는 크기가 크며 핵을 보유하고 있다. 이러한 거대적아구들이 혈류로 들어가면 이들을 대적혈구(macrocyte)라고 부르며 이것이 거대적아구성 또는 대적혈구성 빈혈(megaloblastic 또는 macrocytic anemia)을 일으킨다. 거대적아구성 빈혈의 증상으로 피로, 설사, 혀의 쓰림, 짜증, 망각, 호흡 단축 등이 나타난다.

② 신경관 결손

모체가 엽산 결핍이었거나 유전적인 소인이 있는 경우 태아기에 신경관 결손(neural tube defect, NTD) 발생과 연결된다. 신경관 결손의 증세는 이분척추(spina bifida)라고 하는 추골궁이 완전히 닫히지 못하는 기형 증세(그림 7-23)로 마비(paralysis), 실금(incontinence), 뇌수종(hydrocephalus), 학습불능(learning disabilities) 등을 나타낼 수 있으며, 중추신경 기형 중 가장 심한 것으로 뇌 자체가 없는 무뇌증(anencephaly)이 있을 수 있는데 무뇌증으로 태어난 아이는 태어난 후 바로 사망한다. 임신 초기에 충분한 엽산을 공급하면 신경관 결손의 위험을 줄일 수 있으므로 엽산의 영양 공급은 가임기의 모든 여자에게 필수적이다. 이는 신경관 폐쇄가 수태 후 21일에 시작되어 28일에 완료되는데 이 시기에 대부분의 여자는 자신이 임신했는지 잘 모른다. 따라서, 태아를 위해 영양 공급을 하려고 하면 이미 때를 놓칠 수 있기 때문이다.

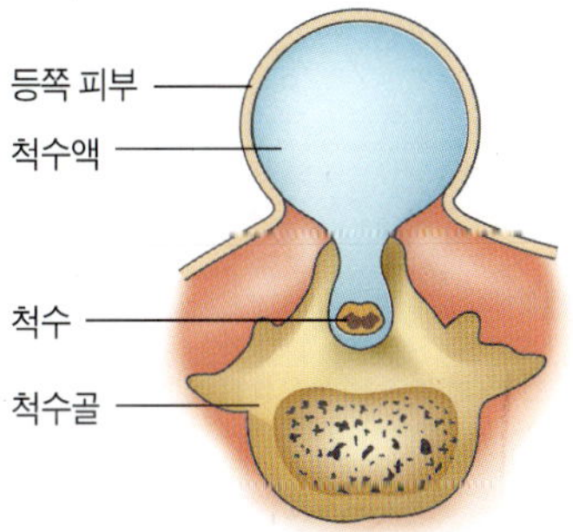

그림 7-23 ▶ 신경관 결손으로 오는 태아척추이생성(spina bifida)

③ 심장질환

부족한 엽산의 상태는 호모시스테인을 증가시킬 수 있다. 엽산 결핍에 의한 혈장 호모시스테인 농도 증가는 심혈관계 질환의 위험요인이 되므로 호모시스테인을 낮은 농도로 유지하도록 돕기 위해 엽산 섭취가 권장된다. 엽산뿐만 아니라 비타민 B_{12}, 비타민 B_6의 보충으로 호모시스테인 농도가 낮아지며 심장질환의 위험을 감소시킨다.

(6) 엽산의 독성

FDA는 임신하지 않은 성인의 경우에 처방전이 필요없는 비타민 보충제의 엽산 양을 400 μg으로 제한한다. FDA는 과다한 합성형 엽산 섭취가 비타민 B_{12}의 결핍을 감지할 수 없도록 하기 때문에 엽산 보충제의 복용량을 규제하고 있다. 엽산을 식품에 첨가하거나 경구투여할 경우에는 1,000 μg DFE를 초과하지 않도록 하고 있다.

8) 비타민 B_{12}

비타민 B_{12}(cobalamin)는 다른 B군 비타민과는 달리 식물성 식품으로는 제공받지 못한다. 그러므로 사람은 주로 동물성 식품으로 비타민 B_{12}를 얻게 된다. 박테리아에 약간 감염되거나 토양이 묻은 채소류에는 비타민 B_{12}가 소량 함유되어 있을 수도 있다.

(1) 비타민 B_{12}의 구조와 성질

비타민 B_{12}는 헤모글로빈의 포피린(porphyrin)과 유사한 고리구조를 가진 비타민으로 중앙에 금속원소인 코발트(Co)를 함유하고 있어 코발라민(cobalamin)이라고 한다(그림

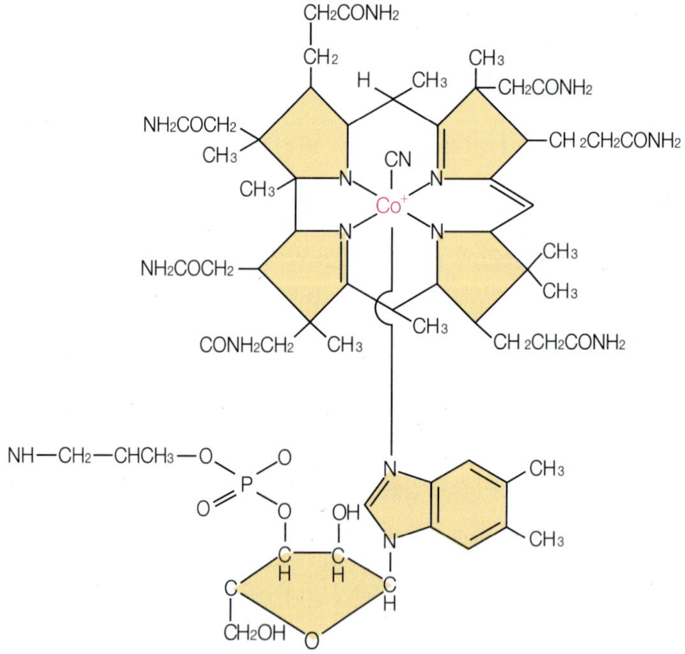

그림 7-24 ▶ 비타민 B_{12}의 구조

7-24). 코발트 원자에는 사이아노기(-CN), 하이드록시기(-OH), 나이트로기(-NO_2), 메틸기(-CH_3) 등이 결합될 수 있다. 활성이 있는 비타민 B_{12}의 조효소 형태는 메틸코발라민(methylcobalamin)과 5-디옥시아데노실코발라민(5-deoxyadenosycobalamin)으로 혈장과 조직에 존재한다.

(2) 비타민 B_{12}의 소화, 흡수, 대사

채식주의자가 아니라면 식사를 통해 충분한 비타민 B_{12}를 얻기는 쉬운 일이다. 그러나 흡수는 달라서 흡수를 위해 준비된 비타민 B_{12}는 입에서 시작하여 소장에서 흡수되기까지 복잡한 여러 단계의 소화 과정을 거친다. 소화 과정에는 적당한 위산과 내적 인자(intrinsic factor)라고 불리는 물질이 필요하기 때문이다.[12]

식품 중의 비타민 B_{12}는 단백질을 비롯한 다른 물질과 결합된 형태로 존재한다. 음식물을 섭취하면 위에서 위산에 의해 비타민 B_{12}가 유리되고, 유리된 비타민 B_{12}는 침샘에서 생성된 R단백질(R-protein)과 결합하여 R단백질과 B_{12}복합체의 형태로 소장으로

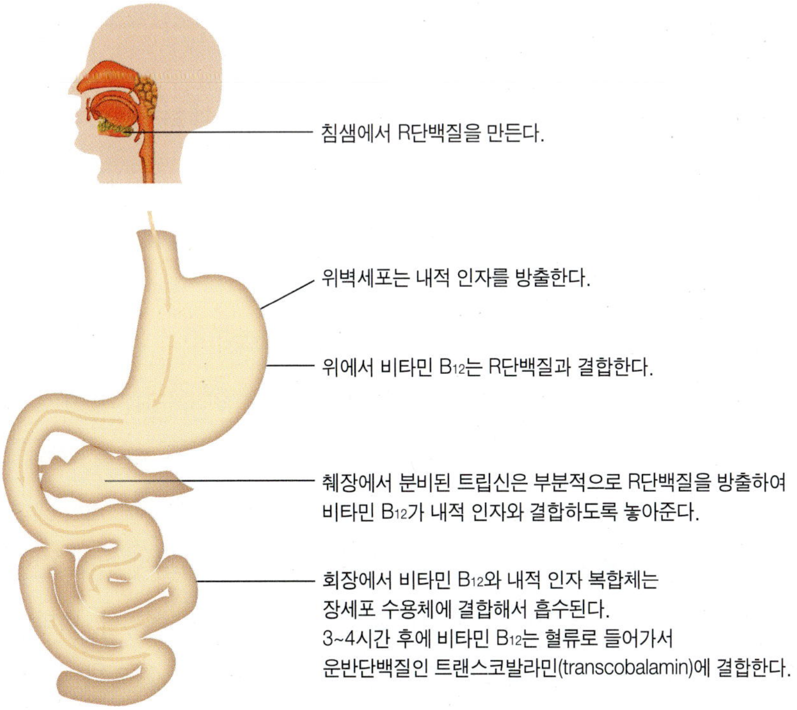

그림 7-25 ▶ 비타민 B_{12}의 흡수 과정

이동한다. 소장에서 트립신에 의해 R단백질이 제거된 비타민 B_{12}는 위산과 함께 분비된 당단백질인 내적 인자와 결합하여 비타민 B_{12}와 내적 인자 결합체를 형성한 후에 회장에 있는 수용체까지 이동한다. 회장에서 내적 인자와 분리된 비타민 B_{12}는 수용체인 트랜스코발라민 II에 결합되어 간으로 운반되고 공급받은 총비타민 B_{12}의 약 50~90% 정도가 간에 저장된다(그림 7-25).

일반적으로 건강한 성인의 경우, 식이로 섭취한 비타민 B_{12} 중 약 50% 정도가 체내에 흡수된다. 비타민 B_{12}는 담즙을 통해 지속적으로 분비되며 대부분이 재흡수된다. 하지만 비타민 B_{12}의 흡수 과정에 문제가 있는 경우 식이로 섭취한 것의 흡수율은 2% 미만이다.

비타민 B_{12}의 흡수는 R단백질, 췌장 단백질분해효소(pancreatic protease), 내적 인자의 합성이 부족할 때, 내적 인자와 비타민 B_{12}의 복합체가 회장세포의 수용체에 잘 결합되지 못하는 경우와 소장 또는 위 절제수술 등에 의해 내적 인자가 부족할 때에도 방해받을 수 있다.

내적 인자(intrinsic factor)

내적 인자란 위산과 함께 위벽세포에서 분비되는 당단백질로 비타민 B_{12}의 흡수 부위인 회장까지 안전하게 도달하도록 비타민 B_{12}를 보호하여 비타민 B_{12}의 흡수를 증진시키는 물질이다.

(3) 비타민 B_{12}의 기능

비타민 B_{12}는 단일탄소단위(one carbon unit)를 이동시키는 조효소의 작용에 관여한다. 비타민 B_{12} 조효소(coenzyme 5-deoxyadenocyl cobalamin)를 필요로 하는 효소로는 메틸말로닐(methylmalonyl) CoA 전이효소(mutase)가 있다. 이 효소는 TCA회로에서 중간대사산물인 메틸말로닐 CoA를 숙시닐 CoA로 변환시키는 데 비타민 B_{12}를 필요로 한다. 이 반응에 의해 홀수 개의 탄소를 가진 지방산이 산화되어 열량을 생성한다.[13]

그리고 비타민 B_{12}는 엽산이 활성 형태로 전환하는 데 필수적이다. 비타민 B_{12}가 없으면 엽산은 DNA 합성, 또는 적혈구 합성에 생리적 기능을 할 수 없다. 그러므로 엽산농도가 적당하다고 해도 비타민 B_{12}의 부족은 엽산 결핍증을 초래한다.

① 세포의 분열과 성장에 관여

비타민 B_{12}의 조효소는 엽산 조효소와 함께 퓨린과 피리미딘을 합성하는 데 관여한다. 엽산이나 비타민 B_{12} 어느 한 가지라도 부족하면 DNA가 정상적으로 합성하지 못하므로 세포분열이 제대로 이루어지지 않아 지속적인 세포증식이 필요한 적혈구의 생성에 장애가 생기게 된다.

② 메티오닌의 합성

비타민 B_{12}는 호모시스테인이 메티오닌으로 전환하는 데 관여한다. 그림 7-26과 같이 엽산의 조효소 형태인 메틸THF의 메틸기를 호모시스테인으로 옮겨 주어 메티오닌을 생성한다. 이 과정은 엽산과 비타민 B_{12}가 상호 연관된 과정으로 혈액 내 호모시스테인의 수준을 감소시켜 심장질환의 위험을 줄여 주기 때문에 매우 중요하다.

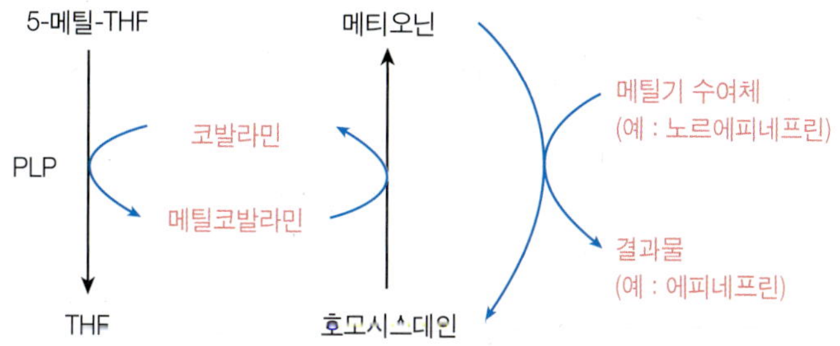

그림 **7-26** 메티오닌의 합성과 비타민 B_{12}

③ 신경세포의 유지

비타민 B_{12}는 신경섬유의 절연체 역할을 하는 수초를 감싸고 있는 마이엘린을 형성하고 유지시키는 데 필요하다. 비타민 B_{12}가 결핍된 사람의 수초는 부분적으로 파괴되어 있으며, 특히 척수신경의 신경섬유를 감싸는 수초가 파손되어 있는 경우가 많다. 이러한 수초의 파괴는 결국 마비를 가져오고 사망에 이르는 원인이 된다.

(4) 비타민 B_{12}의 섭취기준과 급원식품

적절한 혈청 비타민 B_{12}를 유지하는 데 필요한 19~49세 성인 남녀의 1일 비타민 B_{12} 평균필요량은 2 μg이며, 1일 권장섭취량은 2.4 μg이다. 비타민 B_{12}의 상한섭취량은 설정되어 있지 않다. 50세 이상에서도 권장량은 성인과 같아 2.4 μg이기는 하나 위산과

표 7-10 한국인의 비타민 B_{12} 섭취기준

(μg/일)

연령		평균필요량	권장섭취량	충분섭취량	상한섭취량
영아	0~5(개월)			0.3	
	6~11			0.5	
유아	1~2(세)	0.8	0.9		
	3~5	0.9	1.1		
남자	6~8(세)	1.1	1.3		
	9~11	1.5	1.7		
	12~14	1.9	2.3		
	15~18	2.0	2.4		
	19 이상	2.0	2.4		
여자	6~8(세)	1.1	1.3		
	9~11	1.5	1.7		
	12~14	1.9	2.3		
	15~18	2.0	2.4		
	19 이상	2.0	2.4		
임신부		+0.2	+0.2		
수유부		+0.3	+0.4		

자료 : 보건복지부, 2020 한국인 영양소 섭취기준, 2020

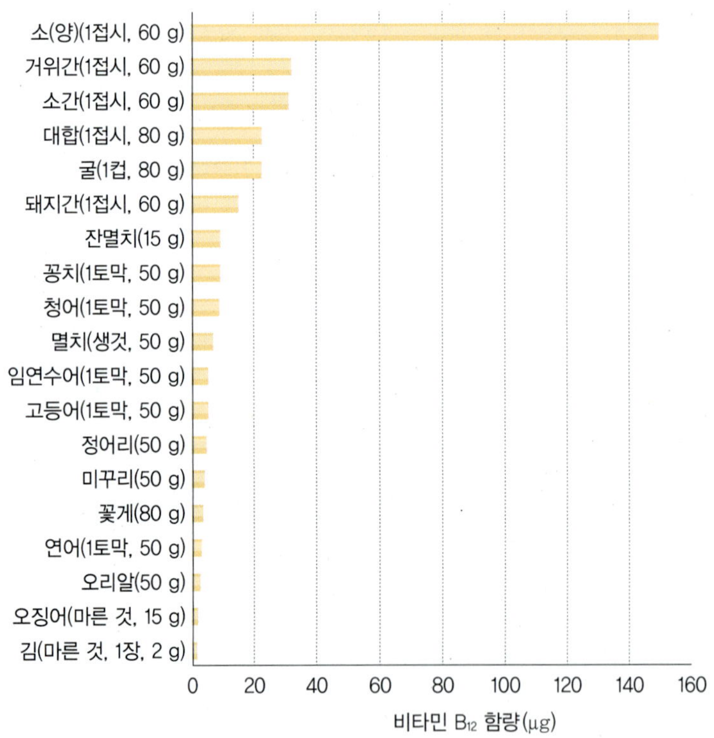

그림 7-27 비타민 B_{12}의 급원식품

내적 인자 분비능력이 저하될 수 있으므로 비타민 B_{12} 강화식품(비타민 B_{12}가 첨가된 아침식사용 시리얼)이나 보충제를 섭취할 것을 권장한다(표 7-10). 인체는 이들 급원으로부터의 비타민 B_{12}를 더 효율적으로 흡수하기 때문이다. 비타민 B_{12}는 동물성 식품에만 들어 있으며, 특히 내장육(간, 신장, 심장)이 가장 풍부한 급원이다. 1일 1회 섭취 분량당 비타민 B_{12} 함량이 높은 식품으로는 오징어, 굴, 꽁치, 건멸치, 고등어, 생파래, 김, 쇠고기, 우유, 돼지고기 등이 있다(그림 7-27). 매일 우유와 달걀을 먹는 채식주의자는 비타민 B_{12}를 충분히 섭취할 수 있으나[14] 철저한 채식주의자들에게 가장 좋은 급원은 아침식사로 먹는 강화 시리얼, 강화 대두제품, 기타 비타민 B_{12} 강화식품들이다.

(5) 비타민 B_{12}의 결핍증

① 악성 빈혈

비타민 B_{12}는 간에 2년 이상 지속적으로 충분히 저장할 수 있으며 12년 이상 결핍 증세가 나타나지 않는다. 그러므로 비타민 B_{12} 결핍증은 비타민 B_{12}의 섭취 부족이라기보다는 부적절한 흡수에 의해 나타난다. 부적절한 면역반응은 위내벽세포들을 공격하여 파괴할 수 있다. 이것이 비타민 B_{12} 흡수에 필요한 인자의 생산을 감소시키고, 비타민 B_{12}의 결핍으로 발전한다. 또한, 유전적 결함이 없는 사람이라도 수년간에 걸쳐 채식을 하면 섭취량이 부족해지면서 악성 빈혈(pernicious anemia)이 생길 수도 있다. 채식을 하는 모체가 비타민 B_{12}를 섭취하지 않고 모유 수유를 하는 것은 아이를 장기적인 신경문제의 위험에 놓이게 할 수 있다. 악성 빈혈의 경우 적혈구들은 마치 엽산 부족으로 인한 빈혈과 같이 크기가 크고 약하며 이상한 형태를 하게 된다. 악

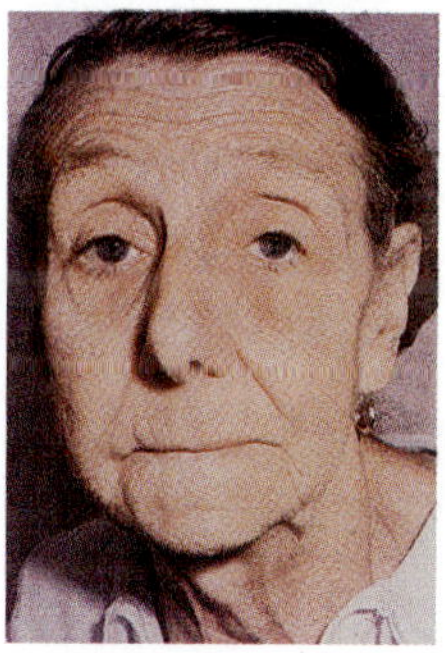

그림 7-28 ▸ 악성 빈혈

악성 빈혈과 거대적아구성 빈혈

비타민 B_{12} 부족에 의한 악성 빈혈은 엽산 결핍증과 같은 거대적아구성 빈혈이 발생한다. 그러나 비타민 B_{12} 부족으로 인한 빈혈은 신경세포들이 돌이킬 수 없이 파괴되므로 엽산 부족 빈혈과는 차이점을 나타낸다. 만약 비타민 B_{12} 부족 빈혈이 엽산으로 잘못 치료되면 빈혈 증세는 사라지지만 신경 변성은 지속된다. 이러한 과실은 손상이 돌이킬 수 없는 상태가 되기까지 나타나지 않을 수도 있다. 따라서, 거대적아구성 빈혈의 경우 치료 이전에 정확한 원인을 아는 것이 중요하다.

성 빈혈의 증세로는 창백한 피부, 기력 부진, 체중 감소, 설염, 신경장애, 우울증 등이 나타난다(그림 7-28).

엄격한 채식주의자(vegan)들은 강화식품이나 보충제를 통해 비타민 B_{12}를 얻어야 한다. 비타민 B_{12} 부족 빈혈의 적절한 치료는 비타민 B_{12}의 주사 또는 보충제의 대량 투여이다.

② 신경 손상

신경세포의 마이엘린 형성에 관여하는 비타민 B_{12}가 결핍되면 신경자극이 제대로 전달되지 못한다. 이로 인해 신경과 근육은 점진적인 마비를 일으키며, 사지에서 시작하여 신체 전반으로 파급된다.

2. 비타민 C

비타민 C의 또 다른 이름 아스코르빈산(ascorbic acid)은 항괴혈성 인자(antiscorbutic factor)라는 의미이다. 비타민 C는 모든 생물체의 생명 유지에 필수적인 영양소이다. 비타민 C는 모든 생물조직 내에 함유되어 있으며 대부분 동물의 체내에서 포도당으로부터 합성된다. 사람을 포함하는 영장류, 기니피그, 조류, 박쥐, 어류 등 일부는 포도당에서 비타민 C로 전환되는 최종단계의 효소인 굴로노락톤 산화효소(gulonolactone oxidase)가 결핍되어 비타민 C를 합성하지 못하므로 식품을 통해 공급받아야 한다.

1) 비타민 C의 구조 및 성질

비타민 C는 단당류의 구조와 유사한 여섯 개의 탄소로 이루어진 간단한 화합물이다. 식품에는 비타민 C가 아스코르빈산 형태로 널리 존재하나 디하이드로아스코르빈산도 소량 들어 있어서 식품의 비타민 C 활성을 나타내는 물질은 아스코르빈산과 디하이드로아스코르빈산이다(그림 7-29).

비타민 C의 두 가지 형태는 체내에서 항산화제로서 기능을 가지는 환원제이기 때문에 산화에 매우 민감하다. 아스코르빈산의 첫번째 산화단계는 디하이드로아스코르빈산으로서 상호 가역적이다. 디하이드로아스코르빈산이 산화되면 불가역적이며, 비타민 C는 일반적으로 산에는 안정하나 산화, 빛, 알칼리와 열에 쉽게 파괴되는데, 특히 철이나

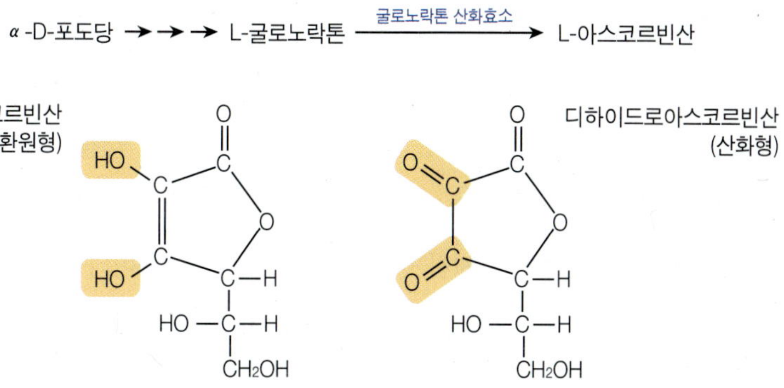

그림 7-29 ▶ 비타민 C의 구조

구리와 함께 있으면 쉽게 파괴된다.

2) 비타민 C의 흡수와 대사

비타민 C는 주로 능동수송에 의해 소장의 공장 부위에서 흡수되며, 일부는 단순확산에 의해서도 흡수된다. 비타민 섭취량에 의해 흡수율이 변화하는데, 소량 섭취할 경우는 빠른 속도로 흡수되지만 과량 섭취할 경우 흡수율이 감소한다. 하루 비타민 C 섭취량이 30 mg 이하일 때는 모두 흡수하며 30~120 mg일 때는 80~90% 정도를 흡수한다. 섭취량이 증가함에 따라 흡수율은 계속 내려가서 6,000 mg일 때 약 20%까지 떨어진다[15] 펙틴, 아연, 구리, 철 함량이 높은 식품 중의 비타민 C는 흡수율이 낮은 것으로 나타났다. 이들 물질이 흡수를 방해하거나 흡수되기 전 비타민 C를 산화시키기 때문인 것으로 추정하고 있다.

흡수된 비타민 C는 혈액을 통해 조직으로 운반되고 사용된 후 분해산물이 소변으로 배설되나, 만일 다량의 비타민 C가 섭취될 때는 상당량이 대사되지 않고 그대로 배설된다.

3) 비타민 C의 기능

비타민 C는 비타민 B군과 달리 조효소로 작용하지 않는다. 그러나 여러 반응에서 중요한 성분으로 주로 항산화작용을 하는 것으로 알려져 있다.

(1) 항산화작용

비타민 C는 비타민 E와 마찬가지로 산화적 손상으로부터 세포들을 방어하는 것을 돕는다.[16] 이러한 항산화작용으로 식도암, 구강암, 위암 등의 암을 예방하고 심장질환 및 기타 만성질환의 위험을 줄일 수 있다. 그러나 최근 연구 결과는 비타민 C와 심순환계 질환 사이의 강한 연계성을 지지하지 않으며, 방어 효과가 비타민 C에서 기인하는지 또는 일반적으로 과일과 채소 섭취에 기인하는지 아직 명확하지는 않지만 암에 대한 위험을 줄이는 역할은 증명되었다.[17]

항산화제(antioxidant)

항산화제란 자신은 산화되고 다른 물질의 산화를 방지하거나 방해하는 물질이다. 신체에 중요한 많은 식품 성분들은 산화에 의해 변하거나 파괴될 수 있으며 비타민 C는 이러한 파괴로부터 성분들을 보호할 수 있다.

세포의 대사 과정에서 생성되는 유리라디칼을 제거하는 역할을 하고, 지질 과산화를 방지하고 산화된 비타민 E를 환원시켜 주기 때문에 비타민 E의 절약작용에도 관여한다. 또한, 비타민 C는 엽산의 환원 상태를 유지시켜 엽산이 산화, 분해되는 것을 막아 준다.

(2) 콜라겐의 합성

비타민 C는 콜라겐의 합성에 필수적이다. 콜라겐은 인체 내에서 가장 풍부한 단백질이며 피부, 뼈, 힘줄(건), 연골과 치아의 주된 섬유상 단백질이고 상처 치료에 필수적이다. 이들은 아미노산인 프롤린과 라이신의 수산화반응에 의해 형성되며 안정된 콜라겐 구조를 형성하는 데 중요한 역할을 한다.

(3) 카르니틴 생합성

카르니틴은 긴사슬지방산을 세포질로부터 미토콘드리아로 이동하는 데 필요한 수송화합물로 지방산이 산화되어 에너지를 생성하는 지방 대사에 반드시 필요하다. 카르니틴은 아미노산인 라이신과 메티오닌으로부터 합성되는데 이때 비타민 C와 철이 필요하다.

(4) 철, 칼슘의 흡수

식품 내 비헴철의 대부분은 제2철(Fe^{3+})의 형태로 존재하는데, 제1철(Fe^{2+})의 형태로 환원되어야 소장에서 잘 흡수된다. 비타민 C는 Fe^{3+}를 Fe^{2+}로 환원시킴으로써 철의 흡수를 돕는다. 또한, 장내에서 칼슘이 불용성 염을 형성하는 것을 방지함으로써 Ca의 흡수를 돕는다.

(5) 면역 기능

비타민 C는 면역계에서 세포들로 하여금 효과적으로 기능하게 하며, 화학적 해독작용에도 관여하므로 질병 상태나 약품을 복용할 때 비타민 C의 필요량이 증가할 수 있다. 면역에 대한 비타민 C의 중요성에 근거하여 비타민 C는 감기를 예방하거나 치료한다고 여겨왔으나 몇몇 연구에서는 다소 감기의 고통과 기간을 줄여 주는 정도라는 결과가 있었다.

이 밖에도 인체는 갑상선호르몬인 티록신(thyroxine)의 합성, 스테로이드 호르몬인 코르티코스테로이드(corticosteroid)와 알도스테론(aldosterone)의 합성, 콜레스테롤에서 담즙산 생성에 관여하며, 피부에 멜라닌 색소 생성을 억제한다. 이외에도 엽산의 활성화 및 유지, 신경전달물질 세로토닌과 DNA분자의 한 부분으로 여러 필수적인 성분을 만드는 데 비타민 C를 필요로 한다.

4) 비타민 C의 섭취기준과 급원식품

비타민 C의 남녀 1일 평균필요량은 75 mg이며, 권장섭취량은 100 mg이다. 한국 성인의 비타민 C 상한섭취량은 1일 2,000 mg으로 설정하였다. 흡연자, 알코올중독자, 약물복용, 저소득층, 노년층, 스트레스, 수술 환자 등은 특히 결핍되기 쉬우므로 비타민 C를 충분히 섭취해야 한다. 임신기에는 모체 혈액의 비타민 C 농도가 증가되고 태아에게 비타민 C가 이동하므로 이를 보충하기 위해서 하루 10 mg을 추가로 권장한다. 수유기에는 모유로 분비되는 비타민 C를 고려하여 하루에 40 mg을 추가 권장한다(표 7-11).

비타민 C는 식물성 식품에만 함유되어 있으며 전부는 아니지만 많은 과일과 채소들은 비타민 C 함량이 높아 하루 5회 이상 과일과 채소를 먹는 것을 권장한다. 비타민 C 함량이 높은 식품은 감귤류, 토마토, 강화 주스, 브로콜리, 딸기, 키위, 양배추, 녹색 채소, 고추와 감자 등이다(그림 7-30).

표 7-11 한국인의 비타민 C 섭취기준

(mg/일)

연령		평균필요량	권장섭취량	충분섭취량	상한섭취량
영아	0~5(개월)			40	
	6~11			55	
유아	1~2(세)	30	40		340
	3~5	35	45		510
남자	6~8(세)	40	50		750
	9~11	55	70		1,100
	12~14	70	90		1,400
	15~18	80	100		1,600
	19 이상	75	100		2,000
여자	6~8(세)	40	50		750
	9~11	55	70		1,100
	12~14	70	90		1,400
	15~18	80	100		1,600
	19 이상	75	100		2,000
임신부		+10	+10		2,000
수유부		+35	+40		2,000

자료 : 보건복지부, 2020 한국인 영양소 섭취기준, 2020

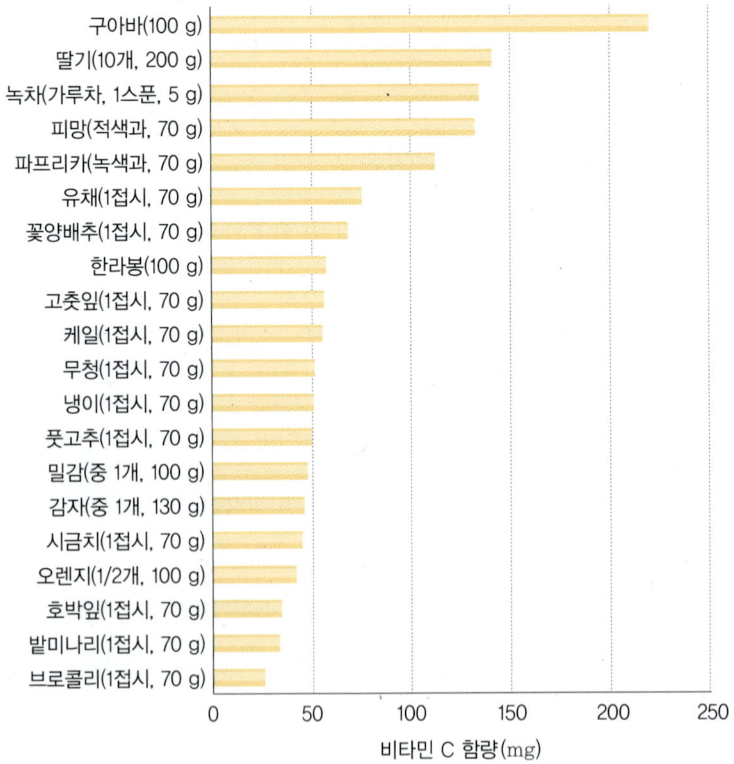

그림 7-30 비타민 C의 급원식품

흡연과 비타민

흡연자들은 혈청 비타민 C 농도가 비흡연자에 비해 20~40% 정도 낮은 것으로 나타났는데 그 원인은 흡연자들의 대사 전환율이 비흡연자들보다 빨라지고 비타민 C가 소변으로 배출되는 시간이 단축되기 때문인 것으로 보인다.[18] 그러므로 흡연자는 비흡연자에 비해 35 mg을 더 섭취하도록 권장하고 있다. 또한, 비타민 A와 베타-카로틴은 폐의 상피조직을 보호하고 폐암을 예방하는 효과가 있으므로 흡연자가 충분히 섭취하도록 권장되는 비타민이다.

5) 비타민 C의 결핍증

비타민 C가 없는 식사를 1달 이상하게 되면 괴혈병이 시작된다. 초기에는 구조적으로 안정된 콜라겐이 생성되지 못해서 잇몸 출혈, 피하 모세혈관의 출혈, 동맥 내 동맥경화성 플라크 침착 등의 증세가 나타난다. 비타민 C의 결핍이 장기간 지속되면 본격적인 괴혈병 증세로 심한 피하출혈, 점상출혈, 심장근육 등의 근육 퇴화, 거칠고 건조한 피부, 상처 치유 지연, 뼈의 재형성 억제, 치아 탈락, 빈혈, 설사, 감염증, 그리고 히스테리, 우울증의 심리적인 문제도 나타난다(그림 7-31).

괴혈병은 선진국에서는 알코올중독자나 심하게 제한된 식사를 하는 경우를 제외하고는 흔하지 않으며 비타민 C 보충에 의해 쉽게 호전된다. 1일 약 100 mg이면 5일 이내에 치유되는 데 이 정도의 양은 식사에 비타민 C가 풍부한 식품을 포함시킴으로써 쉽게 섭취된다.

괴혈병을 가진 영아(그림 7-32)들은 허벅지와 다리에 통증과 부종을 나타내며 짜증이 심하고 창백하며 발열, 구토, 체중 감소 등이 일어난다. 치아와 잇몸이 부풀고 물러지며 뼈의 발달이 비정상적으로 되나 비타민 C를 투여하면 증세를 호전시킬 수 있다.

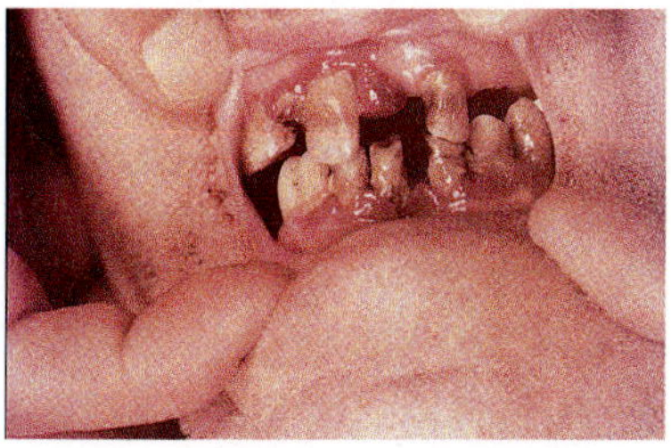

그림 **7-31** ▶ 괴혈병

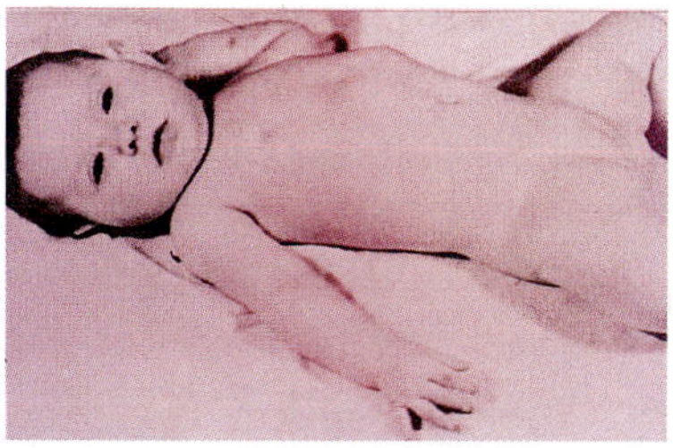

그림 **7-32** ▶ 영아 괴혈병

6) 비타민 C의 과잉증

비타민 C의 일반식품을 통한 섭취량 수준에서는 유해한 영향이 나타나지 않지만 강화식품이나 보충제로 과량의 비타민 C를 섭취할 경우, 즉 매일 2,000 mg 이상의 비타민 C를 섭취하면 메스꺼움, 구토, 복부 팽만감, 위염, 설사 등이 일어날 수 있으며, 철의 흡수가 증가한다. 신장의 상태에 따라 과잉의 비타민 C는 신장결석을 일으키기도 한다.

다량 복용하다가 갑자기 중지한 사람에서 반사성 괴혈병(rebound scurvy) 증세가 일어날 수 있다. 신체가 높은 섭취량에 적응되어 있다가 섭취량이 정상 수준으로 되돌아갈 때 괴혈병 증세를 나타내는 것이다. 반사성 괴혈병을 피하기 위해서는 고단위의 비타민 C를 복용하던 사람들은 섭취량을 서서히 줄여야 한다.

표 7-12 ▶ 수용성 비타민의 요약

비타민	조효소형	기능	결핍증
티아민 (Thiamin)	TPP	• 탈카르복실효소의 조효소 : 해당 과정, TCA회로에 관여 • 케톨전이효소의 조효소 : HMPS에 관여, 말초신경의 정상적 기능에 필요	• 식욕부진, 피로, 우울, 허약증 • 건성 각기 : 다리의 무감각, 쇠약, 보행곤란 • 습성 각기 : 사지 부종, 심장 비대, 호흡곤란
리보플라빈 (Riboflavin)	FMN FAD	• 탈수소효소의 조효소로 열량소 산화 과정에 참여	• 구순구각염, 설염, 구내염, 지루성 피부염, photophobia, 빈혈
니아신 (Nicotinic acid)	NAD NADP	• 탈수소효소의 조효소로 수많은 체내 대사반응에 참여 : 해당 과정, TCA회로, 전자전달계, 지방 합성, 지방 분해 과정 등	• 펠라그라의 4D 증세 : 피부염, 설사, 정신이상, 죽음
판토텐산 (Pantothenic acid)	CoenzymeA ACP	• CoA는 아세틸 CoA 형성 : 3대 열량소의 대사에 폭넓게 관여 ; TCA회로, 지방 합성, 지방 분해 • ACP는 지방산 합성에 관여	• 피로, 두통, 수면장애, 메스꺼움, 손에 통증, 복부 통증
비오틴 (Biotin)	Biotinyl enzyme 3종류	• 카르복실화효소의 조효소 : 포도당 합성, 지방 합성, 퓨린 합성 • 아미노산의 탈아미노기 반응 • 췌장 아밀레이즈의 합성 • 면역체 형성 시 필요	• 피부염, 설염, 탈모, 메스꺼움, 빈혈, 우울증
비타민 B_6 (Pyridoxine)	PLP PMP	• 단백질 대사 : 아미노산의 몇 가지 작용기를 운반하거나 제거 • 신경전달물질 합성 • 헤모글로빈 합성 • 트립토판으로부터 니아신으로의 전환 과정	• 복합적 증세 : 두통, 빈혈, 피부염, 메스꺼움, 설염, 성장 부진, 신경장애
엽산 (Folic acid)	THF	• 단일 탄소단위 운반 : DNA와 RNA 합성, 아미노산 합성, 콜린 합성	• 거대적아구성 빈혈, 혀와 입의 염증, 설사, 성장 부진, 우울증, 신경 기능장애

(계속)

비타민	조효소형	기능	결핍증
비타민 B_{12}	메틸코발라민 아데노실코발라민	• 메틸코발라민은 메틸기 운반 : 엽산 대사, 신경 기능에 필요 • 아데노실코발라민은 수소운반체로 작용	• 악성 빈혈(거대적아구성 빈혈), 허약증, 설염, 체중 손실, 소화불량, 사지의 통증과 마비, 신경파괴 증세(치매, 기억력 상실)
비타민 C		• 항산화작용 : 고도 불포화지방산, 비타민 A 및 E의 산화 억제 • 하이드록시레이즈 보조인자 : 콜라겐 합성 • 아미노산 대사에 관여 : 호르몬과 신경전달물질 합성 • 철의 흡수 증가 • 엽산의 활성 형태(THFA) 유지	• 괴혈병 : 상처 회복 지연, 피하출혈, 잇몸 출혈, 빈혈, 면역 기능 감소

3. 비타민 유사물질

체내 대사를 정상적으로 유지시키기 위해서는 콜린, 카르니틴, 이노시톨, 타우린, 리포산과 같은 비타민 유사물질들이 필요하다. 이 물질들은 체내에서 합성될 수 있으며, 대부분이 필수아미노산 등과 같은 인체에 필수적인 물질로부터 합성된다.

건강한 정상 성인의 경우는 비타민 유사물질이 결핍될 우려가 없으나, 조산아처럼 조직 성장이 급속히 이루어지는 시기나 일부 질병에 걸리면 결핍될 우려가 높아질 수도 있다. 영아용 조제분유와 정맥영양액에 첨가할 필요성이 있으며, 현재 대부분의 조제분유에는 비타민 유사물질을 첨가하고 있다.

비타민의 유사물질의 생화학적 기능, 결핍증, 과잉증과 급원식품은 표 7-13과 같다.

표 7-13 비타민의 유사물질

유사물질	생화학적 기능	결핍증	과잉증	급원식품
콜린	• 메틸기 공여체로 작용 • 아세틸콜린, 인지질, 베타인의 전구체	• 동식물성 식품에 널리 분포 : 부족 우려 적음 • 항지방간 인자 : 부족하면 간 손상 초래	• 상한섭취량 : 3.5 g/일 (미국) • 불쾌한 체취, 발한, 저혈압, 성장률의 저하 • 인체 내에서 메티오닌으로부터 생성	• 우유, 달걀, 땅콩, 간 등, 상추, 커피, 콜리플라워
이노시톨	• 항지방간 인자 • 인지질의 구성 성분 • 세포막의 구성 성분	• 질병이 있는 상태에서 필수영양소로 작용 : 당뇨병, 다발성 경화증, 신부전, 암		• 식품 중에 널리 존재 • 포도당과 유사한 화학구조 : 체내에서 합성
카르니틴	• 라이신과 메티오닌으로부터 생성 • 지방산이 미토콘드리아로 운반되는 것을 도움	• 단백질의 섭취량이 부족한 경우 카르니틴 합성에 필요한 아미노산 공급이 부족해지므로 지방산 대사에 지장 : 간경화증환자는 합성 능력이 저하되므로 섭취량 증가 • 질병이나 심한 외상으로부터 회복되는 시기나 조산아는 외부로부터 공급받아야 함		• 동물성 식품 : 육류, 우유 및 유제품 • 채식주의자들 카르니틴 섭취량이 낮음
타우린	• 시스테인과 메티오닌으로부터 생성 • 담즙산의 성분으로 근육과 신경조직, 혈소판 등에 다량 존재 • 혈구 내 항산화작용, 중추신경 기능, 눈의 광수용 기능, 폐조직을 산화로부터 보호, 혈소판 응집, 심장 수축, 인슐린작용, 세포 분화와 성장에 관여	• 낭포성 섬유증이 있는 어린이에게 타우린 보충으로 성장 향상 : 담즙산염을 형성하여 지방의 흡수율을 증진시킨 결과		• 동물성 식품만 함유 • 채식주의자 : 체내 합성량으로 필요량 충족
리포산	• 기질에서 이산화탄소분자를 떨어뜨리는 반응에 관여 • 체내에서 항산화제로도 작용			• 사람은 충분량 합성 • 육류, 간, 효모 등

참고문헌

1 Sarubin Fragakis A.(2003). *The Health Professional's Guide to Popular Dietary Supplements*, 2nd ed. Chicago, IL: The American Dietetic Association

2 이기열·문수재(1997). 최신영양학. 수학사. p.379.

3 McGuire M, Beerman KA.(2006). *Nutritional sciences from fundamentals to food*. Thomson & Wadsworth. p.398

4 Rolfes SR, Pinna K, Whitney E.(2006). *Understanding Normal and Clinical Nutrion*, 7th ed. Thomson & Wadsworth. p.339

5 Institute of Medicine. *Food and Nutrition Board*.(1998). Op. cit.

6 Insel P, Turner RE, Ross D.(2006). *Discovering Nutrition*, 2nd ed. Jones and Bartlett. p.346

7 Wardlaw GM, Hampl JS, Disilvestro RA.(2004). *Perspectives in Nutrition*, 6th ed. McGraw Hill.

8 Insel P, Turner RE, Ross D.(2005). *Discovering Nutrition*, 2nd ed. Jones and Bartlett. p.351

9 보건복지부(2020). 2020 한국인 영양소 섭취기준(비타민). pp.134~361

10 진현옥·임현숙(2001). 가임기 여성의 주요 엽산급원식품 및 동 식품의 엽산 함량 분석. 한국식품영양과학회지 30 : 152~158

11 Yon M, Hyun TH.(2003). Folate content of foods commonly consumed in Korea measured after trienzyme extraction. *Nutr Res* 23 : 735~746

12 Insel P, Turner RE, Ross D.(2005). *Discovering Nutrition*, 2nd ed. Jones and Bartlett. p.352

13 Wardlaw GM, Hampl JS, Disilvestro RA.(2004). *Perspectives in Nutrition*, 6th ed. McGraw Hill. p.348

14 Messina V, Mangels AR.(2001). Considerations in planning vegan diets : children. *J Am Diet Assoc* 101 : 661 ~669

15 Insel P, Turner RE, Ross D.(2005). *Discovering Nutrition*, 2nd ed. Jones and Bartlett. p.356

16 Sauberlich HE.(1994). Pharmacology fo vitamin C. *Ann Rev Nutr* 14 : 371

17 Khaw KT, Bingham S, Luben R, et al.(2001). Relation between plasma ascorbic acid and mortality in men and women in EPIC-Norfolk prospective study: a prospective population study. *Lancet* 357 : 657~663

18 김갑순·김명주·김영현·이미경·이정실·이혜준·정수자·최미숙·하귀현·허채옥(2002). 기초영양학. 도서출판 효일. p.288

장유경·박혜련·변기원·이보경·권종숙(2006). 기초영양학. 교문사. pp.198~246

최혜미·김정희·김초일·장경자·민혜선·임경숙·변기원·이홍미·김경원·김희선·김현아(2006). 21세기 영양학원리. 교문사. pp.242~265

최영선·박혜련·김혜영·장순옥·이혜성(2006). 최신영양학. 도서출판 효일. pp.284~320

김미경·왕수경·신동순·정해랑·권오란·배계현·노경아·박주연 편역(2005). 생활속의 영양학. 라이프사이언스. pp. 168~186

서정숙·서광희·이승교·정현숙(2007). New 영양학. 지구문화사. pp.218~233

농촌진흥청 농촌자원개발연구소(2007). 식품성분표 I. 제7개정판.

농촌진흥청 농촌자원개발연구소(2007). 식품성분표 II. 제7개정판.

Insel P, Turner RE, Ross D.(2006). *Discovering Nutrition*, 2nd ed. Jones and Bartlett. pp.348~363

McLaren DS, A Colour Atlas of Nutritional Disorders

용어정리

조효소(coenzyme) 효소가 단백질인 경우, 효소작용을 돕는 비단백질의 저분자 화합물, 대부분이 비타민에 속한다. 효소가 활성 발현하기 위해서는 단백질 이외의 분자가 가역적으로 단백질 성분에 결합해야 하는 경우가 적지 않다. 이들 분자를 보결분자단(prosthetic group) 또는 배합단이라고 하는데, 금속원자와 각종 무기 음이온 양이온 등을 제외하고, 유기분자로서 작용하는 것을 조효소라고 한다.

다발성 신경염(polyneuritis) 다수의 말초신경이 동시에 지속적으로 또는 계통적으로 장애를 받는 신경의 염증으로, 기초질환도 바이러스, 세균 등의 감염증, 알레르기 등 다채롭고 원인불명인 것이 많다. 또는 사지말단으로부터 좌우 대칭성으로 말초신경이 장애를 보이는 병태를 다발성 신경병증으로 총칭한다.

생난백상해(egg white injury) 생달걀 흰자위에는 아비딘(avidin)이라고 부르는 단백질이 있어 비오틴과 결합하여 흡수를 저해할 때 나타나는 비오틴 결핍증을 말한다.

식이엽산당량(Dietary Folate Equivalents, DFEs)

1 μg DFE = 1 μg 식품 중의 엽산
= 0.5 μg 빈속에 섭취한 보충제 중의 엽산
= 0.6 μg 강화식품 또는 식품과 함께 섭취한 보충제 중의 엽산

내적 인자(intrinsic factor) 위산과 함께 위벽세포에서 분비되는 당단백질로 비타민 B_{12}의 흡수 부위인 회장까지 안전하게 도달하도록 비타민 B_{12}를 보호하여 비타민 B_{12}의 흡수를 증진시키는 물질이다.

악성 빈혈과 거대적아구성 빈혈(pernicious anemia & megaloblastic anemia) 비타민 B_{12} 부족에 의한 악성 빈혈은 엽산 결핍증과 같은 거대적아구성 빈혈이 발생한다. 그러나 비타민 B_{12} 부족으로 인한 빈혈은 신경세포들이 돌이킬 수 없이 파괴되므로 엽산 부족 빈혈과는 차이를 보인다. 만약 비타민 B_{12} 부족 빈혈이 엽산으로 잘못 치료되면 빈혈 증세는 사라지지만 신경 변성은 지속된다. 이러한 과실은 손상이 돌이킬 수 없는 상태가 되기까지 나타나지 않을 수도 있으므로, 거대적아구성 빈혈의 경우 치료 이전에 정확한 원인을 확인하는 것이 중요하다.

항산화제(antioxidant) 자신은 산화되고 다른 물질의 산화를 방지하거나 방해하는 물질이다. 신체에 중요한 많은 식품 성분들은 산화에 의해 변하거나 파괴될 수 있으며 비타민 C는 이러한 파괴로부터 성분들을 보호할 수 있다. 세포의 대사 과정에서 생성되는 유리라디칼을 제거하는 역할을 하고, 지질 과산화를 방지하고 산화된 비타민 E를 환원시켜 주기 때문에 비타민 E의 절약작용에도 관여한다. 또한, 비타민 C는 엽산의 환원 상태를 유지시켜 엽산이 산화, 분해되는 것을 막아준다.

Vegan 엄격한 채식주의자

콜라겐(collagen) 인체 내에서 가장 풍부한 단백질이며 피부, 뼈, 힘줄, 연골과 치아의 주된 섬유상 단백질이며 상처 치료에 필수적이다.

반사성 괴혈병(rebound scurby) 비타민 C를 다량 복용하다가 갑자기 중지한 사람에게서 일어날 수 있는 증상으로, 신체가 높은 섭취량에 적응되어 있다가 섭취량이 정상 수준으로 되돌아갈 때 괴혈병 증세를 나타내는 것

단원정리

- 티아민 : 생리작용은 당질 대사 촉진, 식욕 및 소화 기능 자극과 신경 기능 조절 등이다. 성질은 산이나 빛에 안정하고 알칼리에 분해되며 산소나 열에 불안정하다. 결핍증으로는 피로, 권태, 각기병, 신경염과 식욕부진 등이다. 함유식품은 대두, 배아, 쌀겨, 돼지고기, 효모, 생선눈 등이다.
- 리보플라빈 : 생리작용은 성장 촉진, 입안 점막 보호와 체내 산화환원작용을 하고, 성질은 산·열·산소에 안정하며 빛에 분해된다. 결핍증은 성장 저해, 설염, 구내염, 구각염이고, 함유식품은 우유, 분유, 효모, 달걀, 간, 송이버섯, 김 등이다.

- 니아신 : 생리작용은 에너지 산화환원작용을 하며 성질은 안정하다. 결핍증은 펠라그라, 흑설병, 피부·점막 손상이며, 함유식품은 효모, 밀 배아, 간, 커피, 땅콩 등이다.

- 판토텐산(Pantothenic acid) : 아실 운반단백질(acyl carrier protein, ACP) 구성 성분으로 지방산, 콜레스테롤 및 스테로이드 호르몬 합성에 관여한다. 또한, CoA의 구성 성분으로 에너지 대사에도 중요한 역할을 한다. 판토텐산은 거의 모든 식품에 존재하는데, 특히 육류(특히 간), 생선, 가금육, 전곡, 콩류, 브로콜리 등에 많이 들어 있다. 판토텐산의 영양밀도(mg/kcal)가 높은 식품은 버섯, 간, 땅콩, 달걀, 이스트, 브로콜리, 우유 등이다.

- 비오틴(Biotin) : 비오틴은 당신생과 citric acid cycle에 요구되는데 ATP 생산을 위하여 중요하다. 다른 B군 비타민과 같이 많은 반응에 조효소로 작용한다. 카르복실기 운반체로서 탈탄산반응, 카르복실기 전이반응, 카르복실화 반응의 조효소로서 아미노산으로부터 당의 전환(gluconeogenesis)을 포함한 아미노산 대사, 지방산 합성, 지방산으로부터 에너지 방출 그리고 DNA 합성 등에 관여한다. 사람은 비오틴을 식이와 비오틴 생산 박테리아에 의해 얻을 수 있는데, 식품 중에 널리 분포되어 있어서 식품을 다양하게 섭취하면 결핍증을 막을 수 있다.

- 비타민 B_6(Pyridoxine) : 생리작용은 단백질 대사 관여, 헴 합성, 지방 합성 등이고, 성질은 산·알칼리·산소에 안정하고, 빛·열에 분해된다. 결핍증은 피부염, 습진, 기관지염 등이며, 함유식품은 간, 배아, 다랑어, 마늘, 파래, 피스타치오 등이 있다.

- 엽산(Folate, Folic acid) : 시금치 등 녹색 잎채소에 널리 분포되어 있으며, 엽산의 가장 단순한 형태인 folic acid는 인공 합성한 안정된 형태로 비타민 보충제와 식품 강화에 사용된다. 자연계에서 생성되는 엽산은 이와 달리 환원된 형태이다. 엽산의 주요 조효소형 THF는 메틸($-CH_3$), 메틸렌($-CH_2-$), 포밀($-CHO$)기 등의 단일 탄소들(one-carbon units)을 한 화합물에서 다른 화합물로 운반하는 효소 복합체의 일부분으로서 작용한다. 조효소로서 엽산은 DNA 합성과 세포분열, 아미노산 대사, 적혈구의 성숙 등에 중요한 역할을 한다. 거대적아구성 빈혈(megaloblastic anemia), 신경관 결손(neural tube defect, NTD) 등의 결핍증이 있으며, 간이나 조리하지 않은 신선한 과일과 채소에 풍부하다. 한국인 상용식품 중 엽산 함량이 높은 식품은 대두, 녹두 등의 콩류, 브로콜리, 상추 등의 채소류, 마른 김, 다시마 등의 해조류, 김치 등이 있다.

- 비타민 B_{12}(Cobalamin) : 비타민 B_{12}는 엽산이 활성 형태로 전환하는 데 필수적이어서 비타민 B_{12}가 없으면 엽산은 DNA 합성, 또는 적혈구 합성에 생리적 기능을 할 수 없다. 그러므로 엽산농도가 적당하다고 해도 비타민 B_{12}의 부족은 엽산 결핍증을 초래한다. 비타민 B_{12}는 동물성 식품에만 들어 있으며, 특히 내장육(간, 신장, 심장)이 가장 풍부한 급원이고 육류, 어류, 조개류, 달걀, 우유도 좋은 급원이다.

- 비타민 C(Ascorbic acid) : 비타민 C는 모든 생물체의 생명 유지에 필수적인 영양소이다. 사람을 포함하는 영장류, 기니피그, 조류, 박쥐, 어류 등의 일부는 포도당에서 비타민 C로 전환되는 최종단계의 효소인 굴로노락톤 산화효소(gulonolactone oxidase)가 결핍되어 비타민 C를 합성하지 못하므로 식품을 통해 공급받아야 한다. 비타민 C는 B군 비타민과 달리 조효소로 작용하지는 않지만 여러 반응에서 중요한 성분으로 주로 항산화작용을 하는 것으로 알려져 있다. 비타민 C는 식물성 식품에만 함유되어 있으며, 비타민 C 함량이 높은 식품은 감귤류, 토마토, 강화 주스, 브로콜리, 딸기, 키위, 양배추, 녹색 채소, 고추와 감자 등이다.

- 비타민 유사물질 : 체내 대사를 정상적으로 유지시키기 위해서는 콜린, 카르니틴, 이노시톨, 타우린, 리포산과 같은 비타민 유사물질들이 필요하다. 이 물질들은 체내에서 합성될 수 있으며, 대부분이 필수아미노산 등과 같은 인체에 필수적인 물질로부터 합성된다. 건강한 정상 성인의 경우는 비타민 유사물질이 결핍될 우려가 없으나, 조산아처럼 조직 성장이 급속히 이루어지는 시기나 일부 질병에 걸리면 결핍될 우려가 높아지기도 한다.

연습문제

1 자외선에 쉽게 파괴되므로 종이팩이나 불투명한 용기에 저장해야 하는 비타민은?

① niacin ② biotin ③ folate ④ riboflavin

2 에너지 대사에서 조효소로 작용하는 비타민은?

① thiamin ② folate ③ vitamin B_{12} ④ vitamin C

3 필수아미노산인 tryptophan으로부터 전환되어지는 비타민은 어느 것인가?

① riboflavin ② niacin ③ pyridoxine ④ pantothenic acid

4 다음 중 결핍되면 빈혈을 일으키는 비타민이 아닌 것은?

① folate ② vitamin B_{12} ③ vitamin B_6 ④ thiamin

5 가임기 여성의 경우 엽산의 섭취를 권고하는 이유를 설명하시오.

6 거대적아구성 빈혈과 악성 빈혈을 비교하여 엽산과 비타민 B_{12}의 기능을 설명하시오.

7 판토텐산과 비오틴은 에너지 대사에 중요한 역할을 한다. 그 기능을 간단히 설명하시오.

8 콜라겐 형성과 상처 치유에서 비타민 C의 역할을 설명하시오.

9 비타민의 유사물질은 무엇이며 어떠한 것들이 있는지 설명하시오.

*연습문제 정답은 책 뒤쪽에 있습니다.

CHAPTER **8**

다량무기질

1. 무기질의 일반적 기능
2. 칼슘
3. 인
4. 마그네슘
5. 칼륨
6. 나트륨
7. 염소
8. 황

무기질은 탄소와 결합되지 않아 완전연소가 안 되므로 유기물질이라기보다는 무기물(inorganic)이라 하며 원소나 이온으로 작용한다. 체내 대사, 근육 운동, 성장과 유지, 수분 평형, 생식 등에 필요하고 열, 빛, 산, 알칼리에 의해 제거되지 않으며, 동식물에 존재한다. 식물 내의 무기질은 땅속의 무기질 함량과 숙성 정도에 따라 다르다.[1,2] 인체 내에서 필요한 무기질은 40여 종이며,[3] 인체에 들어 있는 무기질은 20여 가지로 매우 다양하고, 체내 필요량이 100 mg/일 이상이면 다량무기질, 100 mg/일 미만이면 미량무기질로 분류한다.[1,2,4]

인체는 탄수화물, 지질, 단백질 등이 약 30~35%, 물 60~65%와 약 4%의 무기질로 구성되어 있으며,[4] 70 kg인 성인의 체내 무기질 분포는 그림 8-1과 같다.[1]

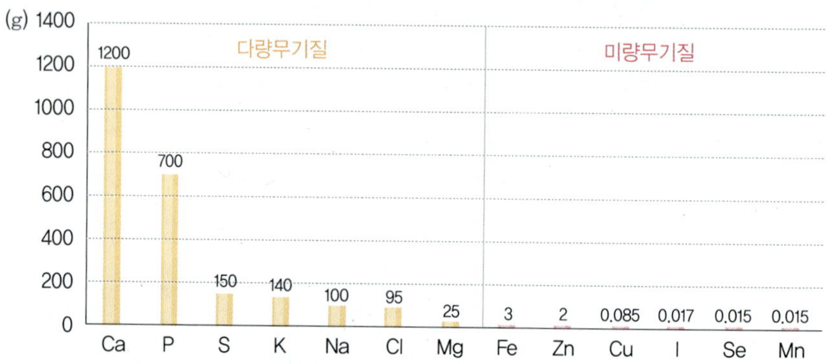

그림 8-1 ▶ 성인(70 kg)의 체내 무기질 분포

1. 무기질의 일반적 기능

무기질은 경조직의 일부분으로 신체를 구성하는 기능 외에 신체에서 일어나는 많은 대사 과정을 도와 체액의 산·알칼리 평형 유지, 경조직이나 호르몬·효소·비타민의 구성 성분, 삼투압 유지, 대사 촉매작용 등의 조절작용을 한다.[3,4] 무기질의 흡수에 영향을 주는 요인은 그림 8-2와 같이 고섬유소 식사, 옥살산염, 피틴산, 폴리페놀, 흡수 시 경쟁하는 다른 무기질, 소장 내 산도, 개인의 요구량에 의해 영향을 받는다. 고섬유소 식사는 칼슘, 철, 아연, 마그네슘의 흡수를 감소시킨다. 이들은 모두 2가 이온으로 크기가 비슷하고 화학적 성질이 비슷하여 흡수 시 서로 경쟁을 하기 때문이다. 예를 들어, 아연의 섭취가 많을 경우 구리의 흡수가 감소된다. 또한, 피틴산은 무기질과 결합하여

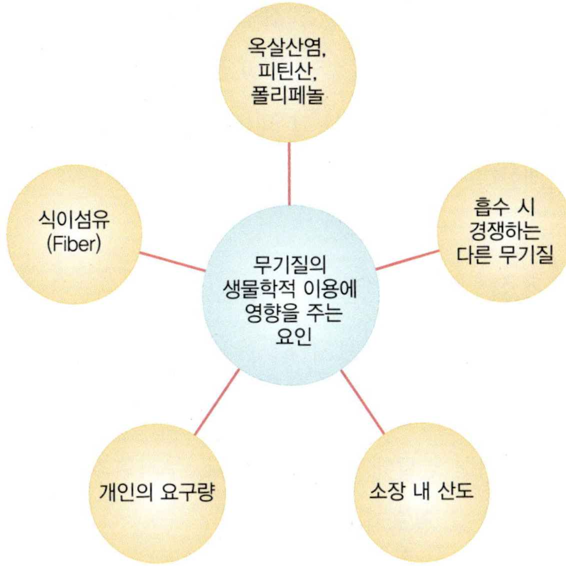

그림 8-2 ▶ 무기질의 흡수에 영향을 주는 요인

소장에서의 흡수를 방해하며, 옥살산은 칼슘과 결합하여 칼슘 흡수를 감소시킨다.[1,2] 따라서, 무분별한 무기질의 보충은 문제가 된다.[2]

1) 체조직 구성

칼슘, 인 등 많은 무기질이 골격, 치아 같은 경조직 구성에 중요하다. 이들 무기질이 적절하게 공급되어야 골격 성장이 원활하며, 성장이 끝난 후에도 건강을 유지하는 데 도움을 주므로 필요하다.

칼슘, 인, 마그네슘, 불소 등은 골격, 치아와 같은 경조직 발달에, 아연, 구리, 망간 등은 연골, 피부, 뼈 주위 조직과 같은 연결조직 형성에 관여한다.[5]

2) 호르몬·효소·비타민의 구성 성분

무기질은 인체 내 중요한 기능을 하는 호르몬·효소·비타민 등의 구성물질로 작용한다. 호르몬의 구성 성분이 되는 무기질인 요오드(I)는 갑상선호르몬, 아연(Zn)은 인슐린 호르몬을 형성한다. 효소의 구성 성분이 되는 무기질인 철(Fe)은 사이토크롬계(cytochrome system) 효소, 아연(Zn)은 탄산탈수소효소(carbonic anhydrase)와 카르복실펩티데이즈(car-boxypeptidase), 몰리브덴(Mo)은 잔틴산화효소(xanthin oxidase)에 함유되어 있다. 비타민의 구성 성분이 되는 무기질인 황(S)은 티아민, 비오틴의 구성 성분이고, 코발트(Co)는 비타민 B_{12}의 구성 성분이다. 그 외에 철(Fe)은 헤모글로빈, 염소(Cl)는 위산의 구성 성분으로 존재한다.[1,2,6]

3) 수분의 균형 조절

수분은 체중의 약 60% 정도를 차지하며, 이 중 약 2/3는 세포내액에 존재하고 나머지는 세포외액에 존재한다. 수분은 반투과성 세포막을 통과하는 삼투현상에 의해 운반되며, 이동 방향과 양은 무기질 농도에 의해 결정된다. 무기질의 균형이 이루어지지 않을 경우 체액은 부종이나 탈수를 일으키게 된다.[5]

4) 산·알칼리 평형

무기질은 체내 대사반응이 정상으로 이루어질 수 있도록 체액의 산도(acidity)나 알칼리도(alkalinity)를 정상으로 유지하여 적절한 pH를 조절한다.[5]

체내 pH는 무기질의 종류에 따라 조절되는데 양이온을 형성하는 칼슘, 마그네슘, 칼륨, 나트륨 등은 수산기($-OH^-$)와 결합하여 염기를 형성하므로 체액의 알칼리도를 증진시키며, 인, 염소, 황 등은 수소($-H^+$)와 결합하여 산도를 높인다.

만일 대사 과정에서 Mg^{2+}, Ca^{2+}, K^+, Na^+ 등의 양이온이 PO_3^-, Cl^-, SO_2^- 등과 같은 음이온보다 많이 생성되었을 경우에는 알칼리성 식품을 섭취하였으므로 체내에서 알칼리성 반응을 하게 된다. 이러한 성질에 의해 표 8-1과 같이 체내에서 산을 형성하는 무기질이 풍부한 산성 식품, 체내에서 알칼리 반응을 하는 무기질이 풍부한 알칼리성 식품, 대사 후에 생성되는 양이온과 음이온의 비율이 비슷하므로 체내 산도에 영향을

레몬, 귤과 같이 신맛이 나는 과일은 산성 식품인가, 알칼리성 식품인가?

레몬, 귤과 같은 신맛이 나는 과일은 산성 식품처럼 보이지만 과일의 신맛을 내는 유기산은 완전히 대사 · 분해되므로 체내 산도에는 영향을 끼치지 않으며, 체내 대사 후에 칼륨, 나트륨 등의 무기질이 남으므로 알칼리성 식품에 해당된다.

표 8-1 ▶ 산 · 알칼리 성질에 따른 식품의 분류

구분	산성 식품	알칼리성 식품	중성 식품
주요 구성	인, 염소, 황	칼슘, 마그네슘, 칼륨, 나트륨, 철	칼슘:인=1:1 또는 무기질 함량이 없음
식품	곡류 및 곡류제품, 육류, 난류, 가금류, 어류, 홍차	과일류, 채소류, 해조류(김 제외), 커피, 녹차	우유, 유제품, 설탕, 지방

주지 않는 중성 식품으로 나누어진다.[6,7]

인체는 산·알칼리 평형이 유지되도록 하기 위해 탄산염($H_2CO_3^-$, HCO_3^-), 인산염($H_3PO_4^-$, $H_2PO_4^-$)과 단백질 같은 완충제에 의한 혈액의 완충작용과 호흡에 의한 탄산가스 방출, 알칼리 보유에 의한 산의 중화, 체액 자체에 의한 희석, 신장의 여과 기능에 의해 체액의 산도를 조절한다.[6]

5) 촉매작용

무기질은 영양소가 체내에서 대사되는 여러 과정에서 그림 8-3과 같이 촉매 역할을 한다. 마그네슘은 탄수화물, 지방, 단백질의 합성과 분해에 필요하며, 칼슘, 마그네슘, 인, 망간, 아연 등은 동화작용과 이화작용의 촉매나 효소의 구성 성분으로 필요하다. 예를 들어, 칼슘은 근육 수축에 관여하고, 칼륨, 나트륨, 마그네슘은 근육 이완에 작용하며, 구리는 철의 흡수를 돕고 헤모글로빈 합성 등에 이용된다.[5,6]

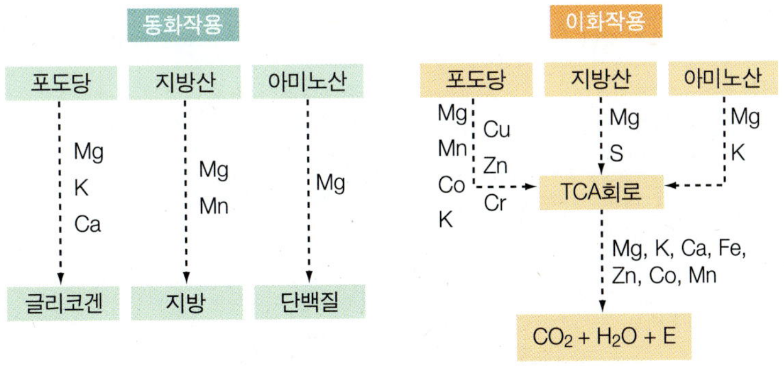

그림 **8-3** ▶ 대사작용에 관여하는 무기질[5]

2. 칼슘

칼슘(Calcium, Ca)은 탄소, 수소, 산소, 질소 등으로 만들어진 유기화합물에 이어 5번째로 많이 체내에 함유되어 있는 영양소이며, 인체 내의 무기질 중 가장 많은 양으로 존재한다. 사람에 따라 다르지만 체중의 1.5~2% 정도가 칼슘으로 이루어져 있다.[1,8] 예를 들면, 체중이 70 kg인 성인의 경우에는 약 1~1.4 kg의 칼슘을 함유하고 있는 셈이다.

1) 칼슘의 흡수와 대사

칼슘의 흡수는 식사에 포함된 다른 영양소들과 칼슘농도를 조절하는 호르몬에 따라 달라지며, 개개인의 영양 상태나 연령 등에 따라서도 차이가 있다.

칼슘은 산성 상태에서 흡수가 용이하므로 산도가 높은 십이지장과 공장에서 흡수가 잘 일어나며, 능동적 수송과 확산에 의해 흡수된다. 능동적 수송은 십이지장에서 합성된 칼슘 결합 단백운반체(calcium binding protein carrier, CaBP)에 의해 칼슘이 혈류로 운반되는 것이다. 이 운반체는 비타민 D에 의해 조절되므로[2] 비타민 D의 섭취가 부족하면 소장 내 칼슘의 흡수는 감소하게 된다. 확산은 칼슘의 농도가 낮은 혈액으로 이동하는 것을 말한다.[6] 또한, 개인의 영양 상태나 연령, 임신, 수유 상태에 따라서도 달라진다. 보통 성인은 섭취량의 20~40%, 성장기 어린이는 75%, 임신기에는 60% 정도이고 노년기는 장년기에 비해 흡수율이 떨어지며, 특히 폐경기 여성은 흡수율이 떨어져 20%

표 8-2 ▶ 칼슘 흡수에 영향을 주는 요인[2,9]

흡수 증진 요인	흡수 방해 요인
소장 상부의 산성 환경	소장 하부의 염기성 환경
정상적인 소화관 운동 및 활성	과량의 밀기울
비슷한 비율의 식이칼슘과 인(1:1)	완하제
비타민 D	칼슘에 비해 과량의 인, 철, 아연
증가된 칼슘 요구량(아동기, 임신기, 수유기)	피틴산, 수산, 흡수되지 않은 지방산
낮은 칼슘 섭취	비타민 D 결핍
부갑상선호르몬	탄닌
유당	식이섬유
포도당	탄산음료
단백질	나트륨
비타민 C(ascorbic acid)	고지방식
	폐경, 설사, 노화
	운동 부족, 불안한 심리 상태

정도에 불과하다.[2,7] 그 이유는 비타민 D의 활성화와 효력을 증가시켜 주는 호르몬인 에스트로겐의 분비가 감소되기 때문이다. 그리고 인과 마그네슘의 과잉 섭취는 칼슘 흡수를 방해한다. 이외에도 칼슘의 흡수를 증가시키거나 감소시키는 요인은 표 8-2와 같다.

섭취한 칼슘이 흡수되어 혈액으로 공급되고 체액에 운반되어 각종 세포가 그들의 기능과 목적에 따라 칼슘을 공급받아 대사되는 과정은 그림 8-4와 같다. 대부분의 칼슘은 재흡수되며 일부는 땀, 소변으로 배설된다.

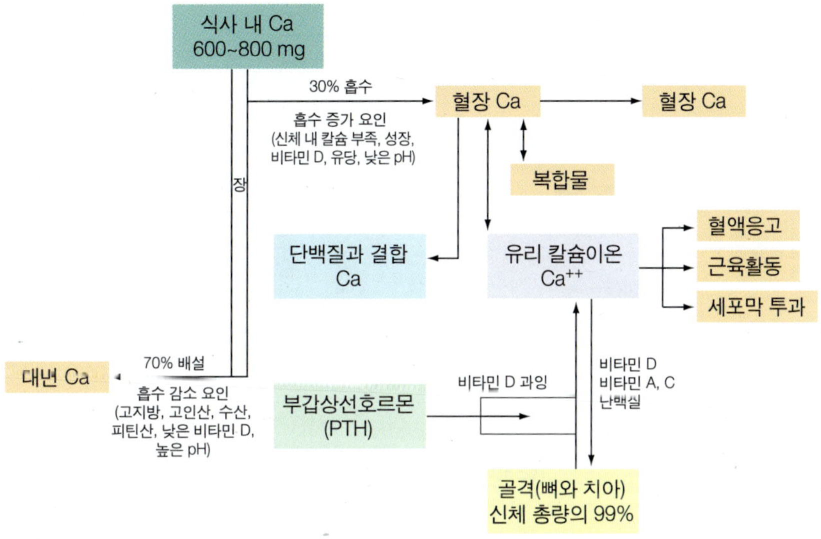

그림 8-4 ▶ 칼슘의 대사[10]

2) 칼슘의 항상성 조절

칼슘은 혈액과 체액에 존재하면서 신체 기능을 조절하는 중요한 역할을 하므로 그림 8-5와 같이 골격, 신장, 소장에서 호르몬의 조절작용에 의하여 정상으로 유지된다. 즉, 골격에서의 칼슘 저장과 손실, 신장에서의 칼슘 배설과 재흡수, 소장에서의 칼슘 흡수를 균형 있게 이루어 칼슘의 항상성을 조절하고 혈액 중 칼슘의 농도를 약 9~11 mg/100 mL로 유지한다.[5,6]

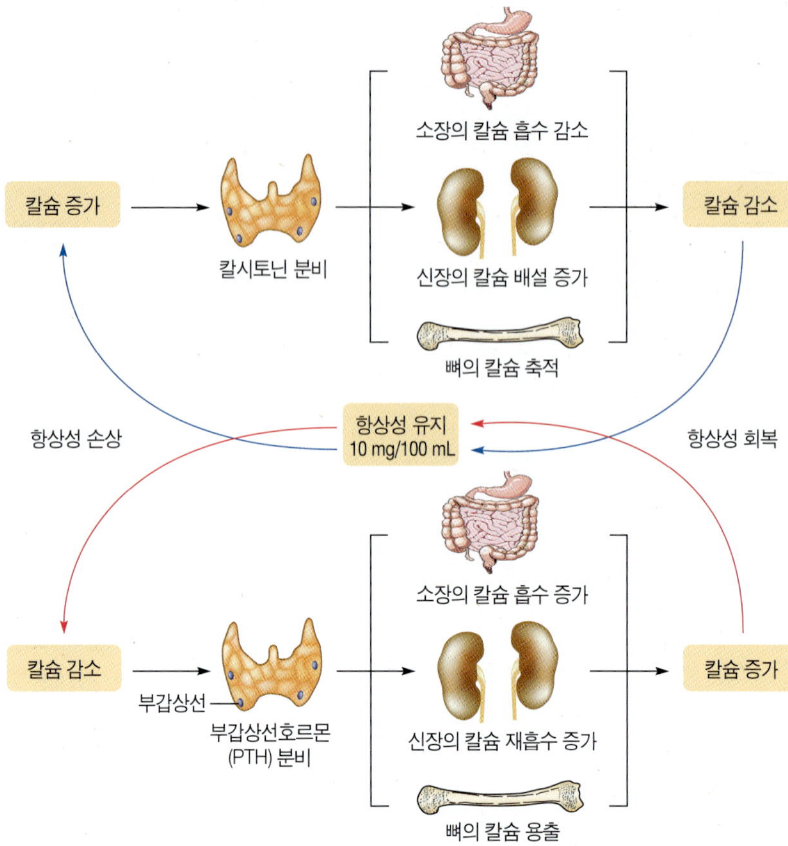

그림 8-5 칼슘의 항상성 조절

(1) 부갑상선호르몬

부갑상선에서 분비되는 부갑상선호르몬(parathyroid hormone, PTH)은 혈액의 칼슘 농도가 감소하면 분비되어 신장의 세뇨관에서 칼슘 재흡수를 촉진시키고, 골격의 파골세포 활성으로 골격의 칼슘 방출을 자극하며, 신장에서는 비타민 D의 활성형인 1,25-$(OH)_2D_3$(1,25-dihydroxycholecalciferol)로의 전환을 돕는다.[11,12]

(2) 칼시토닌

갑상선에서 분비되는 칼시토닌(calcitonin)은 혈중 칼슘농도가 증가하면 분비되어 골격에서 칼슘의 유출을 막아 칼슘농도를 낮춰 혈중 칼슘농도를 조절하는 것으로 부갑상선호르몬과 반대의 역할을 수행한다.[11,12]

(3) 비타민 D_3

비타민 D_3(1,25-dihydroxycholecalciferol)는 간에서 25-$(OH)D_3$로 전환되었다가 신장에서 부갑상선호르몬의 도움을 받아 1,25-$(OH)_2D_3$의 활성형으로 전환된다. 활성형 비타민 D는 소장에서의 칼슘 흡수와 신장에서의 칼슘 재흡수를 증가시켜 혈중 칼슘농도를 증가시킨다.[11,12]

3) 칼슘의 기능

(1) 골격과 치아 구성

체내 칼슘의 99%가 골격과 치아에 존재하며,[2,9] 정상적인 무기질화와 골격의 유지를 위해서는 비타민 D, A, K와 인, 불소, 마그네슘, 단백질이 필요하다.[1] 골격은 2/3의 무기질과 1/3의 물, 단백질, 콜라겐으로 구성되며, 콜라겐 섬유와 점질다당류인 유기질 기질(bone matrix)에 인산칼슘이 침착되어 수산화인회석[hydroxyapatite, $Ca_{10}(PO_4)_6(OH)_2$]을 만든다. 이것은 결정형의 단단한 물질로서 골격과 치아의 견고한 구조를 이루게 된다.[1,11,13]

골격세포는 두 가지 종류로 뼈의 생성에 관여하는 조골세포(osteoblasts)와 분해를 담당하는 파골세포(ostoclasts)로 이루어진다.[1] 조골세포는 콜라겐(collagen)과 점성다당류(mucopolysaccharides)로 구성된 뼈 기질을 분비하여 새로운 골격을 생성하는 세포이고, 파골세포는 무기질을 용해하고 콜라겐 기질을 분해함으로써 골격을 분해한다.[11] 부갑상선호르몬, 활성형 비타민 D, 칼시토닌, 프로스타글란딘 E_2 등에 의해 골격 생성과 분해의 활성이 조절된다.

뼈는 그림 8-6과 같이 80%의 단단한 치밀골(cortical bone)과 해면골(trabecular bone)로 이루어진다.[9] 해면골은 혈액 무기질농도의 항상성에 관여하며, 칼슘 결핍이나 골다

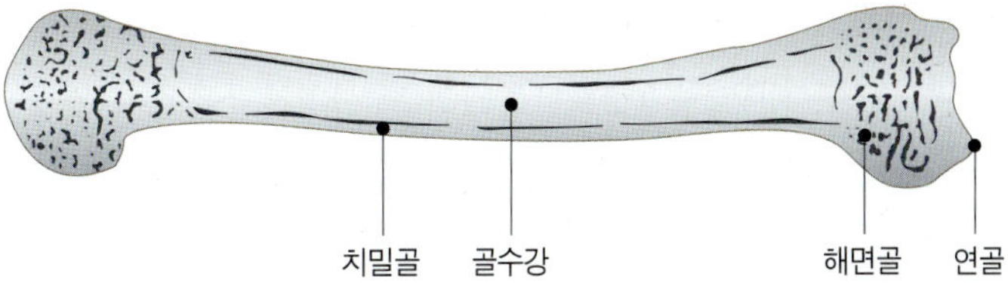

그림 8-6 ▶ 뼈의 구조

공중에 의해 영향을 많이 받는 부분이다.

골질량은 뼈의 생성과 분해의 균형에 의해 이루어지므로 혈중 칼슘농도를 정상으로 유지하는 것이 골격 대사와 골질량 유지에 중요하다. 혈중 칼슘농도가 저하되면 뼈에서 칼슘이 용출되어 나오기 때문이다(그림 8-12 참고).

(2) 혈액응고

칼슘은 그림 8-7과 같이 혈액응고에 필수적이며 응고의 각 단계에서 관여한다. 출혈 시 혈소판에서 혈전형성촉진물인 트롬보플라스틴(thromboplastin)을 방출하여 혈액 내에 존재하는 혈액응고효소의 전구체인 프로트롬빈(prothrombin)을 트롬빈(thrombin)으로 전환시킨다. 이 물질은 용해성 단백질인 피브리노겐(fibrinogen)을 불용성 단백질인 피브린(fibrin)으로 전환시킴으로써 혈액이 응고될 수 있도록 한다.[5,6,14]

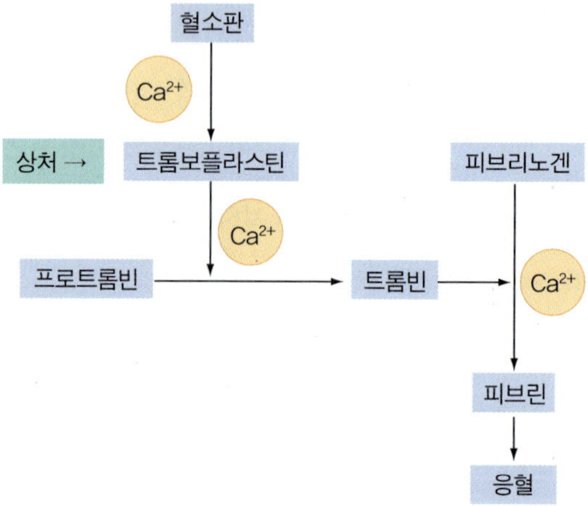

그림 8-7 ▶ 혈액의 응고 과정

(3) 신경 전달

신경세포에 활동전위가 도달하면 세포외액으로부터 신경세포 내로 칼슘이온 유입이 촉진된다. 그리하여 세포 내 칼슘농도가 증가하면 신경전달물질이 방출되어 신경자극이 전달된다.[2]

(4) 근육의 수축과 이완

근육에는 그림 8-8과 같이 액틴(actin)과 마이오신(myosin) 단백질이 존재한다. 신경 자극으로 근육이 흥분하면 칼슘이 방출되면서 두 단백질이 결합하여 근육이 수축되고, 칼슘이 세포 내로 돌아가면 분리되어 근육이 이완된다.[15,16] 특히 심장근육의 수축 시 칼슘의 촉매작용은 더욱 뚜렷하며, 이때 마그네슘, 칼륨, 나트륨 이온은 이완시키는 데 작용한다.[6] 이들 무기질의 규칙적인 수축과 이완 작용은 심장에서 혈액이 압출되고 박동을 고르게 유지시키는 일을 한다.[11] 만일 혈액 내의 칼슘농도가 어떤 수준 이하로 떨어지면 근육은 수축 후 이완하지 못하고 강직되어 테타니(tetany) 증상에 빠지게 된다.[6]

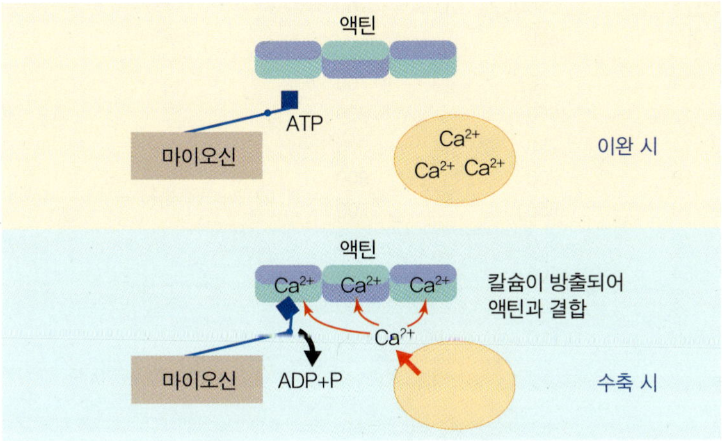

그림 8-8 ▶ 근육의 수축과 이완 작용

4) 칼슘의 섭취기준과 급원식품

지난 10여 년간 우리나라 사람들의 평균 칼슘 섭취량은 권장량의 80% 내외에 머물러 있었다. 가장 최근에 실시된 2019년 국민건강영양조사 결과에 의하면 19~29세 국민 1일 1인당 평균 칼슘 섭취량은 남자 541.1 mg, 여자 458.8 mg으로서 남자는 권장섭취량의 67.6%, 여자는 57.4%가량을 섭취한 것으로 나타났다.[17]

우리나라는 아직도 60%가량이 체내이용률이 좋지 않은 채소, 콩류, 곡류, 해조류 등 식물성 식품으로부터 칼슘을 얻고 있어 칼슘 부족이 더욱 우려되는 실정이다. 칼슘의 평균필요량과 권장섭취량은 표 8-3과 같다. 우리나라 19~29세 성인 남자의 하루 권장

표 8-3 ▶ 한국인의 1일 칼슘 섭취기준[15]

(mg/일)

연령		평균필요량	권장섭취량	충분섭취량	상한섭취량
영아	0~5(개월)			250	1,000
	6~11			300	1,500
유아	1~2(세)	400	500		2,500
	3~5	500	600		2,500
남자	6~8(세)	600	700		2,500
	9~11	650	800		3,000
	12~14	800	1,000		3,000
	15~18	750	900		3,000
	19~29	650	800		2,500
	30~49	650	800		2,500
	50~64	600	750		2,000
	65~74	600	700		2,000
	75 이상	600	700		2,000
여자	6~8(세)	600	700		2,500
	9~11	650	800		3,000
	12~14	750	900		3,000
	15~18	700	800		3,000
	19~29	550	700		2,500
	30~49	550	700		2,500
	50~64	600	800		2,000
	65~74	600	800		2,000
	75 이상	600	800		2,000
임신부		+0	+0		2,500
수유부		+0	+0		2,500

자료 : 보건복지부, 2020 한국인 영양소 섭취기준, 2020

섭취량은 800 mg이고, 여자의 하루 권장섭취량은 700 mg, 폐경 이후의 50세 이상은 800 mg이며, 임신기와 수유기의 상한섭취량은 2,500 mg/일이다.[8]

칼슘의 가장 좋은 급원식품은 그림 8-9와 같다. 일반적으로 동물성 식품의 칼슘 흡수율이 25%인 반면 식물성 식품의 칼슘 흡수율은 5% 미만에 불과하다.[4] 이 중 체내 이용률이 가장 높은 것은 우유 및 유제품(요구르트나 치즈 등)이며, 멸치, 뱅어포 등의 뼈째먹는 생선도 좋은 급원이다. 또한, 짙은 녹색 채소, 콩류, 곡류, 해조류 등도 칼슘을 공급한다(그림 8-10).[4] 이 중 시금치는 우유의 6배를 섭취해야 우유의 칼슘 이용률과 같다. 만약 우유와 같은 유제품의 섭취가 부족하여 체내 칼슘 수준이 감소되면 리보플라빈, 비타민 A, 칼륨과 같은 영양소의 섭취도 감소된다.[2] 그러나 식물성 식품 중에는 칼

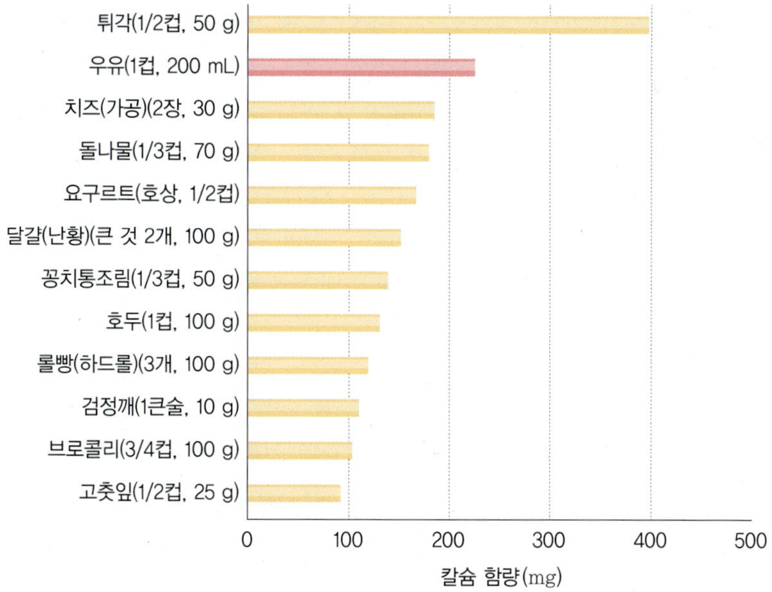

그림 8-9 칼슘이 풍부한 식품[8, 21]

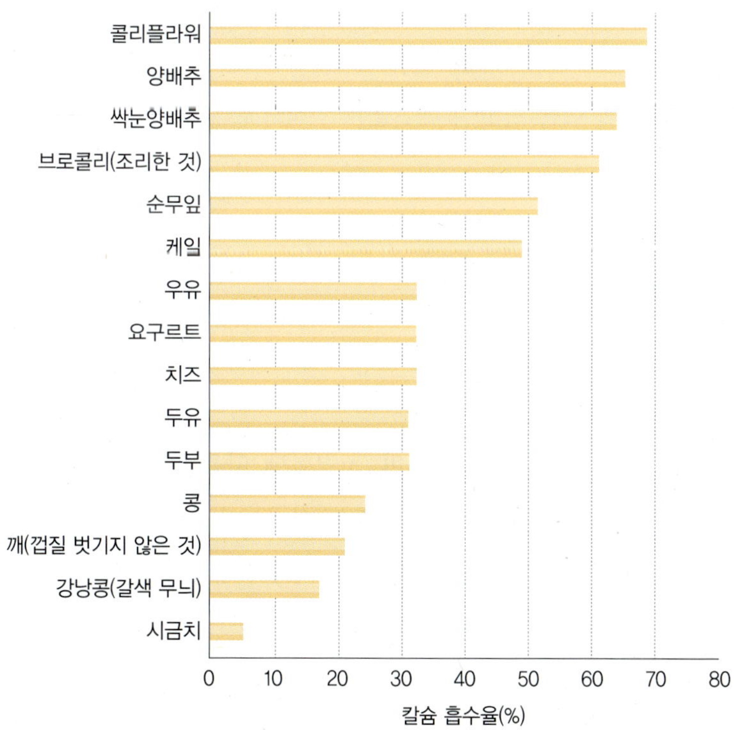

그림 8-10 칼슘의 흡수율[3, 22]

슘의 흡수를 방해하는 섬유소, 수산, 피틴산 등이 들어 있기 때문에 체내이용률이 아주 낮다. 따라서, 섬유소는 하루 35 g 이하로 섭취하도록 하고 1일 섭취량이 25 g 늘어날 때마다 칼슘을 150 mg 정도씩 증가시킨다. 수산이 함유된 대표적인 식품은 시금치, 아스파라거스, 초콜릿, 커피, 무화과, 홍차, 후추, 자두, 고구마, 담황색채소이고 피틴산이 함유된 식품은 무발효빵, 생콩, 씨앗, 견과류, 곡류 및 분리 대두식품 등이다. 이 중 대두는 상당한 양의 피틴산이 함유되어 있으나 단백질에 함황아미노산의 함량이 낮기 때문에 뼈로부터 칼슘의 배설을 증가시키지 않아 칼슘의 흡수율이 높으며, 대두에 함유되어 있는 이소플라본(isoflavones)은 에스트로겐과 같이 뼈의 보호작용을 하는 것으로 알려지고 있다. 또한, 과량의 카페인, 술, 나트륨의 섭취와 이뇨제의 남용은 소변으로 칼슘 배설을 증가시켜 뼈의 칼슘 손실을 일으킬 수 있다.[1]

칼슘을 효과적으로 섭취하려면 비타민 C, 유당(lactose), 비타민 D, 칼륨, 마그네슘 등과 함께 섭취하면 칼슘의 흡수가 촉진된다. 반면에 고섬유소식, 고지방식, 고나트륨식을 섭취하면 칼슘의 이용과 흡수가 저해된다.[9,18,19] 과잉의 지질 섭취는 칼슘과 결합하여 배설되므로 피해야 하고, 과잉의 나트륨 섭취는 신장에서 칼슘의 배설을 증가시키므로 평소 짠음식 섭취를 제한하며 음식을 가능한 한 싱겁게 먹도록 한다. 또한, 탄산음료에는 인의 함량이 높은데 이는 칼슘의 배설을 촉진하므로 탄산음료의 과다한 섭취를 피하도록 한다.[1,9,20]

5) 칼슘의 결핍증과 과잉증

(1) 골다공증

① 정의와 원인

골다공증은 'porous bone'을 의미하며, 노령화에 따른 골격 대사이상 또는 골격 칼슘 대사의 불균형으로 골질량과 골밀도의 감소와 골 미세구조의 이상으로 뼈가 약해져 쉽게 부러지고 금이 가는 전신적 골질환으로 뼈의 절대량이 1/3 이상 감소되는 증후군이다(그림 8-12). 주로 엉덩이, 척추, 허리뼈가 손상을 받기 쉬운 부분이다.[1,9]

골다공증은 발생하는 계층에 따라 Type-I과 Type-II로 나뉜다. Type-I은 50~60대의 성호르몬 변화로 여성에서 에스트로겐(estrogen)의 감소로 주로 발생하고, 테스토

그림 **8-11** ▶ 골다공증의 진행 과정

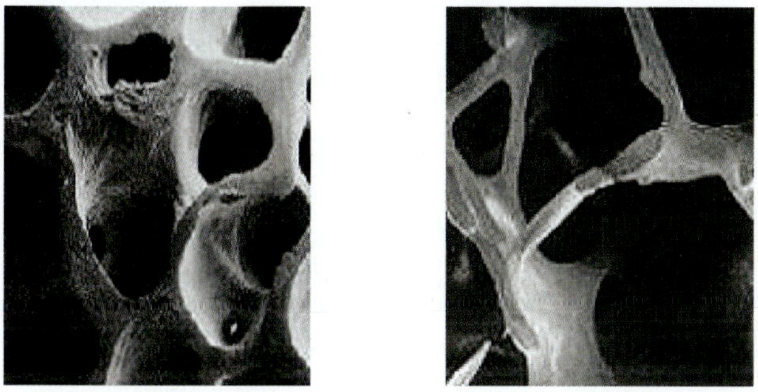

그림 **8-12** ▶ 정상인의 뼈와 골다공증의 뼈

스테론(testosteron)이 낮은 남자에게서도 발병한다. Type-II는 식사와 노화 등의 요인으로 치밀골과 해면골이 손상되어 나타나며 남자와 여자 모두에서 발생한다.[11,12] 이로 인해 키가 줄어들고 척추에 통증을 느끼며 상체의 척추부분이 휘어지는 척추후만증(kyphosis, dowager's hump)이 나타난다. 이것은 가슴 속이 작아져서 호흡곤란이나 복부 통증, 식욕 감퇴 등이 나타난다.[11,12] 골다공증의 원인은 표 8-4와 같이 젊었을 때 뼈의 형성이 잘 안 되었거나 노화나 폐경, 칼슘 및 비타민 D의 부족, 운동 부족 등이다. 또한, 알코올, 카페인, 흡연도 원인이며, 여성의 경우 폐경 이후 에스트로겐 결핍에 의해 주로 발생된다고 하였으나, 최근에는 남자에게서도 많이 발견되고 있으며 테스토스테론

표 8-4 ▶ 골다공증의 원인[1, 9, 24]

분류	원인
생물학적 요인	노화 여성 가는 골격 골다공증의 가족력
생활양식과 관련된 요인	흡연 음주와 카페인 섭취 갑상선질환, 류머티스성 관절염, 칼슘의 소장 내 흡수 불량 섭식장애(신경성 식욕부진, 신경성 탐식증) 코르티코스테로이드(corticosteroids), 항경련제(anticonvulsants)와 같은 약품 복용 시 조기 폐경(자연, 수술) 월경불순, 무월경 낮은 테스토스테론(testosterone) 수준(남성의 경우) 운동 부족 불충분한 칼슘 섭취

의 수준이 낮으면 골절의 요인이 증가되므로 각별히 주의해야 한다.[23]

사람의 골격은 대체로 30세를 전후하여 최대 골질량에 도달하게 되고[1, 3] 이후 나이를 먹으면서 서서히 골밀도가 떨어지는데,[9] 이러한 골밀도의 감소는 특히 폐경 이후 여성들에게서 심각하여 매 10년마다 10%씩 급속히 감소된다. 많은 전문가들은 나이를 먹으면서 초래되는 골손실을 가능한 한 억제하려면 최대골질량(peak bon mass)에 도달할 때 골밀도가 높아야 한다고 강조한다.

② 치료 및 예방법

골다공증이 발생하였을 때는 더 이상의 골격 손실을 완화 또는 방지하여 골절의 가능성을 감소시켜야 한다. 우선 건강한 뼈를 유지하기 위해서는 칼슘, 비타민 D, C, A, K와 인, 마그네슘, 불소, 단백질 등의 영양소와 기타 생리활성물질이 함유된 균형식을 규칙적으로 섭취하는 것이 필요하며, 이를 통해 정상체중을 유지해야 한다.[1, 11]

골다공증 치료와 예방을 위한 식사와 보충제 급원으로 1,500~2,400 mg/일 섭취해도 고칼슘혈증을 초래하지 않으므로 50세 이상 남녀의 상한섭취량은 2,000 mg이면 안전하다고 한다.[8] 이를 충족시키기 위해서는 칼슘이 풍부한 우유와 유제품, 뼈째먹는 생선류, 해조류, 콩류, 곡류, 녹색 채소류 등을 충분히 공급하도록 한다. 염분, 조미료, 인스턴트식품과 같은 짠 음식의 섭취를 줄이고 흡연, 음주, 카페인을 절제하며 약물 과잉이

되지 않도록 한다.[1]

조깅, 산책, 자전거타기, 계단오르기, 등산 등의 체중 부하와 근육 수축이 일어나는 운동을 실시하고 관절염이 있는 경우에는 관절에 무리가 가지 않는 범위 내에서 운동을 실시한다.[1, 11]

(2) 기타 결핍증

영유아와 아동들에게 장기간의 칼슘 섭취가 부족하면 골격의 석회화가 불충분하고 성장이 지연되며, 테타니(tetany), 구루병, 골연화증, 골다공증의 발생이 높아진다.[4] 테타니는 저칼슘혈증으로 발생하며, 근육 통증, 근육 경련, 손과 발의 따끔거림이 발생하고 칼슘 결핍이 심해지면 근육이 쑤시고 근육 긴장이 풀어지지 않게 된다.[11] 또한, 저칼슘 섭취는 고혈압, 대장암과 임신중독증이 있을 때 고혈압, 단백뇨의 증상이 나타나는 자간전증의 요인을 증가시킬 수 있다.[26]

(3) 과잉증

너무 많은 양의 칼슘 섭취는 근육과 신장 등의 연조직에 축적된다. 고칼슘 섭취는 신장 기능을 손상시키고 철이나 아연과 같은 다른 영양소의 이용률을 방해한다.[11] 칼슘을 장기간 과잉 섭취하면 두통, 과민증상, 고칼슘혈증, 신결석증, 우유-알칼리증후군, 전립선암 등이 일어날 수 있다.[2]

3. 인

인(Phosphorus, P)은 골격의 수산화인회석(hydroxyapatite)의 무기질 구성 성분으로 체내 존재하는 양의 85% 정도는 뼈에 저장되고 나머지 15%의 인은 연조직이나 세포외액과 같은 모든 세포에 골고루 존재한다.[2, 4]

1) 인의 흡수와 대사

인은 보통 섭취하는 식품의 55~70%가 흡수되며,[2] 섭취가 부족할 때는 90%까지 흡수된다. 또한, 생리적 요구가 많아지는 성장기, 임신기, 수유기에 흡수율이 증가된다.

인은 비타민 D 의존성 능동수송이나 단순확산에 의해 소장에서 흡수된다.[27] 식사 내 칼슘과 인이 동량 존재하는 것이 이상적이며, 둘 중 하나가 과량 존재하게 되면 흡수가 저해된다.[2] 또한, 과량의 칼슘, 알루미늄, 철을 섭취하는 것은 인의 흡수를 저해한다.

장에서 흡수된 인은 그림 8-13과 같이 뼈나 치아에 축적되거나, 그 외 체조직으로 옮겨져 이용된다. 혈청 인의 수준이 감소되면 뼈와 조직 중의 인이 혈액으로 이동되어 나온다. 신장에서 비타민 D는 인의 재흡수를 증가시키는 반면, PTH는 소변을 통한 배설을 증가시킨다.[5,6] 칼슘과 같이 혈액 중의 인의 함량은 그림 8-13과 같이 비타민 D, PTH, 칼시토닌에 의해 조절된다.[11] 장내에서 흡수되지 않는 인은 대변으로 배설된다.

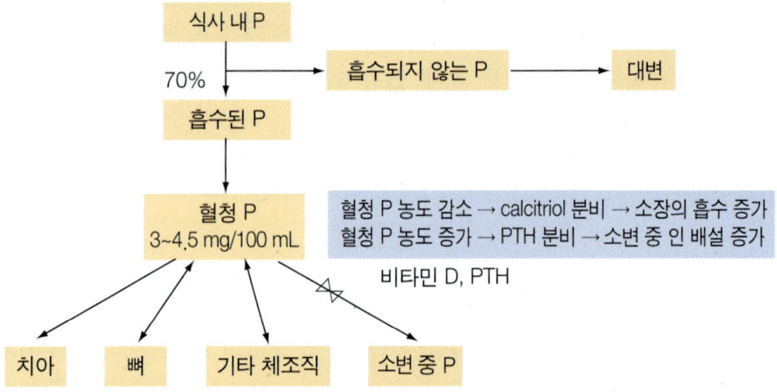

그림 **8-13** 인의 대사

2) 인의 체내 기능

(1) 골격과 치아 구성

체내 인 함량의 85%가 뼈와 치아의 석회화에 사용된다.[2,13] 골격조직 내의 칼슘과 인의 비율은 2:1이며 이 균형이 깨지면 뼈의 석회화가 잘 일어나지 않는다.[11]

(2) 에너지 대사

인은 에너지 대사반응에서 대사에너지의 저장 형태인 ATP나 중간 에너지의 일시적인 형태인 ADP로 에너지의 저장과 이용에 관여한다.[11] 즉, ADP에 인산염(PO_4^{3-}) 한 분자가 결합하여 ATP를 형성하는데 이 결합을 고에너지인산결합(high energy phosphate bond)이라고 하며, 에너지가 필요할 때 인산이 ATP에서 탈락되어 ADP를 형성하면서 에너지

를 방출한다.[13]

(3) 신체의 구성 성분

인은 체내 유전과 단백질 합성에 필요한 조절물질인 DNA, RNA 등 핵산의 구성 성분이며,[13] 인지질을 형성하여 모든 세포의 세포막 구성요소로 영양소의 세포 내외 이동을 조절하고, 지질을 혈류로 이동하는 데 촉진작용을 하는 지단백질 구성에 필요한 요소이다.[11,13]

(4) 비타민 보조효소의 활성화

인은 산화·환원 반응에 관여하는 티아민, 니아신, 피리독신과 같은 비타민이 보조효소로 작용하기 위해 인산화가 필요할 때 구성 성분으로 사용된다.[5] 즉, 니아신의 보조효소인 NADP-NADPH와 탈탄산반응에 관여하는 티아민의 보조효소인 TPP(thiamin phyrophospate)의 구성요소이다.[6]

(5) 완충작용

인은 혈액과 세포 내에서 인산의 형태로 산·알칼리 평형을 조절하는 중요한 완충작용을 한다. 체액이 산성화가 되면 수소이온(H^+)과 결합하고, 알칼리화가 되면 수소이온이 방출되어 체액의 산·알칼리 평형을 유지한다.[11]

3) 인의 섭취기준과 급원식품

2019년 국민건강영양조사 결과에 의하면 19~29세 국민 1일 1인당 평균 인 섭취량은 남자 1,177.7 mg, 여자 900.7 mg으로서 남자는 권장섭취량의 168.2%, 여자는 권장섭취량의 128.7%가량을 섭취한 것으로 나타났다.[17] 인의 1일 평균필요량과 권장섭취량은 표 8-5와 같다. 19세 이상 성인의 1일 권장섭취량은 700 mg이며 평균필요량은 남녀 모두 580 mg으로 칼슘과 인의 비율은 약 1:0.9~1.1에 해당한다.[8] 현재 우리의 식생활에서 인의 섭취량은 충분하며, 오히려 가공식품이나 탄산음료의 소비 증가로 인한 과잉 섭취가 우려된다.

인은 그림 8-14와 같이 거의 모든 식품에 풍부하게 들어 있고 일반적으로 단백질 함

표 8-5 ▶ 한국인의 1일 인 섭취기준

(mg/일)

연령		평균필요량	권장섭취량	충분섭취량	상한섭취량*
영아	0~5(개월)			100	
	6~11			300	
유아	1~2(세)	380	450		3,000
	3~5	480	550		3,000
남자	6~8(세)	500	600		3,000
	9~11	1,000	1,200		3,500
	12~14	1,000	1,200		3,500
	15~18	1,000	1,200		3,500
	19~29	580	700		3,500
	30~49	580	700		3,500
	50~64	580	700		3,500
	65~74	580	700		3,500
	75 이상	580	700		3,000
여자	6~8(세)	480	550		3,000
	9~11	1,000	1,200		3,500
	12~14	1,000	1,200		3,500
	15~18	1,000	1,200		3,500
	19~29	580	700		3,500
	30~49	580	700		3,500
	50~64	580	700		3,500
	65~74	580	700		3,500
	75 이상	580	700		3,500
임신부		+0	+0		3,000
수유부		+0	+0		3,500

자료 : 보건복지부, 2020 한국인 영양소 섭취기준, 2020

량이 많은 식품인 어육류, 난류, 우유 및 유제품, 곡류에 많이 함유되어 있다.[11] 쇠간, 청어, 우유, 요구르트, 해바라기씨에 아주 풍부하며, 닭고기, 굴, 두부, 아몬드, 쇠고기, 검정콩, 두유, 땅콩버터, 치즈 등이 좋은 급원식품이다.[2] 종실류나 곡류에 들어 있는 인은 피틴산을 포함하고 있어서 흡수율은 낮다.[11] 인산염은 수분 보유와 부드러움을 증가시키기 위해 가공식품에 첨가되나, 가공식품과 탄산음료에 많이 함유되어 있는 인은 골격 약화를 가져올 수 있으므로 현대의 식생활에서 인의 과잉 섭취가 우려된다.[1,11]

4) 인의 결핍증과 과잉증

정상적인 식사를 하는 경우 인의 결핍증은 나타나지 않으며, 장의 질병으로 인한 인

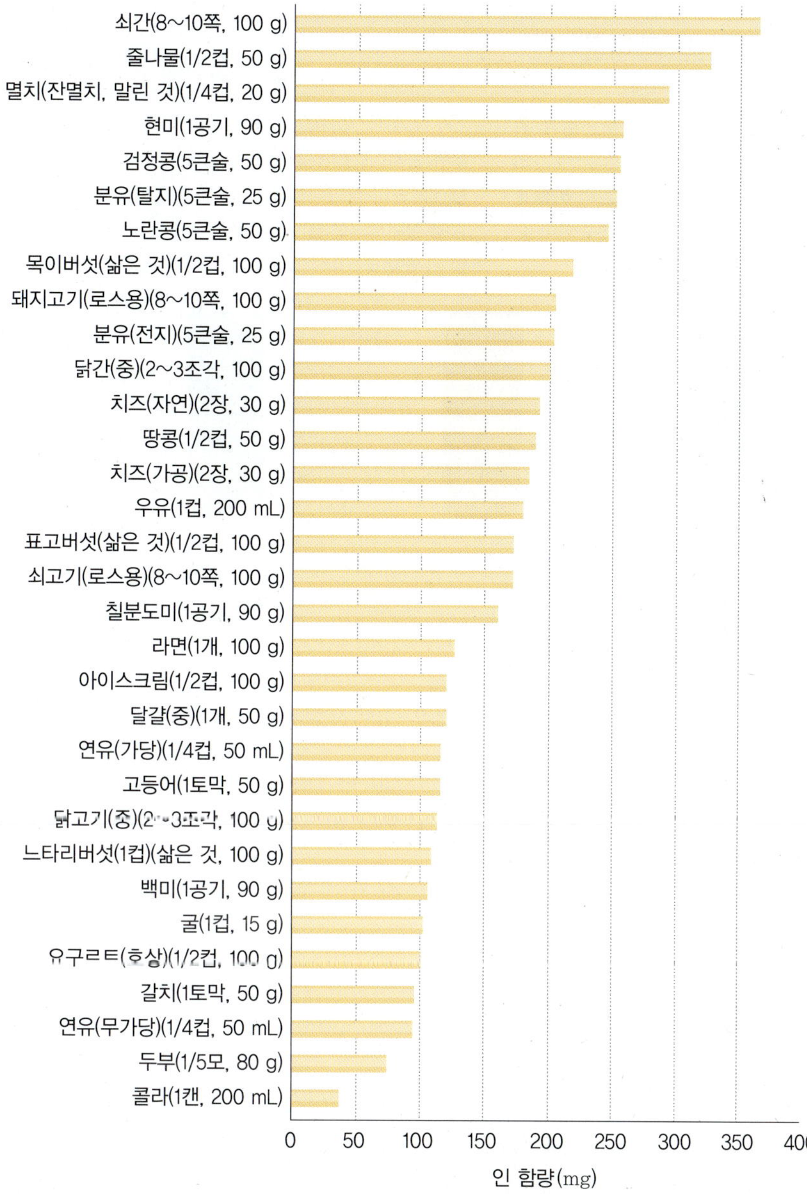

그림 8-14 ▶ 인이 풍부한 식품[8, 21]

의 흡수율 저하나 제산제의 장기 복용, 항경련성 약제의 복용으로 저인산혈증이 나타난다. 인이 결핍되면 열량 대사에 필수적인 인의 부족으로 ATP 등이 합성되지 않아 근육 약화, 식욕부진 등이 나타난다.[4] 또한, 칼슘과 인의 비율이 맞지 않아 뼈의 질환인 성장 부진이나 골연화증 등이 나타날 수 있다.[2]

🍉 우유의 인과 탄산음료의 인은 왜 다른가?

칼슘이 골격과 치아에 축적되고 견고한 조직을 만들기 위해서는 식사와 체내의 칼슘과 인의 비율이 중요하다.[4] 1:1의 비율일 때가 칼슘 흡수에 가장 효율적이라 칼슘:인의 비율을 1:1로 권장하고 있다.[8] 그러나 칼슘에 비해 인의 섭취량이 많으면 골격이 약해질 우려가 있으므로 주의한다.

우유와 탄산음료의 칼슘:인의 비율을 비교하면 콜라의 경우 우유나 사이다에 비해 인의 비율이 아주 높다.[8] 따라서, 이러한 탄산음료의 장기적인 섭취는 체내 칼슘:인의 비율에서 인의 양을 상대적으로 증가시켜 인의 섭취량이 많을 경우 골격 약화를 가져올 수 있으므로 주의를 필요로 한다.[1]

칼슘 100 mg/100 mL
인 90 mg/100 mL

칼슘 0 mg/100 mL
인 15.1 mg/100 mL

칼슘 2 mg/100 mL
인 1 mg/100 mL

신장기능부전이나 갑상선기능저하인 경우 고인산혈증이 되고, 이로 인해 근육 경련과 경기 등의 증상이 발생한다. 신장병이나 비타민 D 과잉 섭취, 인이 함유된 완하제 복용, 부갑상선질환이 있을 때도 발생한다.[1] 또한, 칼슘의 섭취량에 비해 인의 섭취량이 많으면 부갑상선호르몬의 농도가 증가되어 뼈의 칼슘 용출로 골격 손실이 증가된다.

4. 마그네슘

마그네슘(Magnesium, Mg)은 엽록소의 구성 성분으로[2] 식물성 식품에 풍부하게 함유되어 있으며, 우리 체내에서 일곱 번째로 풍부한 무기질로 성인의 경우 체내 보유량은 약 25 g 정도이다.[4] 이 중 반 정도는 뼈에 존재하고 나머지 반은 근육과 연조직에 고르게 분포되어 있다.[12]

1) 마그네슘의 흡수와 대사

마그네슘은 공장과 회장에서 단순확산과 능동수송에 의해 흡수되며,[8] 섭취하는 식품의 양과 체내 조건에 따라 흡수되는 정도가 다르나 약 40~60% 흡수된다고 한다.[2] 혈액 중의 마그네슘 수준이 감소되면 신장의 재흡수가 증가된다.[11] 비타민 D는 흡수를 증진시키나,[5] 식사 중의 칼슘, 인, 단백질의 함량이 높거나, 영양불량 상태 및 알칼리제를 다량 섭취할 경우에는 흡수가 감소된다.[11]

2) 마그네슘의 기능

(1) 골격과 치아 구성

성인 체내에 약 25~30g의 마그네슘이 존재한다. 그중 약 60~70%는 칼슘, 인과 결합하여 골격과 치아 같은 경조직을 구성하며, 나머지는 주로 근육과 같은 연조직과 혈액에 들어 있다.[2,13]

마그네슘은 골격과 치아의 구성 성분으로, 특히 치아 에나멜층에서 칼슘의 안정성을 증가시켜 충치를 예방한다.[13]

(2) 에너지 대사

신체 내에서 일어나는 포도당과 지방산 대사, 아미노산 활성화의 효소반응에 촉매로 작용하고,[2] 산화적 인산화반응에서 ADP가 ATP로 전환되는 데 필요한 효소의 촉매로 작용하며, ATP 구조의 안정 및 에너지 대사반응에 관여한다.[11] 또한, 마그네슘은 mRNA와 리보솜의 결합, DNA 합성과 분해 과정 등 단백질 합성의 여러 단계에 관여한다.[11]

(3) 신경 전달과 근육의 수축·이완

마그네슘은 칼슘, 칼륨, 나트륨과 함께 신경자극 전달과 근육의 수축 및 이완 작용을 조절하는 4가지 양이온 중의 하나이다. 칼슘과 마그네슘은 서로 상반된 기능을 하여 마그네슘은 근육을 이완시키고 신경을 안정시키는 반면, 칼슘은 근육을 긴장시키고 신경을 흥분시키는 작용을 한다.[13]

3) 마그네슘의 섭취기준과 급원식품

우리나라 사람의 마그네슘의 섭취량에 대한 자료는 부족하나 1일 마그네슘 섭취기준은 표 8-6과 같다.[8]

마그네슘은 엽록소 구성 성분이므로 녹색 잎채소에 풍부하다(그림 8-15).[9] 또한, 참깨,

표 8-6 ▶ 한국인의 1일 마그네슘 섭취기준[8]

(mg/일)

연령		평균필요량	권장섭취량	충분섭취량	상한섭취량*
영아	0~5(개월)			25	
	6~11			55	
유아	1~2(세)	60	70		60
	3~5	90	110		90
남자	6~8(세)	130	150		130
	9~11	190	220		190
	12~14	260	320		270
	15~18	340	410		350
	19~29	300	360		350
	30~49	310	370		350
	50~64	310	370		350
	65~74	310	370		350
	75 이상	310	370		350
여자	6~8(세)	130	150		130
	9~11	180	220		190
	12~14	240	290		270
	15~18	290	340		350
	19~29	230	280		350
	30~49	240	280		350
	50~64	240	280		350
	65~74	240	280		350
	75 이상	240	280		350
임신부		+30	+40		350
수유부		+0	+0		350

*식품 외 급원의 마그네슘 섭취량에만 해당됨

자료 : 보건복지부, 2020 한국인 영양소 섭취기준, 2020

검정콩, 대두 등의 종실류와 아몬드, 해바라기씨 등의 견과류와 굴, 시금치, 현미, 게, 땅콩버터, 두부, 통밀빵, 코코아, 전곡에 많다.

그러나 전곡과 시금치에 함유된 피틴산은 마그네슘의 흡수를 방해하므로 흡수율이 떨어진다. 저항전분, 올리고당, 펙틴과 같은 발효당질(fermentable carbohydrate)은 마그네슘의 흡수를 돕는다.[1,2,4]

채소를 많이 섭취하는 한국인은 결핍이 우려되지 않으므로 권장섭취량이 19~29세 남자는 360 mg/일, 30세 이상 남자는 370 mg/일, 19세 이상 여자는 280 mg/일로 제시되어 있으나, 일반적으로 칼슘 섭취량의 1/2만으로도 충분하다.

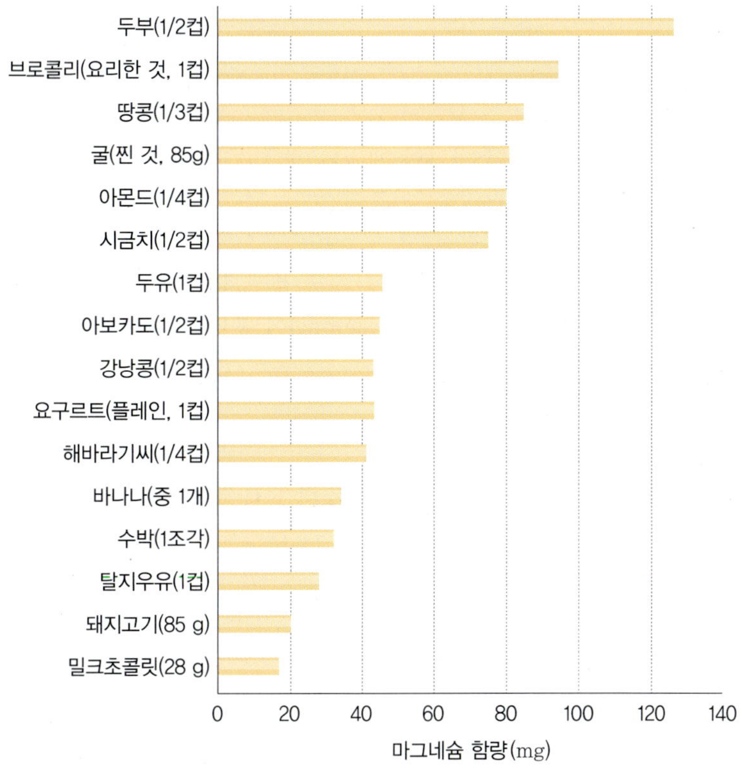

그림 8-15 ▶ 마그네슘이 풍부한 식품[3,9]

4) 마그네슘의 결핍증과 과잉증

마그네슘 결핍증은 주로 알코올 중독과 관련이 있으며, 알코올은 소변의 마그네슘 배설을 증가시킨다.[1,11] 또한, 장기간의 설사와 구토, 이뇨제의 섭취는 마그네슘의 결핍을 일으킬 수 있다.[2] 마그네슘이 결핍되면 골격 보유량이 감소되고, 식욕 감퇴, 구토, 무기력, 근육 경련, 과민, 착란 등이 발생한다.[2] 또 불규칙적인 심장운동으로 심장이 비정상적으로 되며 심해지면 사망한다.[1] 마그네슘이 많이 함유된 물을 섭취하는 지역에서는 심장 발작으로 인한 갑작스러운 사망을 감소시킨다고 한다.[12,28]

과잉증은 건강한 사람에서는 나타나지 않으며, 제산제를 장기간 섭취하는 노인이나 신장 기능이 저하된 사람의 경우 근육 약화, 메스꺼움, 권태 등의 증상이 나타난다.[2,4,11]

5. 칼륨

1) 칼륨의 흡수와 대사

칼륨(Potassium, K)은 보통 성인 남자의 체내에 약 210 g 정도 함유되어 있다.[5] 칼륨의 90% 이상이 소장에서 흡수되어 신체 총량의 95% 정도가 세포내액에 존재하며,[2] 대부분이 근육세포에 존재한다. 신장은 칼륨의 균형을 유지시키는 조절기구이며, 혈중 칼륨이 증가하면 부신피질에서 알도스테론(aldosterone)이 분비되어 칼륨 배설을 촉진한다.[1] 즉, 알도스테론이 혈액의 나트륨과 염소의 수준을 증가시키면 혈액 중의 칼륨 수준은 감소된다.[11]

흡수되지 않은 칼륨은 대변을 통해 배설되고, 흡수된 칼륨은 신장의 근위세뇨관에서 재흡수되고 나머지는 소변으로 배설된다.[29]

2) 칼륨의 기능

칼륨은 세포내액의 중요한 양이온(K^+)으로,[4] 체액의 정상적인 삼투압을 유지하고 산·알칼리 평형 유지에 영향을 끼치며, 칼슘, 나트륨과 더불어 신경의 흥분성과 자극 전달, 근육의 수축과 이완을 조절하고, 특히 심장박동의 유지에 중요한 역할을 한다.[2,13] 그리고 혈당이 글리코겐으로 저장되는 당질 대사와 단백질 합성에도 관여한다.[13] 또한, 칼륨을 다량으로 섭취하였을 때 나트륨의 배설을 증가시켜 혈압을 낮추는 효과가 있다.[8,11]

3) 칼륨의 섭취기준과 급원식품

2019년도 국민건강영양조사에 의하면 칼륨은 19~29세 성인의 1일 섭취량은 남자 2,887.7 mg, 여자 2,340.9 mg을 섭취하고 있으며, 칼륨은 충분섭취량 기준에 대한 섭취 비율이 남자 82.5%, 여자 66.9%로 기준치보다 낮았다.[17] 건강한 성인에 있어서 1일 칼륨의 충분섭취량은 3,500 mg/일을 제안한다(표 8-7).[8]

칼륨은 표 8-8과 그림 8-16과 같이 여러 식품에 골고루 분포되어 있다. 특히 콩류, 곡류, 오렌지, 바나나, 멜론 등의 과일과 시금치와 같은 녹색 채소, 감자, 육류, 유제품에 상당히 들어 있다. 칼륨에 대한 특별한 요구량은 없으며, 보통의 식사에 필요한 칼륨이 함유되어 있다.

표 8-7 ▶ 한국인의 1일 칼륨 섭취기준

(mg/일)

연령		평균필요량	권장섭취량	충분섭취량	상한섭취량
영아	0~5(개월)			400	
	6~11			700	
유아	1~2(세)			1,900	
	3~5			2,400	
남자	6~8(세)			2,900	
	9~11			3,400	
	12~14			3,500	
	15~18			3,500	
	19~29			3,500	
	30~49			3,500	
	50~64			3,500	
	65~74			3,500	
	75 이상			3,500	
여지	6~8(세)			2,900	
	9~11			3,400	
	12~14			3,500	
	15~18			3,500	
	19~29			3,500	
	30~49			3,500	
	50~64			3,500	
	65~74			3,500	
	75 이상			3,500	
임신부				+0	
수유부				+400	

자료 : 보건복지부, 2020 한국인 영양소 섭취기준, 2020

표 8-8 ▶ 칼륨이 많은 식품과 적은 식품

분류	많은 식품	적은 식품
과일	바나나, 오렌지, 귤, 멜론, 아보카도	사과, 배, 파인애플
채소류	호박, 토마토, 시금치, 당근, 버섯, 가지	
오이, 근채류	오이, 양파	
육류	돼지고기, 쇠고기, 연어, 고등어, 조개류	닭고기 등의 가금류
음료수	커피, 우유 및 유제품, 오렌지주스	콜라, 홍차, 사이다
전분식품	감자, 고구마	식빵, 호밀빵, 쌀밥
난류		달걀
기타	밤, 호도, 땅콩 등의 견과류, 콩류, 초콜릿	

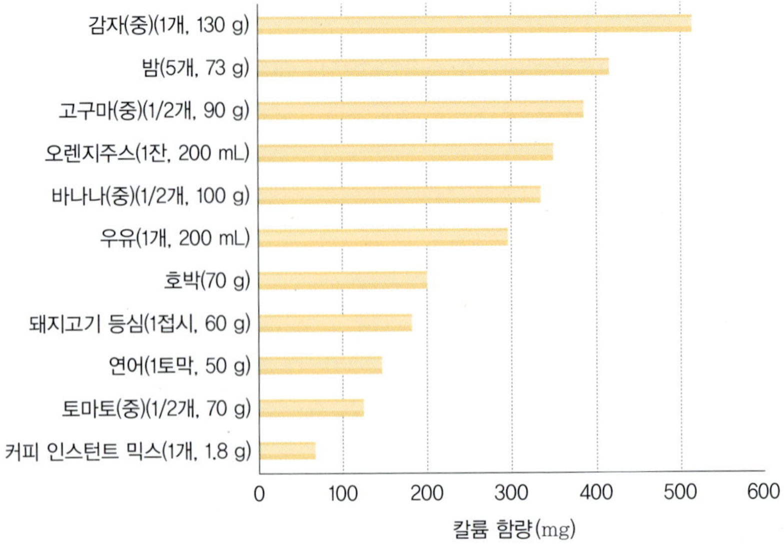

그림 8-16 ▸ 칼륨이 풍부한 식품[8, 21]

4) 칼륨의 결핍증과 과잉증

건강한 사람에서는 칼륨의 결핍이 나타나지 않으나 칼륨의 섭취가 감소하면 체내 산·알칼리 평형이 깨지고 골격 손실과 신결석이 생긴다.[1,30] 또한, 장기간의 구토와 설사, 과다한 설사제와 이뇨제 복용, 알코올 중독 시 저칼륨혈증이 나타난다.[1,9,13] 혈중 칼륨의 농도가 낮으면 근육 약화, 식욕 감퇴와 착란의 증상이 나타나고, 칼륨 결핍이 지속되면 심장박동에 혼란이 와서 치명적인 문제를 야기하게 된다.[1,2]

칼륨을 다량 섭취하였을 때 신장은 소변의 칼륨 배설량을 증가시켜 고칼륨혈증을 예방할 수 있다. 보충제로 과잉 섭취하면 위장장애를 일으키고 혈관에 직접 주입하면 심장박동이 정지될 수 있다.[8] 또한, 고칼륨 섭취는 신장으로 나트륨 배설을 증가시켜 혈압을 감소시키며, 장기간의 고칼륨, 저나트륨 섭취는 고혈압을 예방할 수 있다.[9,13,31]

6. 나트륨

1) 나트륨의 흡수와 대사

나트륨(Sodium, Na)은 세포외액의 중요한 양이온으로서[4] 1/3은 골격에, 2/3는 세포외액, 특히 혈장에 다량 존재하며 신경조직과 근육에도 존재한다. 섭취한 나트륨은 98% 정도가 소장에서 능동수송을 통해 흡수되며, 흡수 시 포도당이 필요하다. 또한, 대장에서도 변으로 제거되기 전까지 흡수된다.[11] 그림 8-17과 같이 신장으로 운반되어 체내 필요량에 따라 세뇨관에서 재흡수된다. 부신피질에서 분비되는 알도스테론에 의해 배설이 조절된다.[5]

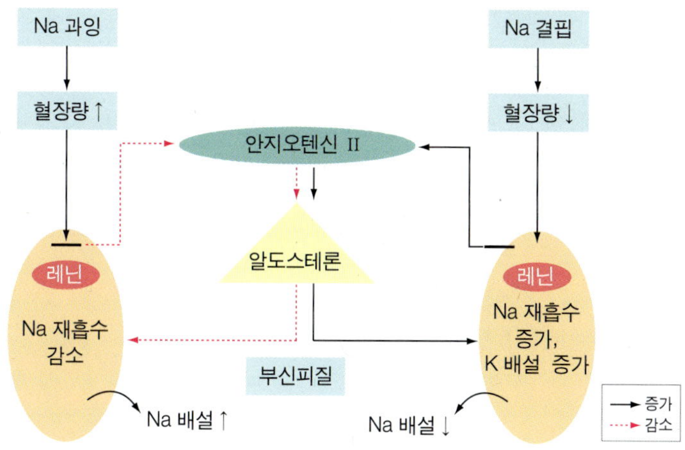

그림 8-17 ▶ 체내 나트륨의 균형

나트륨 필요량이 증가하면 알도스테론의 분비도 증가되어 소장에서 나트륨 흡수와 신장에서의 재흡수 기능을 자극하여 체내농도가 높아지고, 반대로 나트륨의 섭취가 증가하면 알도스테론의 분비는 억제되어 나트륨의 재흡수가 감소되고 배설이 증가되어 체내 나트륨농도를 조절한다.[25]

스포츠 음료에 high-fructose corn syrup이 첨가되는 이유

나트륨은 흡수될 때 포도당이 있어야 흡수가 된다. 그러나 나트륨의 과잉 섭취는 고혈압의 원인이 되므로 나트륨의 섭취를 줄이기 위해 요즘은 스포츠 음료에 포도당 대신 high-fructose corn syrup을 사용한다.

2) 나트륨의 기능

(1) 수분 평형 조절

나트륨은 세포외액의 주된 양이온(Na^+)으로[4] 체내 총나트륨 함량의 약 95%는 세포외액에 존재한다.[8] 체내에서 수분의 이동은 세포 내외의 삼투압에 의하며, 이 삼투압은 나트륨이온과 칼륨이온에 의해 조절된다. 즉, 농도의 변화는 수분이 신체의 한 부분에서 다른 부분으로 순환하는 데 결정적인 역할을 한다.

나트륨이온과 칼륨이온의 비율은 그림 8-18과 같이 세포외액에서는 30 : 1, 세포내액은 1 : 15로 유지될 때 혈장 및 세포 내의 삼투압은 285 mOsml/L을 나타낸다.[29]

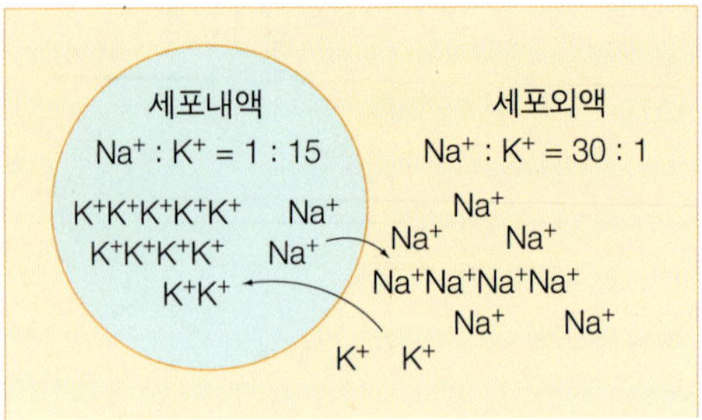

그림 8-18 ▶ 세포 내외의 나트륨과 칼륨

(2) 산·알칼리 평형 유지

나트륨은 칼슘, 마그네슘, 칼륨과 더불어 세포외액의 알칼리 반응에 관여하며, 염소는 인산염(phosphate group), 탄산염(carbonate group), 황산염(sulfate group), 유기산, 단백질과 산성반응을 하므로 체액의 산·알칼리 평형에 관여한다.[1,6]

(3) 기타

근육의 전기화학적 자극을 전달하여 정상적인 근육의 흥분성을 유지하며, 신경자극의 전달에도 관여한다.[1]

3) 나트륨의 섭취기준과 급원식품

2019년도 국민건강영양조사의 나트륨 1일 섭취량은 19~29세 남자 3,850.8 mg, 여자

2,698.8 mg을 섭취하고 있으며, 이는 충분섭취량 기준과 비교 시 남자는 256.7%, 여자는 179.9%로 충분섭취량의 평균 2.1배 이상을 섭취하고 있다. 나트륨의 주요 급원식품은 소금, 간장, 배추김치, 된장, 라면, 고추장, 국수, 쌈장, 단무지, 빵 순이며, 전체 나트륨 섭취량의 50% 이상은 양념류, 김치와 라면이 주요 공급원이었다.[17]

나트륨의 1일 섭취기준은 표 8-9와 같으며, 건강한 성인에 있어서 1일 나트륨의 충분섭취량은 19~64세 1,500 mg/일을 제안한다. 19~29세 남녀의 만성질환위험감소섭취량은 2,300 mg/일로 나트륨 섭취량이 일일 2,300 mg보다 높을 경우, 전반적으로 섭취량을 줄이면 만성질환 위험을 감소시킬 수 있다는 것이다.

식이나트륨의 주요 급원은 소금(NaCl)이며 나트륨의 주요 급원식품은 그림 8-19, 그

표 8-9 ▶ 한국인의 1일 나트륨 섭취기준[8]

(mg/일)

연령		평균필요량	권장섭취량	충분섭취량	만성질환위험 감소섭취량
영아	0~5(개월)			110	
	6~11			370	
유아	1~2(세)			810	1,200
	3~5			1,000	1,600
남자	6~8(세)			1,200	1,900
	9~11			1,500	2,300
	12~14			1,500	2,300
	15~18			1,500	2,300
	19~29			1,500	2,300
	30~49			1,500	2,300
	50~64			1,500	2,300
	65~74			1,300	2,100
	75 이상			1,100	1,700
여자	6~8(세)			1,200	1,900
	9~11			1,500	2,300
	12~14			1,500	2,300
	15~18			1,500	2,300
	19~29			1,500	2,300
	30~49			1,500	2,300
	50~64			1,500	2,300
	65~74			1,300	2,100
	75 이상			1,100	1,700
임신부				1,500	2,300
수유부				1,500	2,300

자료 : 보건복지부, 2020 한국인 영양소 섭취기준, 2020

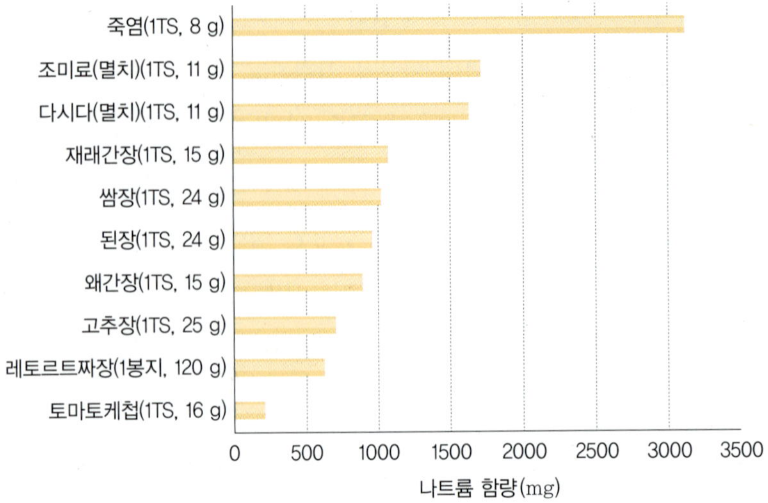

그림 8-19 ▶ 장류 및 조미료의 나트륨 함량[8, 21]

림 8-20과 같다. 장, 조미료를 제외한 일반식품 중에는 주로 동물성 식품에 다량 존재하여 육류, 생선, 닭고기, 유제품, 치즈, 햄, 소시지, 달걀 등에 많이 함유되어 있고, 곡류,

표 8-10 ▶ 가공식품과 생식품의 나트륨 함량 비교[8, 21]

(mg/100 g)

식품		함량
오이	생	6
	피클	723
우유		50
치즈	자연치즈	310
	모차렐라	373
	체더	800
	가공치즈	1,134
감자	생	3
	프렌치프라이	163
	포테이토칩	469
	감자 샐러드	529
옥수수	생	1
	강냉이(팽화)	74
	통조림	244
	팝콘	1,943

식품		함량
토마토	생	5
	주스	63
	페이스트	200
	케첩	1,295
	스파게티소스(분말)	8,480
돼지고기	등심 날것	58
	등심 구운 것	53
	베이컨 날것	1,300
	베이컨 구운 것	1,596
연어	훈제품	793
	염장품	2,300
고등어	생	64
	자반	2,091

식품		함량
수프	크림, 분말	2,167
	물 가한 것	319
	양송이 분말	2,409
	물 가한 것	403
	쇠고기야채 분말	6,460
	물 가한 것	396
	쇠고기 분말	2,237
	물 가한 것	556
가루제품	중력분	3.0
	부침가루	3.04
	빵가루	535
	핫케이크가루	735
	도넛가루	778
	튀김가루	962

콩류, 견과류, 과일, 채소류에는 적게 들어 있다. 그리고 표 8-10과 같이 식품을 가공할 때 나트륨을 많이 첨가하게 되므로 통조림식품, 훈제품, 간장, 김치, 젓갈, 각종 장아찌 등에 많이 들어 있다. 또 베이킹파우더, 화학조미료, 발색제(아질산나트륨), 보존제 등에도 들어 있으며, 진통제, 감기약, 항생제 등의 약품에도 많이 함유되어 있다.

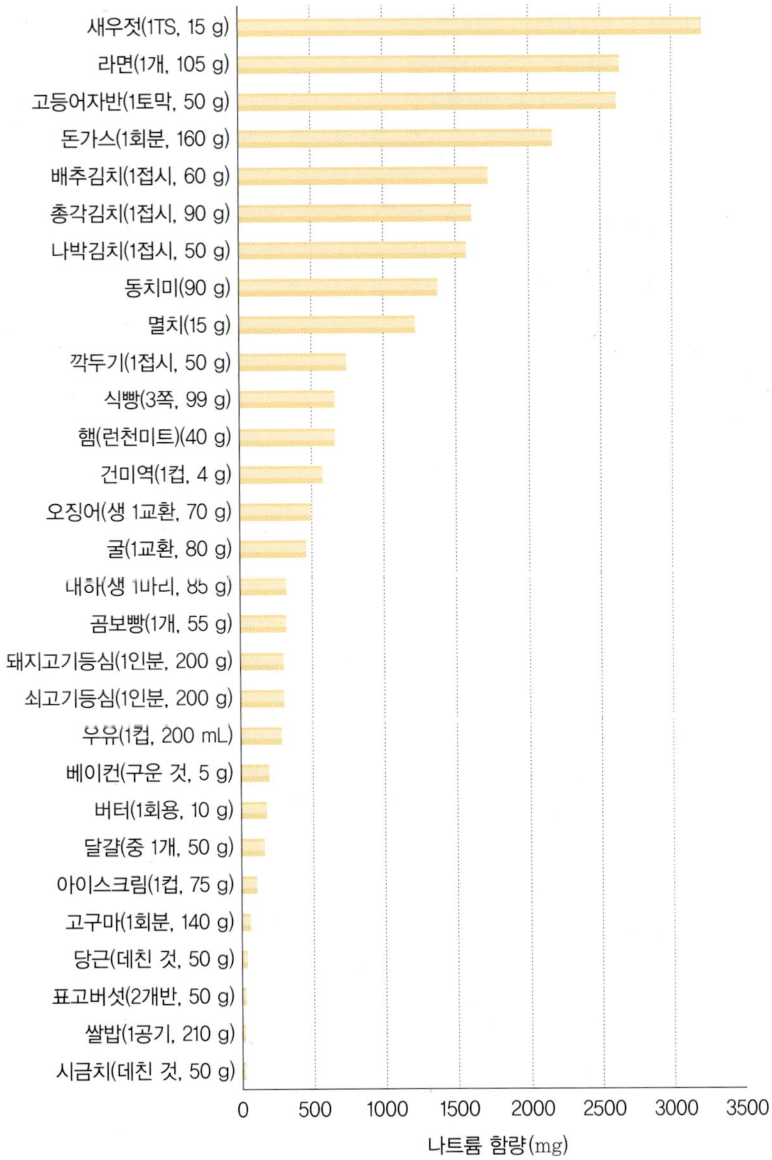

그림 8-20 ▶ 나트륨이 풍부한 식품[8, 21]

소금 중의 Na 함량은 얼마인가?

소금(NaCl)은 40%의 나트륨(Na)과 60%의 염소(Cl)로 이루어져 있으므로[3, 4] 하루 1ts(5 g)의 소금을 섭취하면 2,000 mg의 나트륨을 섭취하게 된다.

나트륨 섭취를 줄이기 위한 방안[3, 4, 9, 12]

① 조리 시 소금의 첨가를 줄이고 식탁용 소금을 없앤다.
② 맛보기 전에 소금부터 첨가하거나, 훈제육이나 햄, 베이컨 등의 가공 육류를 자주 섭취하는 등의 식습관을 개선한다.
③ 외식할 때 나트륨이 많이 첨가된 식품을 피하고, 저염식이에 적응하도록 노력한다.
④ 식사 중의 소금량을 줄이면서 마늘, 레몬즙, 향료 등의 향신료로 대체한다.
⑤ 소금 대체품인 염화칼륨(KCl, potassium chloride)을 사용한다.
⑥ 식품을 구매할 때 나트륨의 함량을 확인하고 저염식품을 구매한다.

4) 나트륨의 결핍증과 과잉증

나트륨은 식품에 약간씩 함유되어 있으므로 결핍증은 드물다. 그러나 심한 설사, 구토, 땀, 부신피질 기능부진 등에 의해 체내 나트륨 양이 감소하면 세포외액 내 나트륨 함량이 감소하므로 세포외액이 세포 내로 이동하게 되고 이에 따라 혈액량이 감소하여 혈압이 떨어지게 된다. 증세는 식욕부진, 메스꺼움, 설사, 두통, 근육 경련, 성장 감소, 모유 분비 감소 등의 증상을 나타낸다.[2, 8]

나트륨의 과잉 섭취는 고혈압의 원인이며 뇌졸중 발병, 좌심실 비후, 위암 등도 일으킨다.[11] 또한, 고나트륨 섭취는 소변 중의 칼슘 배설량을 증가시켜 과칼슘뇨증을 초래하는데 이는 신결석의 위험인자가 된다.[8] 너무 많은 양의 나트륨을 섭취하고 물을 섭취하지 않으면 탈수가 올 수 있다.[29]

7. 염소

1) 염소의 흡수와 대사

염소(Chloride, Cl)는 매우 유독한 가스이나 체내에서 이온 상태(Cl^-)로 존재하며 세포외액에 주로 존재한다.[2] 소장에서 대부분 흡수되며, 사용되고 난 후 염소의 대부분은 신장을 통해 배설되고 일부는 땀으로 배설된다.[2] 나트륨과 같이 알도스테론에 의해 배설이 조절되며 체내에 존재하는 염소는 전부 해리되어 Cl^-의 상태로 있다.[6]

2) 염소의 기능

염소는 나트륨과 결합하여 염화나트륨(NaCl)의 형태로 존재하며,[1] 체내 무기질의 약 3%를 차지하는 세포외액의 중요한 음이온이다.[13]

염소는 나트륨과 함께 체액의 삼투압 유지와 수분 평형에 관여하고 있으며,[1] 위점막에서 분비되는 위산(HCl)의 성분으로 펩시노겐을 펩신으로 전환시키는 효소의 활성에 필요하다.[2,4,13] 또한, 백혈구가 외부물질을 공격할 때와 같은 면역반응과 신경자극전달에도 관여한다.[5,6]

3) 염소의 섭취기준과 급원식품

염소는 소금의 형태로 존재하므로 나트륨이 풍부한 식품에 함께 함유되어 있고 과일과 채소는 염소의 좋은 급원이다. 권장섭취량은 없으며, 나트륨의 섭취가 적절하면 염소는 충분히 공급된다. 소금의 60%가 염소이므로,[2] 소금 섭취량을 알면 염소의 섭취량도 알 수 있다. 염소의 1일 섭취기준은 표 8-11과 같다.

4) 염소의 결핍증과 과잉증

염소는 식사를 통한 소금 섭취량이 높기 때문에 결핍증은 흔하지 않으나 신경성 탐식증과 같은 장기간의 빈번한 구토 등으로 위액이 소실될 때 혈장 내 염소 함량이 감소되어 저염소혈증성 알칼리혈증이 유발될 수 있다.[1,2] 저염소혈증은 뇌로의 혈액 흐름을 느리게 하고 조직으로 산소 이동을 느리게 한다.

또한, 체내의 산·알칼리 평형을 방해하여 불규칙한 심장박동을 일으키며 치료하지 않으면 생명을 위협할 수 있다.[32] 그리고 염소는 그 자체가 나트륨이온의 작용을 증가시키므로 고혈압의 원인으로 작용할 수 있다.[8]

표 8-11 ▶ 한국인의 1일 염소 섭취기준

(mg/일)

연령		평균필요량	권장섭취량	충분섭취량	상한섭취량
영아	0~5(개월)			170	
	6~11			560	
유아	1~2(세)			1,200	
	3~5			1,600	
남자	6~8(세)			1,900	
	9~11			2,300	
	12~14			2,300	
	15~18			2,300	
	19~29			2,300	
	30~49			2,300	
	50~64			2,300	
	65~74			2,100	
	75 이상			1,700	
여자	6~8(세)			1,900	
	9~11			2,300	
	12~14			2,300	
	15~18			2,300	
	19~29			2,300	
	30~49			2,300	
	50~64			2,300	
	65~74			2,100	
	75 이상			1,700	
임신부				2,300	
수유부				2,300	

자료 : 보건복지부, 2020 한국인 영양소 섭취기준, 2020

8. 황

황(Sulfur, S)은 다른 무기질과 달리 단독으로는 기능을 못하며, 체내 아미노산과 비타민의 구성 성분으로 중요하다.

1) 황의 흡수와 대사

황은 소장 내에서 흡수되어 문맥으로 이동한다. 황을 함유한 메티오닌(methionine)과 시스테인(cysteine)은 단백질로부터 분해, 흡수되어 문맥으로 이동하는데 이 두 아미노산은 황의 주요 급원이다. 황은 소변으로 배설되며 배설량은 단백질의 섭취량과 조직단

백질이 분해되는 양과 관련이 있다.[5]

2) 황의 기능

황은 모든 세포 내에 존재하며 세포단백질의 구성 성분으로 체내에서 설프하이드릴기(-SH, sulfhydryl group)의 형태나 이 두 기가 결합한 이황화결합(-S-S-, disulfide bond)에 관여한다. 설프하이드릴기는 고에너지 황결합(high energy sulfur bond)을 형성하고 Coenzyme A의 대사활동에 중요하다. 황은 메티오닌, 시스테인과 같은 일부 아미노산과 티아민, 비오틴과 같은 비타민의 구성 성분이며,[1,2] 인슐린, 헤파린 등의 필수 성분이다. 아미노산의 황은 피부, 손톱, 머리카락과 같은 단백질의 3차 구조를 안정화시키는데 도움을 준다.[1,9,13]

또한, 황은 페놀(phenol)류, 크레졸(cresol)류, 스테로이드 성호르몬(steroid sex hormon) 등과 결합하여 간의 해독성 기능에 중요하며,[1,6] 산·알칼리 평형을 유지한다.[2]

3) 황의 섭취기준과 급원식품

황의 권장량은 정해져 있지 않으며, 양질의 단백질인 육류, 우유, 콩류 등에 풍부하고, 일반적인 식사는 풍부한 황을 함유하고 있으므로 결핍증은 알려져 있지 않다.

4) 황의 결핍증과 과잉증

사람에게서 결핍증은 알려져 있지 않으며, 양질의 단백질 섭취가 충분하면 부족 증상은 일어나지 않는다.[2]

표 8-12 ▶ 다량무기질의 일반적 기능

기능	칼슘	인	마그네슘	칼륨	나트륨	염소	황
보조요소/구성 성분	○						○
면역 기능						○	
골격과 치아 건강	○	○	○				
혈액	○						
에너지 대사		○	○	○		○	
전해질 균형		○		○	○	○	○
신경 및 근육 기능	○	○	○	○	○	○	

표 8-13 ▶ 다량무기질의 주요 식품급원

다량무기질	곡류[1]	채소류	과일류	유제품	육류	난류	해산물	견과류/콩류	종실류
칼슘	○	○		○		○	○[2]		○
인	○			○	○	○	○	○	○
마그네슘	○	○		○				○	○
칼륨	○	○	○	○	○		○		○
나트륨/염소				○	○	○	○		
염소		○	○	○	○		○		○

1) 전곡이 도정한 곡류보다 무기질 함량이 더 많다.

2) 뼈와 같이 섭취 시

표 8-14 ▶ 다량무기질의 요약

종류	생리적 기능	결핍증	과잉증	풍부한 식품
칼슘 (Ca)	• 뼈와 치아의 구성 • 근육과 신경작용 • 혈액응고에 관여	• 골연화증 • 구루병(어린이) • 성장 지연 • 경기, 근육 경련	• 졸음 • 신장, 간 등의 다른 조직에 칼슘 축적 • 골격 재생 억제 • 아연 흡수 감소	우유 및 유제품(치즈, 요구르트), 브로콜리, 건조콩, 칼슘 강화식품(주스, 시리얼, 빵 등), 녹색 채소, 두부
인 (P)	• 뼈와 치아의 구성 • 에너지 대사와 관련된 물질과 효소의 구성 성분 • 체액의 산 · 알칼리 평형 유지에 필요	• 식욕 감퇴 • 구기, 구토 • 쇠약 • 혼동 • 뼈의 칼슘 손실	• 근육 경련	우유 및 유제품(치즈, 요구르트), 육류, 종실류, 견과류, 인 강화식품

(계속)

종류	생리적 기능	결핍증	과잉증	풍부한 식품
마그네슘 (Mg)	• 뼈와 치아의 구성 • 신경활동에 필요 • 열량과 단백질 형성과 관련된 효소활성	• 어린이의 성장 지연 • 허약 • 근육 경련(눈, 얼굴) • 성격 변화	• 설사 • 탈수 • 칼슘 이용을 방해하여 신경활동 손상	건조콩, 두부, 땅콩, 감자, 녹색 채소, 우유, 빵, 시리얼, 커피, 초콜릿, 코코아
칼륨 (K)	• 체액의 산 · 알칼리 평형 유지 • 혈액과 체조직의 수분량 조절 • 근육과 신경작용에 필요	• 허약 • 과민, 정신 혼란 • 불규칙적인 박동 • 마비	• 불규칙한 박동 • 심장 발작 • 구토	감자, 단호박, 리마빈(강낭콩의 일종), 바나나, 오렌지, 아보카도, 육류, 우유 및 유제품, 커피
나트륨 (Na)	• 체액의 산 · 알칼리 평형 유지 • 혈액과 체조직의 수분량 조절 • 근육과 신경작용에 필요	• 허약 • 무감각 • 식욕 감퇴 • 근육 경련 • 두통 • swelling(종창, 융기)	• 부종 • 고혈압 • 신장병 • 심장병	소금, 염장식품(햄, 베이컨, 피클, 사워크라우트), 소금이 첨가된 가공식품, 빵, 우유, 치즈, 샐러드드레싱
염소 (Cl)	• 위 내 HCl의 구성 성분 • 체액의 산 · 알칼리 평형 유지 • 신체의 수분 균형 조절	• 근육 경련 • 무감각 • 식욕 감퇴 • 신생아의 경우 장기간의 정신 지체	• 구토	소금, 염장식품(햄, 베이컨, 피클, 사워크라우트), 소금이 첨가된 가공식품, 빵, 우유, 치즈, 샐러드드레싱

참고문헌

1 Insel P, Turner RE, Ross D.(2006). *Discovering Nutrition*, 2nd ed. Jones and Bartlett. pp.401~416

2 Wardlaw GM.(2003). *Contemporary nutrition*. Issues and insights. McGraw-Hill pp.297~315

3 JF Brown.(2002). *Nutrition Now*, 3rd ed. Wadsworth. pp.23-1~23-28

4 Nieman DC, Butterworth DE, Nienman LN.(1992). *Nutrition*. WCB. pp.273~294

5 김숙희·유춘희·강명희·김선희·김경자·이종미·이현옥(1999). 개정영양학. 신광출판사. pp.304~341

6 이기열·문수재(1997). 최신영양학. 수학사. pp.237~280

7 장유경·박혜련·변기원·이보경·권종숙(2006). 기초영양학. 교문사. pp.274~313

8 보건복지부(2020). 2020 한국인 영양소 섭취기준(무기질). pp.2~129

9 Boyle Ma.(2001). *Personal Nutrition*, 4th ed. Wadsworth. pp.207~237

10 Williams SR.(1994). *Essentials of nutrition and diet therapy*, 6th ed. p.138

11 McGuire M, Beerman CA.(2007). *Nutrition sciences : from fundamentals to food*. Thomson Wadsworth. pp. 515~552

12 Rolfes SR, Pinna K, Whitney E.(2006). *Understanding normal and clinical nutrition*, 7th ed. Thomson Wadsworth. pp 394~435

13 Whitney En, Cataldo CB, DeBruyne LK, Rolfes SR.(2001). *Nutrition for Health and Health care*, 2nd ed. Wadsworth. pp.203~228

14 Mihalyi E.(2004). Review of some unusual effects of calcium binding to fibrinogen. *Biophysical Chemistry* 112 : 31~40

15 Chin ER.(2005). Role of Ca2+/calmodulin-dependent kinase in skeletal muscle plasticity. *J Appl Physiol* 99 : 414~423

16 Thorneloe KS, Nelson MT.(2005). Ion channels in smooth muscle : regulation of intracellular calcium and contractility. Canadian *J Physiol & Pharmacol* 83 : 215~242

17 보건복지부, 질병관리청(2020). 2019 국민건강통계·국민건강영양조사 제8기 1차년도.

18 Ginty F, Flynn A, Cashman KD.(1998). The effect of dietary sodium intake on biochemical marker of bone metabolism in young. *Br J Nutr* 79 : 343~350

19 Tucker KL, Hannan MT, Chen H, Adrienne CL, Wilson PWF and Kiel DP.(1999). Potassium, magnessium, and fruit and vegetable intake linked to greater bone mineral density in the elderly men and women. *Am J Clin Nutr* 69 : 727~736

20 Wyshark G.(2000). Consumption of carbonated drinks by teenage girls associated with bone freatures. *Arch Pediatr Adol Med* 154 : 542~543, 610~613

21 대한영양사회(1999). 사진으로 보는 음식의 눈대중량. 삼성서울병원.

22 Weaver CM, Plawecki KL.(1994). Dietary calcium : adenquacy of a vegetarian diet. *Am J Clin Nutr* 59(suppl) : 1238S~1241S

23 Anderson FH.(1998). Osteoporosis in man. *Int J Clin Pract* 52(3) : 176~180

24 Iqbal MM.(2000). Osteoporosis : epidemiology, diagnosis and treatment. *South Med J* 93 : 2~8

25 von Bohlen, Halbach O.(2005). The renin-angiotensine system in the mammalian central nervous system. *Current proten and peptide science* 6 : 355~371

26 Mann J, Truswell AS.(2002). *Essentials of human nutrition*, 2nd ed. Oxford. pp.129~143

27 Tenenhouse HS.(2005). Regulation of phosphorus homeostasis by the type ILA Na/phosphate cotransporter.

Ann Rev of Nutr 25 : 197~214

[28] Klevay LM, Milne DB.(2002) Low dietary magnesium increased supraventicular ectipy. *Am J Clin Nutr* 75(3) : 550~554

[29] Mann J, Truswell S.(2002). *Essentials of human nutrition*, 2nd ed. Oxford. p.115

[30] Sizer FS, Whitney E.(2006). *Nutrition : concepts and controversies,* 10th ed. Thomson Wadsworth. pp.273~310

[31] Whelton PK, He J, Cutler JA, Brancati FL, Appel LJ, Follmann D, Klag MJ.(1997). Effects of oral potassium on blood pressure. Meta-analysis of randomized controlled clinical trials. *JAMA* May 277 : 1624~1632

[32] Fauci AS, Braunwald E, Isselbacher KJ et al.(1997). *Harrison's principles od Internal Medicine*, 14th ed. New York : Mc Graw-Hill.

용어정리

유기산 산성의 유기화합물로 가장 대표적인 유기산은 카복실산으로 -COOH의 작용기를 갖는다. 유기산에는 젖산, 아세트산, 포름산, 시트르산, 옥살산, 요산 등이 있다.

자간전증(preeclampsia) 임신중독증의 한 시기

제산제(antacid, 制酸劑) 위액의 분비를 억제하고 산의 자극을 완화하는 약제

완하제(laxative, 緩下劑) 변을 무르게 하거나 설사시키는 약제

단원정리

- 무기질은 체조직 구성, 호르몬·효소·비타민의 구성 성분, 수분의 평형 조절, 산·알칼리 평형, 촉매작용의 기능을 한다.
- 칼슘은 무기질 중 가장 많은 양이 인체 내에 존재하고, 십이지장과 공장에서 능동적 수송과 확산에 의하여 흡수된다.
- 칼슘과 인의 항상성 조절은 부갑상선호르몬, 칼시토닌, 비타민 D에 의해 조절된다.
- 칼슘은 골격과 치아 구성, 혈액응고, 신경 전달, 근육의 수축과 이완 기능을 담당한다.
- 인은 비타민 D 의존성 능동수송이나 단순확산에 의해 소장에서 흡수된다.
- 인은 골격과 치아 구성, 에너지 대사, 신체의 구성 성분, 비타민 보조효소의 활성화, 완충작용의 기능이 있다.
- 마그네슘은 공장과 회장에서 단순확산과 능동수송에 의해 흡수된다.
- 마그네슘은 골격과 치아 구성, 에너지 대사, 신경 전달과 근육의 수축·이완 기능에 관여한다.
- 칼륨은 알도스테론에 의해 조절되며, 삼투압 유지, 산·알칼리 평형, 신경의 흥분성과 자극 전달, 근육의 수축·이완, 글리코겐으로 저장되는 당질과 단백질 합성에 관여한다.
- 나트륨은 소장에서 능동수송에 의해 흡수되고 흡수 시 포도당이 필요하며, 알도스테론에 의해 조절된다.
- 나트륨은 수분 평형 조절, 산·알칼리 평형 유지, 신경과 근육의 자극 전달에 관여한다.
- 염소는 체내 이온 상태로 존재하고 소장에서 대부분 흡수된다.
- 염소는 나트륨과 결합하여 존재하고 삼투압 유지, 수분 평형, 위산 성분, 면역반응과 신경자극 전달에 관여한다.
- 황은 메티오닌과 시스테인이 주요 공급원이고 소장 내 흡수되어 문맥으로 이동한다.
- 황은 설프하이드릴기나 이황화결합에 관여하고 비타민, 인슐린, 헤파린의 구성 성분이며 단백질의 3차 구조를 안정화시키는 데 도움을 준다. 또한, 간의 해독성 기능에 관여하고 산·알칼리 평형을 유지한다.

연습문제

1 골격과 치아 구성에 관여하는 무기질을 고르시오.
① Ca, K ② Ca, Cu ③ P, Na ④ K, Na

2 혈압에 영향을 주는 다량무기질을 고르시오.
① Ca ② Na ③ P ④ S

3 세포막의 구성 성분인 다량무기질을 고르시오.
① K ② Na ③ Ca ④ P

4 칼슘의 이용에 영향을 끼치는 요인을 고르시오.
① oxalate ② phytate ③ 노화 ④ 모두 포함

5 산·알칼리 평형에 관여하는 무기질을 고르시오.
① Ca, P, K, Mg ② P, K, Na, Cl ③ P, Mg, C, Cl ④ Ca, Mg, Na, Cl

6 칼슘의 기능은 무엇이며 부족 시 어떻게 되는지 설명하시오.

7 칼슘의 항상성을 조절하는 호르몬은 어떤 것이 있으며, 뼈의 칼슘을 축적하는 호르몬은 무엇인가?

8 고칼륨 섭취 시 신장에서 (   ) 배설이 증가되고, (   )은 근육을 수축시키며 (   )은 근육을 이완시킨다.

9 나트륨과 알도스테론의 관계를 설명하시오.

10 황을 함유하고 있는 아미노산은 무엇인가?

*연습문제 정답은 책 뒤쪽에 있습니다.

CHAPTER 9

미량무기질

1. 철
2. 아연
3. 구리
4. 요오드
5. 셀레늄
6. 불소
7. 기타 미량무기질

미량무기질은 1일 필요량이 100 mg 이하로 매우 소량이나 생명 유지에 절대적이며 필수적인 영양소의 하나이다. 필수 미량무기질은 철, 아연, 구리, 요오드, 셀레늄, 불소, 망간, 몰리브덴, 크롬, 코발트 등이 있으며, 아직 필수성이 입증되지 않은 원소로 붕소, 니켈, 바나듐 등이 있다.[1]

1. 철

철(Iron, Fe)은 자연계에 가장 많이 존재하는 무기질이며, 또한 전 세계적으로 가장 결핍증이 흔하게 나타나는 영양소이다. 개발도상국 및 선진국에서도 약 50~60억의 인구가 철 부족증세를 보이고[2] 특히 개발도상국에서는 어린이와 가임기 여자의 약 2/3가 철 결핍을 겪고 있다.[3]

1) 철의 흡수와 대사

(1) 흡수

식이 내의 철은 헴철(heme iron)과 비헴철(nonheme iron)의 두 가지 형태로 존재하며, 이 중 비헴철은 다시 2가의 철이온(Fe^{2+}, ferrous iron, 제1철)과 3가의 철이온(Fe^{3+}, ferric iron, 제2철)의 형태로 식품 성분들과 복합체를 이루고 있다. 섭취한 철은 소장의 십이지장과 공장 상부를 통해 흡수되며[4] 이때 Fe^{2+}이 Fe^{3+}보다 용해도가 높아 흡수가 잘 이루어진다. 철은 흡수율이 매우 낮은 편이나 체내 상태에 따라 흡수율이 1% 미만에서 50%까지 다양하다. 즉, 성인 남자는 식이 철의 흡수율이 약 6% 정도인 데 반해 임신하지 않은 가임기 여성은 철의 배설로 인한 요구량의 증가로 13%까지 흡수율이 증가한

헴철과 비헴철

헴철
헤모글로빈(hemoglobin)과 마이오글로빈(myoglobin)에서 발견되는 헴 형태의 철로 동물성 식품에 주로 존재한다.

비헴철
동물성과 식물성 식품에 모두 존재하는 철로 헴 구조를 가지지 않는 무기 형태의 철을 의미한다.

다.[5] 따라서, 철의 흡수는 여러 가지 요인에 의하여 촉진되거나 저해되며 철 흡수율에 영향을 끼치는 인자는 다음과 같다(표 9-1).

표 9-1 ▶ 철의 흡수에 영향을 끼치는 요인

흡수 촉진 요인	흡수 방해 요인
헴철(육류, 가금류, 어류, 난류 등의 철)	섬유소나 피틴산(phytate)
위산	위산 분비 감소
비타민 C(Vitamin C)	차 성분 중 탄닌(tannins), 폴리페놀(polyphenols)
유기산(시트르산 등)	Ca, Zn 등 무기질의 증가
신체의 요구량 증가(저장 철 감소)	철의 저장량 증가

① 철 흡수를 촉진시키는 요인

식이 내의 철은 헴철과 비헴철의 두 가지 형태로 존재하며 육류, 어류 및 가금류는 약 40%의 헴철과 60%의 비헴철을 가지고 있다. 헴철은 명확한 메커니즘은 알 수 없으나 비헴철에 비해 흡수율이 높으며 비헴철과 함께 섭취 시 비헴철의 흡수를 도와준다.

식이 중 비헴철의 형태로 존재하는 제1철이나 제2철은 식품 중의 유기산이나 펩타이드 등과 복합체를 형성하고 있으며, 이들의 흡수는 이러한 복합체로부터 철이온들의 용해도에 따라 영향을 받는다.[4] 위산은 이러한 철이온의 용해도를 높여 주며, 특히 제2철을 안정화시키고 제2철이 제1철로 환원되는 것을 촉진하여 철의 흡수율 증가에 중요한 역할을 한다. 따라서, 노화로 인한 위산의 분비 감소나 제산제 등의 과용 시 철의 흡수가 감소된다.[5]

비타민 C(Vitamin C)나 시트르산(citric acid) 등의 유기산 또한 철의 흡수를 증가시킨다. 비타민 C는 위액의 낮은 pH 환경 내에서 제2철을 제1철로 환원시키는 역할을 통하여 철의 흡수를 촉진시킨다.[4]

철의 흡수율은 또한 체내 이용률에 의해 결정되며 인체의 철 요구량이 높을수록 흡수율이 증가한다. 즉, 임신, 수유, 성장기의 어린이처럼 체내 요구량이 높거나 생리혈의 손실이 있는 가임기의 여성은 저장량의 감소로 인하여 철의 흡수율이 증가한다.

② 철의 흡수를 방해하는 요인

철의 흡수를 방해하는 요인은 주로 철과 결합하여 불용성 분자로 만들거나 소장 점막의 세포막을 통과할 수 없는 분자량이 큰 형태로 만드는 인자들이다. 콩이나 곡류 중에 함량이 높은 피틴산이나 시금치의 수산 및 차의 탄닌 성분도 비헴철과 결합하여 흡수율을 낮춘다.[1]

위산 분비 저하 시 식이 철의 용해도가 감소하여 철의 흡수율이 저하되며, 위장관 내의 질환이 있거나 감염 등에 의해서도 철의 흡수율은 저하된다. 또한, 체내 저장 철의 양이 풍부할 경우에도 철의 흡수율은 저하된다.

소장 점막세포에서 철의 흡수를 돕는 단백질 수용체는 장에서 2가 양이온들의 흡수에 모두 관여한다. 따라서, 장내에 다른 2가의 무기질(Ca^{2+}, Zn^{2+}+, Mn^{2+} 등)이 다량으로 존재할 경우 이들에 의해 철 흡수가 저해되며,[6] 골다공증을 위하여 폐경기 여성들이 칼슘 보충제를 섭취할 경우 이러한 효과를 최소화하기 위하여 보충제를 식사 중간이 아닌 저녁시간에 섭취할 것을 권장하고 있다.[5]

(2) 철의 대사와 배설

철의 흡수는 십이지장과 공장 점막세포에 존재하는 페리틴(ferritin)이라는 철 결합단백질에 의해 이루어진다. 페리틴과 결합한 철은 필요에 따라 소장 점막에서 혈액으로 흡수되어 철 운반단백질인 트랜스페린(transferrin)과 결합하여 필요한 곳으로 이동, 사용된다. 이때 체내 철 영양 상태가 양호하여 요구량이 감소하면 철은 흡수되지 않고 소장세포에 페리틴과 결합한 형태로 남았다가 소장세포의 수명이 다하여 떨어져 나갈 때 함께 배출되어 대변으로 배설된다(그림 9-1).

혈액으로 흡수된 후 사용되고 남은 철은 간, 비장, 골수 등에 페리틴의 형태로 저장되고 이차적으로 간에 헤모시데린(hemosiderin)으로 저장되기도 한다. 건강한 성인의 경우 체내 저장량의 약 1/2은 페리틴으로 저장되나 간의 저장량이 증가할수록 헤모시데린으로의 저장비율이 증가한다.[7] 체내 철 중 가장 많은 양은 헤모글로빈(hemoglobin) 합성에, 일부는 근육이나 다른 세포에서 마이오글로빈(myoglobin)의 합성 등에 사용된다. 체내의 헤모글로빈이나 마이오글로빈이 파괴되는 경우 그 속의 철은 대부분 체내에 보존되어 재이용되며 매일 약간의 철이 담즙, 장 점막세포의 탈락 및 땀이나 소변 등을 통해 배설된다. 그러나 외과적 수술이나 여성의 월경, 출산 등 출혈의 경우 적혈구 형태로 다량의 철이 손실될 수 있다.

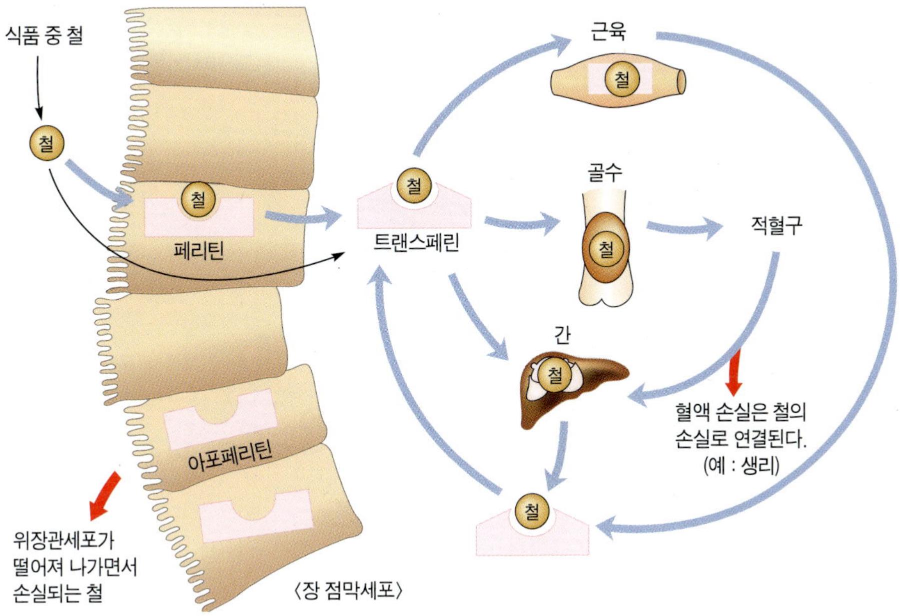

그림 9-1 ▶ 철의 흡수, 대사 및 배설

2) 철의 기능

철은 혈액 내에서 산소를 운반한다. 또한, 수많은 효소의 필수적인 성분의 하나로 존재하여 여러 가지 대사에 관여하며, 그 외에 뇌의 발달이나 면역계 등에 다양하게 작용하는 것으로 보고되고 있다.[5]

(1) 산소의 이동과 저장

철은 산소의 운반과 대사에 관여하는 2가지 단백질인 헤모글로빈과 마이오글로빈의 구성 성분이다. 헤모글로빈은 적혈구 내에서 산소를 운반하는 역할을 하며, 이때 헤모글로빈 내의 철이 실제적으로 산소와 결합하여 작용한다. 체내에 존재하는 철의 약 70%가 적혈구의 헤모글로빈에 결합되어 있으며(그림 9-2), 폐에서부터 신체 각 조직 내로의 산소 이동을 도운 후 세포에서 생성된 이산화탄소를 폐로 운반하여 호흡을 통해 체외로 방출하도록 한다. 또한, 체내 존재하는 철의 약 5%는 근육 내에서 마이오글로빈 단백질과 결합하여 골격근과 심장근 세포 등에 산소를 공급한다.

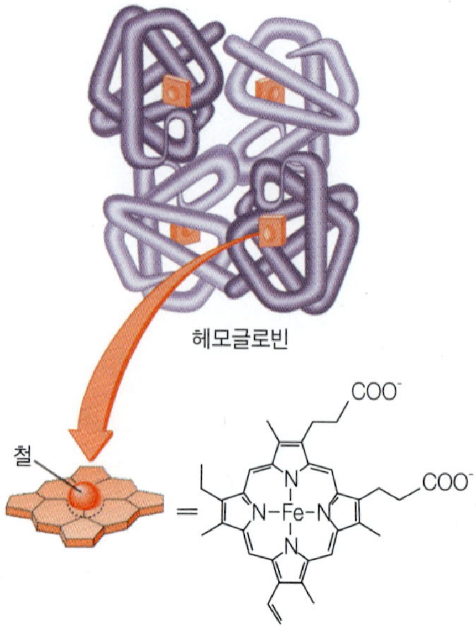

그림 9-2 ▶ 헤모글로빈 및 헴의 구조[5]

(2) 효소의 구성 성분

체내 존재하는 많은 효소들이 철을 구성 성분으로 함유하고 있거나 기능을 수행하기 위한 조효소로 철을 필요로 한다.[5] 가장 대표적인 철 함유 효소는 미토콘드리아의 전자전달계에서 산화·환원 반응에 관여하는 효소인 시토크롬(cytochrome)으로 에너지 생산에 관여한다.[7]

(3) 기타

그 밖에도 철은 정상적인 면역 기능의 유지에 관여하며, 신경과 두뇌 발달에도 중요한 역할을 한다.[8]

3) 철의 섭취기준과 급원식품

(1) 섭취기준

성인 남자의 철 권장섭취량은 1일 10 mg, 성인 여자는 14 mg이며, 임신부는 임신에 의한 기본적 손실량과 태아와 관련조직에 보유된 철, 헤모글로빈 양의 증가에 필요한 철의 양을 감안하여 임신 전 기간 동안 24 mg을 섭취하도록 하고 있다. 수유부는 모유로 분비되는 철의 양과 기본적 손실량의 합으로 추정하나 모유로 분비되는 철의 양이 생리를 하는 여성의 철 손실량보다 오히려 적기 때문에, 임신으로 인한 손실을 보충하는 의미에서 성인 여성과 동일한 14 mg을 권장섭취량으로 하였다. 또한, 보충제 등을 통한 과잉섭취 시 위장장애 등을 유발할 수 있어 상한섭취량을 45 mg/일으로 정하였다(표 9-2).[9]

2018년 국민건강영양조사 결과 우리나라 성인 남자가 평균 13.9 mg으로 권장섭취량의 약 141%, 여자는 10.2 mg으로 권장섭취량의 91%의 철을 섭취하는 것으로 나타났으며, 전국적으로 권장섭취량 미만을 섭취한 대상자가 성인 남자는 약 7.8%, 여자는 19.7%로 나타났다. 국민건강영양조사 결과에 의한 철 섭취량의 변화 추이에 의하면

표 9-2 ▶ 한국인의 1일 철 섭취기준

(mg/일)

연령		평균필요량	권장섭취량	충분섭취량	상한섭취량
영아	0~5(개월)			0.3	40
	6~11	4	6		40
유아	1~2(세)	4.5	6		40
	3~5	5	7		40
남자	6~8(세)	7	9		40
	9~11	8	11		40
	12~14	11	14		40
	15~18	11	14		45
	19~29	8	10		45
	30~49	8	10		45
	50~64	8	10		45
	65~74	7	9		45
	75 이상	7	9		45
여자	6~8(세)	7	9		40
	9~11	8	10		40
	12~14	12	16		40
	15~18	11	14		45
	19~29	11	14		45
	30~49	11	14		45
	50~64	6	8		45
	65~74	6	8		45
	75 이상	5	7		45
임신부		+8	+10		45
수유부		+0	+0		45

자료 : 보건복지부, 2020 한국인 영양소 섭취기준, 2020

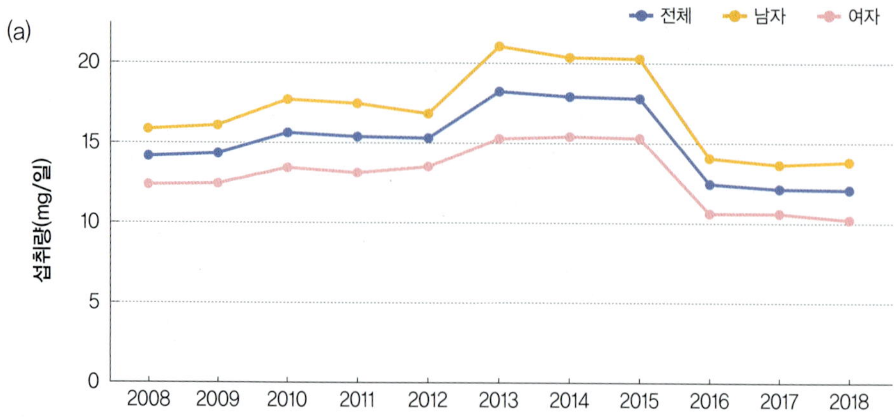

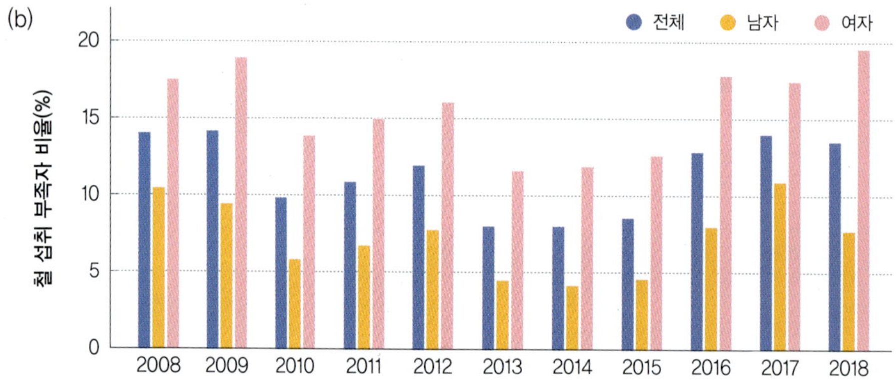

그림 9-3 ▶ 한국 성인의 1일 철 섭취량(a) 및 권장섭취량 미만 섭취자 비율(b)의 변화

2015년에서 2016년 사이 급격한 섭취량의 변화를 보이나 이는 식품성분표 제8개정판에서 제9.1 개정판의 적용에 따른 결과이며, 이에 따라 부족자 분율이 증가하는 것으로 나타난 것으로 보고되었다(그림 9-3). 더불어 우리나라 사람들의 주된 철 급원식품은 채소류와 곡류로 나타나 영양 상태가 불량할 가능성 또한 제시되었다.

(2) 급원식품

철의 가장 좋은 급원식품은 헴철을 가지고 있는 육류, 어패류, 가금류를 들 수 있고 콩류도 좋은 급원에 해당한다(그림 9-4). 전곡이나 강화 곡류 등의 철은 이용률이 낮으나 우리 식단에서 다량 섭취하는 식품이라는 점에서 무시할 수 없는 철의 급원이 되므로 비타민 C가 풍부한 과일이나 육류 등과 함께 섭취하여 흡수를 증진시키도록 할 필

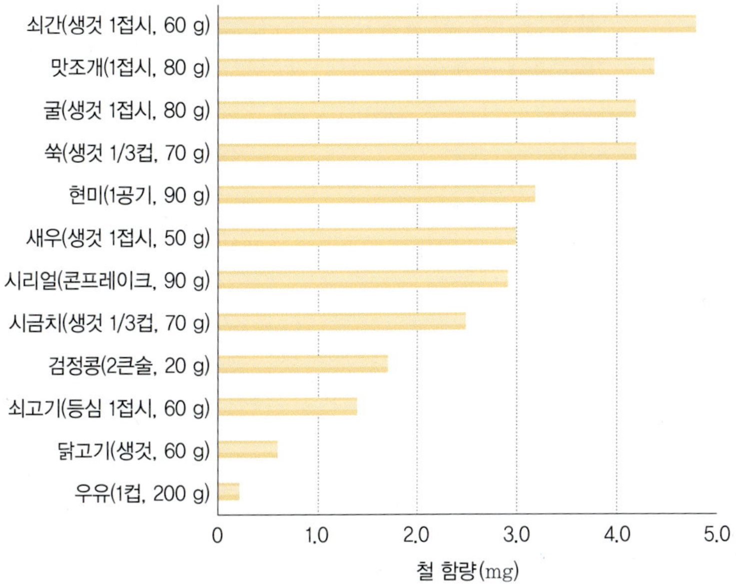

그림 9-4 ▶ 철 급원식품 및 함량

요가 있다.

4) 철의 결핍증

철의 결핍은 체내 철 저장량이 부족한 상태로, 특히 체내 저장량이 고갈되는 6~24개월의 어린이들에게 흔하게 나타나며 그 외에도 사춘기 소녀, 가임기의 여성이나 임신부에게서 잘 나타난다.

철 결핍 증세는 세 단계로 진행된다. 첫 번째 단계가 저장 철의 고갈단계로 적혈구로 공급되는 철의 양에는 제한이 없으며, 따라서 생리적 변화도 없다. 두 번째 단계는 초기 철 결핍단계로 적혈구로 공급되는 철의 양이 부족하지만 빈혈을 일으킬 만큼 충분히 감소되지는 않아 임상적인 빈혈이 나타나지는 않는 단계이다. 세 번째 단계는 철 결핍성 빈혈단계로 생리적 기능에 변화가 오며 임상적인 철 결핍성 빈혈이 나타난다(그림 9-5).[10]

철이 결핍되면 적혈구의 크기가 작고 혈색소의 농도가 낮은 소적혈구성, 저색소성 빈혈이 나타나며, 증세로는 혈액의 산소 운반능력 감소로 인한 창백한 피부, 피로감, 빈번한 호흡, 면역능력 감퇴, 식욕 감퇴 등이 일반적이다. 그 외에도 작업 수행능력의 저하,

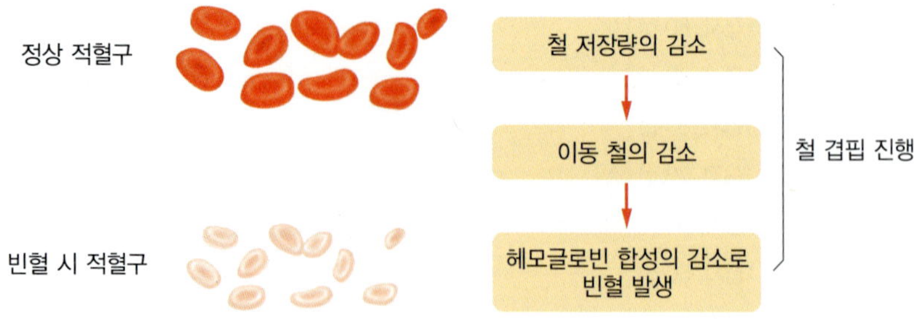

그림 9-5 철 결핍성 빈혈의 진행[5]

어린이의 경우 성장 지연, 집중력과 학습능력의 감소 등을 들 수 있다. 그러나 철 결핍성 빈혈이 나타나려면 이미 결핍이 상당히 진행된 상태이므로 평상시 철이 풍부한 식품의 섭취를 통한 사전 예방이 중요하다.

5) 철의 과잉증

철 과잉증은 영양 보충제나 철분제를 과잉으로 복용하여 인체에 저장능력 이상으로 철이 축적되었을 때 나타나지만 철 흡수 제한 등의 방어시스템으로 인해 심각한 독성이 쉽게 발생하지는 않는다. 그러나 어린이들은 이러한 방어시스템이 어른만큼 빠르게 작동하지 못하므로 성인에 해당하는 철 보충량 섭취 시 나타날 수 있다. 철 독성의 증상은 구역질, 구토, 설사, 심박동의 증가, 현기증, 의식장애 등이 있으며, 아이들의 경우 섭취 후 몇 시간 내에 사망에 이를 수 있으므로 철 독성이 의심될 경우 즉각적인 치료

철 영양 판정의 지표

헤모글로빈
혈액 중의 헤모글로빈 함량으로, 혈액의 산소 운반능력 지표(남자 : 14~18 g/100 mL, 여자 : 12~16 g/100 mL)

헤마토크리트
혈액 중 혈구의 비율(남자 : 40~54%, 여자 : 37~47%)

혈청페리틴
조직 내 철의 저장 정도를 의미(100±60 μg)

혈청철
혈청 중 철의 함량(115±50 μg/100 mL)

트랜스페린
포화도 철과 포화된 트랜스페린(35±15%)

가 필요하다.

혈색소침착증(hemochromatosis)은 유전적 질환으로 철의 흡수, 철 결합단백질의 포화도 및 간조직 내 헤모시데린의 축적이 증가되는 철 대사장애이다. 치료하지 않을 경우 체내 기관에 심각한 손상을 유발하여 당뇨병, 심장질환, 관절염, 간경화 및 간암의 원인이 될 수 있다.

2. 아연

아연(Zinc, Zn)은 1900년대 초반 이란을 비롯한 중동아시아 지역 청소년들의 성장 부진, 왜소증, 생식기 부전증 등이 아연 결핍과 관련이 있음이 밝혀지면서 인체에서의 중요성이 대두되었다.[3] 체내에 존재하는 아연은 약 1.5~2.5 g이고, 이의 약 90%가 근육과 골격에 존재하며 체내 모든 세포에서 300여 가지 이상의 효소작용과 관련하여 중요한 역할을 담당하며, 핵산 합성이나 면역작용에도 관여한다.[11,12]

1) 아연의 흡수와 대사

식이 중의 아연은 대부분 단백질과 결합하고 있으며 장에서 흡수되기 전에 우선 용해되어야 한다. 아연의 흡수는 주로 pH가 낮은 십이지장에서 일어나며 체내 흡수율은 일반적으로 10~35%이나[5] 이는 아연의 체내 함량, 소화관 내의 아연 함량, 장의 통과시간 등에 따라 달라진다. 장세포에는 메탈로티오네인(metallothioneine)이라는 금속결합단백질이 존재하여 아연 흡수의 항상성을 조절한다. 그 외에도 육류나 패류 등의 동물성 단백질식품과 시스테인이나 히스티딘 같은 아미노산, 구연산, 리보플라빈 등도 아연의 흡수를 돕는다.

반면 철과 마찬가지로 피틴산과 식이섬유질이 아연의 흡수를 낮추고, 특히 철이나 구리 등 물리·화학적 성질이 비슷한 다른 무기질과 경쟁적으로 흡수되기 때문에 이들을 다량 섭취 시 아연의 흡수가 저해된다. 높은 농도의 철 보충제를 사용할 때도 아연 흡수가 저하되나 육류의 헴철은 이러한 효과를 나타내지 않는다.[13]

흡수된 아연은 혈액 내에서 주로 알부민과 결합하여 이동하며 이 중 1/3 정도는 문맥혈을 거쳐 간으로 이동, 저장되고 나머지는 신체의 각 부분으로 이동하여 사용된다. 혈장 내 아연의 농도는 식사를 통한 아연의 섭취량에 따라 달라지며 밤낮의 주기에 따라 변화되기도 하고 스트레스를 받으면 감소하기도 한다.

흡수되지 못한 아연은 대변으로 배설되며 사용하고 남은 나머지는 소량이 소변, 땀 등을 통하여 배설된다(그림 9-6).

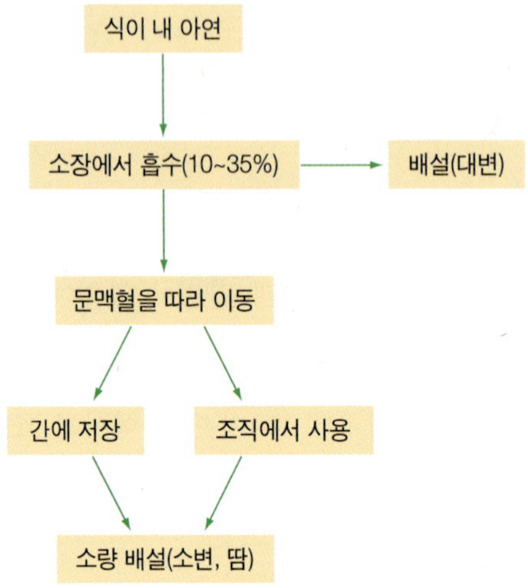

그림 9-6 아연의 흡수, 대사와 배설

2) 아연의 기능

(1) 효소계에서의 기능

아연은 생체 내 100여 가지 효소의 구성 성분으로 작용하거나 그들의 반응을 활성화시키는 데 관여하며, 그 구조나 기능 조절에 아연이 필요한 효소들을 일반적으로 아연 금속효소(zinc metalloenzyme)라고 한다. 아연을 함유하고 있는 효소로는 이산화탄소 운반자로 작용하는 탄산탈수효소(carbonic anhydrase), 단백질 분해에 관여하는 말단 카르복실기분해효소(carboxypeptidase), 탄수화물 대사에 관여하는 젖산탈수효소(lactate dehydrogenase) 및 유리기를 제거하여 세포의 손상을 방지하는 구리-아연 슈퍼옥사이드 디스뮤테이즈(Cu-Zn superoxide dismutase) 등이 있다.[1] 또한, 눈의 망막에서 비타민 A를 활성화시키는 효소작용에도 아연이 필요하다.[5]

(2) 유전자 발현의 조절

아연은 세포 내부의 조절이온으로서 유전자 발현을 조절하는 요소들의 작용에도 여러 가지 메커니즘을 통하여 활성화하거나 저해하는 역할을 한다.[14] 따라서, 극심한 아연 결핍 시 세포는 복제가 일어나지 못하고 그로 인해 어린이의 경우 정상적인 성장이나 성적 성숙이 일어나지 못하게 된다.

(3) 면역 기능

아연은 또한 면역반응에서도 중요한 역할을 한다. 면역계에서 특히 T세포의 발달과 림프세포의 분화, T세포 의존성 B세포의 기능에 관계한다.[15] 따라서, 아연이 부족한 경우 감염성 질환에 대한 면역력 약화와 설사 등이 유발되기도 한다.

(4) 기타

그 외에 아연은 인슐린 같은 호르몬과 상호작용을 하고, 헤모글로빈과 산소의 결합을 도와주는 기능도 가지고 있다. 또한, 아연 결핍 시 맛에 대한 지각이 저하되고 식욕이 감퇴되는 것으로 알려져 미각에서 아연의 작용에 대한 연구들이 주목을 받고 있다.

3) 아연의 섭취기준과 급원식품

(1) 섭취기준

아연의 권장섭취량은 성인 남자는 1일 10 mg, 여자는 8 mg이며, 임신부와 수유부는 각각 10.5 mg과 13 mg이다. 아연 또한 만성적으로 과다 섭취 시 적혈구 활성 저하, 면역반응 손상, 구리 영양 상태 저하 등의 유해한 영향이 나타나므로 상한섭취량을 35 mg/일로 정하였다(표 9-3).

(2) 급원식품

아연의 가장 좋은 급원식품은 질 좋은 단백질을 함유한 동물성 식품으로 쇠고기를 비롯한 붉은 살코기, 굴, 게, 새우 등이다(그림 9-7). 식물성 식품 중 전곡에는 함량이 풍부하나 흡수율이 낮으며 과일이나 채소류에는 아연 함량이 낮으므로 채식주의자들은 적절한 아연 섭취를 위한 관심이 필요하다.

표 9-3 ▶ 한국인의 1일 아연 섭취기준

(mg/일)

연령		평균필요량	권장섭취량	충분섭취량	상한섭취량
영아	0~5(개월)			2	
	6~11	2	3		
유아	1~2(세)	2	3		6
	3~5	3	4		9
남자	6~8(세)	5	5		13
	9~11	7	8		19
	12~14	7	8		27
	15~18	8	10		33
	19~29	9	10		35
	30~49	8	10		35
	50~64	8	10		35
	65~74	8	9		35
	75 이상	7	9		35
여자	6~8(세)	4	5		13
	9~11	7	8		19
	12~14	6	8		27
	15~18	7	9		33
	19~29	7	8		35
	30~49	7	8		35
	50~64	6	8		35
	65~74	6	7		35
	75 이상	6	7		35
임신부		+2.0	+2.5		35
수유부		+4.0	+5.0		35

자료 : 보건복지부, 2020 한국인 영양소 섭취기준, 2020

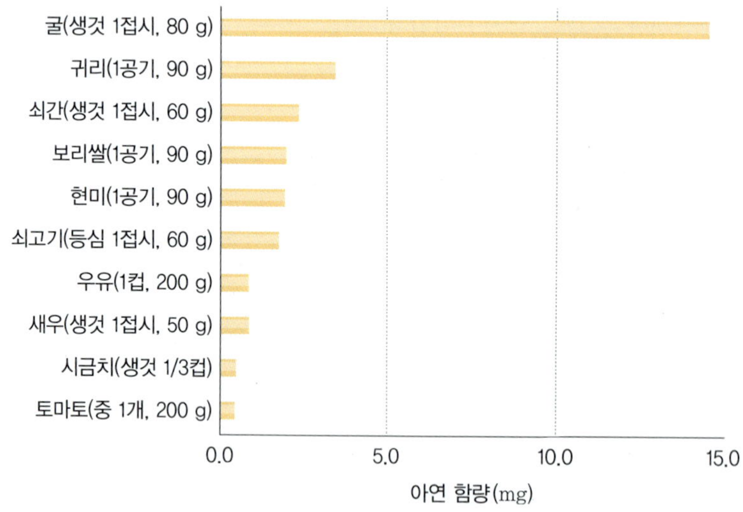

그림 9-7 ▶ 아연의 급원식품 및 함량

4) 아연의 결핍증과 과잉증

아연의 결핍증은 아연 대사와 생화학적 기능의 변화로 인하여 나타나며, 심각한 아연 결핍증상은 1960년대 중동 지역에서 처음 보고되었다. 청소년기의 성적 성숙 지연과 함께 심각한 성장 부진으로 인한 왜소 증세가 보고되었는데 이들에게 아연을 보충해 준 후 증세가 개선되어 아연과의 관련성이 인식되었다. 아연 결핍은 또한 경제적인 이유로 동물성 식품의 섭취가 부족한 저소득층에서 주로 나타나며 이 경우 폐렴 위험률의 증가, 설사, 성장 부진, 식욕 감퇴, 비타민 A의 기능 손상 등을 일으킬 수 있다. 임신 중 아연의 결핍은 저체중아의 출산이나 다양한 문제를 발생시킬 수 있다.[16] 그 밖에도 아연 흡수장애를 일으키는 크론병(Crohn's disease), 궤양성 대장염, 지방변증 환자 등에서도 결핍이 나타날 수 있다. 결핍증상을 일으키는 경우 아연을 보충하면 증상이 개선되고 어린이도 정상적인 성장이 이루어진다.

아연은 비교적 독성이 없는 물질이나 다량을 섭취할 경우 급·만성 독성이 나타난다. 급성독성은 주로 아연으로 도금된 용기에서 오염된 음료나 음식을 과잉 섭취한 경우, 흡입이나 피부를 통한 노출, 염화아연 같은 아연염의 섭취 등에 의해서도 나타날 수 있으며 위의 통증, 구토, 설사 등의 증세가 나타난다. 만성독성은 권상섭취량 이상의 아연을 지속적으로 섭취 시 발생하며 10주간 매일 50 mg의 아연을 섭취한 여성에서 슈퍼옥사이드 디스뮤테이즈의 활성이 저하된다고 보고된 바 있다.[17,18] 1일 100 mg 이상의 아연을 섭취 시 설사, 경련, 구토, 메스꺼움을 일으킬 수 있으며, 특히 1일 2 g 이상 섭취하면 면역체계의 기능 억제가 나타난다.

아연과 아토피피부염

아토피(atopy)는 아토피 소인을 가지고 있는 개인에서 피부, 호흡기 점막, 안점막, 장점막 등에 나타나는 일련의 알레르기 증상으로 스트레스나 건조한 생활환경 등을 이유로 현대에 와서 발생이 늘고 있는 질환이다. 아연은 최근 아토피피부염이 있는 어린이의 혈액 중 아연 함량이 낮다는 보고 등에 의해[19,20] 아토피에서 가장 중요한 무기질로 여겨지며, 아토피 치료에 빠지지 않고 강조된다.[21] 이러한 피부질환은 피부의 유지, 재생에 필요한 아연의 만성 부족에 의해 발생하며 패스트푸드나 청량음료, 인스턴트 식품의 자제 등이 필요하다.

3. 구리

구리(Copper, Cu)는 1960년대 유전적으로 구리 결핍을 유발하는 멘케스증후군(Menkes' syndrome)이 발견된 후 필수영양소로 인식되었다.[5] 성인의 경우 체내에 약 100~150 mg이 있고, 근육이나 간, 심장, 신장 등에 주로 존재하며 다양한 효소작용에서 조효소로 작용한다. 또한, 구리는 철의 이용에 필요한 단백질인 셀룰로플라스민(ceruloplasmin)의 구성 성분으로 작용하며 이 단백질이 부족하면 혈색소침착증과 유사한 증상이 나타나게 된다.

1) 구리의 흡수와 대사

식사로 섭취한 구리는 20~50%가 흡수되며, 이는 대부분 소장에서 일어나나 일부는 위에서 흡수되기도 한다. 구리의 흡수는 아연과 마찬가지로 장벽에서 메탈로티오네인에 의해 조절되며 섭취한 구리의 양에 따라 섭취량이 적을 때는 능동수송으로, 많을 때는 확산에 의해 흡수된다. 위산은 식품 중의 구리 복합체를 구리이온으로 전환시켜 흡수율을 증가시키고, 피틴산은 구리와 염을 형성하여 흡수를 방해한다. 구리의 흡수를 방해하는 또 다른 인자는 철이나 아연 등의 다량 섭취로, 과량의 아연 보충제 섭취 시 구리 결핍증이 나타날 정도로 흡수가 감소된다.

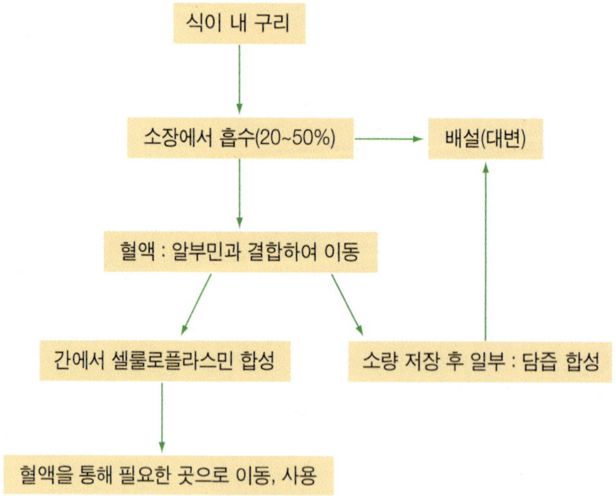

그림 9-8 구리의 대사

장에서 흡수된 구리는 혈액 중에서 알부민과 결합하여 간으로 이동한 후 대부분 셀룰로플라스민 합성에 사용된다(그림 9-8). 셀룰로플라스민 합성에 사용되고 남은 소량의 구리는 간에 저장되거나 담즙 생성에 사용되며 합성된 셀룰로플라스민은 필요한 곳으로 이동하여 사용된다. 섭취 후 흡수되지 않은 구리와 체내 흡수 후 담즙 합성에 사용된 구리는 장으로 분비, 주로 대변을 통해 배설된다. 1일 평균 약 1.7 g 정도의 구리가 담낭을 통하여 배설되며, 소변으로 배설되는 양은 5~50 μg으로 매우 적다.[7]

2) 구리의 기능

(1) 철의 흡수 및 이용에 도움

철은 흡수 시 2가의 형태로 장벽으로 흡수된 후 혈액으로 이동하기 위하여 3가의 형태(Fe^{3+})가 되어야 한다. 구리를 함유한 셀룰로플라스민은 2가의 철이온을 3가로 전환시켜 철의 체내 이용을 돕는다.[7] 또한, 이러한 철이온의 전환을 통하여 철 운반단백질인 트랜스페린과 철의 결합을 촉진함으로써 철을 헤모글로빈 생성장소로 운반하는 역할을 돕기 때문에 헤모글로빈의 합성을 돕고 빈혈을 예방할 수 있다.

(2) 결합조직의 합성

구리는 또한 결합조직을 구성하는 콜라겐과 엘라스틴이 합성되는 데 필수적인 역할을 하는 라이실산화효소(lysyl oxidase)를 활성화시키므로 결합조직의 합성에도 관여한다.[7] 따라서, 구리가 부족하면 골격, 피부, 혈관 등이 비정상적으로 형성되므로 구리는 골격 형성과 심장순환계 결합조직을 정상으로 유지하는 데 필수적인 원소이다.

(3) 여러 금속효소의 구성 성분

구리는 매우 다양한 효소의 구성 성분으로 존재한다. 가장 대표적인 것은 미토콘드리아 내의 전자전달계에서 작용하는 시토크롬 산화효소이며, 따라서 구리는 에너지 생성에 기여한다. 또한, 슈퍼옥사이드 디스뮤테이즈(superoxide dismutase, SOD)의 결합원소로 작용하여 세포의 산화적 손상을 방지하는 기능을 가지며 신경전달물질을 형성하는 효소의 보조인자로도 작용한다.

3) 구리의 섭취기준과 급원식품

(1) 섭취기준

구리의 권장섭취량은 성인 남자는 1일 850 μg, 여자는 650 μg이며, 임신부는 태아 성장과 양수, 모체에 필요한 양을 고려하여 780 μg으로, 수유부는 모유로 분비되는 구리의 양을 고려하여 1,130 μg을 권장량으로 하였다(표 9-4). 상한섭취량은 여러 연구에서 도출된 최대 무독성량인 10 mg/일로 하였다.

(2) 급원식품

구리가 풍부한 식품으로는 간을 포함한 내장고기류, 굴·조개 등의 어패류, 견과류, 종

표 9-4 ▶ 한국인의 1일 구리 섭취기준

(μg/일)

연령		평균필요량	권장섭취량	충분섭취량	상한섭취량
영아	0~5(개월)			240	
	6~11			330	
유아	1~2(세)	220	290		1,700
	3~5	270	350		2,600
남자	6~8(세)	360	470		3,700
	9~11	470	600		5,500
	12~14	600	800		7,500
	15~18	700	900		9,500
	19~29	650	850		10,000
	30~49	650	850		10,000
	50~64	650	850		10,000
	65~74	600	800		10,000
	75 이상	600	800		10,000
여자	6~8(세)	310	400		3,700
	9~11	420	550		5,500
	12~14	500	650		7,500
	15~18	550	700		9,500
	19~29	500	650		10,000
	30~49	500	650		10,000
	50~64	500	650		10,000
	65~74	460	600		10,000
	75 이상	460	600		10,000
임신부		+100	+130		10,000
수유부		+370	+480		10,000

자료 : 보건복지부, 2020 한국인 영양소 섭취기준, 2020

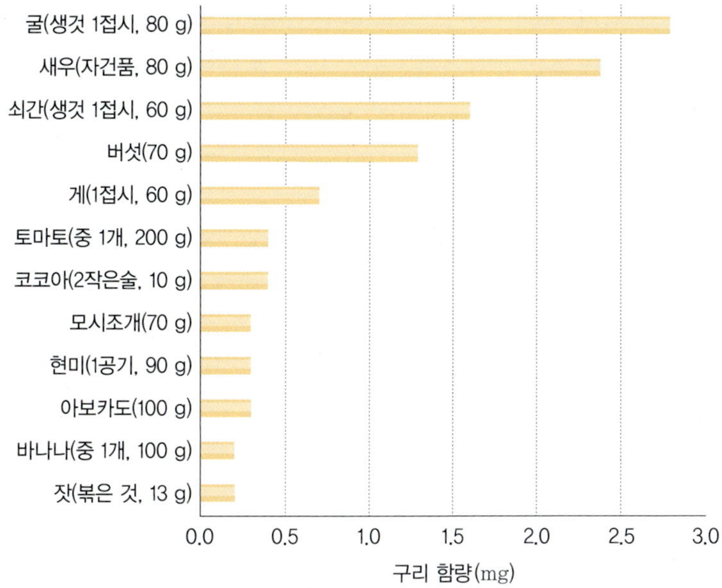

그림 9-9 ▶ 구리의 급원식품 및 함량

자류, 대두제품 및 초콜릿 등이다. 바나나, 토마토, 곡류 등에도 상당량 함유되어 있으나 그 외의 과일이나 채소, 우유에는 함량이 적다(그림 9-9).

4) 구리의 결핍증과 과잉증

구리는 다양한 식품에 널리 분포되어 있어 권장섭취량의 섭취에 큰 어려움이 없고 결핍증도 매우 드물다. 구리 결핍은 조제유를 먹는 영아나 조산아, 영양불량에서 회복되는 상태의 영유아, 환자에게서 나타나거나 아연 보충제의 과다 섭취로 인한 구리 흡수불량 시에 나타난다. 결핍 증세는 적혈구와 백혈구 수치의 감소로 인한 빈혈과 골격의

무기질과 조리용 기구

무기질은 식품으로의 섭취 외에 다른 섭취경로도 있다. 철의 경우 가장 결핍증상이 많이 나타나는 무기질 중 하나로 알려지고 있으나 이러한 현상은 비교적 최근에 많이 보고되는 경향이 있다. 그 원인으로 미국이나 우리나라의 경우 예전에는 철로 된 조리도구를 사용하였고 그로 인하여 철 결핍이 예방되었을 가능성이 제시되고 있다. 또한, 구리용기에 산성음료를 장기간 보관했다가 그것을 마시고 중독을 일으킨 예가 있으며, 아연의 급성독성 또한 아연으로 도금된 용기에 의한 것으로 보고되고 있다. 이 경우 대부분 산성식품을 오랫동안 용기에 접촉시킴으로써 무기질의 용해도 증가한 때문인 것으로 추측된다.

비정상화, 머리카락 탈색, 엘라스틴 형성 손상, 뼈의 손실 등을 들 수 있다. 유전적 구리 흡수장애로 인하여 발생하는 멘케스증후군은 매우 드물며, 유아나 어린이에서 치명적일 수 있으나 출생 직후 치료하면 비가역적 손상을 예방할 수 있다.[22]

구리는 미량무기질 중 상대적으로 독성이 낮은 영양소이다. 구리의 상한섭취량은 산 손상에 대한 위험을 근거로 정해졌으나 일반적으로 신체는 흡수 및 담즙을 통한 배설로 구리 저장량을 조절하여 과잉증 발생을 예방하고 있다.[23]

4. 요오드

요오드(Iodine, I)는 1920년대 미국에서 요오드를 꾸준히 섭취하면 갑상선종을 예방할 수 있음을 발견한 후 필수영양소로 알려졌다. 아직까지도 전 세계적으로 약 20억 명이 요오드 결핍의 위험에 놓여 있으며, 이들 중 약 8억의 인구가 결핍 증세를 보여 WHO에서도 요오드 결핍을 근절시키는 것을 중요한 목표로 하고 있다.[24] 요오드의 체내 함량은 성인이 약 15~20 mg으로 매우 소량이나 갑상선호르몬의 주성분으로서 체온 유지 및 기초대사량의 조절, 생식, 성장 등에 관여한다.

1) 요오드의 흡수와 대사

식이 내의 요오드는 요오드이온 형태로 환원된 후 위와 소장 상부에서 대부분 흡수된다. 흡수된 요오드는 이온 형태나 단백질과 느슨하게 결합한 형태로 이동하며 갑상선으로 유입되는 비율은 요오드의 체내 영양 상태에 따라 조절된다. 일반적으로 섭취한 양의 약 30%가 갑상선으로 흡수되어 갑상선호르몬의 합성에 이용되고, 나머지는 2~3

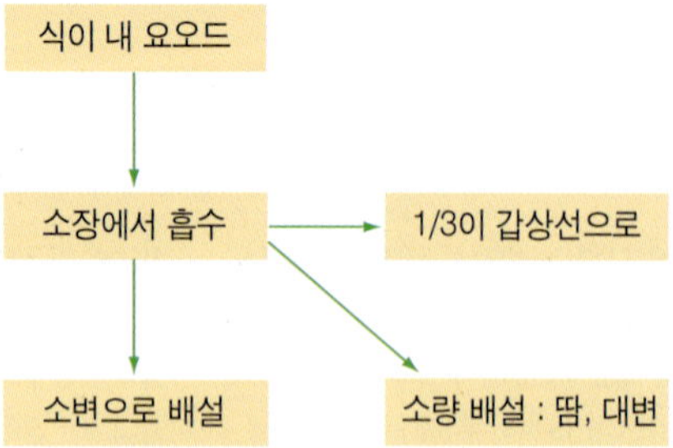

그림 9-10 ▶ 요오드의 대사

일간 체내에 머물다가 소변으로 배설된다(그림 9-10).

2) 요오드의 생리적 기능

요오드의 주된 기능은 갑상선호르몬인 티록신(T_3, T_4)의 합성이다(그림 9-11). 갑상선호르몬은 체내대사율을 조절하고 성장 발달을 촉진하는 역할을 하는 호르몬으로 아미노산인 티로신에서 합성된다. 요오드는 이 호르몬이 활성화되도록 하는 데 필수적으로 작용한다. 갑상선은 혈액으로부터 요오드를 받아서 지속적으로 호르몬을 합성하여 다시 혈액으로 이동시키는데, 이때 혈액 중의 갑상선호르몬의 농도가 감소하면 갑상선자극호르몬(thyroid stimulating hormone, TSH)이 상승하여 호르몬의 합성을 증가시키고, 갑상선호르몬이 감소하면 TSH가 감소하여 갑상선의 기능을 조절한다.

갑상선호르몬은 체온 유지 및 단백질 합성, 뇌의 성장 발달에도 필수적이며, 건강 유지와 생식에도 중요한 역할을 한다.

T_3 : 트라이요오드티로닌(요오드가 3개)
T_4 : 테트라요오드티로닌(요오드가 4개)

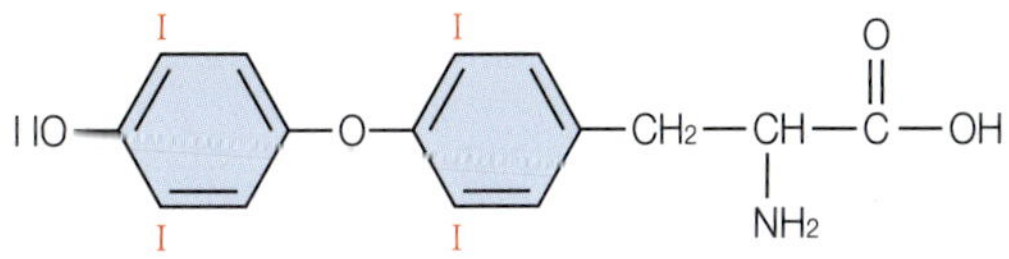

그림 9-11 ▶ 갑상선호르몬의 구조

3) 요오드의 섭취기준과 급원식품

(1) 섭취기준

갑상선종을 방지하기 위해서는 최소한 1일 50~75 μg의 요오드 섭취가 필요하여 우리나라 성인은 남녀 구분없이 1일 150 μg을 권장섭취량으로 하였다(표 9-5). 임신부는 태아의 성장 및 산모의 신장에서 요오드 제거율 증가에 따른 손실 보충을 위하여 1일 240 μg을 권장하였으며, 수유부는 모유로 분비되는 요오드 양을 추가하여 340 μg을 권장섭취량으로 하였다.

(2) 급원식품

요오드는 바다에 가장 풍부하게 존재하므로 가장 좋은 급원식품은 바닷물고기, 미역,

표 9-5 ▶ 한국인의 1일 요오드 섭취기준

(μg/일)

연령		평균필요량	권장섭취량	충분섭취량	상한섭취량
영아	0~5(개월)			130	250
	6~11			180	250
유아	1~2(세)	55	80		300
	3~5	65	90		300
남 · 여	6~8(세)	75	100		500
	9~11	85	110		500
	12~14	90	130		1,900
	15~18	95	130		2,200
	19 이상	95	150		2,400
임신부		+65	+90		
수유부		+130	+190		

자료 : 보건복지부, 2020 한국인 영양소 섭취기준, 2020

김 등의 해조류나 해산물과 바닷가 근처에서 자란 식물의 잎 등이다(그림 9-12). 육지에서 자란 식물성 식품은 요오드의 함량이 낮은 편이나 토양의 요오드 함량이나 가공과정에 따라 함유량이 달라진다. 식물성 식품 중 양배추, 콜리플라워, 브로콜리, 카사바, 순무 등에는 고이트로겐(goitrogen)이라는 물질이 존재하여 요오드의 흡수를 방해하거나 결핍증세를 악화시키는 기능이 있다. 그러나 이 물질들은 요리할 때 파괴되므로 크게 문제되지 않으며 해산물의 섭취량이 적은 미국 등지에서는 소금에 요오드를 강화하여 섭취량을 증가시키고 있다.

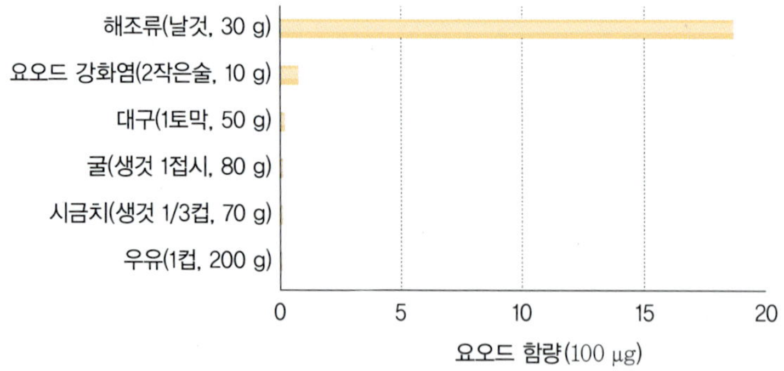

그림 9-12 ▶ 요오드의 급원식품 및 함량

4) 요오드의 결핍증과 과잉증

요오드 결핍증이 일어나는 가장 큰 요인은 식사로 섭취하는 요오드의 양이 감소하는 것이다. 섭취량 부족 시 혈액 중의 요오드 함량이 감소되고 그로 인해 갑상선호르몬의 양이 감소, 이를 보충하기 위하여 시상하부를 자극하면 시상하부에서 갑상선자극호르몬 방출인자(TSH releasing factor, TRF)를 분비하여 뇌하수체를 자극하고 뇌하수체에서 갑상선자극호르몬(TSH)을 분비하여 갑상선을 자극하게 된다(그림 9-13). 이때 요오드가 충분할 경우 갑상선에서 호르몬을 생성하고 그에 의해 시상하부와 뇌하수체의 자극이 감소되나, 요오드가 불충분할 경우는 갑상선을 계속 자극하여 갑상선이 비대해지게 되며 이를 갑상선종(goiter)이라고 한다. 갑상선종이 작은 초기 단계인 경우에는 요오드 섭취로 정상적인 크기로 되돌아가나, 크기가 커지면 기관지에 압력을 주어 숨쉬기가 어려워지므로 수술로 제거해야 한다. 또한, 임신 중 모체의 요오드 섭취 부족은 태아의 두뇌 발달을 저해하여 인지 기능을 저하시켜 출생 후 정신박약, 성장장애, 왜소증, 난청 등을 동반하는 크레틴병을 유발하기도 한다(그림 9-14).

요오드의 섭취량이 1일 2 mg 이상이 되면 과잉증이 나타나기도 하나 해조류를 매우 다량으로 섭취하는 경우를 제외하고 일반식품의 섭취로 이 정도 수준까지의 섭취는 거의 드물다. 요오드를 과량으로 섭취하면 결핍 시와 마찬가지로 갑상선호르몬의 합성이 저해되고 갑상선의 과도한 자극으로 인하여 갑상선기능항진증이나 바세도우씨병이라고

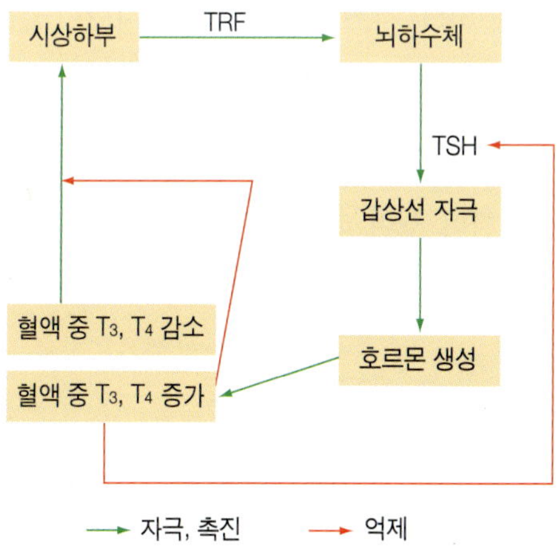

그림 9-13 갑상선호르몬 생성 및 억제 메커니즘

그림 9-14 볼리비아의 요오드 결핍증

어머니(왼쪽)는 갑상선종이나 정상. 딸은 갑상선종과 함께 정신지체이며 시각과 언어 장애

하는 갑상선중독증이 나타날 수 있다. 갑상선기능항진증은 기초대사율이 증가하고 자율신경계의 장애를 유발하며 안구 돌출현상이 나타난다.

5. 셀레늄

셀레늄(Selenium, Se)은 비교적 최근에 그 필요성이 인식된 영양소로 1930년대까지는 주로 가축에서 독성이 연구되어 왔다. 인체에서 셀레늄의 중요성이 인식된 것은 1970년대 후반으로 중국의 케산 지방에서 나타나는 풍토병이 체내 셀레늄 함량의 저하 때문인 것으로 보고된 이래 1980년대 후반에 미국에서 영양권장량에 셀레늄의 권장량을 포함시켰고, 최근 셀레늄의 항산화 및 항암 효과가 보고되면서 일반인들의 주목을 받기 시작하였다.

1) 셀레늄의 흡수와 대사

식품 중에 존재하는 셀레늄은 대부분 아미노산 메티오닌이나 시스테인 유도체와 결합하고 있다. 유기물 형태의 셀레늄의 생체이용률은 철이나 아연과 같은 다른 원소들에 비해 매우 높아 섭취한 양의 80% 이상이 흡수된다.[7] 흡수는 주로 소장에서 이루어지나 다른 무기질과 달리 셀레늄 영양 상태에 의해 영향을 받지 않으며 흡수를 조절하는 생리적 메커니즘이 없기 때문에 독성에 대한 잠재성을 가진다.[3]

셀레늄은 체내에 약 1.5 mg이 존재하며 메티오닌이나 시스테인과 결합하여 간, 심장, 비장에 저장되고 지방조직을 제외한 모든 조직에 존재하는 것으로 알려져 있으나 이동에 대해서는 거의 밝혀진 바가 없다. 체내 셀레늄의 항상성은 소변이나 대변 배설에 의해 조절되며 배설량의 60%가 소변을 통해 이루어지며 소변 배설량은 식이 섭취량의 증가에 따라 증가한다.

2) 셀레늄의 기능

(1) 글루타티온 과산화효소의 성분으로 항산화작용

셀레늄은 항산화효소인 글루타티온 과산화효소(glutathione peroxidase)의 구성요소로 존재한다.[25] 글루타티온 과산화효소는 글루타티온을 이용하여 독성이 있는 과산화물을 알코올 유도체와 물로 전환시켜 과산화물에 의한 세포의 산화적 손상을 보호하는 역할을 한다.

(2) 비타민 E의 절약작용

셀레늄은 셀레늄 함유 단백질의 성분으로서 세포질에서 과산화물을 파괴하고[26,27] 비타민 E는 세포막에 존재하며 지질과산화를 억제하는 작용을 한다(그림 9-15).[28,29] 따라서, 셀레늄과 비타민 E는 모두 체내에서 중요한 항산화제로 작용하므로 셀레늄이 비타민 E의 절약작용을 가진다고 할 수 있으며[30,31] 비타민 E와 셀레늄 중 한 가지의 섭취량이 많으면 다른 한 가지의 요구량이 감소한다.

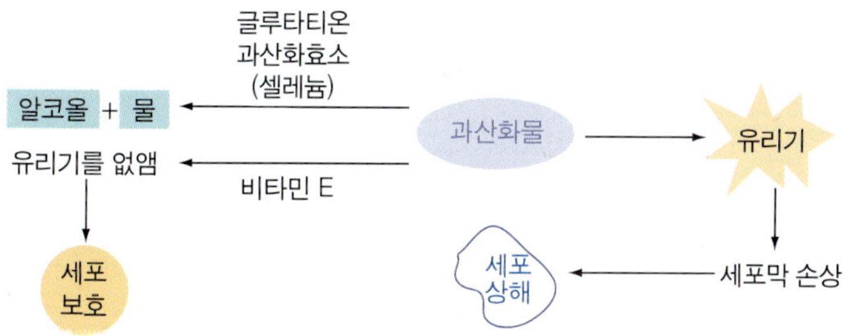

그림 9-15 셀레늄의 작용

(3) 기타 기능

셀레늄을 함유한 효소 중에는 갑상선호르몬을 활성형으로 전환시키는 데 관여하는 것이 있다.[32] 따라서, 셀레늄 결핍은 요오드 결핍에 의한 갑상선기능저하능을 악화시키기도 한다. 또한, 면역 기능에도 중요한 역할을 하는 것으로 알려져 있는데 중국 케산 지역에서의 연구나 셀레늄이 부족한 동물들에서 바이러스에 의한 감염이 셀레늄 부족 시 더 증가하였다고 한다.[33] 최근에는 암 예방 효과가 있을 것으로 예상되고 있으나 이는 더 많은 연구가 필요하다.[34,35]

3) 셀레늄의 섭취기준과 급원식품

(1) 섭취기준

우리나라 성인 남자와 여자의 셀레늄 권장섭취량은 1일 60 μg이며 임신부는 태아가

표 9-6 한국인의 1일 셀레늄 섭취기준

(μg/일)

연령		평균필요량	권장섭취량	충분섭취량	상한섭취량
영아	0~5(개월)			9	45
	6~11			12	65
유아	1~2(세)	19	23		70
	3~5	22	25		100
남·여	6~8(세)	30	35		150
	9~11	40	45		200
	12~14	50	60		300
	15~18	55	65		300
	19 이상	50	60		400
임신부		+3	+4		400
수유부		+9	+10		400

자료 : 보건복지부, 2020 한국인 영양소 섭취기준, 2020

필요한 셀레늄 함유 단백질을 포화시킬 수 있는 양을 추가하여 1일 64 μg을, 수유부는 모유로 분비되는 셀레늄의 양을 계산하여 1일 70 μg을 권장섭취량으로 하였다(표 9-6).

(2) 급원식품

셀레늄은 동물성 식품과 식물성 식품 모두에 함유되어 있으나 식물성 식품의 경우 재배지역 토양의 셀레늄 함량에 따라 함량 차이가 나타난다. 일반적으로 육류의 내장과 해산물, 유제품, 전곡이나 종실류, 견과류 등에 풍부하게 함유되어 있고, 과일이나 채

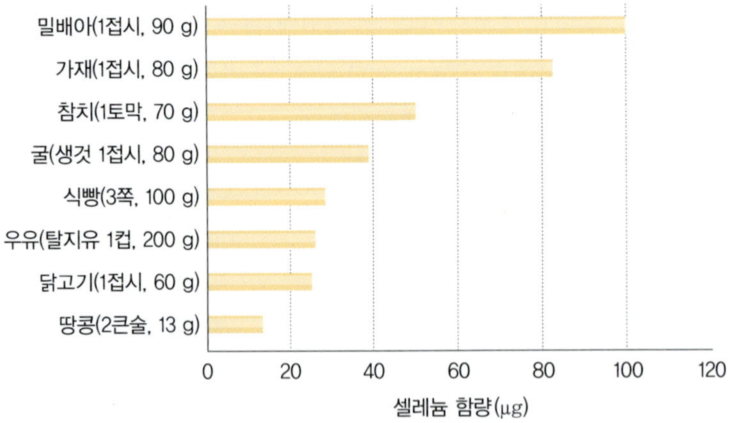

그림 9-16 셀레늄의 급원식품 및 함량

소에는 함량이 낮다(그림 9-16).

4) 셀레늄의 결핍증과 과잉증

셀레늄 영양 상태는 혈액과 머리카락 중의 셀레늄 농도와 글루타티온 과산화효소의 활성을 측정, 평가한다. 셀레늄이 결핍되면 동물에서는 탈모, 생식불능, 근육 통증, 간과 췌장 기능의 퇴화 등이 나타나며, 사람의 경우 근육이 손실되거나 약해지고 성장 저하, 심근장애가 발생한다.[33] 중국의 케산 지방에서 셀레늄 결핍증으로 처음 보고된 케산병(Keshan disease)은 어린이나 가임기의 젊은 여성에게서 흔히 나타나는 심장근육질환이다. 이 질병은 셀레늄 섭취가 부족할 때 나타나며 혈액과 머리카락의 셀레늄 함량이 낮아지고 비타민 E 부족 상태에 이르게 된다. 셀레늄을 공급하면 심장병의 진전을 막을 수는 있지만 일단 발병하면 완치가 어렵다.

셀레늄의 과잉 섭취에 의한 독성은 토양 중의 셀레늄 함량이 높은 지역에서 재배한 식품을 섭취한 경우나 보충제의 과잉 섭취 등에 의한 것으로 나타난다. 동물에서는 간경화, 절름발이 증상, 탈모, 쇠약증 등이 있으며 사람에서는 구토, 설사, 손톱과 발톱의 변화, 피로, 신경계의 손상 등이 있고 심한 경우 발신이나 간경화도 발생할 수 있다.

6. 불소

불소(Fluorine, F)는 신체에 없어도 모든 기초적인 신체 기능은 진행될 수 있으나 몇 가지 건강 증진에 기여하는 영양소이다.[3] 20세기 초반 역학연구를 통해 물에 불소의 함량이 높은 미국 남서부 지역에서 충치 발생률이 낮으며 불소가 부족한 경우 충치 발생률이 높다는 사실이 관찰됨에 따라 치아 건강과의 관련성이 제시되었다. 체내 존재하는 양의 약 99%가 뼈와 치아에 존재하며 석회화된 조직에 비가역적으로 단단하게 결합되어 있다. 뼈에 함유된 불소의 농도는 연령 및 섭취량에 따라 증가한다.

1) 불소의 흡수와 대사

불소의 흡수는 매우 빠르게 일어나 식이 불소 중 상당 비율이 위에서 흡수된다. 흡수는 위장관 전체를 통해 일어나며 일반적으로 섭취량의 80~90%가 흡수된다. 식이로 섭취하는 다른 무기질, 특히 마그네슘이 불소의 흡수를 방해하고 생체 내 이용률을 감소시킨다.[7] 불소는 뼈와 치아에 대한 친화력이 높아 섭취량이 증가하면 뼈와 치아에 축적되는 양이 증가하고, 흡수된 불소의 약 50%가 석회화 조직, 뼈, 치아에 축적되며 뼈의 발달이 활발할수록 축적이 잘 일어나 성장기에 비해 성숙 후에는 감소하게 된다. 나머지 50%는 주로 소변을 통해 배설되며 이는 연령이 증가할수록 증가하는 경향을 나타낸다.

2) 불소의 기능

(1) 충치 예방 및 억제

불소는 충치 발생을 억제하는 작용을 나타낸다. 음식물을 섭취하면 구강 내의 박테리아가 작용하여 산을 형성하고 이 산에 의해 치아의 에나멜층에 부식이 일어나면서 충치가 발생한다. 불소는 치아 발생단계에서 칼슘, 인과 함께 결합하여 불화수산화인회석(fluorhydroxyapatite)이라는 결정을 형성함으로써 산에 의한 에나멜의 용해성을 감소시키며 충치 발달을 지연시킬 수 있는 무기질의 축적을 증가시킨다.[36] 따라서, 치아 형성이 이루어지는 시기의 어린이들은 순환하는 혈액으로부터 불소를 받아들여 새로운 치아 형성 시 단단한 결정을 만들어 충치에 대한 저항성을 높일 수 있으므로 불소를 첨가한 치약을 사용하거나 수돗물에 미량의 불소를 첨가하여 충치 예방 효과를 나타낼 수 있다.

(2) 골다공증과의 관계

불소는 또한 새로운 골격 형성을 자극한다. 불소가 폐경 이후의 여성에서 골다공증의 발생을 방지함으로써 불소 함량이 많은 지역에서 골다공증의 발생이 적다는 연구 결과가 보고되었다.[37] 골다공증 환자에게 불소를 섭취시키면 등의 통증, 골밀도와 칼슘 평형에 좋은 효과를 나타낸다고 하였으나 고용량의 불소가 위장장애와 골통증 같은 부작용을 일으킬 수 있으므로 효과적인 투여량과 지속기간에 대한 많은 연구가 필요하다.[38]

3) 불소의 섭취기준과 급원식품

(1) 섭취기준

불소가 우리나라의 경우 아직 자료가 부족하여 미국의 문헌을 참고한 후 연령별 체중을 고려하여 성인 남자는 1일 3.2~3.4 mg, 여자는 2.6~2.8 mg을 충분섭취량으로 하였고, 1일 10 mg을 넘지 않도록 상한섭취량을 정하였다(표 9-7). 임신부와 수유부는 불소 보충과 영아의 충치 발생률 사이의 일관성이 나타난 바 없고, 불소 섭취량과 모유의 불소 함량의 관련성이 나타나지 않아[39] 일반 성인과 동일한 양을 권장하고 있다.

표 9-7 ▶ 한국인의 1일 불소 섭취기준 (mg/일)

연령		평균필요량	권장섭취량	충분섭취량	상한섭취량
영아	0~5(개월)			0.01	0.6
	6~11			0.4	0.8
유아	1~2(세)			0.6	1.2
	3~5			0.9	1.8
남자	6~8(세)			1.3	2.6
	9~11			1.9	10.0
	12~14			2.6	10.0
	15~18			3.2	10.0
	19~29			3.4	10.0
	30~49			3.4	10.0
	50~64			3.2	10.0
	65~74			3.1	10.0
	75 이상			3.0	10.0
여자	6~8(세)			1.3	2.5
	9~11			1.8	10.0
	12~14			2.4	10.0
	15~18			2.7	10.0
	19~29			2.8	10.0
	30~49			2.7	10.0
	50~64			2.6	10.0
	65~74			2.5	10.0
	75 이상			2.3	10.0
임신부				+0	10.0
수유부				+0	10.0

자료 : 보건복지부, 2020 한국인 영양소 섭취기준, 2020

(2) 급원식품

불소가 해조류, 고등어, 정어리, 연어 등의 어류와 불소가 첨가된 식수, 차 등에 주로 함유되어 있다(그림 9-17). 불소의 주된 급원은 식수이나 그 외에도 불소 첨가 치약이나 치과에서 불소를 도포하는 과정 등에서도 공급되고 있다.

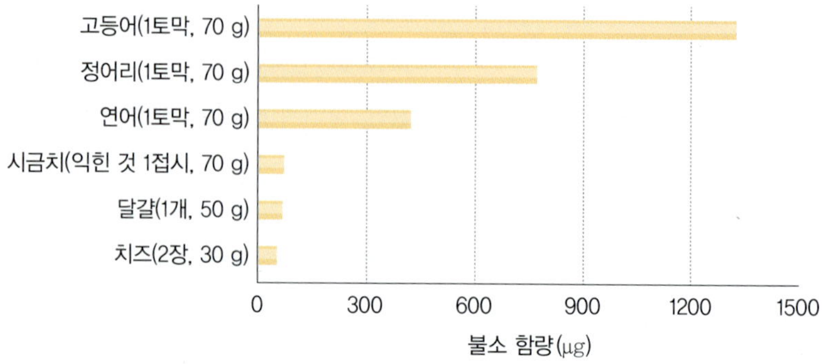

그림 9-17 ▶ 불소 급원식품 및 함량

4) 불소의 결핍증과 과잉증

불소가 결핍되면 충치 발생률이 증가하고 노년기의 골다공증 위험도가 증가한다. 충치 예방 측면에서 불소가 치아가 형성되는 시기에 가장 중요한 역할을 수행하므로 이 시기에 불소가 함유된 치약을 사용하거나 불소 첨가 음료수를 이용하면 어린이의 충치 예방에 효과가 높다.

불소가 충치 예방과 골손실 감소에 효과적이기는 하나 장기간 과잉 섭취하면 치아에 불소가 침착하여 치아를 가로지르는 아주 미세한 검은색 줄이 생기거나 치아에 반점이 생기는 불소증이 유발된다(그림 9-18).[38] 이러한 불소증은 음료수에 불소 함량이 2 mg/L를 초과하거나 1일 불소 섭취량이 0.1 mg/kg을 초과할 경우에 나타나며, 어린이는 치아구조가 약해지고 부서질 수 있으며 성인의 경우도 뼈에 영향을 끼쳐 변색되거나 부러질 수 있다. 따라서, 불소가 식수에 첨가된 지역에 사는 사람들은 의사가 처방하지 않는 한 불소 보충제는 섭취하지 않

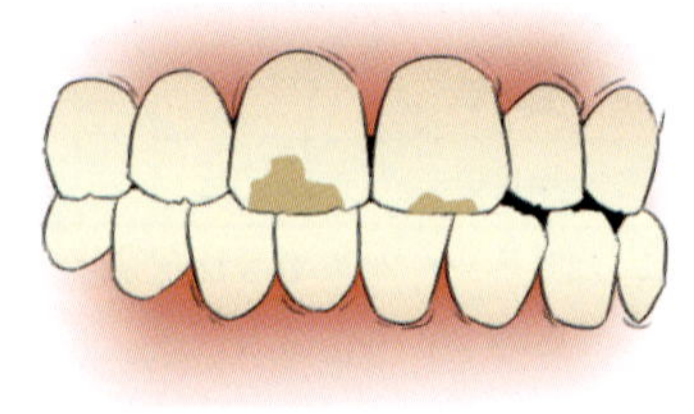

그림 9-18 ▶ 불소 과잉에 의한 침착증

는 것이 좋다.

7. 기타 미량무기질

1) 망간

망간(Manganese, Mn) 은 인체 내에 약 10~20 mg 함유되어 있다. 주로 간, 골격, 췌장, 뇌하수체에 존재하며 특히 뼈 속에 농축되어 있고 세포 중에는 미토콘드리아에 가장 많이 들어 있다.[7]

망간은 흡수율이 매우 낮아 섭취량의 약 1~15%만이 소장에서 흡수되고 나머지는 대변으로 배설된다. 망간의 흡수는 칼슘, 인, 철 등의 농도가 높을 경우 저해되며, 흡수된 망간은 망간 이동을 돕는 특수 단백질인 트랜스망가민(transmangamin)과 결합하여 혈액을 따라 이동하게 된다. 흡수된 망간의 배설은 담즙을 통해 대변으로 이루어지며 매우 소량만이 소변으로 배설된다.

망간은 다른 미량원소들과 마찬가지로 대사반응을 촉매하는 효소의 구성체로서 기능을 한다. 망간을 함유한 효소들은 주로 미토콘드리아에서 에너지 대사에 관여하는 효소, 지방산과 콜레스테롤의 합성, 간에서 요소의 합성 등에 관여하는 효소이다. 망간은 또 아연, 구리와 함께 항산화효소인 슈퍼옥사이드 디스뮤테이즈(superoxide dismutase, SOD)의 구성 성분으로도 존재한다. 또한, 망간은 여러 가수분해효소, 인산화효소, 탈카복실화효소 등의 활성화에도 관여하나, 이들 효소들은 망간에 꼭 특징적인 것이 아니며 마그네슘에 의해서도 활성화가 이루어진다.

망간이 식물성 식품에 많이 함유되어 있으므로 우리나라에서는 정상적인 식사를 할 경우 결핍이 잘 나타나지 않으므로 충분섭취량과 상한섭취량만을 결정하였다(표 9-8). 성인 남자는 1일 4.0 mg, 여자는 3.5 mg을 충분섭취량으로 결정하였고 외국의 자료를 토대로 최대 무독성 양인 11 mg/일을 상한섭취량으로 하였다. 망간이 풍부한 식품은 주로 식물성 식품으로 호두, 땅콩 등의 견과류, 귀리, 전곡류, 콩류 등이 좋은 급원이다(그림 9-19).

동물실험 결과 망간 결핍 시 성장장애, 에너지 대사장애, 뼈와 연골의 형성 이상 등이 나타났다. 망간은 식물성 식품에 널리 존재하며 요구량이 극히 소량이므로 일반적으로

표 9-8 ▶ 한국인의 1일 망간 섭취기준

(mg/일)

연령		평균필요량	권장섭취량	충분섭취량	상한섭취량
영아	0~5(개월)			0.01	
	6~11			0.8	
유아	1~2(세)			1.5	2.0
	3~5			2.0	3.0
남자	6~8(세)			2.5	4.0
	9~11			3.0	6.0
	12~14			4.0	8.0
	15~18			4.0	10.0
	19 이상			4.0	11.0
여자	6~8(세)			2.5	4.0
	9~11			3.0	6.0
	12~14			3.5	8.0
	15~18			3.5	10.0
	19 이상			3.5	11.0
임신부				+0	11.0
수유부				+0	11.0

자료 : 보건복지부, 2020 한국인 영양소 섭취기준, 2020

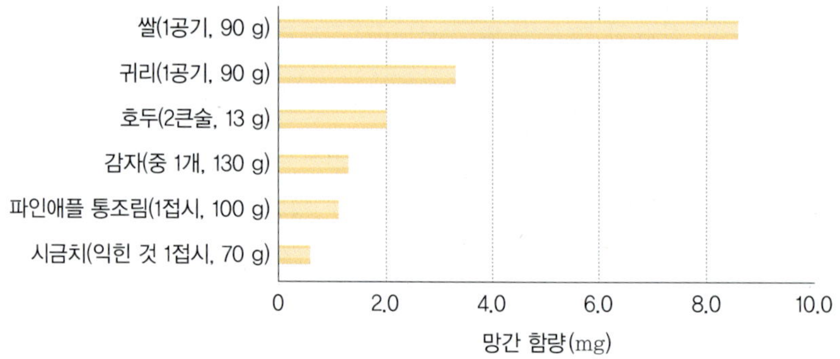

그림 9-19 ▶ 망간의 급원식품 및 함량

는 결핍증이 잘 나타나지 않으나 몇몇 사례연구 결과 체중 감소, 피부염, 머리카락이나 손톱, 발톱이 잘 자라지 않고, 구토, 메스꺼움, 모발 탈색 등이 보고되었다.[40]

망간은 결핍증보다는 과잉증이 나타나기 쉬우며, 특히 탄광에서 일하는 근로자나 망간에 장기간 노출된 인부에게서 관찰된다. 주로 간이나 중추신경계에 망간이 축적되어 파킨슨병과 유사한 신경근육계의 장애가 나타나며 그 외 생식과 면역 기능 저하, 신장염, 간 손상 등도 가능한 것으로 알려져 있다. 식사를 통한 섭취로 과잉증이 나타나는 경우는 거의 없으나 과잉 섭취 시 유독하므로 보충제 등의 섭취는 피하는 것이 좋다.

2) 몰리브덴

몰리브덴(Molybdenum, Mo)은 식물과 동물 모두에 필수적인 영양소이나 필요량이 다른 미량무기질과 비교하여 매우 소량이다. 따라서, 유전적으로 몰리브덴이 결핍되면 대사이상이 나타난다는 연구 결과에 따라 필수원소로 알려졌다.[40]

식사로 섭취한 몰리브덴은 25~80% 정도가 흡수되며, 특히 식이 내의 몰리브덴 함량이 낮을 경우 흡수효율이 증가한다. 또한, 몰리브덴은 철, 구리 등의 무기질과 상호작용이 크며, 특히 구리와 경쟁적으로 흡수된다. 몰리브덴이 흡수되는 과정은 확실하지 않

표 9-9 ▶ 한국인의 1일 몰리브덴 섭취기준

(μg/일)

연령		평균필요량	권장섭취량	충분섭취량	상한섭취량
영아	0~5(개월)				
	6~11				
유아	1~2(세)	8	10		100
	3~5	10	12		150
남자	6~8(세)	15	18		200
	9~11	15	18		300
	12~14	25	30		450
	15~18	25	30		550
	19~29	25	30		600
	30~49	25	30		600
	50~64	25	30		550
	65~74	23	28		550
	75 이상	23	28		550
여자	6~8(세)	15	18		200
	9~11	15	18		300
	12~14	20	25		400
	15~18	20	25		500
	19~29	20	25		500
	30~49	20	25		500
	50~64	20	25		450
	65~74	18	22		450
	75 이상	18	22		450
임신부		+0	+0		500
수유부		+3	+3		500

자료 : 보건복지부, 2020 한국인 영양소 섭취기준, 2020

으나 능동 수송과 확산을 통해 이루어지는 것으로 추정하고 있다. 체내에서는 간과 신장에 함량이 비교적 높고 흡수된 후 빨리 전환되며 소변과 담즙을 통해 쉽게 배설된다.

몰리브덴은 체내에서 산화·환원 반응에 관여하는 금속효소의 조효소로 잔틴 탈수소효소(xanthine dehydrogenase), 알데하이드 산화효소, 아황산염 산화효소 등의 작용에 관여한다.

몰리브덴의 권장섭취량은 미국의 연구에 따라 양의 균형 상태가 유지되고 임상증상이 나타나지 않는 섭취량과 피부나 땀으로 손실되는 양(3 μg/일)을 고려하여 평균필요량을 산출한 후 이의 120%로 설정하였다(표 9-9).[9] 결핍이 되면 정신적인 변화와 함께 심장과 호흡률의 증가, 부종, 허약 증세와 혼수 등이 나타날 수 있다. 몰리브덴은 독성 또한 비교적 적어서 과잉증도 잘 나타나지 않으나 동물실험에서 과량의 몰리브덴을 섭취시키면 빈혈, 체중 감소 및 성장 지연 등의 독성이 나타난다.[41]

식품 중의 함량은 식품이 자란 환경, 토양에 따라 차이가 있으며 좋은 급원으로는 밀배아, 전곡류, 간을 포함한 내장육, 우유 및 유제품 등이 있으나 어류, 채소 및 과일류, 당류, 유지류 등에는 함량이 적다.

3) 크롬

크롬(Chromium, Cr)은 동물실험에서 당내성인자의 주요 활성 성분으로 보고되었으나 사람에서 그 역할이 알려진 것은 비교적 최근의 일이다. 체내 존재량은 약 4~6 mg 정도로 매우 소량이나 결핍 시 당뇨병이나 심장병과도 관련이 있는 것으로 보고되고 있다.

식사로 섭취한 크롬은 소장에서 주로 흡수되며 흡수율은 약 0.5~2%로 매우 낮다. 따라서, 체내 농도가 너무 낮아 크롬에 대한 생체 이용률은 측정이 어려우나 주로 철 결합단백질인 트랜스페린에 의해 혈액을 통해 운반되는 것으로 알려져 있다.[42] 크롬의 흡수나 생체 이용률에는 여러 가지 식이요인들이 영향을 끼치며, 특히 옥살산 같은 유기산과 결합되어 있는 경우나 철이 결핍되었을 때 흡수가 증가된다. 크롬은 체내에 고루 분포하고 있으며 흡수된 크롬은 주로 신장을 통하여 배설된다.

크롬의 기능 중 가장 잘 알려진 것은 당내성인자라는 유기 복합체의 필수적인 성분으로 인슐린작용을 강화하여 탄수화물, 지질, 단백질 대사에 영향을 끼친다는 것이다.[43] 따라서, 크롬 결핍은 포도당 내성 감소 및 당뇨병의 위험 증가와 관련이 있다. 그 외에 지질 대사에도 관여하여 크롬 보충 시 혈청콜레스테롤이 감소하고 HDL-콜레스테롤이 약간 증가한다고 한다. 또한, DNA나 RNA 같은 핵산의 구조를 안정화시키는 데에도 기여하는 것으로 알려져 있다.

크롬이 결핍되면 혈액 내 콜레스테롤과 중성지방의 농도가 증가하는 것으로 알려져 있으나 자연계에 널리 분포하고 있으므로 크롬의 결핍증은 흔하지 않다. 크롬은 아주 과다하게 섭취한 경우를 제외하고는 과잉증도 거의 나타나지 않는다. 크롬의 과잉증은 산업체에서 크롬에 많이 노출된 근로자나 페인트공에서 나타나며 폐를 손상시키고 피부에 알레르기반응을 유발한다.

한국인의 섭취기준은 평균필요량을 결정할 충분한 결과가 부족하여 충분섭취량으로

표 9-10 ▶ 한국인의 1일 크롬 섭취기준

(μg/일)

연령		평균필요량	권장섭취량	충분섭취량	상한섭취량
영아	0~5(개월)			0.2	
	6~11			4.0	
유아	1~2(세)			10	
	3~5			10	
남자	6~8(세)			15	
	9~11			20	
	12~14			30	
	15~18			35	
	19~29			30	
	30~49			30	
	50~64			30	
	65~74			25	
	75 이상			25	
여자	6~8(세)			15	
	9~11			20	
	12~14			20	
	15~18			20	
	19~29			20	
	30~49			20	
	50~64			20	
	65~74			20	
	75 이상			20	
임신부				+5	
수유부				+20	

자료 : 보건복지부, 2020 한국인 영양소 섭취기준, 2020

설정하였다. 충분섭취량은 미국 성인의 일반 식사에 함유된 크롬 양을 기준으로 하여 한국인 연령대별 에너지 필요추정량을 이용, 산출하여 설정하였다.

식품 내 크롬의 함량에 대해서는 자료가 매우 부족한 실정으로 일반적으로 간, 달걀, 전밀, 밀배아, 육류, 이스트, 버섯, 브로콜리 등을 급원으로 들 수 있으며 맥주도 좋은 급원이 된다. 반면 과일이나 채소, 해산물, 유제품 등은 크롬의 함량이 적다.

참고문헌

1 최혜미 외(2006). 21세기 영양학. 교문사. pp.338~380

2 Bothwell TH.(1995). Overview and mechanisms of iron regulation. *Nutr Rev* 53 : 237~245

3 김미경·왕수경·신동순·정해랑·권오란·배계현·노경아·박주연(2005). 생활속의 영양학. 라이프사이언스. pp.215~240

4 Mackenzie B, Garrick MD.(2005). Iron imports. II. Iron uptake at the apical membrane in the intestine. *Am J Physiol Gastrointet Liver Physiol* 289 : G981~G986

5 Insel P, Turner RE, Ross D.(2006). *Discovering Nutrition.* Jones and Bartlett, pp.416~441

6 Minihane AM, Fairweather-Tait SJ.(1998). Effect of calcium supplementation on daily nonheme-iron absorption and long-term iron status. *Am J Clin Nutr* 68 : 96~102

7 김숙희·김선희·김정선·김주현·윤군애·이다희·이상선·정혜경(2006). 고급영양학. 라이프사이언스. pp.223~240

8 Kretchmer N, Beard JL, Carlson S.(1996). The role of nutrition in the development of normal cognition. *Am J Clin Nutr* 63 : 997S~1001S

9 보건복지부(2020). 2020 한국인 영양소 섭취기준. pp.138~400

10 Killip S, Bennett JM, Chambers MD.(2007). Iron deficiency anemia. *Am Family Physician* 75 : 671~678

11 Tapiero H, Tew KD.(2003). Trace elements in human physiology and pathology: zinc and metallothioneins. *Biomedicine & Pharmacother.* 57 : 399-411

12 Stefanidou M, Maravelias C, Dona A, Spiliopoulou, C.(2006). Zinc: a multipurpose trace element. *Arch Toxicol* 80 : 1~9

13 Krebs NF.(2000). Overview of zinc absorption and excretion in the human gastrointestinal tract. *J Nutr* 130 : 1374S~1377S

14 Falchuk K.(1998) The molecular basis for the role of zinc in developmental biology. *Mol Cell Biochem* 188 : 41~48

15 Mocchegiani E, Giacconi R, Cipriano C, Gasparini N, Orlando F, Stecconi R, Muzzioli M, Isani G, Zambenedetti P, Zatta P.(2001). Zinc-bound metallothioneins as potential biological markers of ageing. *Brain Res Bull* 55 : 147~153

16 Tamura T, Goldenberg RL.(1996). Zinc nutriture and pregnancy outcome. *Nutr Res* 16 : 139~181

17 Yadrick MK, Kenney MA, Winterfelt EA.(1989). Iron, copper, and zinc status: response to supplementation with zinc or zinc and iron in adult females. *Am J Clin Nutr* 49 : 145~150

18 Barceloux DG.(1999). Zinc. *Clin Toxicol* 37 : 279~292

19 David TJ, Wells FE, Sharpe TC, Gibbs ACC.(1984). Low serum zinc in children with atopic eczema. *Br J Dermatol* 111 : 597~601

20 Di Toro R, Galdo CG, Gialanella G, Miraglia del Giudice M, Moro R, Perrone L.(1987). Zinc and copper status of allergic children. *Acta Paediatr Scand* 76 : 612~617

21 윤방무(2005). 영양소 백과사전. 동도원. pp.114~138

22 Kaler SG.(1998). Diagnosis and therapy of Menkes'syndrome, a genetic form of copper deficiency. *Am J Clin Nutr* 67(suppl) : 1029S~1034S

23 Turnlund JR.(1998). Human whole-body copper metabolism. *Am J Clin Nutr* 67(suppl) : 960S~964S

24 World Health Organization sets out to eliminate iodine deficiency disorder.(1999). WHO press release. May 25

25 Behne D, Kyriakopoulos A.(2001). Mammalian selenium-containing proteins. *Annu Rev Nutr* 21 : 453~473

26 Burk RF, Hill KE, Motley, AK.(2003). Selenoprotein metabolism and function: evidence for more than noe function for selenoprotein P. *J Nutr* 133 : 1517S~1520S

27 Sun QA, Wu Y, Zappacosta F. Jeang KT, Lee BJ, Hatfield DL, Gladyshev VN.(1999). Redox regulation of cell signaling by selenocysteine in mammalian thioredoxin reductases. *J Biol Chem* 274 : 24522~24530

28 Niki E. (1987) Antioxidants in relation to lipid peroxidation. *Chem Phys Lipids* 44 : 227~253

29 Awad JA, Morrow JD, Hill KE, Roberts LJ, Burk RF.(1994). Detection and localization of lipid peroxidation in selenium- and vitamin E-deficient rats using F2-isoprostanes. *J Nutr* 124 : 810~816

30 Li X, Hill KE, Burk RF, May JM.(2001). Selenium spares ascorbate and alpha-tocopherol in cultured liver cell lines under oxidant stress. *FEBS Lett* 508 : 489~492

31 Bertinato J, Hidiroglou N, Peace R, Cockell KA, Trick KD, Jee P, Giroux A, Madere R, Bonacci G, Iskandar M, Hayward S, Giles N, L'Abbe MR.(2007). Sparing effects of selenium and ascorbic acid on vitamin C and E in guinea pig tissues. *Nutr J* 6 : 7

32 Rowntree JE, Hill GM, Hawkins DR, Link JE, Rincker MJ, Bednar GW, Kreft RA.(2004). Effect of Se on selenoprotein activity and thyroid hormone metabolism in beef and dairy cows and calves. *J Anim Sci* 82 : 2995~3005

33 Beck MA, Levander OA, Handy J.(2003). Selenium deficiency and viral infection. *J Nutr* 133 : 1463S~1467S

34 Combs GF Jr.(2001). Selenium in global food systems. *Br J Nutr* 85 : 517~547

35 Patrick L.(2004). Selenium biochemistry and cancer; a review of the literature. *Alter Med Rev* 9 : 239~258

36 Featherstone JDB.(1999). Prevention and reversal of dental caries: role of low level fluoride. *Community Dent Oral Epidemiol* 27 : 31~40

37 Haguenauer D, Welch V, Shea B.(2000). Fluoride for treating osteoporosis. *Cochrane Database Syst Rev* 4 : CD002825

38 ADA reports.(2001). Position of the American Dietetic Association: The impact of fluoride on health. *J Am Diet Assoc* 101 : 126~132

39 Leverett DH, Adair SM, Vaughan BW, Proskin HM, Moss ME.(1997). Randomized clinical trial of the effect of prenatal fluoride supplements in preventing dental caries. *Caries Res* 31 : 174~179

40 장유경·박혜련·변기원·이보경·권종숙(2006). 기초영양학. 교문사. pp.317~346

41 Fungwe TV, Buddingh F, Demick DS, Lox CD, Yang MT, Yang SP.(1990). The role of dietary molybdenum on estrous activity fertility, reproduction and molybdenum and copper enzyme activities of female rats. *Nutr Res* 10 : 515~524

42 Borguet F, Cornelis R, Lameire N.(1990). Speciation of chromium in plasma and liver tissue of endstage renal failure patients on continuous ambulatory peritoneal dialysis. *Biol Trace Elem Res* 26-27 : 449~460

43 Vincent JB.(2000). The biochemistry of chromium. *J Nutr* 130 : 715~718

용어정리

헤모글로빈 척추동물의 적혈구 속에 존재하며, 산소를 운반하는 색소단백질. 혈색소라고도 하며 Hb로 표기한다.

마이오글로빈 척추동물의 근육세포에 존재하는 색소단백질로 헤모글로빈과 마찬가지로 헴단백질이다. 산소에 대한 친화력이 헤모글로빈보다도 높으며 헤모글로빈과는 달리 산소의 운반이 아닌 조직 중으로의 산소 확보 역할을 수행한다.

킬레이트 전자수용체인 금속이온과 결합하는 능력을 가진 전자공여체(N, O, S 등의 원자)를 포함하는 분자가 금속이온과 결합하여 생긴 화합물을 금속배위화합물이라 하며 이러한 결합이 여러 군데에서 일어나서 만들어진 화합물을 금속킬레이트화합물이라 한다.

지방변 흡수불량증후군에서와 같이 과잉의 지방이 변 중에 존재하는 경우를 지방변증이라 한다.

크레틴병 요오드의 부족이나 갑상선호르몬 생성효소의 이상으로 나타나며 지적 장애, 언어장애, 갑상선종 등이 주 증상이다. 특히 성장 지연이 현저해 사지가 짧으며 두개골은 비교적 크다. 안면은 작고 폭이 넓으며 뺨이 돌출되고, 사자코이며 이마에 주름이 많아 노인 같은 모습을 한다. 또한, 입술도 두터우며 비후한 혀를 내민다.

점액수종 정상적인 갑상선 기능을 가지고 있다가 소년기나 청소년기에 기능부전을 일으켜 발생하며 갑상선 위축과 섬유화 경향이 나타난다. 성장 발육이 늦어지기 시작하고, 지능도 점차적으로 낮아지며 사춘기의 성징이 발현하지 않거나 늦게 나타나게 된다.

글루타티온 글루타민산, 시스테인, 글리신으로 구성된 트라이펩타이드로 SH기를 가지고 있어 쉽게 가역적으로 산화되므로 생체 내에서 산화환원 완충제, 조효소, 해독, 방사선 방어, 과산화물의 처리 등의 기능을 수행한다.

단원정리

- 철은 전 세계적으로 결핍증이 가장 흔하게 나타나는 영양소로 체내에서 산소의 이동과 저장 및 다양한 효소의 구성 성분으로 존재하며 면역 기능 및 신경과 두뇌 발달에도 중요한 역할을 한다. 부족하면 철 결핍성 빈혈이 나타나고 과잉으로 섭취할 경우 혈색소침착증이 생기기도 한다.
- 아연은 체내 모든 세포에서 100여 가지 이상의 효소작용과 관련하여 중요한 역할을 하고, 성장 및 면역 기능에도 작용하며 미각에도 관여하는 것으로 알려져 있다. 결핍 시 청소년기의 성적 성숙 지연과 함께 심각한 성장 부진이 나타나며 미각 예민도 감소, 설사, 구토 등을 일으키기도 한다.
- 구리는 철의 이용에 필요한 셀룰로플라스민의 구성 성분으로 체내에서 철의 정상적인 사용에 기여하며 결합조직의 유지 및 항산화효소의 구성 성분으로 작용한다. 부족하면 빈혈과 골격의 비정상화, 머리카락 탈색, 결합조직 손상, 뼈의 손실 등이 나타날 수 있다.
- 요오드는 체내 기초대사량을 조절하는 갑상선호르몬의 구성 성분으로 존재하며, 부족하면 갑상선종, 크레틴병, 점액수종 등이 나타난다.
- 셀레늄은 항산화작용을 나타내는 무기질로 특히 비타민 E와 관련되어 세포막에서의 지질과산화를 예방하는 효과를 나타낸다. 부족하면 탈모, 생식불능, 근육 통증, 간과 췌장 기능의 퇴화 등이 나타나며 일부 지역에서는 근육장애인 케산병이 일어나기도 한다.
- 불소는 없어도 신체의 모든 기초적인 기능은 진행될 수 있으나 치아와 골격의 기능을 도와주는 역할을 통하여 건강 증진에 기여하는 영양소이다.
- 망간은 탄수화물, 단백질, 지방 대사에 관여하는 효소의 구성요소로, 몰리브덴은 체내의 산화·환원 반응에 관여하는 효소의 조효소로 존재하며, 크롬은 인슐린의 작용을 도와주는 기능을 통하여 필수영양소로 작용한다.

연습문제

※ 다음 문장 중 맞는 것에는 ○표, 틀린 것에는 ×표를 하시오.

1 체내 필요량이 많으면 철의 흡수율이 높아진다. (　　)

2 철이 결핍될 때 가장 먼저 나타나는 증상은 빈혈이다. (　　)

3 요오드는 과량을 섭취하거나 소량을 섭취해도 모두 갑상선 비대가 나타난다. (　　)

4 아연이 결핍되면 적혈구의 수가 감소하거나, 헤마토크리트치가 저하되거나 헤모글로빈 함량이 낮아지는 빈혈이 발생한다. (　　)

5 불소는 충치 발생을 억제하므로 많이 섭취할수록 좋다. (　　)

※ 다음을 설명하시오.

6 헴철과 비헴철이 무엇이며, 어떤 형태가 더 잘 흡수되는지 쓰시오.

7 철 결핍의 세 단계를 쓰시오.

8 아연 결핍증이란 무엇인가?

9 갑상선종이란 무엇인가?

10 셀레늄이 비타민 E를 절약하는 이유를 쓰시오.

*연습문제 정답은 책 뒤쪽에 있습니다.

CHAPTER 10

물

1. 물의 기능
2. 체내 수분의 함량과 분포
3. 체내 수분의 균형과 필요량

물은 분자구조상 1개의 산소원자와 2개의 수소원자로 구성된 무기화학 물질로서, 비록 체내에서 에너지를 발생시키지는 못하지만 인체 구성에서 약 2/3를 차지할 정도로 양적으로 가장 많은 필수영양소이다. 다른 영양소의 섭취 없이는 최대한 2~3개월가량 생존할 수 있는 반면, 물 없이는 길어야 3~4일 정도밖에 생존할 수 없을 정도로 물은 인체의 생명 유지에 필수 불가결한 요소이다. 일반적으로 체수분의 약 20%를 상실하면 생명이 위험하므로, 물은 다른 영양소보다 훨씬 자주 공급해 주어야 한다.

체내에서 작용하는 물의 기능은 신체의 구성 성분으로서의 역할, 영양소와 노폐물의 운반, 체온 조절, 용매 역할, 전해질 균형, 윤활제 역할 및 외부 충격으로부터의 보호 역할 등으로 매우 다양하다(그림 10-1).

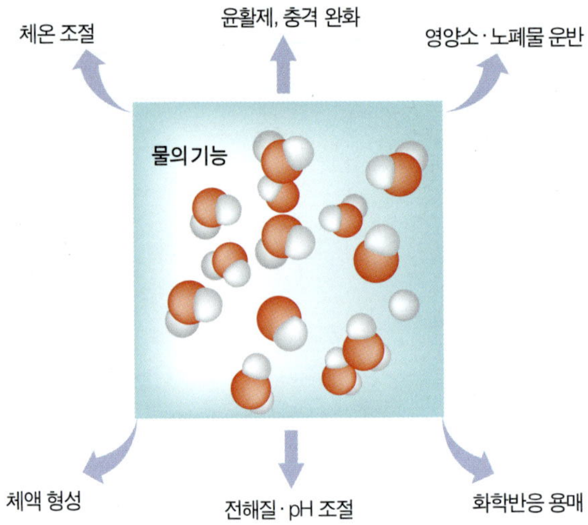

그림 10-1 ▶ 체내에서 물의 기능

1. 물의 기능

1) 신체의 구성 성분

인체의 약 60~70%는 물로 구성되어 있으며(그림 10-2), 체조직마다 물의 함량이 각기 다르다. 근육조직은 가장 많은 물을 함유하고 있어 근육 무게의 약 70%가 물이며, 골격과 연골 조직은 10%, 지방조직은 20~25%, 혈액 중에서 혈장은 92%, 적혈구는 60% 정도의 물을 함유하고 있다.

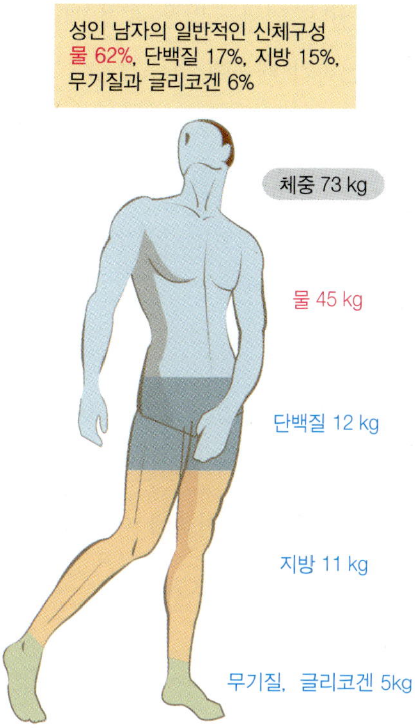

그림 10-2 ▶ 성인 남자의 신체구성

성별에 따라서는 남자가 여자보다 근육량이 더 많으므로 상대적으로 체수분량이 더 많아, 남자는 체중의 약 60%, 여자는 50~55% 정도의 물을 함유하고 있다. 연령에 따라서는 연령이 증가할수록 체수분량이 감소하여 신생아는 체중의 70% 이상, 성인은 50~60% 정도의 물을 함유하고 있다.[1]

2) 영양소와 노폐물의 운반

물은 체내에서 혈액의 주요 성분으로 존재하며, 세포로 영양소를 운반해 주고, 대사산물과 같은 노폐물을 소변(urine) 또는 이산화탄소의 형태로 신장 또는 폐를 통해 제거한다.

3) 체온 조절

체조성의 많은 부분을 차지하는 물은 비열과 기화열이 커서 급격한 온도 변화가 생기는 경우에도 체온을 조절하기 쉽다. 인체는 땀을 흘릴 때 발생하는 수분의 기화열을 이용하여 체열을 효율적으로 발산하기 때문에, 효소작용에 적합한 온도인 36.5 ℃를 항상 유지할 수 있다. 피부와 폐를 통한 불감성 수분 증발량은 1일에 1,000 mL 정도이며 약 600 kcal의 체열을 발산하는 데 사용된다. 일반적으로 피부를 통한 수분 증발은 체표면적과 정비례하고 피하지방이 발달한 사람일수록 열 발산량이 적어진다.[1]

4) 용매 역할과 전해질 균형

체조직의 영양소는 물에 용해된 상태로 존재하며, 체내에서 이루어지는 소화, 흡수 및 대부분의 화학작용도 물을 용매로 하여 일어난다. 또한, 체수분에 용해된 무기질, 즉 전해질이나 단백질과 같은 영양소의 농도 변화에 따라 체액의 삼투압이 변화되며, 물과 전해질의 적절한 섭취를 통하여 체액의 pH와 삼투압 조절이 유지된다.

5) 윤활제 및 외부 충격으로부터의 보호

체수분 중에서 타액과 소화기계·호흡기계 등의 점막에서 분비되는 점액은 해당 기관의 표면을 매끄럽게 해주며, 특히 위장관에서는 영양소의 흡수를 돕고 위장 내벽을 산으로부터 보호하는 작용을 한다. 이 밖에도 안구의 수정체, 관절강 내의 관절활액, 임산부 자궁 내의 양수 등은 외부 충격으로부터 해당 신체조직을 보호하는 역할을 한다.

2. 체내 수분의 함량과 분포

체내 수분은 분포장소에 따라 세포내액(intracellular fluid, ICF)과 세포외액(extracellular fluid, ECF)으로 구분되며, 세포 내외 간의 수분 이동은 세포막을 중심으로 형성된 세포 내외의 삼투압 차이에 의해 일어나게 된다(그림 10-3).

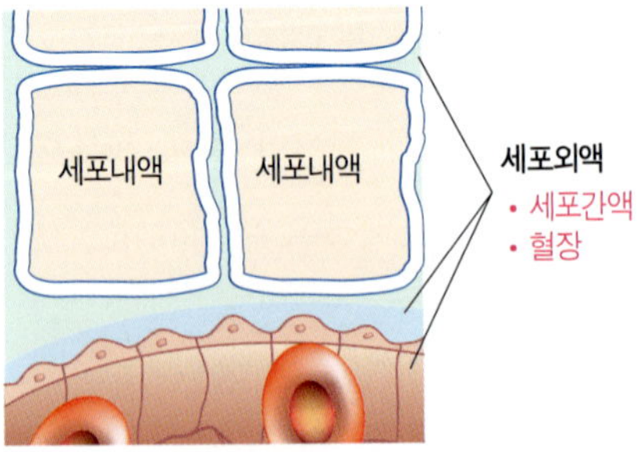

그림 10-3 ▶ 체수분의 분포(세포내액과 세포외액)

세포내액

- 체내 총수분량의 약 65%를 차지한다.
- 세포 내에 단백질, 무기질 등의 영양소가 용해되어 있다.

세포외액

- 세포간액(Interstitial fluid)과 혈액(혈장, plasma)이 해당되며, 체내 총수분량의 약 35%를 차지한다.
- 단백질, 무기질, 당질, 지질 등이 용해되어 함께 존재한다.

3. 체내 수분의 균형과 필요량

1) 체내 수분의 균형

신체는 다양한 생리적 상태와 외부환경의 변화에도 불구하고, 체외로부터 수분을 섭취하고 체내의 수분 필요량에 맞추어 체수분을 배설함으로써 항상 일정한 수준의 체수분량을 유지하고 조절한다. 세포내액의 수분 함량이 일정 수준 이하로 낮아지게 되면, 세포가 뇌로 신호를 보내 갈증을 느끼게 되고, 물을 마시도록 명령함으로써 세포가 탈수되지 않도록 보호한다.

이와 반대로, 수분 섭취량이 과도한 경우에는 세포외액의 전해질 농도가 낮아지게 되어 신장에서 소변으로 배설하는 수분량을 증가시킴으로써 과량의 체수분을 체외로 배설시킨다(그림 10-4).

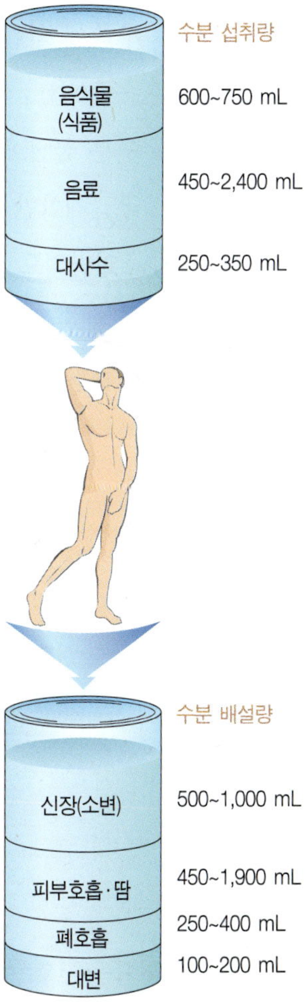

그림 **10-4** ▶ 체내 수분의 균형

수분 섭취량

(1) 음료수 : 성인 450~2,400 mL/일
(2) 음식물, 식품 : 식품 종류에 따라 다양함. 성인 600~750 mL/일
(3) 체내 대사수 : 식품의 대사 과정에서 약 100 kcal의 열 발생과 함께 12~13 g의 대사수가 생성됨. 성인 250~350 mL/일

수분 배설량

신체활동 정도, 외부 온도 및 습도, 체격, 신체의 생리 상태 등에 따라 다양함.[3]

(1) 소변 배설 : 총수분 배설량의 약 50~60%를 차지함. 성인 500~1,000 mL/일
(2) 피부호흡, 땀 배설 : 총수분 배설량의 약 40%를 차지함. 성인 450(보통 날씨)~1,900(더운 날씨) mL/일
(3) 폐호흡을 통한 기화 : 성인 250~400 mL/일
(4) 대변 배설 : 미량(성인 100~200 mL/일)

이러한 체수분의 항상성(수분 섭취량과 배설량 간의 균형)은 뇌하수체 후엽에서 분비되는 항이뇨호르몬(antidiuretic hormone, ADH)에 의해 자동적으로 조절된다. 항이뇨호르몬은 신장 세뇨관에서의 수분 재흡수를 증가시킴으로써 소변 배설량을 감소시켜 수분 배설이 과도하게 일어나지 않고 항상 일정 수준의 체수분이 유지될 수 있도록 조절한다.[2]

2) 체내 수분의 불균형

(1) 탈수증

체액이 비정상적으로 감소된 상태를 탈수증(dehydration)이라고 하며, 순수하게 수분 부족에 의한 탈수증(원인 : 과량의 소변 배설)과 소금(NaCl)과 같은 염류 부족에 의한 탈수증(원인 : 설사, 구토, 과잉의 땀 분비)으로 구분된다. 수분 부족에 의한 탈수증은 충분한 수분 공급에 의해 회복될 수 있지만, 염류 부족에 의한 탈수증은 수분과 함께 소금을 공급해야만 탈수증에서 회복될 수 있다.[4]

일반적으로 체내 수분량이 1~2% 감소했을 때 갈증을 느끼며,[5] 체수분이 6% 감소하면 체온 상승과 함께 호흡 속도가 빨라지고, 11% 감소하면 신부전, 혈액량 감소에 따른 순환장애가 나타나며, 20% 감소하면 결국에는 사망에 이르게 된다(그림 10-5).

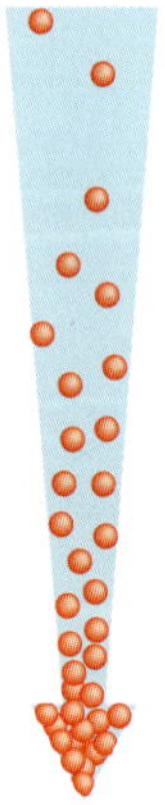

체수분 감소량 (% 체중)
- 0 정상
- 1 갈증 시작
- 2 갈증 증가, 식욕 감퇴, 신체 불편
- 3 인내력 감퇴, 혈액량 감소
- 4 메스꺼움, 신체활동 둔화, 근육 피로감
- 5 집중 부족, 무감각, 손발 저림
- 6 체온 상승, 맥박 · 호흡 속도 상승
- 7 말더듬기, 두통
- 8 어지러움, 호흡 곤란
- 9 허약, 정신 혼미
- 10 근육 경련, 불명확한 발음
- 11 혈액량 감소로 인한 신부전, 혈액순환장애
- 20 신체장기 부전, 사망

그림 10-5 ▶ 탈수 정도에 따른 신체증상

(2) 부종

부종(edema)은 체수분이 체조직 사이에 과도하게 저류하는 상태를 의미하는데, 단백질의 섭취가 장기간 부족하여 혈장단백질인 알부민의 농도가 저하되면서 알부민의 혈중 삼투압농도를 유지하기 위하여 혈액 중의 수분이 세포간액으로 빠져나감으로써 유발된다. 이 밖에도 신장염, 신부전, 호르몬 이상 등에 의해서도 부종이 나타날 수 있다. 단백질 결핍에 의해 발생한 부종은 충분한 단백질 섭취에 의해 정상으로 회복될 수 있다.

3) 체내 수분의 필요량

체내 수분의 필요량은 연령, 성별, 체온, 생리적 변화(임신, 수유 등), 식품 및 약물의 섭취, 계절, 비행기 여행 등과 같은 요인들에 의해 쉽게 변화하므로[6] 평균필요량을 추정하기 어려워 섭취기준을 충분섭취량으로 설정하였다.[7] 또한, 수분의 충분섭취량은 하루에 음식으로 섭취하는 수분 양에 액체로 섭취하는 수분 양을 합하여 산출한 1일 수분 섭취량을 근거로 하여 설정하였다. 정상적인 식사를 하는 건강한 사람은 상한섭취량을 설정하지 않았다.

한국인의 1일 수분 섭취기준은 다음과 같다(표 10-1).[7] 성인의 경우 남자 2,100~2,600 mL, 여자 1,800~2,100 mL를 1일 충분섭취량으로 권장하고 있으며, 이 중에서 액체 형태의 수분은 남자 1,000~1,200 mL, 여자 900~1,000 mL 정도로서 200 cc 용량의 컵으로 대략 5~6잔의 분량에 해당한다.

4) 수분의 급원식품

수분은 대부분의 물, 음료, 식품에 함유되어 있으며 조리 과정에서도 흔히 첨가되므로 음식과 액체 형태로 쉽게 섭취할 수 있다. 음식 중에서는 국이나 탕, 찌개, 죽, 스프 등의 형태에 수분이 많으며 자연식품이 건조식품보다 수분이 많고, 특히 과일이나 채소에 수분 함량이 높으며 곡식 중에서는 감자에 수분 함량이 높은 편이다.[8]

표 10-1 ▶ 한국인의 1일 수분 섭취기준

(mL/일)

연령		음식	물	음료	충분섭취량		상한섭취량
					액체	총수분	
영아	0~5(개월)				700	700	
	6~11	300			500	800	
유아	1~2(세)	300	362	0	700	1,000	
	3~5	400	491	0	1,100	1,500	
남자	6~8(세)	900	589	0	800	1,700	
	9~11	1,100	686	1.2	900	2,000	
	12~14	1,300	911	1.9	1,100	2,400	
	15~18	1,400	920	6.4	1,200	2,600	
	19~29	1,400	981	262	1,200	2,600	
	30~49	1,300	957	289	1,200	2,500	
	50~64	1,200	940	75	1,000	2,200	
	65~74	1,100	904	20	1,000	2,100	
	75 이상	1,000	662	12	1,100	2,100	
여자	6~8(세)	800	514	0	800	1,600	
	9~11	1,000	643	0	900	1,900	
	12~14	1,100	610	0	900	2,000	
	15~18	1,100	659	7.3	900	2,000	
	19~29	1,100	709	126	1,000	2,100	
	30~49	1,000	772	124	1,000	2,000	
	50~64	900	784	27	1,000	1,900	
	65~74	900	624	9	900	1,800	
	75 이상	800	552	5	1,000	1,800	
임신부						+200	
수유부					+500	+700	

자료 : 보건복지부, 2020 한국인 영양소 섭취기준, 2020

참고문헌

1 Insel P, Turner RE, Ross D.(2006). ***Discorvering Nutrition***, 2nd ed. Jones and Bartlett. pp.394~399

2 Vander A, Sherman J, Luciano D.(1998). ***Human Physiology, The Mechanisms of Body Fuction***, 7th ed. WCB McGraw-Hill. pp.502~549

3 Gyton AC, Hall JE.(2000). ***Textbook of Medical Physiology***, 10th ed. PHiladelphia: W.B. Saunders

4 Murray B, Stofan J, Eichner ER.(2003). Hyponatremia in athletes. ***Gatorade Sprots Science Institute, Sports Science Exchange***, 16(1)

5 Kleiner SM.(1999). Water: an essential but overlooked nutrients. ***J Am Diet Assoc*** 2 : 200~206

6 Johnson R, Tulin B.(1995). ***Travel Fitness***. Champaign, IL: Human Kinetics

7 보건복지부(2020). 2020 한국인 영양소 섭취기준.

8 농촌진흥청 국립농업과학원(2011). 제8개정판 식품성분표. pp.66, 136, 144, 168, 212, 216, 220, 418, 434, 436.

용어정리

물 분자구조상 1개의 산소원자와 2개의 수소원자로 구성된 무기화학 물질

전해질 체수분에 용해된 상태의 무기질

세포내액 세포 내에 존재하는 수분으로 체내 총수분량의 약 65%를 차지함

세포외액 세포간액과 혈액을 총칭하는 용어로, 체내 총수분량의 약 35%를 차지함

체수분의 항상성 수분 섭취량과 수분 배설량 간의 균형 상태

항이뇨호르몬 뇌하수체 후엽에서 분비되는 호르몬으로 신장 세뇨관에서의 수분 재흡수를 증가시킴으로써 요 배설량을 감소시킴

탈수증 체액이 비정상적으로 감소된 상태

부종 체수분이 체조직 사이에 과도하게 저류하는 상태

단원정리

- 물은 체내에서 신체의 구성 성분(약 60~70%)으로 존재하면서 영양소와 노폐물을 운반하고, 체온을 조절하며, 용매 역할을 하고, 전해질 균형을 조절하며, 윤활제 및 외부 충격으로부터 신체를 보호하는 역할을 한다.
- 체내의 수분은 세포내액과 세포외액에 존재하며 세포막 내외의 삼투압 차이에 의해 세포 내외 간의 수분 이동이 일어난다.
- 체내 수분의 균형은 수분 섭취량(음식물, 음료, 대사수)과 수분 배설량(소변 배설, 피부호흡, 땀, 폐호흡, 대변) 간의 균형에 의하여 나타나며 항이뇨호르몬에 의해 자동으로 조절된다.
- 탈수증은 수분 부족 또는 염류 부족에 의하여 발생하며, 체내 수분량이 1~2% 감소하면 갈증을 느끼게 되고 20% 이상 감소하면 사망에 이르게 된다.
- 1일 수분 필요량은 연령, 성별, 체온, 생리적 변화, 식품 및 약물의 섭취, 계절 등에 따라 변화하므로 평균필요량을 추정하기 어려워 1일 수분 섭취량에 근거한 충분섭취량을 설정하였으며, 이는 성인의 경우 남자는 2,100~2,600 mL, 여자는 1,800~2,100 mL에 해당한다.

연습문제

1 물의 체내 기능에 대해 설명하시오.

2 남자가 여자에 비해 체수분 함량이 많은 이유를 설명하시오.

3 체수분의 몇 %를 손실했을 때 갈증을 느끼는지 말하시오.

4 체수분의 배설경로를 설명하시오.

5 체수분 불균형에 의해 초래될 수 있는 건강문제에 대해 설명하시오.

*연습문제 정답은 책 뒤쪽에 있습니다.

연습문제 정답

1장

1 영양이란 생명체가 식품을 섭취한 후 소화, 흡수, 대사 과정을 통하여 식품 중의 영양소를 이용하여 에너지와 열을 생성하고 체조직을 구성하며, 노폐물은 체외로 배설함으로써 생명을 유지시키는 일련의 과정이다.

2 탄수화물, 지질, 단백질, 비타민, 무기질, 물

3 에너지 생성, 체조직의 성장과 유지, 보수, 생리 기능을 조절함으로써 인체의 생명과 건강을 유지하는 기능을 한다.

4 부적절한 영양 상태와 준질병 또는 질병 상태는 함께 맞물려 있으므로, 건강한 삶을 위해서는 반드시 균형 잡힌 영양 상태가 유지되어야 한다.

5 심리적·신체적·내인적 요인, 사회·문화적 요인, 경제·정치적 요인, 식품의 외인성 요인 등 여러 요인 간의 상호작용에 의해 식생활은 다양하게 영향을 받는다.

6 영양결핍(예 : 콰시오커, 마라스무스), 영양과잉(예 : 비만), 영양 불균형(예 : 소금, 칼슘, 철 등의 과잉 또는 결핍)과 같은 1~2가지 영양소의 영양 결핍 또는 과잉

7 균형, 다양성, 적절한 양 또는 절제

8 ① 곡류, ② 고기·생선·달걀·콩류, ③ 채소류, ④ 과일류, ⑤ 우유·유제품, ⑥ 유지·당류

9 식사구성안은 일반 대중이 여러 가지 식품과 영양소가 적절히 함유된 영양적으로 균형 잡힌 식사를 하도록 돕기 위해 고안된 식사계획안이다.

10 섭취부족의 예방 지표(평균필요량, 권장섭취량, 충분섭취량), 과잉섭취로 인한 건강문제 예방 지표(상한섭취량) 및 만성질환의 위험감소 지표(에너지 적정비율, 만성질환위험감소섭취량)

2장

1 탄수화물은 소화흡수되면 세포 내에서 분해되어 대부분이 에너지원으로 사용되며, 남는 것은 주로 지방으로 전환되어 피하에 저장된다. 따라서, 체내 구성 성분으로 존재하는 탄수화물은 혈당과 글리코겐, 점성다당류, 당단백질, 당지질을 합해도 체중의 1% 미만으로 아주 소량이다.

2 단순당질은 1~2개의 단당류로 구성되어 있어서 조성이 단순하고 크기가 비교적 작은 탄수화물을 말한다. 대표적인 단순당질로는 단당류인 포도당, 과당, 갈락토스와 이당류인 맥아당, 서당, 유당이 있다. 복합당질에 비해 소화에 걸리는 시간이 짧으므로 소화흡수가 빠르다. 포도당과 과당은 과일이나 꿀, 설탕 등에 많이 들어 있고, 갈락토스는 유당의 구성 성분이다. 맥아당은 엿기름이나 식혜 등에 들어 있고, 서당은 설탕에, 유당은 우유 및 유제품에 주로 함유되어 있다.

3 복합당질은 단당류가 여러 개 모여서 구성된 것으로 올리고당류, 전분, 식이섬유 등이 있다. 전분은 곡류나 서류, 뿌리채소류에 주로 들어 있고 식이섬유는 전곡류, 고구마, 채소 및 과일류, 해조류 등에 많이 함유되어 있다.

4 사람의 혈액 내에는 0.1% 정도의 포도당이 함유되어 있다. 이것을 혈당이라고 하며 혈당은 뇌를 비롯한 각 기관세포의 주된 에너지원으로 사용된다. 특히 뇌는 에너지원을 혈당에 의존하고 있어서 혈당량이 정상치 이하로 감소되면 뇌활동이 급격히 저하되고 저혈당증이 나타난다. 식후 30분에서 1시간 내에 혈당의 양은 최고치에 달하고 이후 1~2시간이 경과하면 원래의 혈당 수준으로 되돌아간다. 인슐린은 혈당을 낮추고 글루카곤은 혈당을 증가시키는 작용을 하여 혈당이 정상범위를 유지하도록 조절한다.

5 유당은 사람을 포함한 포유동물의 젖에만 들어있는 이당류로 영유아의 뇌 발달에 필수적인 갈락토스를 제공하고 칼슘 흡수를 도우며, 장내 유산균의 성장을 촉진하므로 신생아나 신생동물에게 중요한 영양소이다.

6 입에서 침과 잘 혼합된 전분은 타액 아밀레이즈에 의해 일부가 덱스트린이나 맥아당으로 분해된다. 위에서는 탄수화물 소화효소가 분비되지 않으며 탄수화물의 소화가 주로 이루어지는 부위는 소장이다. 소장에서는 췌장 아밀레이즈에 의해 전분이나 덱스트린이 맥아당까지 분해되고, 맥아당이나 서당, 유당과 같은 이당류는 소장 벽세포에 붙어있는 이당류 분해효소에 의해 포도당과 과당, 갈락토오즈와 같은 단당류로 최종 분해된다. 포도당과 갈락토오즈는 운반체와 에너지를 요구하는 능동수송으로 흡수되고, 과당은 촉진된 확산법으로 운반되며 기타 단당류나 당알코올류는 단순확산에 의해 흡수되어 소장 점막세포 속으로 들어가게 된다.

7 포도당이 인슐린의 도움을 받아 세포 내로 들어가면 곧 이화작용이 시작된다. 세포질에서 포도당은 해당 과정을 통해 피루브산 2개로 분해된다. 생성된 피루브산은 산소가 충분한 조건에서는 미토콘드리아로 이동해 들어가 아세틸 CoA로 되어 TCA회로를 완주하게 되며, 이 과정에서 생긴 수소가 최종적으로 전자전달계(수소 전달)와 산화적 인산화(ATP 생성 모터) 과정을 거치면서 물과 이산화탄소와 ATP가 생성된다. 생성된 ATP는 미토콘드리아 외부로 빠져나와 세포에 필요한 에너지로 사용된다.

8 글리코겐은 필요한 에너지보다 더 많은 에너지 급원식품을 섭취하였을 때 일시 저장되는 형태이다. 혈당량이 낮아지면 간의 글리코겐이 분해되어 다시 혈당량을 일정하게 유지하는 역할을 하는데, 글리코겐의 분지구조는 분해효소가 작용할 수 있는 작용 부위를 많게 해주어서 필요할 때 포도당을 빠르게 공급할 수 있도록 해준다.

9 단순당질은 쉽게 소화되어 빨리 흡수되므로 식후 혈당을 빠르게 상승시킨다. 혈당이 급격하게 상승하면 그에 대응하여 인슐린이 한꺼번에 분비되어 포도당을 세포 내로 들어가게 하므로 혈당이 급격히 감소된다. 이를 반응성 저혈당증이라고 하며 두통, 쇠약감, 어지러움증, 근육 경련 등의 저혈당 증세가 나타날 수 있다.

10 식이섬유는 인체 내에서 소화효소가 분비되지 않아서 에너지원으로 이용되지 못하기 때문에 영양적 가치는 적으나 생리적으로 매우 중요한 기능을 하기 때문에 섭취해야 하는 식품 성분이다. 수용성 식이섬유는 물에 녹지는 않으나 물을 흡수해서 젤을 형성하는 성질이 있어서 포만감을 주고 탄수화물과 지질의 소화흡수를 느리게 하여 급격한 혈당 상승을 막아 준다. 콜레스테롤의 배설을 돕고 배변을 촉진하며 정장작용이 있다. 불용성 식이섬유는 장 내용물의 통과시간을 단축시키고 배변량을 증가시켜 대장암과 변비를 예방할 수 있고, 중금속이나 유해물질들을 흡착해서 배설시키는 기능이 있다.

3장

1 포화지방산은 지방산 사슬 내에 이중결합이 없이 단일결합만으로 이루어진 지방산으로, 라드 및 유제품 등 동물성 기름에 많다. 지방산 사슬 내에 이중결합이 1개인 지방산을 단일불포화지방산, 이중결합이 2개 이상인 지방산을 다가불포화지방산이라 한다. 단일불포화지방산은 올리브유에 많고 다가불포화지방산은 콩기름, 옥수수기름 등 식물성 기름에 많다.

2 지방산의 메틸기로부터 첫 번째 이중결합을 이루는 탄소의 위치가 3번째이면 오메가-3 지방산, 6번째이면 오메가-6 지방산이라 한다. 오메가-3 지방산은 들기름, 참기름과 같은 식물성에 함유된 알파-리놀렌산과 생선기름에 존재하는 EPA, DHA가 있다.

3 버터는 유지방으로 만든 유제품으로 포화지방산이 다량 함유되어 있는 반면, 마가린은 불포화지방산이 함유된 액체의 식물성 유지를 고체로 만드는 가수소 과정을 통해 생산된 것이다. 이 과정에서 불포화지방산의 이중결합이 시스형에서 이중결합을 이루는 탄소 2개에 결합된 수소원사 2개가 서로 다른 반대 방향에 있어서 사슬이 굽지 않고 똑바른 모양을 이루는 포화지방산과 비슷해진다. 트랜스형은 다가불포화지방산을 함유한 액체의 식물성 기름에 부분적으로 수소를 첨가하여 고체인 쇼트닝과 마가린을 만드는 과정에서 생기는 지방산이다.

4 식품으로부터 온 중성지방은 소수성이 강하여 친수성인 소화액과 결합할 수 없으므로 지방과 기름 사이에 다리 역할을 하는 유화제가 필요하다. 담즙은 중성지방을 유화시켜 췌장의 지방분해효소인 라이페이스가 분해작용을 할 수 있게 도와준다.

5 카일로마이크론은 섭취한 중성지방을 이용해서 소장 세포벽에서 형성된다. VLDL은 간에서 만들어진 중성지방을 이용해서 간에서, HDL 역시 간에서 생성된다. 그러나 LDL은 간에서 분비된 VLDL이 혈액을 따라 이동하면서 조직세포에 중성지방을 전달하고 난 후 크기가 작아져서 만들어진 지단백질이므로 간에서 만들어진다고 표현하기도 한다.

6 LDL은 혈액을 순환하면서 조직세포에 콜레스테롤을 전달하고 말초혈관 벽에 플라크를 형성하여 동맥경화증을 유발하므로 심혈관질환의 위험인자로서 나쁜 콜레스테롤이라고 부른다. 반면에, HDL은 조직세포에서 쓰고 남은 콜레스테롤은 간으로 운반하여 담즙을 통해 배설하는 청소부 역할을 하므로 동맥경화증을 억제하는 좋은 콜레스테롤이라고 불린다.

7 콜레스테롤은 동물성 식품에만 존재하므로 달걀, 쇠고기, 동물의 내장, 유제품, 오징어 등 해산물에 함유되어 있다. 반면에 채소, 과일, 곡류, 콩기름, 옥수수기름, 카놀라유 등의 식용유지에는 없다.

8 체내에서 합성되지 않거나 합성되는 양이 부족하므로 반드시 음식으로 섭취해야 하는 지방산을 필수지방산이라 한다. 오메가-6 지방산인 리놀레산과 아라키돈산, 오메가-3 지방산인 알파-리놀렌산이 필수지방산이며, 요즘에는 EPA를 필수지방산에 포함시키기도 한다. 필수지방산이 부족하면 피부에 각질이 생기고 가려우며, 설사와 감염 같은 증세가 흔히 나타난다. 또한, 성장과 상처 회복이 지연되고 빈혈이 발생하기도 한다.

9 지질의 에너지 적정비율은 20세 이상 성인에서는 15~35%이고, 섭취 에너지에 대한 오메가-6 불포화지방산의 비율은 4~10%, 오메가-3 불포화지방산의 비율은 0.5~1.0%로 오메가-6 : 오메가-3의 비율은 4~8 : 1이 바람직하다.

10 고지방식이를 삼가고 에너지 섭취를 줄이며, 혈중 LDL을 낮추기 위해 포화지방산 섭취를 줄이는 대신 단일불포화지방산이 많은 올리브유나 카놀라유, 다가불포화지방산이 많은 식물성 기름, 특히 오메가-3 지방산이 많은 등푸른생선의 섭취를 늘리는 것이 좋다. 또한, 혈중 LDL 수준을 낮추는 수용성 섬유소의 섭취와 HDL을 높이는 운동량을 늘리고, 금연과 금주를 하는 것도 도움이 된다.

4장

1 완전단백질은 필수아미노산을 모두 포함하고 정상적인 성장과 유지에 요구되는 아미노산이 적합한 비율로 함유된 양질의 단백질로서 달걀, 우유 등의 동물성 식품이 포함된다. 불완전단백질은 하나 이상의 필수아미노산이 부족하여 체단백질의 합성에 필요한 아미노산을 충당하지 못하여 성장이 지연되고 체중이 감소하게 된다. 젤라틴과 옥수수 등의 식품이 이에 속한다.

2 필수아미노산은 체내에서 필요한 충분한 양이 합성되지 못하므로 반드시 식사를 통하여 공급해야 하는 아미노산으로 성인에게는 9가지, 아동은 아르기닌(arginine)을 합하여 10가지가 필수아미노산이다. 비필수아미노산은 충분한 질소를 공급하면 체내에서 합성되는 것으로 필수아미노산을 제외한 것은 모두 비필수아미노산에 속한다. 조건적 필수아미노산은 일부 비필수아미노산 중 정상 상태에서는 체내 합성으로 충족되지만 특정 체내 상태에서 합성이 제한되므로 필수아미노산처럼 식사로 반드시 공급해 주어야 한다.

3 단백질의 소화는 위액의 펩신, 췌장에서 트립신, 카이모트립신, 카르복실펩티데이즈, 소장의 아미노펩티데이즈와 다이펩티데이즈 등의 소화효소 작용을 받아 이루어진다.

4 에너지의 공급량이 충분한 상태에서 단백질은 체내에서 근육, 골격 등의 체구성 성분, 효소 합성, 혈액 내 영양소를 운반하는 단백질로서 작용하고, 면역체 합성 등의 기능을 수행한다.

5 질소 평형은 체내의 질소 섭취량과 배설량이 같은 상태로 건강한 성인의 경우에 해당된다. 양의 질소 평형은 성장기, 임신기, 회복기 환자들의 경우 체내 새로운 조직의 형성을 위한 질소 보유현상으로 질소의 섭취량이 배설량보다 많은 상태이고, 음의 질소 평형은 열량이나 단백질 부족 등으로 인한 체조직 분해 시에는 질소 섭취량에 비해 배설량이 많을 때 나타난다.

6 제한아미노산이 서로 다른 두 가지 이상의 식품을 함께 섭취하는 경우 단백질의 질을 높여서 단백질작용을 더욱 완전하게 하는 것을 단백질의 상호보충 효과라고 한다. 예를 들면, 콩밥, 우유와 빵 등이 있다.

7 단백질의 섭취가 장기간 부족하면 단백질과 함께 에너지 섭취도 부족하게 되어 단백질-에너지 영양불량(PEM) 상태가 되고, 대표적인 증상으로는 콰시오커와 마라스무스가 있다.

5장

1 소화율을 고려한 생리적 열량가는 탄수화물 4 kcal, 단백질 4 kcal, 지방 9 kcal이며, 비타민과 무기질은 에너지 영양소가 아니므로 에너지를 제공하지 않는다.

2 탄수화물, 지질, 단백질이 연소될 때의 RQ값은 각각 1.0, 0.7, 0.8이며 이들이 혼합된 식사를 할 경우는 보통 0.85이므로, RQ값이 0.9 이상으로 측정된 식사 패턴은 탄수화물이 주된 식사임을 알 수 있다.

3 기초대사량(또는 휴식대사량), 활동대사량, 식품

이용을 위한 에너지 소비량(또는 식품의 열 발생 효과)

4 ② 근육량 : 기초대사량은 신체 구성 성분의 영향을 크게 받아 근육량에 비례한다.

5 ④ 영양 상태가 저하되면 이에 적응하려는 신체 메커니즘에 의해 기초대사량이 오히려 감소한다.

6 ② 단백질 : 식품의 열 발생 효과는 식후 1시간 정도에 최고에 달하고 식사에 포함된 영양소의 양과 종류에 따라 영향을 받아 지방 섭취 시 가장 낮고, 단백질 섭취 시 가장 높다.

7 체구성 성분은 지방과 지방을 제외한 나머지 성분인 제지방으로 구성되는데, 이 중 지방량이 과도하게 많으면 심장질환, 고혈압, 당뇨병 등 만성질환의 발생 위험을 증가시킨다. 예를 들어, 같은 체중의 사람일지라도 체구성 성분이 주로 지방인 사람보다 근육이 많은 사람이 질병 발생 위험이 낮다.

8 상체비만 > 하체비만, 사과형 비만 > 서양배형 비만, 피하지방형 비만 < 내장지방형 비만

9 식사요법, 행동수정요법, 운동요법

10 신경성 식욕부진증은 거식증이라고도 하며 왜곡된 신체상으로 인해 계속 자신이 뚱뚱하다고 느끼므로 극도로 수척해질 때까지 굶는다. 신경성 탐식증은 폭식증이라고도 하며 폭식과 고의로 장을 비우는 일을 반복하는 증상이다.

6장

1 ④　　**2** ①

3 ②　　**4** ③

5 ④

6 120 RAE

7 당근에 함유된 베타-카로틴이 피부밑 지방세포에 축적되기 때문이다.

8 7-디하이드로콜레스테롤

9 비타민 D는 체내 칼슘의 항상성 유지 역할을 한다. 비타민 D는 칼슘과 인의 소장 흡수, 신장에서의 재흡수, 뼈로부터의 용출을 촉진하여 혈장 칼슘농도를 높인다.

10 비타민 K는 프로트롬빈의 형성을 도와서 혈액응고에 관여하며, 시금치 등 녹색 채소에 많이 들어 있다.

7장

1 ④　　**2** ①

3 ②　　**4** ④

5 임신 전과 임신 초기 몇 주 동안 엽산이 결핍되면 신경관이 손상된 아기를 출산할 위험성이 있으므로 이를 방지하기 위해 가임기 여성에게 엽산의 섭취를 권장한다.

6 비타민 B_{12} 부족은 악성 빈혈을, 엽산 결핍증은 거대적아구성 빈혈을 각각 발생시킨다. 그러나 비타민 B_{12} 부족에 의한 빈혈은 신경세포들이 돌이킬 수 없이 파괴되므로 이것이 엽산 부족 빈혈과의 차이점이다. 이를 단순히 엽산 결핍증으로 여기고 엽산만을 보충할 경우 빈혈 증세는 사라지지만, 비타민 B_{12} 결핍의 또 다른 증세인 신경계 손상은 치유되지 않으므로 영구적인 신경 손상을 초래할 수 있다.

7 판토텐산은 CoA의 구성 성분으로 에너지 대사에 중요한 역할을 한다. 〔CoA는 아세틸(acetyl)기의 운반체로서 한 물질로부터 아세틸기를 제거하여 아세틸 CoA를 형성하고 다시 그 아세틸기를 다른 화합물에 넘겨준다.〕 아세틸 CoA는 탄수화물, 지질, 단백질의 대사에 관련이 있으며 많은 호르몬과 신경전달물질, 그리고 신체의 다른 필수화합물들의 합성 등 여러 반응과 관련이 있다. 비오틴은 다른 비타민

B와 같이 많은 반응에 조효소로 작용한다. 카르복실기 운반체로서 탈탄산반응, 카르복실기 전이반응, 카르복실화 반응의 조효소로서 아미노산으로부터 당의 전환(gluconeogenesis)을 포함한 아미노산 대사, 지방산 합성, 지방산으로부터 에너지 방출, 그리고 DNA 합성 등에 관여한다.

8 비타민 C의 대표적인 기능은 결체조직의 구성 성분인 콜라겐을 합성하는 것이다. 콜라겐은 세포와 세포를 접합시켜 주는 시멘트와 같은 역할을 하며, 골격과 혈관벽 유지, 상처 회복 등에 중요한 역할을 한다. 피부에 상처가 생기면 콜라겐은 갈라진 조직을 서로 붙여 상처가 아물도록 한다.

9 체내 대사를 정상적으로 유지시키기 위해서 필요한 성분으로 체내에서 합성될 수 있으며, 대부분이 필수아미노산 등과 같은 인체에 필수적인 물질로부터 합성된다. 비타민 유사물질에는 콜린, 카르니틴, 이노시톨, 타우린, 리포산 등이 있다.

8장

1 ①　　**2** ②

3 ④　　**4** ④

5 ②

6 칼슘은 골격 형성, 혈액응고, 신경 전달, 근육 수축, 세포 대사에 관여하며 칼슘의 섭취가 부족하면 골격이 약해져서 골다공증이 발생하게 된다.

7 부갑상선호르몬(PTH)과 칼시토닌, 칼시토닌

8 나트륨, 칼슘, 마그네슘

9 나트륨 필요량이 증가하면 알도스테론의 분비도 증가되어 소장에서 나트륨 흡수와 신장에서의 재흡수 기능을 자극하여 체내농도가 높아지고, 반대로 나트륨의 섭취가 증가하면 알도스테론의 분비는 억제되어 나트륨의 재흡수가 감소되고 배설이 증가되어 체내 나트륨농도를 조절한다.

10 메티오닌, 시스테인

9장

1 ○　　**2** ×

3 ○　　**4** ×

5 ×

6 헴철은 헤모글로빈과 마이오글로빈에서 발견되는 형태의 철로 동물성 식품에 존재하는 철을 의미하며, 비헴철은 동식물성 식품에 모두 존재하는 철로 헤모글로빈이나 마이오글로빈의 구성 성분이 아닌 철이다. 이들 중 헴철은 비헴철에 비해 흡수율이 높으며 비헴철과 함께 섭취하면 비헴철의 흡수를 도와주는 역할을 한다.

7 철 결핍의 첫 번째 단계는 저장 철의 고갈단계로 적혈구로 공급되는 철의 양에는 제한이 없고 생리적 변화도 없는 단계이다. 두 번째 단계는 초기 철 결핍단계로 적혈구로 공급되는 철의 양이 부족하지만 빈혈을 일으킬 만큼 충분히 감소되지는 않아 임상적인 빈혈이 나타나지는 않는 단계이다. 세 번째 단계는 철 결핍성 빈혈단계로 생리적 기능에 변화가 오며 임상적인 철 결핍성 빈혈이 나타난다.

8 아연 결핍증은 1960년대 중동지역에서 청소년기의 성적 성숙 지연과 함께 심각한 성장 부진으로 인한 왜소 증세가 보고된 후 이들에게 아연을 보충하면 증세가 개선됨으로써 처음으로 알려졌다. 아연 결핍은 또한 경제적인 이유로 동물성 식품의 섭취가 부족한 저소득층에서 주로 나타나며, 이 경우 폐렴 위험률의 증가, 설사, 성장 부진, 식욕 감퇴, 비타민 A의 기능 손상 등을 일으킬 수 있다.

9 요오드 섭취 부족으로 인하여 혈액 중의 요오드 함량이 감소되고 그로 인해 갑상선호르몬의 양이 감소하면 이를 보충하기 위하여 갑상선자극호르

몬(TSH)이 갑상선을 자극한다. 요오드가 충분할 경우 갑상선에서 호르몬을 생성하여 이 자극이 감소되나 요오드가 부족하면 갑상선의 계속적인 자극으로 인하여 갑상선이 비대해지게 되는데 이를 갑상선종(goiter)이라고 한다.

10 셀레늄은 항산화효소인 글루타티온 과산화효소(glutathione peroxidase)의 구성요소로 존재하며 과산화물을 알코올 유도체와 물로 전환시켜 과산화물에 의한 세포의 산화적 손상을 보호하는 역할을 한다. 이는 비타민 E의 세포막의 과산화 방지와 유사한 역할로 셀레늄이 비타민 E의 절약작용을 한다고 볼 수 있고, 비타민 E와 셀레늄 중 한 가지의 섭취량이 많으면 다른 한 가지의 요구량은 감소한다.

10장

1 신체의 구성 성분, 영양소와 노폐물의 운반 수단, 체온 조절, 체내 영양소의 용매 및 체내 대사반응의 용매, 전해질 및 pH 균형, 윤활제 및 외부 충격으로부터의 기관 보호 기능이 있다.

2 남자가 여자보다 근육량이 더 많기 때문이다.

3 1~2%

4 소변 배설, 피부 및 땀 배설, 폐호흡을 통한 기화성 배설, 변 배설

5 1) 수분 또는 염류 부족에 의한 탈수증 : 수분 섭취 또는 소금의 동반 섭취를 통해 탈수증을 해소할 수 있으며, 탈수증이 지속되어 체수분의 20% 이상 손실하면 사망에 이를 수도 있다.

2) 부종 : 단백질 섭취 부족에 의하여 혈중 알부민의 농도가 감소하면 혈액 삼투압을 유지하기 위하여 혈액 중의 수분이 세포간액으로 빠져나가게 되면서 부종이 일어난다.

찾아보기

ㄱ

각기병 203
각막궤양 175
각막연화증 175
각질화 171
간상세포 169
간접 에너지 측정법 140
갈락토오즈 34
갈증 338
감미료 34, 52
갑상선자극호르몬 313
갑상선자극호르몬 방출인자 315
갑상선종 315
갑상선호르몬 312
거대적아구성 빈혈 228
거식증 157
건강 14
게실증 61
결막건조증 175
고에너지 인산결합 46
고이트로겐 314
고혈당증 51
골다공증 183, 262
골연화증 183
공복성 저혈당증 59
과당 34
괴혈병 241
구각염 208
구루병 182
구리 308
구상단백질 108
권장섭취량 26, 55
권장식사패턴 20
근감소증 121
글로불린 117
글루카곤 51
글루타티온 과산화효소 316
급원식품 57
기초대사량 140

ㄴ

나트륨 278
남성형 비만 152
내장지방 150
내장형 비만 153
내적 인자 232
능동수송 44
니아신 208
니코틴산 208
니코틴아미드 208

ㄷ

다가불포화지방산 186
다당류 32, 37
다발성 신경염 204
다이펩티데이즈 111

단당류 32
단백질 실이용률 124
단백질-에너지 영양불량 126
단백질의 변성 108
단백질의 상호보충 효과 105
단백질 전환 112
단백질 합성 112
단백질 효율 123
단순단백질 103
단순당질 32
단순확산 44
단일 탄소들 226
당내성인자 326
당뇨병 58
당부하 60
당 생성 아미노산 115
대사 46
대사 에너지 137
대사작용 12
덱스트린 41
동화 12
동화작용 46

ㄹ

라이신 102
라이코펜 172
락테이즈 41
레닌 110
레티날 167
레티노이드 167
레티노인산 167, 170
레티놀 167
레티놀 결합단백질 169
레티놀 활성당량 173
레티닐에스터 167, 168
류신 102
리보오즈 44, 48
리보플라빈 205
리포산 244

ㅁ

마그네슘 270
마라스무스 126
만노오즈 44
만성질환위험감소섭취량 28
말테이즈 41
망간 323
맥아당 35
메나디온 192
메나퀴논 188
메탈로티오네인 303, 308
메티오닌 102
멘케스증후군 312
모낭각화증 175
모노글루타메이트형 225
몰리브덴 325
무기질 250
문맥 43
물 334
미세융모 43

ㅂ

바세도우씨병 315
반사성 괴혈병 242
반응성 저혈당증 59
발린 102
배고픔 138
배부름 138
β-산화 84
베타-카로틴 166
보조인자 198
복부비만 152
복합단백질 104
복합당질 32, 36
부갑상선호르몬 178
부종 339

불감성 수분 증발량 336
불소 319
불소증 322
불완전단백질 105
불용성 식이섬유 39
불포화지방산 71
불화수산화인회석 320
비단백질 116
비만 154
비오시틴 216
비오틴 216
비운동성 활동대사량 142
비타민 164
비타민 유사물질 243
비타민 A 167
비타민 A의 과잉증 176
비타민 A의 전구체 166
비타민 B_6 219
비타민 B_{12} 230
비타민 B 복합체 200
비타민 C 236
비타민 D 177
비타민 D_2 177
비타민 D_3 177, 259
비타민 K 192
비토반점 175
비헴철 294

ㅅ

사과형 비만 152
산독증 33
산화적 인산화 45
상한섭취량 28
생난백상해 219
생리적 에너지 137
생물가 123
생체전기전도법 152
생화학적 검사법 17
서당 35
서양배형 비만 152
설염 208
섬유상단백질 108
섭식장애 157
세포내액 336
세포외액 336
셀레늄 316
셀룰로플라스민 308
수용성 비타민 164, 198
수용성 식이섬유 39
수중체중법 151
슈크레이즈 41
슈퍼옥사이드 디스뮤테이즈 307
시각 회로 169
시스 지방산 74
식사구성안 18
식사요법 155
식사조사법 17
식사지침 25
식욕 139
식이섬유 39
식품구성자전거 19
식품군 19
식품의 열 발생 효과 142
신경관 결손 229
신경성 식욕부진증 157
신경성 탐식증 157
신생아 출혈 192
신체계측법 17
심혈관질환 91

ㅇ

아미노기 100
아미노기 전이반응 114
아미노기 전이효소 114
아미노산가 125
아미노산풀 113

아미노펩티데이즈 111
아밀레이즈 41
아밀로오즈 38
아밀로펙틴 38
아세틸 CoA 45
아스코르빈산 236
아연 303
아연금속효소 304
악성 빈혈 235
알부민 117
알파-케토산 114
알파-토코페롤 당량 186
α헬릭스 107
야맹증 170
에너지 밀도 156
에너지 불균형 149
에너지 섭취 136
에너지 섭취기준 145
에너지 소비 136
에너지 적정비율 13, 28, 55
에너지 필요추정량 145
에르고칼시페롤 177
여성형 비만 152
염소 282
엽산 224
영양 12
영양결핍 16
영양과잉 16
영양 불균형 16
영양불량 16
영양 상태 평가 17
영양섭취기준 26
영양소 12
영양학 12
오메가-3 지방산 71
오메가-6 지방산 72
오메가-9 지방산 73
오스테오칼신 189
오탄당 인산회로 202
올리고당 36
완전단백질 104
왜곡된 신체상 156
요돕신 169
요소회로 115
요오드 312
운동요법 155
원추세포 169
월경전증후군 224
유당 36
유당불내증 59
유미즙 41
유황 전이반응 221
육탄당 34
융모 43
이노시톨 244
이당류 35
이소류신 102
이중에너지방사선흡수계측기 152
이화 12
이화작용 45, 46
인 265
인슐린 33
인지질 76
1,25-$(OH)_2$-비타민 D 178
1인 1회 분량 20
1 serving size 20
임상조사법 17

ㅈ

자당 36
자일로오즈 44
잔틴 탈수소효소 326
장내세균 42
저체중 156
저혈당증 50, 59
적응대사량 142

전곡류 59
전분 38
전자전달계 45
젖산회로 48
조건적 필수아미노산 102
조효소 198, 199
중성지방 68
지단백질 80
지방산 69
지방조직 47
지용성 비타민 164
지질과산화 317
직접 에너지 측정법 140
질소 평형 119

ㅊ

철 294
체수분 334
체수분의 항상성 338
체중 과다 154
체질량지수 149
촉진 확산 44
충분섭취량 26
충치 60, 319
측쇄아미노산 102
7-디하이드로콜레스테롤 178

ㅋ

카로티노이드 167
카르니틴 238, 244
카르복실기 100
카르복실펩티데이즈 111
카르복실화 반응 217
카이모트립신 110
칼륨 276
칼슘 256
칼슘의 항상성 유지 179
칼시토닌 179
칼시트리올 178
케산병 319
케톤 생성 아미노산 115
케톤증 50
케톤체 33, 49
코리 회로 48
코발라민 230
콜라겐 238
콜레스테롤 77
콜레칼시페롤 177
콜린 244
콰시오커 126
크레틴병 315
크론병 307
크롬 326

ㅌ

타우린 244
탄수화물 32
탈수증 338
탈아미노반응 114
탈카르복실반응 221
테트라하이드로엽산 224
토코페롤 184
트랜스망가민 323
트랜스 지방산 74
트랜스페린 296
트레오닌 102
트립신 110
트립토판 102, 209
TCA회로 45
티아민 200

ㅍ

파이토케미컬 86
판토텐산 212
페닐알라닌 102
페닐케톤뇨증 103

페리틴 296
펠라그라 211
펩시노겐 109
펩신 109
펩타이드 100
펩타이드 결합 106
펩톤 109
평균필요량 26, 55
포도당 32, 34
포도당 내성 34
포도당신생합성 47
포만감 138
포피린 230
포화지방산 71
폭발 열량계 140
폭식증 157
폴리글루타메이트형 225
폴리펩타이드 106
프로트롬빈 189
플라빈모노뉴클레오타이드 205
플라빈아데닌다이뉴클레오타이드 205
피리독사민 219
피리독살 219
피리독신 219
피부두겹집기 152
피하지방 150
피하지방형 비만 153
필로퀴논 188, 192
필수아미노산 102
필수영양소 13

ㅎ

한국인 영양소 섭취기준 26
합병증 58
항괴혈성 인자 236
항산화제 238
항이뇨호르몬 338
행동수정요법 155
허리/엉덩이 둘레비 152
헤마토크리트 302
헴철 294
혈당 33, 34, 36, 50
혈당지수 60
호흡계수 140
화학가 124
활동대사량 141
황 284
휴식대사량 140
히스티딘 102

A

Adequate Intake 26
ADH 338
AI 26
albumin 117
α-TE 186
α-tocopherol equivalent 186
anabolism 12
anthropometric measurement 17
antidiuretic hormone 338
ATP 45

B

beta-carotene 166
biomedical assessment 17
bitot's sports 175

C

calcitonin 179
calcitriol 178
calcium homeostasis 179
carotenoid 167
catabolism 12
CDRR 28

cholecalciferol 177
Chronic Disease Risk Reduction Intake 28
clinical assessment 17
CoA 212, 213
cobalamin 230
coenzyme 199
cofactor 198
cone cell 169

D

decarboxylation 221
dehydration 338
dietary assessment 17
dietary guidelines 25
Dietary Reference Intakes for Koreans 26

E

EAR 26
ECF 336
edema 339
egg white injury 219
ergocalciferol 177
essential nutrients 13
Estimated Average Requirement 26
extracellular fluid 336

F

FAD 205
fibrous protein 108
flavin adenine dinucleotide 205
flavin mononucleotide 205
FMN 205
folate 224
folic acid 224
follicular hyperkeratosis 175
food balance wheels 19
food groups 19
food guidance system 18

G

globular protein 108
globulin 117

H

health 14
histidine 102

I

ICF 336
intracellular fluid 336
iodopsin 169
isoleucine 102

K

KDRIs 26
keratinixation 171
keratomalacia 175

L

leucine 102
lycopene 172
lysine 102

M

malnutrition 16
megaloblast 229
menaquinone 188
metabolism 12
methionine 102
mono glutamate form 225

N

neural tube defect 229
night blindne 170
nonprotein 116
NTD 229

nutrients 12
nutrition 12
nutritional assessment 17
nutritional imbalance 16

O

one-carbon units 226
osteocalcin 189
osteomalacia 183
osteoporosis 183
overnutrition 16

P

parathyroid hormone 178
phenylalanine 102
phylloquinone 188
PL 219
PLP 220
PM 219
PMP 220
PMS 224
PN 219
PNP 220
polyglutamate form 225
porphyrin 230
premenstrual syndrome 224
prothrombin 189
PTH 178
pyridoxal 219
pyridoxamine 219
pyridoxine 219
pyridoxol 219

R

RB 169
Recommended Nutrient Intake 26
renin 110
retinal 167
retinoic acid 167
retinoids 167
retinol 167
retinol binding protein 169
rickets 182
RNI 26
rod cell 169

S

science of nutrition 12
7-dehydrocholesterol 178

T

target pattern 20
tetrahydrofolate 224
THF 224
threonine 102
tocopherol 184
Tolerable Upper Intake Level 28
transsulfuration 221
tryptophan 102

U

UL 28
ulceration 175
undernutrition 16
urea cycle 115

V

valine 102
vision 169
vitamin 164

X

xerophthalmia 175

저자 소개

허채옥
한양대학교 식품영양학과
한양대학교 식품영양학과 이학박사
현재 한양여자대학교 식품영양과 명예교수

권순형
한양대학교 식품영양학과
한양대학교 식품영양학과 이학박사
현재 한양여자대학교 식품영양과 명예교수

김은미
한양대학교 식품영양학과
한양대학교 식품영양학과 이학박사
현재 김포대학교 호텔조리과 교수

원선임
한양대학교 식품영양학과
한양대학교 식품영양학과 이학박사
현재 청운대학교 식품영양학과 교수

박용순
한양대학교 식품영양학과
워싱턴 주립대 영양생화학 박사
현재 한양대학교 식품영양학과 교수

박진희
한양대학교 식품영양학과
한양대학교 식품영양학과 이학박사
현재 인천대학교 기술지주회사 ㈜뷰티라인 수석연구원/이사

김상연
한양대학교 식품영양학과
한양대학교 식품영양학과 이학박사
현재 한양여자대학교 식품영양과 교수

정경아
한양대학교 식품영양학과
한양대학교 식품영양학과 이학박사
현재 춘천교육대학교 실과교육과 교수

김은영
한양대학교 식품영양학과
한양대학교 식품영양학과 이학박사
현재 한양여자대학교 식품영양과 교수

박유신
한양대학교 식품영양학과
한양대학교 식품영양학과 이학박사
현재 한양대학교 식품영양학과 겸임교수

개정3판

기초 영양학

2024년 2월 25일 개정3판 2쇄 발행
2021년 8월 30일 개정3판 1쇄 발행
2016년 2월 22일 개정2판 1쇄 발행
2012년 2월 15일 개정1판 1쇄 발행

지은이 허채옥 · 권순형 · 김은미 · 원선임 · 박용순
박진희 · 김상연 · 정경아 · 김은영 · 박유신

발행인 이 영 호
발행처 **수 학 사**
10881 경기도 파주시 회동길 56 기한재 1층
출판등록 1953년 7월 23일 제2020-000143호
전화번호 031) 946-4642(代) 팩스 031) 944-1457
http://www.soohaksa.co.kr
디자인 북큐브

 Printed in Korea

정가 26,000원

ISBN 978-89-7140-736-3 93590